科学是永无止境的，它是一个永恒之迷。

——爱因斯坦

《“中国制造2025”出版工程》
编　委　会

“十三五”国家重点出版物
出版规划项目

“中国制造2025”
出版工程

医疗机器人技术

姜金刚　张永德　编著

化学工业出版社
·北　京·

本书讲述医疗机器人的基本原理、基础知识和行业应用。

主要内容包括：医疗机器人的特点及分类、医疗机器人的关键技术、医疗机器人临床应用的工程研究。从研究背景、研究意义、关键技术和典型实例几方面对各类医疗机器人做了分析讲解，分析了医疗机器人的发展前景。

本书涉及的机器人包括：医院服务机器人、神经外科机器人、血管介入机器人、腹腔镜机器人、胶囊机器人、前列腺微创介入机器人、乳腺微创介入机器人、骨科机器人、康复机器人、全口义齿排牙机器人、正畸弓丝弯制机器人等。

本书内容清晰，系统性强，不仅可以作为医疗机器人技术的前沿参考书，帮助医疗机器人和生物医学工程领域的研究人员、学生和技术人员巩固基本原理与基本知识，了解业界前沿技术，还适合临床医学领域的医生了解相关工程实践。

图书在版编目（CIP）数据

医疗机器人技术/姜金刚，张永德编著. —北京：化学工业出版社，2019.6

“中国制造2025”出版工程

ISBN 978-7-122-34156-3

Ⅰ.①医… Ⅱ.①姜…②张… Ⅲ.①医疗器械-机器人技术 Ⅳ.①TP242.3

中国版本图书馆CIP数据核字（2019）第053955号

责任编辑：贾 娜　　文字编辑：陈 喆
责任校对：王素芹　　装帧设计：尹琳琳

出版发行：化学工业出版社（北京市东城区青年湖南街13号 邮政编码100011）
印　　装：三河市延风印装有限公司
710mm×1000mm 1/16 印张$22\frac{1}{4}$ 字数412千字 2019年10月北京第1版第1次印刷

购书咨询：010-64518888　　售后服务：010-64518899
网　　址：http://www.cip.com.cn
凡购买本书，如有缺损质量问题，本社销售中心负责调换。

定　　价：98.00元

序

制造业是国民经济的主体，是立国之本、兴国之器、强国之基。近十年来，我国制造业持续快速发展，综合实力不断增强，国际地位得到大幅提升，已成为世界制造业规模最大的国家。但我国仍处于工业化进程中，大而不强的问题突出，与先进国家相比还有较大差距。为解决制造业大而不强、自主创新能力弱、关键核心技术与高端装备对外依存度高等制约我国发展的问题，国务院于 2015 年 5 月 8 日发布了“中国制造 2025”国家规划。随后，工信部发布了“中国制造 2025”规划，提出了我国制造业“三步走”的强国发展战略及 2025 年的奋斗目标、指导方针和战略路线，制定了九大战略任务、十大重点发展领域。2016 年 8 月 19 日，工信部、国家发展改革委、科技部、财政部四部委联合发布了“中国制造 2025”制造业创新中心、工业强基、绿色制造、智能制造和高端装备创新五大工程实施指南。

为了响应党中央、国务院做出的建设制造强国的重大战略部署，各地政府、企业、科研部门都在进行积极的探索和部署。加快推动新一代信息技术与制造技术融合发展，推动我国制造模式从“中国制造”向“中国智造”转变，加快实现我国制造业由大变强，正成为我们新的历史使命。当前，信息革命进程持续快速演进，物联网、云计算、大数据、人工智能等技术广泛渗透于经济社会各个领域，信息经济繁荣程度成为国家实力的重要标志。增材制造（3D 打印）、机器人与智能制造、控制和信息技术、人工智能等领域技术不断取得重大突破，推动传统工业体系分化变革，并将重塑制造业国际分工格局。制造技术与互联网等信息技术融合发展，成为新一轮科技革命和产业变革的重大趋势和主要特征。在这种中国制造业大发展、大变革背景之下，化学工业出版社主动顺应技术和产业发展趋势，组织出版《“中国制造 2025”出版工程》丛书可谓勇于引领、恰逢其时。

《“中国制造 2025”出版工程》丛书是紧紧围绕国务院发布的实施制造强国战略的第一个十年的行动纲领——“中国制造 2025”的一套高水平、原创性强的学术专著。丛书立足智能制造及装备、控制及信息技术两大领域，涵盖了物联网、大数据、3D 打印、机器人、智能装备、工业网络安全、知识自动化、人工智能等一系列核心技术。丛书的选题策划紧密结合“中国制造 2025”规划及 11 个配套实施指南、行动计划或专项规划，每个分册针对各个领域的一些核心技术组织内容，集中体现了国内制造业领域的技术发展成果，旨在加强先进技术的研发、推广和应用，为“中国制造 2025”行动纲领的落地生根提供了有针对性的方向引导和系统性的技术参考。

这套书集中体现以下几大特点：

首先，丛书内容都力求原创，以网络化、智能化技术为核心，汇集了许多前沿科技，反映了国内外最新的一些技术成果，尤其使国内的相关原创性科技成果得到了体现。这些图书中，包含了获得国家与省部级诸多科技奖励的许多新技术，因此，图书的出版对新技术的推广应用很有帮助！这些内容不仅为技术人员解决实际问题，也为研究提供新方向、拓展新思路。

其次，丛书各分册在介绍相应专业领域的新技术、新理论和新方法的同时，优先介绍有应用前景的新技术及其推广应用的范例，以促进优秀科研成果向产业的转化。

丛书由我国控制工程专家孙优贤院士牵头并担任编委会主任，吴澄、王天然、郑南宁等多位院士参与策划组织工作，众多长江学者、杰青、优青等中青年学者参与具体的编写工作，具有较高的学术水平与编写质量。

相信本套丛书的出版对推动“中国制造 2025”国家重要战略规划的实施具有积极的意义，可以有效促进我国智能制造技术的研发和创新，推动装备制造业的技术转型和升级，提高产品的设计能力和技术水平，从而多角度地提升中国制造业的核心竞争力。

中国工程院院士 潘云鹤

前言

20 世纪 80 年代，机器人被首次引入医疗行业。 经过 40 余年的发展，机器人被广泛应用于神经外科、血管、腹腔、前列腺、乳腺和骨科手术，康复与护理，口腔诊疗等多个领域。 医疗机器人技术是集医学、生物力学、机械学、机械力学、材料学、计算机图形学、计算机视觉、数学分析、机器人等诸多学科为一体的新型交叉研究领域。 医疗机器人不仅促进了传统医学的革命，也带动了新技术、新理论的发展。 作为一种新兴的技术应用，机器人的应用将对整个医疗行业产生深远影响。

编著者从事医疗机器人研究多年，深感医疗机器人在医工结合、临床应用和关键技术等方面的研究存在诸多的难点，于是希望对现有医疗机器人研究进行归类分析，将医疗机器人领域研究的最新进展介绍给机器人领域和医学领域的专家和学者，以及投资者和决策者，故编著了本书。

本书共分 14 章。 第 1 章医疗机器人的特点及分类，主要对医疗机器人的概念、分类、组成、特点、应用优点和未来发展趋势进行概要介绍。 第 2 章医疗机器人的关键技术，主要从背景、基本定义和运用实例等方面对远程手术技术、手术导航技术、人机交互技术、辅助介入治疗技术等医疗机器人关键技术进行综述分析。 第 3～13 章从研究背景、研究意义、关键技术和典型实例几方面对医院服务机器人、神经外科机器人、血管介入机器人、腹腔镜机器人、胶囊机器人、前列腺微创介入机器人、乳腺微创介入机器人、骨科机器人、康复机器人、全口义齿排牙机器人、正畸弓丝弯制机器人等医疗机器人进行了重点讲述。 第 14 章医疗机器人的发展分析，从政策法规、市场、产业链结构和技术等角度对医疗机器人的发展做了分析。

本书由哈尔滨理工大学姜金刚、张永德编著。 第 1、8、9、14 章由张永德编著，第 2～7 章、第 10～13 章由姜金刚编著，全书由姜金刚统稿定稿。 研究生王开瑞、马雪峰、张贯一、路明月、代雪松、黄致远、秦培旺、杨智康、刘博健、赫天华、霍彪等参与了本书的文稿处理工作，在此表示由衷的感谢!

本书内容丰富，系统性强，不仅可以作为了解医疗机器人技术的前沿教材，也适用于机器人和生物医学工程领域的研究人员、学生和技术人员巩固基本原理与基本知识，了解业界前沿技术，还适合临床医学领域的医生了解相关工程实践。

编著者在医疗机器人领域从事研究工作十余年，尽管在编写过程中尽可能涵盖各种医疗机器人系统或相关研究，但由于本书涉及的主题广泛，知识领域跨度大，书中内容难免存在不足与疏漏，恳请广大专家及读者批评指正！

编著者

目录

中国制造
2025

中国制造
2025

第1章

医疗机器人的特点及分类

1.1 医疗机器人的基本概念

20 世纪 80 年代，机器人被首次引入医疗行业，经过 40 余年的发展，机器人被广泛应用于危重患者转运、外科手术及术前模拟、微损伤精确定位操作、内镜检查、临床康复与护理等多个领域。医疗机器人已经成为一个新型的、前沿性的学术领域，不仅促进了传统医学的革命，也带动了新技术、新理论的发展。作为一种新型的技术应用，机器人的应用将对整个医疗行业产生深远影响[1]。

医疗机器人技术是集医学、生物力学、机械学、机械力学、材料学、计算机图形学、计算机视觉、数学分析、机器人学等诸多学科为一体的新型交叉研究领域，具有重要的研究价值。医疗机器人能独自编制操作计划，依据实际情况确定动作程序，然后把动作变为操作机构的运动。医疗机器人在军用和民用上有着广阔的应用前景，是目前机器人领域的一个研究热点[2]。

这里有两个概念：

① 医疗：用于看病、手术、护理等。

② 机器人：能自动控制的机械装置。

医疗机器人是目前国内外机器人研究领域中最活跃、投资最多的方向之一，其发展前景非常看好，美、法、德、意、日等国学术界对此给予了极大关注，研究工作蓬勃开展。医疗机器人中最广为人知的是达芬奇（da Vinci）机器人手术系统，如图 1-1 所示。达芬奇机器人手术系统是在麻省理工学院研发的机器人外科手术技术基础上研发的高级机器人平台，也可以称为高级腔镜系统。其设计的理念是通过使用微创的方法，实施复杂的外科手术。达芬奇机器人手术系统已经用于成人和儿童的普通外科、胸外科、泌尿外科、妇产科、头颈外科以及心脏手术[3,4]。目前，我国已经配置近百台达芬奇机器人，主要分布在一线城市和大型医院。由于大型设备采购监管放开，一些沿海发达地区省会和地市级三甲医院也正计划采购手术机器人。可以想象，随着机器人技术的不断进步，在不久的将来，那些高难度的复杂手术都将会由机器人完成，医生只需要用一个操纵杆遥控就能获得高度稳定和精确的结果。

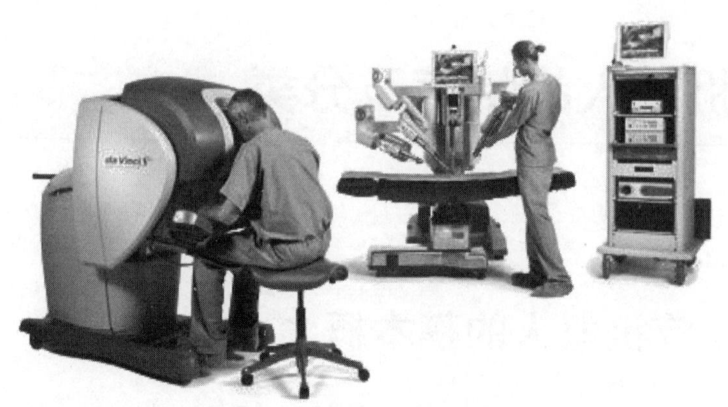

图 1-1 达芬奇机器人手术系统

从 20 世纪 90 年代起，国际先进机器人计划（IARP）已召开过多届医疗机器人研讨会，美国国防高级研究计划局（DARPA）立项开展基于遥控操作机器人的研究，用于战伤模拟手术、手术培训、解剖教学。欧盟、法国国家科学研究中心也将机器人辅助外科手术及虚拟外科手术仿真系统作为重点研究发展的项目之一[1]。

1.2 医疗机器人的特点

医疗机器人是多学科研究和发展的成果，是被应用在医学诊断、治疗、手术、康复、护理和功能辅助恢复等多学科领域的机器人，它具有其他机器人的一般特性和医疗领域的特殊特性，医疗机器人主要用于伤病员的手术、救援、转运和康复[5,6]。

近几年来，医疗机器人与计算机辅助医疗外科技术已经在多学科交叉领域中兴起，并成为越来越受到关注的机器人应用前沿研究课题之一。

机器人在应用上有两个突出的特点：一是它能够代替人类工作，比如代替人进行简单的重复劳动，代替人在脏乱环境和危险环境下工作，或者代替人进行劳动强度极大的工种作业；二是扩展人类的能力，它可以做人很难进行的高细微精密及超高速作业等。医疗机器人正是运用了机器人的这两个特点。

医疗机器人的对象是人（医疗机器人要直接接触患者的身体），所以除具备机器人的两个基本特点的同时，还有其自身的选位准确、动作精细、避免患者感染等特点[7]。

譬如，在做血管缝合手术时，人工很难进行直径小于1mm的血管缝合，如果使用医疗机器人，血管缝合手术可以达到小于0.1mm的精度；用医疗机器人进行手术避免了医生直接接触患者的血液，大大减少了患者的感染危险。

1.2.1 概述

① 作业环境一般在医院、街道社区、家庭及非特定的多种场合。

② 作业对象是人、人体信息及相关医疗器械。

③ 材料选择和结构设计必须以易消毒和灭菌为前提，安全可靠且无辐射。

④ 性能必须满足对（人）状况变化的适应性、对作业的柔软性、对危险的安全性以及对人体和精神的适应性等。

⑤ 医疗机器人之间及医疗机器人和医疗器械之间具有或预留通用的对接接口，包括信息通信接口、人机交互接口、临床辅助器材接口以及伤病员转运接口等。

1.2.2 医疗机器人的应用优点

① 手术机器人具有高准确性、高可靠性和高精确性，提高了手术的成功率。目前，手术机器人不仅可以完成普外科手术，还能进行脑神经外科、心脏修复、人工关节置换、泌尿科和整形外科等方面的手术。

② 医疗机器人定位和操作精确、手术微创化、可靠性高，而且能够突破手术禁区，进行远程手术，从而减轻医生的劳动强度，避免医生接触放射线或者烈性传染病病原。

③ 它是在计算机层面扫描图像或核磁共振图像基础上构成的三维医疗模型，用于医疗外科手术规划和虚拟操作，以期最终实现多传感器机器人的辅助手术定位和操作。

④ 医用机器人和计算机辅助定位导航系统，可以满足胫骨骨折闭合复位带锁髓内钉内固定在临床应用中骨折复位和远端锁钉置入，减少了术中X射线透视时间，远程遥控操作可靠方便，系统结构简单，易于掌握[8]。

1.2.3 医疗机器人未来发展的趋势

第一个是系统。更多地强调整合性，整个系统和模型的定义化和标准化。包括数据整合、大数据应用如何互动，这是未来不可或缺的。还有慢性病、亚健康这一大块，这更多地需要通过医疗机器人系统化的管理方式，使之变成一个有机整体，更好地实现服务。

第二个是交互。也是强调人和机器的交互，通过触觉实现，相互反馈，还要增加现实感和真实感。有专家提到会不会存在偏差从而造成判断失误，这也是交互层面要解决的问题。目前最好的方法是采用逆反馈的方式。

第三个是结构。在结构上应更多地从材质上和方式上实现重量轻、连接牢固、组装快捷，要更节能，还要不易产生生理排斥，而且更小型化，减少成本。安全度、质量、精细度需要找到一个平衡点，这也是未来可持续发展需要解决的问题。

第四个是感知。通过交互模型、三维传感或者不同的技术手段，提高辨识率，还可通过组合，如与AR相结合识别物体和环境。通过识别，更好地让机器人有所动作和有所反应。

第五个是认知。完全基于AR角度，在技术应用方面，拓展机器的认知能力和学习能力。这包括知识的认知、推理、语态、态势感知、形态等。认知算法将会允许机器人和医生在一起工作并且可以预测医生的行为，在互动过程中，高分辨率的传感器将会在手术中提供视觉反馈和提高精确度。

医疗机器人的应用极大推动了现代医疗技术的发展，是现代医疗卫生装备的发展方向之一。医疗机器人是一个新兴的、多学科交叉的研究领域，涉及众多领域知识和技术，研究医疗机器人不仅能促进传统医疗技术的变革，而且会对这些相关技术的发展产生积极的推动作用，具有重要的理论研究意义。

1.3 医疗机器人的结构

1.3.1 机器人系统的组成

机器人由机械部分、传感部分、控制部分三部分组成，这三部分可分为驱动系统、机械结构系统、感受系统、机器人-环境交互系统、人机交互系统、控制系统六个子系统[9]。具体结构如图1-2所示。

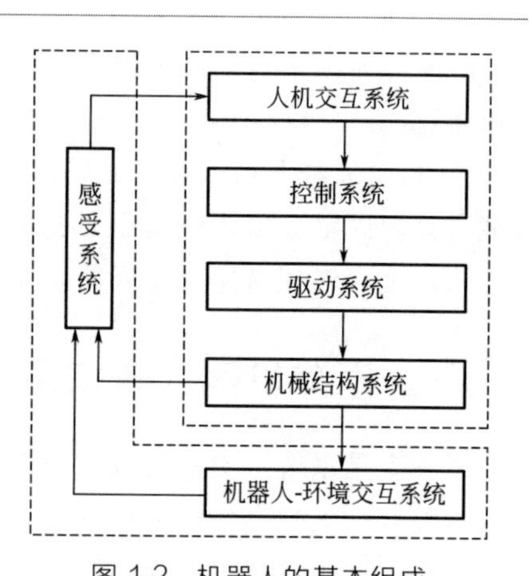

图1-2 机器人的基本组成

① 驱动系统是使机器人运行起来，给各个关节即每个自由度安装的传动装置。

② 机械结构系统在整个系统中起着支承、连接和传动的作用，保证各零部件

和系统之间的相互空间位置关系。其强度、刚度、动态性能和热性能等，都对整体性能和功能的可靠性产生重要影响。

③ 感受系统由内部传感器模块和外部传感器模块组成，用于获取内部和外部环境状态中有意义的信息。智能传感器的使用提高了机器人的机动性、适应性和智能化的水准，人类的感受系统对感知外部世界信息是极其灵巧的，然而，对于一些特殊的信息，传感器比人类的感受系统更有效。

④ 机器人-环境交互系统是实现机器人与外部环境中的设备相互联系和协调的系统。机器人与外部设备集成为一个功能单元，如加工制造单元、焊接单元、装配单元等。

⑤ 人机交互系统是人与机器人进行联系和参与机器人控制的装置，可分为指令给定装置和信息显示装置。人机交互系统接收感受系统传输的数据，并把处理后的数据呈现给操作者，操作者进而做出相应的反馈。

⑥ 控制系统的任务是根据机器人的作业指令程序以及从传感器反馈回来的信号，支配机器人的执行机构去完成规定的运动和功能。如果机器人不具备信息反馈特征，则其为开环控制系统；具备信息反馈特征，则其为闭环控制系统。控制系统根据控制原理可分为程序控制系统、适应性控制系统和人工智能控制系统；根据控制运动的形式可分为点位控制和连续轨迹控制。

1.3.2 医疗机器人的分类

医疗机器人是将机器人技术应用在医疗领域，根据医疗领域的特殊应用环境和医患之间的实际需求，编制特定流程、执行特定动作，然后把特定动作转换为操作机构运动的设备。医疗机器人技术是集医学、材料学、自动控制学、数字图像处理学、生物力学、机器人学等诸多学科为一体的新兴交叉学科。简单说来，可以把医疗机器人看作是一种医疗用途的服务机器人。

医疗机器人按功能主要分为医疗外科机器人、口腔修复机器人和康复机器人，每一类别下又可细分为若干子系统，如图 1-3 所示。

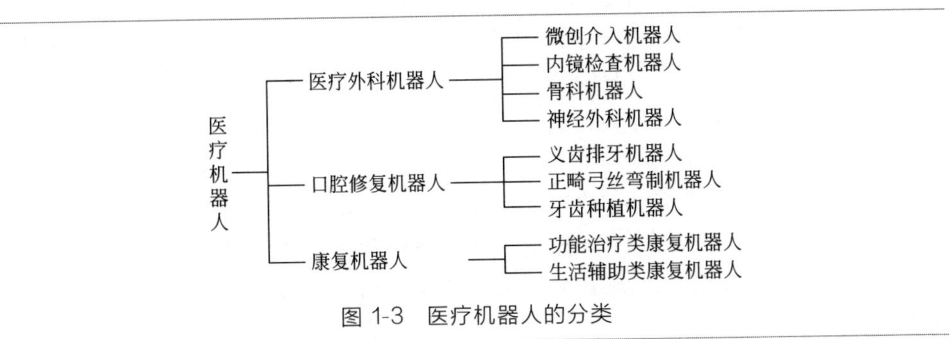

图 1-3 医疗机器人的分类

（1）医疗外科机器人

传统外科手术定位精度不高，术者易疲劳、动作颤抖，受空间及环境约束大，缺乏三维医学图像导航，手术器械操作具有局限性，位姿受手术环境影响。医疗外科机器人定位准确，动作灵巧、稳定，可减轻术者疲劳，信息反馈直观（三维图像），术前快速手术设计可避免辐射、感染的影响，灭菌简单。

医疗外科机器人是集临床医学、生物力学、机械学、材料学、计算机科学、微电子学、机电一体化等诸多学科为一体的新型医疗器械，是当前医疗器械信息化、程控化、智能化的一个重要发展方向，在临床微创手术以及战地救护、地震海啸救灾等方面有着广泛的应用前景。医疗外科机器人分为微创介入机器人、内镜检查机器人、骨科修复机器人和神经外科机器人。

1）微创介入机器人

早期微创外科手术给患者带来了巨大福音，但给医生实施手术增加了困难。首先，由于医生无法直接获得手术部位的图像信息，仅能通过二维监视器来获取手术场景图像，手术部位没有深度感觉；其次，手术工具是通过体表的微小切口到达手术部位，工具的自由度减少，造成了灵活性的降低；再次，由于杠杆作用的影响，医生手部的颤抖及一些失误操作会被放大，增加手术风险；最后，感觉的缺乏也影响了手术效果。这些缺点增加了医生的操作难度，医生往往需要较长时间的术前培训才能胜任微创手术，限制了微创外科手术的应用范围。为了解决早期微创手术的种种限制，在机器人技术的基础上，产生了以机器人辅助微创外科手术为重要特点的现代微创手术技术。微创介入机器人有很多类型，如宙斯机器人手术系统（Zeus robotic surgical system）、“妙手 A”系统、达芬奇机器人手术系统（da Vinci Si HD surgical system）等综合性的手术系统。由于这类综合性的手术系统价格昂贵，很难普及，于是人们开始研发专科类的微创介入手术系统，如专门针对前列腺、乳腺、肺等单独器官的微创介入机器人，研发费用远远低于综合性的手术系统，功能更加具有针对性，治疗效果更好。

宙斯机器人手术系统由美籍华裔王友仑先生于 1998 年在美国摩星有限公司研发成功。1999 年，该系统获得欧洲市场认证，标志着真正的“手术机器人”进入全球医疗市场领域。进入中国市场的宙斯机器人手术系统由伊索（AESOP）声控内镜定位器、赫米斯（HERMES）声控中心、宙斯（ZEUS）机器人手术系统（左右机械臂、术者操作控制台、视讯控制台）、苏格拉底（SOCRATES）远程合作系统这几部分组成。手术时，宙斯机器人三条机械臂固定在手术床滑轨上，医师坐在距离手术床 2m 的控制台前，实时监视屏幕三维空间立体显示的手术情况，用语音指示 AESOP 声控内视镜，另外两条宙斯黄绿机械臂则在医师遥控下执行手术操作，医师足部脚踏板控制超声波手术刀完成手术的烧灼、切割、电凝等工作。

“妙手 A”系统由天津大学、南开大学和天津医科大学总医院联合研制。该系统采用多自由度丝传动技术，实现主、从操作手本体轻量化设计；基于异构空间映射模型，实现主、从遥操作控制；设计机器人系统与人体软组织变形仿真环境，实现主、从操作虚拟力反馈与手术规划；采用双路平面正交偏振影像分光法，研制成功微创外科手术机器人三维立体视觉系统。

达芬奇机器人手术系统是在麻省理工学院研发的机器人外科手术技术基础上研发的高级机器人平台，也可以称为高级腔镜系统。

达芬奇机器人手术系统是一组器械的组合装置。该系统的手术设备主要分为三部分：手术医师操作的主控台，机械臂、摄像臂和手术器械组成的移动平台，三维成像视频影像平台。如图 1-1 所示，左边为手术医生控制台，中间为机械手和手术台，右边为视频系统。其中，机械手部分由一个内镜（探头）、刀剪等手术器械以及微型摄像头和操纵杆等器件组装而成。同时，这部分也是整个手术机器人中最重要的部分，与患者直接接触，所以其精度要求很高。通常机械臂在手术机器人中属于高值耗材，使用时临时安装到机器人上，每条机械臂有使用次数限制，根据目前的技术标准，机械臂使用 10 次后便不能继续使用，这使得使用手术机器人进行手术的价格居高不下，也限制了手术机器人的普及应用。

在床旁机械臂系统中使用的是固定机构，手臂机构为关节型手臂机构和机器人手腕机构，传动装置为连杆传动和流体传动机构，其是主要的机械工作部位，是整个系统最重要的部分。

该系统使用成本昂贵，表现在以下几个方面。

① 购置费用高。目前国内第三代四臂达芬奇手术机器人的总体购置费用在 2000 万元以上。

② 手术成本高。机器人手术中专用的操作器械每用 10 次就需强制性更换，而更换一个操作器械需花费约 2000 美元。

③ 维修费用高。手术机器人需定期进行预防性维修，每年维修保养费用也是一笔不小的开支。造成机器人手术使用成本高的原因通常被认为是其生产商通过收购竞争对手和专利保护等手段在这一领域形成了垄断，而这也成为制约手术机器人进一步发展的一个重要原因。

对于专科类的微创介入机器人，国外发展较快，荷兰核通公司 Van Gellekom 在 2004 年发布了名为 Seed Selectron 的系统，系统同时集成了 3D 超声波（US）成像技术、辅助机器人、TPS 软件等，能够实现实时粒子治疗，并且获得了美国食品药品监督管理局（FDA）、加拿大卫生部等认证。2007 年，美国 Thomas Jefferson 大学的 Yan Yu 等研发了 EUCLIDIAN 系统，用于超声图像导向的粒子治疗。国内哈尔滨工业大学、哈尔滨理工大学、天津大学等机构都分别对专科类的微创介入机器人进行了研究，哈尔滨工业大学孙立宁教授等构建了Freehand三维超声引导的穿刺手术机器人辅助系统；哈尔滨理工大学张永德教授等研制了针对前列腺癌和乳腺癌粒子植入的微创介入机器人。

2）内镜检查机器人

内镜检查机器人分为微创内镜检查机器人和无创内镜检查机器人。

微创内镜检查机器人主要用于微创手术中。1994年，美国Computer Motion公司研制的AESOP-1000型医疗机器人是第一套通过美国FDA认证的医疗机器人系统，这是早期的腹腔镜机器人系统，用脚踏板控制的方式对机器人进行控制，只是在手术过程中内镜的调整需要辅助人员，使得镜头运动更精确，更一致，并具有更加稳定的手术视野。在此之后，Computer Motion公司推出了世界上第一台基于语音控制的AESOP-2000微创外科手术机器人系统，世界上第一台具备七个自由度的AESOP-3000微创外科手术机器人系统，如图1-4所示。AESOP型医疗机器人将机器人辅助手术带入了新的高度，具有划时代意义。它使得医生摆脱了对助手手持内镜的依赖，去除了人手持内镜的弊端后，技术娴熟的医师可单独完成某些腹腔镜手术。

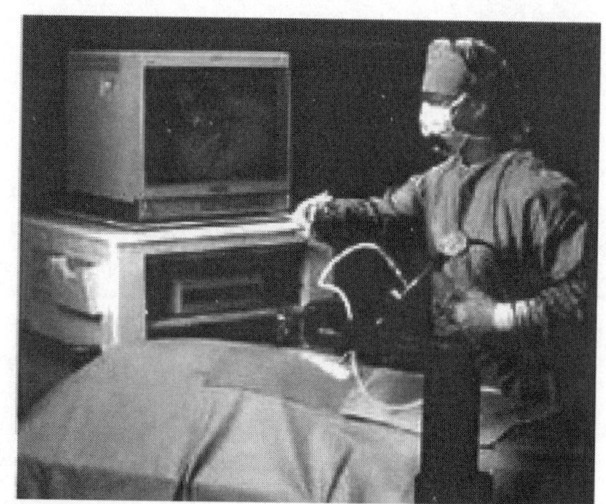

图1-4 AESOP-3000微创外科手术机器人系统

无创内镜检查机器人主要用于消化道疾病诊断，是一种能进入人体胃肠道进行医学探查和治疗的智能化微型工具，是体内介入检查与治疗医学技术的新突破。如图1-5所示，胶囊内镜机器人中装有摄像头和无线模块，患者口服后通过无线通信装置将采集到的消化道内图像发送至人体外的图像记录仪或者影像工作站。使用胶囊内镜机器人作为消化道疾病的诊断方式，检查形式简单方便，有利于消化道检查的普及，且无创无痛无交叉感染，极大地减轻了患者的痛苦。

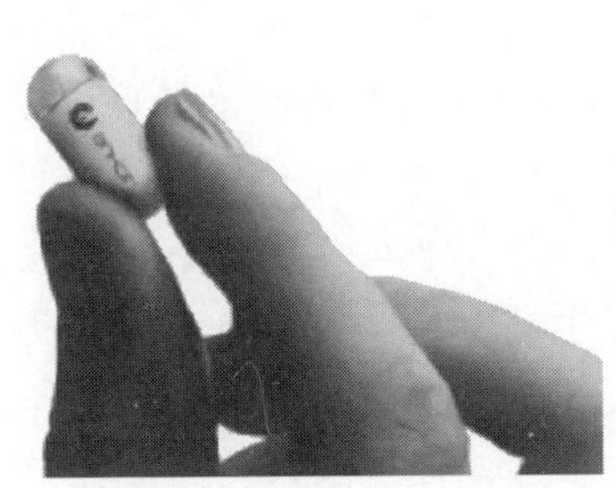
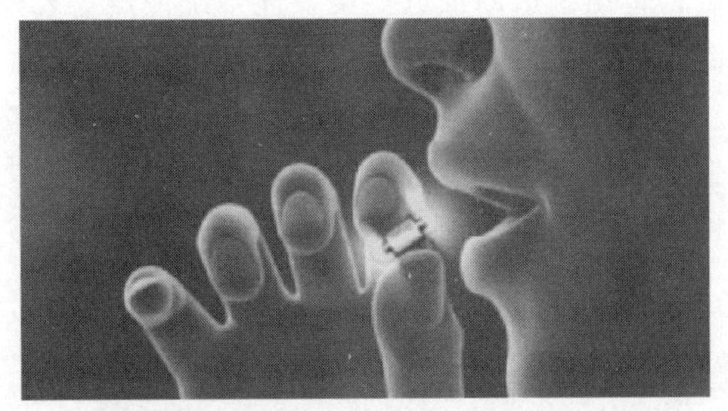

图 1-5 胶囊内镜机器人

范德比尔特大学（Vanderbilt University）和利兹大学（University of Leeds）开发了一款 18mm 大小的磁控胶囊内镜机器人，如图 1-6 所示。胶囊机器人可以通过吞咽等较为温和的方式进入肠道，不会产生如传统肠镜那样的侵入式副作用。在外部，研究人员通过外部磁体实现对体内的磁控胶囊机器人进行操控。磁控的胶囊机器人已经在猪的体内进行了成功试验，通过外部操控，机器人可以在肠道内完成前进和翻转，并且可以向后弯曲，从而使摄像机可以对整个肠道壁进行反向观察。

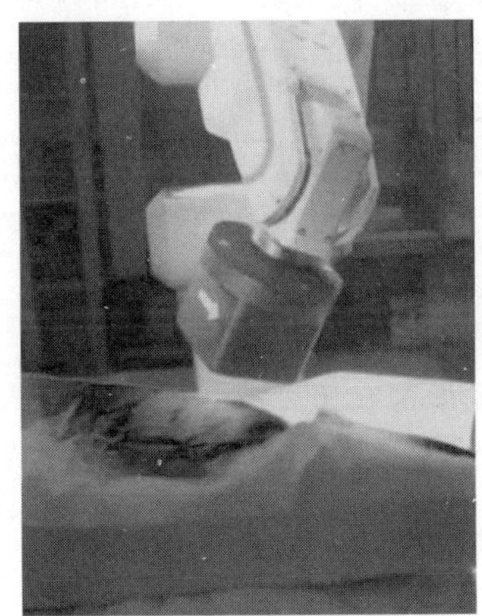
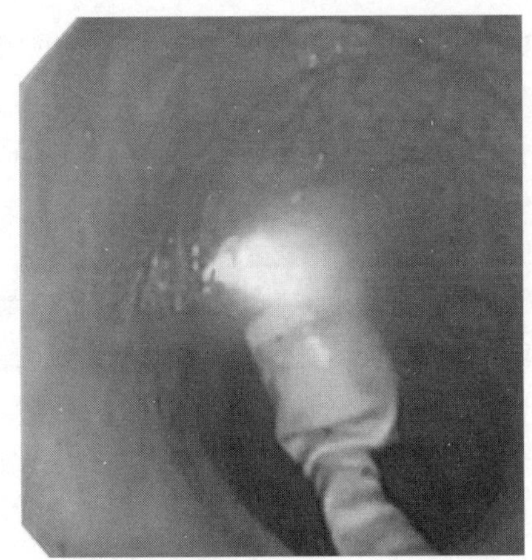

图 1-6 磁控胶囊内镜机器人

3）骨科手术机器人

目前骨科手术机器人可分为半主动型、主动型及被动型三种类型，截至 2018 年已参与骨科手术 2 万余例。

半主动型机器人系统为触觉反馈系统，典型方法是将切割体积限制在一定范围内，将切割运动加以约束，此系统依然需要外科医师来操作仪器，对外科医师控制工具的能力要求较高。主动型机器人不需术者加以限制或干预，也不需术者操作机械臂，机器人可自行完成手术过程；被动型机器人系统是在术者直接或间接控制下参与手术过程中的一部分，例如在术中，机器人在预定位置把持夹具或导板，术者运用手动工具显露骨骼表面。

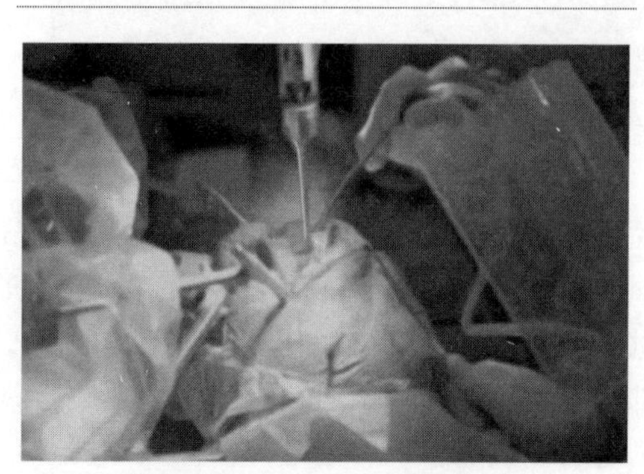

图 1-7 Robodoc 手术机器人

主动型机器人的典型代表为用于人工关节置换的 Robodoc 手术机器人，如图 1-7 所示。其操作原理是在规划好手术路径后，连接机器人本体设备，随后机器人便可自行进行切割磨削工作。术中无需医师操作，但需要医师全程监控，以便在出现意外时及时干预。

被动型机器人的主要代表是美国的 Stryker-Nav 和德国的 Brain-Lab 手术机器人，即计算机辅助影像导航手术设备。通过红外线追踪影像导航方式，采用被动式光电导航手术系统辅助徒手操作手术，可应用于任何术中借助导航图像定位的骨科手术，但只能完成特定的定位操作步骤，故临床应用较为局限。

骨科手术机器人的主要优势为微创、精确、安全和可重复性高，合理应用机器人辅助手术，不仅可以提供 3D 手术视野，而且可避免人手操作时产生的震颤，同时可大大缩短年轻医师的培养年限。

4）神经外科机器人

颅内手术需要精确定位与精细操作，而颅面部有相对固定的解剖标志，这使神经外科成为机器人外科最早涉及的领域之一。Motionscalers 技术和震颤过滤技术的发展使机器人操作手术器械变得十分精确。目前，神经外科手术机器人系统已从立体定向手术发展到显微外科手术，甚至远程手术。20 世纪 80 年代中期，PUMA 机器人（programmable universal machine for assembly industrial robot）最先用于神经外科。外科医师根据颅内病变的术前影像，将病变的坐标输入机器人，应用机器人引导穿刺针进行活检等操作。

早期的神经外科手术机器人系统都是用于立体定向手术或手术定位。20 世纪 90 年代中期，由美国 NASA 开发的机器人——RAMS（robot-assisted microsurgery system）是最早兼容核磁图像的机器人。系统基于 6 个自由度的主动-被动（master-slave）控制，可进行 3D 操作，因而不仅限于立体定向手术。

RAMS进行了震颤过滤和梯度运行，手术精确性、灵巧性明显提高。Le Roux等应用RAMS进行大鼠颈动脉吻合手术，手术很成功，但是手术时间较人工手术长。

L. Joskowicz等介绍了一种能够在锁孔手术中精确自动定位的影像引导系统。系统为MARS微型机器人，适合穿刺针、探针和导管的机械引导。术中机器人直接固定到头皮夹或颅骨上。它能根据术前CT/MRI的解剖注册和术中3D患者面部扫描注册，达到预先确定的靶点自动定位。应用本系统进行了注册试验。靶点注册误差为1.7mm（SD=0.7mm）。

加拿大研发的NeuroArm（University of Calgary，Calgary，Alberta，Canada）工程，包括了神经外科医生在颅内需要做的所有操作。它基于生物模拟设计，控制着手部动作可被机械臂（持有手术器械）模拟。NeuroArm包括两个机械臂，每一个都有7个自由度，另外第三个臂有两个摄像头，可以提供立体影像。NeuroArm可以进行显微外科操作，包括活检、显微切开、剪开、钝性分离、钳夹、电凝、烧灼、牵引、清洁器械、吸引、缝合等，还可向术者提供触觉压力反馈。NeuroArm可在术前计划出手术边界，材料都能兼容核磁，能进行术中核磁扫描，机械臂由钛合金和聚合塑料制造，核磁图像扭曲很小。NeuroArm可进行立体定向手术，通过线性驱动装置，精确到达靶点。NeuroArm图像引导系统可虚拟现实，在术前模拟手术过程。目前这套机器人正在进行测试，计划在两年内用于临床。

Remebot机器人是我国研发的具有自主知识产权的一款立体定位多功能神经外科机器人，如图1-8所示，是目前世界上最先进的神经外科辅助定位系统，多应用于癫痫外科等精确度要求极高的手术。Remebot机器人立体定向辅助系统将手术计划系统、导航功能及机器人辅助器械定位和操作系统（可提供触觉反馈即高级的可视化功能）整合于一体，树立了立体定位技术的里程碑。在癫痫外科，SEEG深部电极植入术中功能展现尤为突出，克服了传统的框架式立体定向仪和导航系统应用的局限性，有效提升了癫痫手术的准确性、安全性。目前我国仅有两台，其中一台于2018年6月落户普华医院。

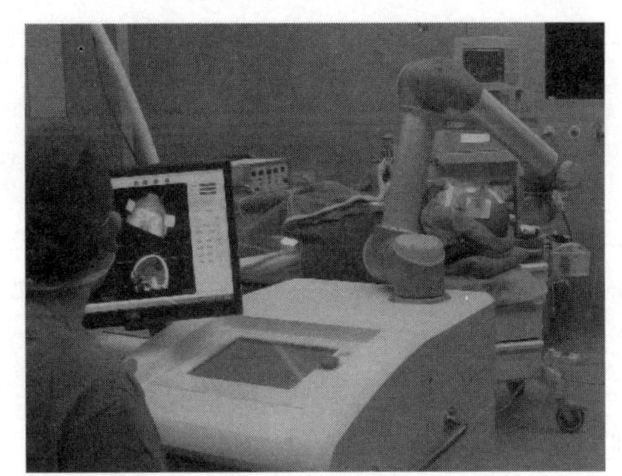

图1-8 Remebot神经外科机器人

（2）口腔修复机器人

1）义齿排牙机器人

在实际应用的过程中，以视觉效果的评价和手工操作为基础的传统口腔修复医学存在局限性和不确定性，也很大程度阻碍了口腔修复学的发展，造成口腔修复医学的发展缓慢。口腔修复机器人作为近年来迅速发展的新兴学科，其操作的规范化、标准化和自动化等优点，是现代口腔修复学发展的必然趋势。

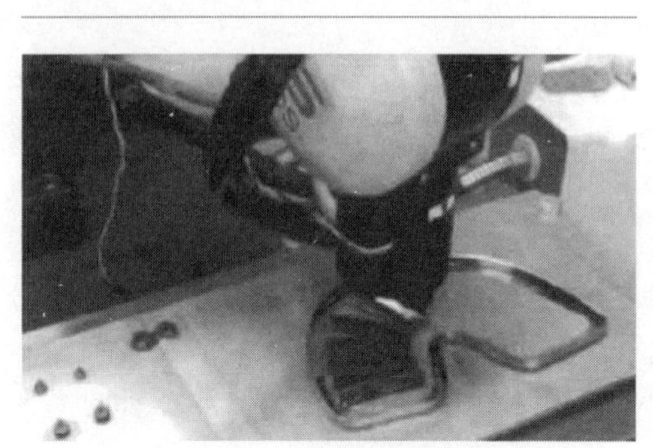

图 1-9　机械臂式义齿排牙机器人

义齿排牙机器人经历了两次技术飞跃。第一次技术飞跃：北京理工大学利用 CRS-4506 自由度机器人使被抓取的物体实现任意位置和姿态，研制可调式排牙器。用三维激光扫描测量系统获取无牙颌骨形态的几何参数，如图 1-9 所示。根据高级口腔修复专家排牙经验建立的数学模型，用 VC＋＋和 RAPL 机器人语言编制了专家排牙、三维牙列模拟显示和机器人排牙控制程序。当排牙方案确定后，数据传给机器人，由机器人完成排牙器的定位工作，最终完成全口义齿人工牙列的制作。哈尔滨理工大学设计了单操作机和多操作机的义齿排牙机器人，提高了排牙的效率和精度。第二次技术飞跃：3D 打印的问世颠覆了许多技术，也包括义齿排牙机器人，3D 打印出的义齿更加精确，效率更高。

3D 义齿打印过程如下。

① 数据采集。三维数据的采集是模型制作的重要一步。在医学领域，随着计算机断层扫描和核磁共振技术的发展，放射学诊断变得创伤更小，诊断也更精确，而且其高分辨率的三维图像数据在数秒内就可以获得，成为理想的三维数据获取手段。

② 数据处理。将获得的数据导入三维重建软件。以 CT 扫描出来的数据为例，将 CT 扫描的 DICOM 格式的数据导入软件，构建出形态曲面，重建三维模型。保存数据格式为 STL。STL 格式的数据是 3D 打印机所识别的数据，最终 3D 打印机将模型打印出来。

③ 3D 打印。3D 打印技术打印义齿效率和精度更高。

2）正畸弓丝弯制机器人

错颌畸形是口腔科的常见疾病，被世界卫生组织（WHO）列为三大口腔疾患之一。随着人们生活水平的提高，人们对口腔正畸的认识与需求也日渐提高。

然而，长期以来，传统的口腔正畸治疗用的弓丝完全依赖于医师的经验手工弯制。由于手工弯制不可避免的劳作误差，弯制出来的弓丝不确定性高，精度较低；对于一些复杂而治疗效果好的作用曲，经常由于医师的个人技能不足或者制作效率低而被舍弃，使得整个治疗过程难以控制、治疗周期变长，易给患者带来不必要的痛苦，很难达到精准治疗等，越来越不能满足现有临床需求。

机器人在口腔正畸学方面的应用正处于探索的初级阶段，正畸弓丝弯制机器人作为其中的一个方向，具有十分重大的应用意义。Butscher 等利用 6 自由度机器人实现弓丝和其他可弯制医疗器械的弯制，机器人系统由固定在基座上的机器人和分别装在基座、机器人上两个手爪组成，以完成任意角度的第二序列曲及第三序列曲。国内，哈尔滨理工大学研制了直角坐标式的正畸弓丝弯制机器人，术前通过数学建模的方法规划出患者所需成形矫正弓丝弯制过程中的控制节点位置信息和角度信息；国外，Ora Metrix 公司的商业化系统 Suresmile 集成了 CAD 正畸规划辅助治疗系统与弓丝弯制机器人系统，如图 1-10 所示，系统利用激光扫描仪或 CT 成像技术获取患者口腔图像，生成患者牙齿三维模型，通过在三维可视化系统中规划正畸方案，给出正畸弓丝的弯制参数，最后由计算机控制 6 自由度的工业机器人来完成弓丝的弯制过程。

图 1-10 正畸弓丝弯制机器人

3）牙齿种植机器人

2013 年，空军军医大学口腔医院与北京航空航天大学机器人研究所开始共同研发牙齿种植机器人，如图 1-11 所示。期间，他们突破了多项瓶颈，首创机械师空间融合定位方法，同时与 3D 打印技术结合，设计出集精准、高效、微创、安全为一体的自主式牙齿种植手术机器人，可实现术后即刻修复，弥补传统方法的不足。经过 4 年的努力，2017 年，我国自主研发的世界上首台自主式牙齿种植手术机器人终于问世。在一例牙种植即刻修复手术中，它表现优异，成功为一名女性的缺牙窝洞植入两颗种植体，误差仅 0.2～0.3mm，远高于手工种植的精准度。

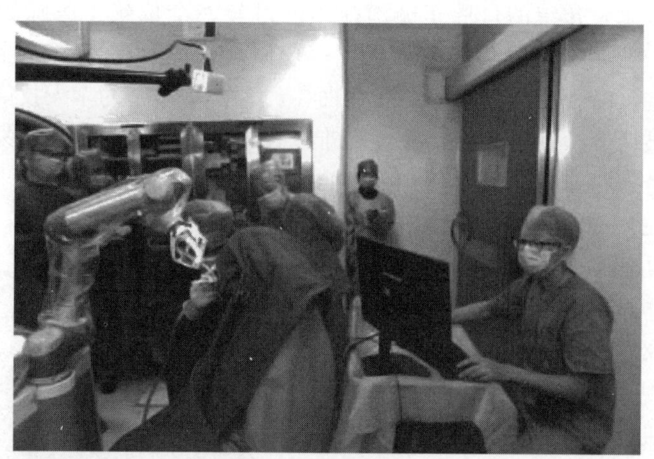

图 1-11 牙齿种植机器人

(3) 康复机器人

康复机器人分为功能治疗类康复机器人和生活辅助类康复机器人 2 个主类，再按功能的不同分为 4 个次类，并将 4 个次类进一步分为若干支类，其详细分类情况如图 1-12 所示。

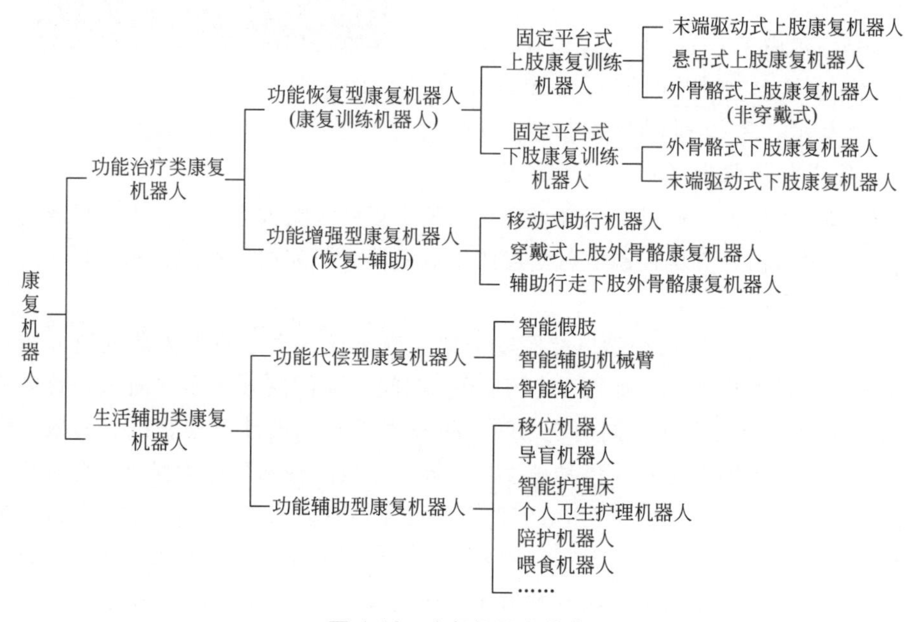

图 1-12 康复机器人分类

1）功能治疗类康复机器人

功能治疗类康复机器人作为医疗用康复机器人的主要类型，可以帮助功能障碍患者通过主、被动的康复训练模式完成各运动功能的恢复训练，如上肢康复训练机器人、下肢康复训练机器人等。此外，一些治疗类康复机器人还兼具诊断、评估等功能，并结合虚拟现实技术以提高康复效率。功能治疗类康复机器人按作用类型不同，又可分为功能恢复型康复机器人和功能增强型康复机器人两个次类。

① 功能恢复型康复机器人（康复训练机器人）。功能恢复型康复机器人主要是在康复医学的基础上，通过一定的机械结构及工作方式，引导及辅助具有功能障碍的患者进行康复训练。由于功能训练型康复机器人的体积庞大及结构复杂，一般为固定平台式，使用者需在特定的指定点使用，所以其既不能达到生活辅助功能，也不能起到功能增强作用。功能恢复型康复机器人按作用的部位不同，可分为固定平台式上肢康复训练机器人和固定平台式下肢康复训练机器人。

a. 固定平台式上肢康复训练机器人（图1-13）是基于上肢各关节活动机制而设计的用于辅助上肢进行康复训练的康复设备，按其作用机制不同可分为末端驱动式、悬吊式和外骨骼式。

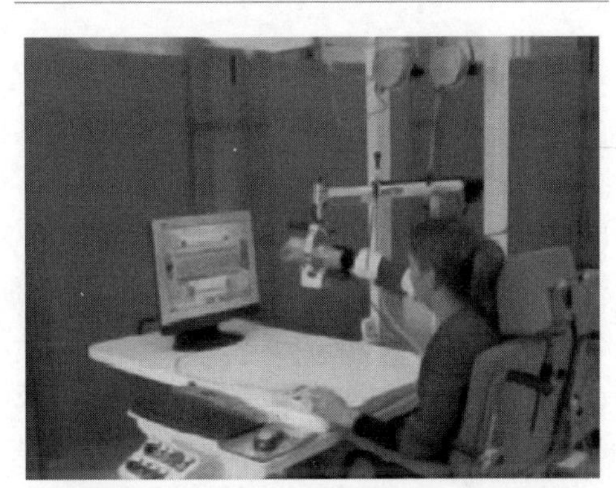

图1-13 固定平台式上肢康复训练机器人

末端驱动式上肢康复机器人是一种以普通连杆机构或串联机构为主体机构，通过对上肢功能障碍患者的上肢运动末端进行支撑，使上肢功能障碍患者可按预定轨迹进行被动训练或主动训练，从而达到康复训练目的的康复设备。具有代表性的末端驱动式上肢康复机器人有日本大阪大学研制的6自由度上肢康复训练系统、美国麻省理工学院研制的上肢康复机器人MIT-Manus。

悬吊式上肢康复机器人是一种以普通连杆机构及绳索机构为主体机构，依靠电缆或电缆驱动的操纵臂来支持和操控患者的前臂，可使上肢功能障碍患者的上肢在减重的情况下实现空间任意角度位置的主、被动训练的康复设备。具有代表性的悬吊式上肢康复机器人有意大利帕多瓦大学研制的上肢康复机器人NeReBot。

外骨骼式上肢康复机器人是一种基于人体仿生学及人体上肢各关节运动机制而设计的，用于辅助上肢功能障碍患者进行康复训练的康复辅助设备，根据其特殊的机械结构紧紧依附于上肢功能障碍患者的上肢，带动上肢功能障碍患者进行上肢的主、被动训练。具有代表性的外骨骼式上肢康复机器人有瑞士苏黎世大学研制的上肢康复机器人 ARMin。

图 1-14 固定平台式下肢康复训练机器人

b. 固定平台式下肢康复训练机器人（图 1-14）是基于模拟步态及下肢各关节活动机制而设计的用于辅助下肢进行康复训练的康复设备，按其作用机制和工作方式的不同可分为外骨骼式和末端驱动式。

a）外骨骼式下肢康复机器人是一种基于模拟步态并在各关节处配置相应自由度及活动范围可自行进行步态模拟工作的康复设备。当工作时，外骨骼式下肢康复机器人通过机械机构及绑带将使用者上身固定或进行悬吊，在带动下肢功能障碍患者进行下肢的主动训练或被动训练的同时可为患者提供保护和支撑身体的作用。具有代表性的外骨骼式下肢康复机器人有瑞士苏黎世大学附属医院的脊椎损伤康复中心与瑞士 Hocoma 医疗器械公司联合研制的下肢康复机器人 Lokomat。

b）末端驱动式下肢康复机器人是一种以普通连杆机构或串联机构为主体机构，通过对下肢功能障碍患者的下肢运动末端进行支撑，基于模拟步态，引导下肢功能障碍患者实现下肢各关节的主、被动协调训练，从而达到下肢康复训练效果的康复设备。具有代表性的末端驱动式下肢康复机器人有以色列 Motorika 和 Hwalthsouth 公司联合研制的下肢康复机器人 AutoAm-bulator 以及 Hocoma 公司研制的下肢康复系统 Erigo。

② 功能增强型康复机器人。功能增强型康复机器人通常为移动穿戴式，是一种不仅可帮助患者进行康复训练以恢复肢体功能，而且具有功能辅助作用的复合型康复机器人。这类机器人体积及结构较为轻巧，多为可移动式。根据工作方式及工作部位的不同，功能增强型康复机器人可分为移动式助行机器人、穿戴式上肢外骨骼康复机器人和辅助行走下肢外骨骼康复机器人。

a. 移动式助行机器人（图 1-15）是一种基于康复医学原理，通过模拟步态，辅助下肢功能障碍患者行走，并同时进行下肢康复训练的康复辅助设备。其工作机制是在为行走功能障碍患者提供辅助行走的同时为其提供主、被动的康复训练。具有代表性的移动式助行机器人有新西兰 Rex Bionic 公司研制的下肢外骨骼助行康复机器人 REX。

b. 穿戴式上肢外骨骼康复机器人（图 1-16）是一种穿戴于人体上肢外部的康复设备，通过引导上肢功能障碍患者的患肢关节做周期性运动，加速关节软骨及周围韧带和肌腱的愈合及再生，从而达到上肢的康复训练。具有代表性的穿戴式上肢外骨骼康复机器人有美国宾夕法尼亚大学研制的可穿戴机械臂 Titan、美国 Myoxn 公司研制的肘关节训练器、上海理工大学研制的外骨骼机械手。

图 1-15 移动式助行机器人

c. 辅助行走下肢外骨骼康复机器人（图 1-17）是一种穿戴于下肢功能障碍患者下肢外部的康复设备，其在生理步态研究的基础上设定模拟步态，控制各活动部件，在辅助下肢功能障碍患者行走的同时也辅助其进行康复训练。具有代表性的辅助行走下肢外骨骼康复机器人有以色列 ReWalk 医疗科技公司研制的外骨骼机器人 ReWalk、日本筑波大学研制的外骨骼机器人等。

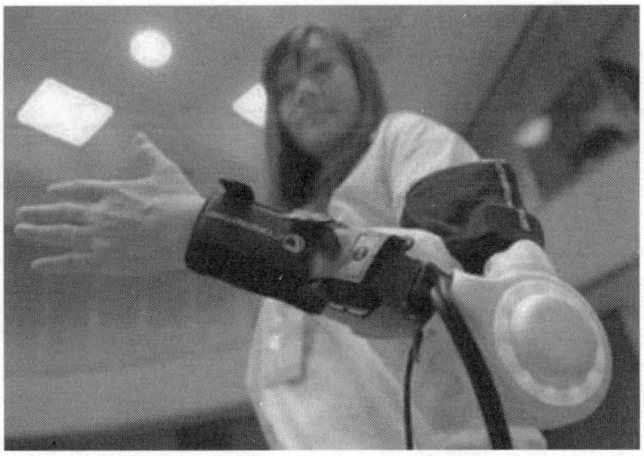

图 1-16 穿戴式上肢外骨骼康复机器人

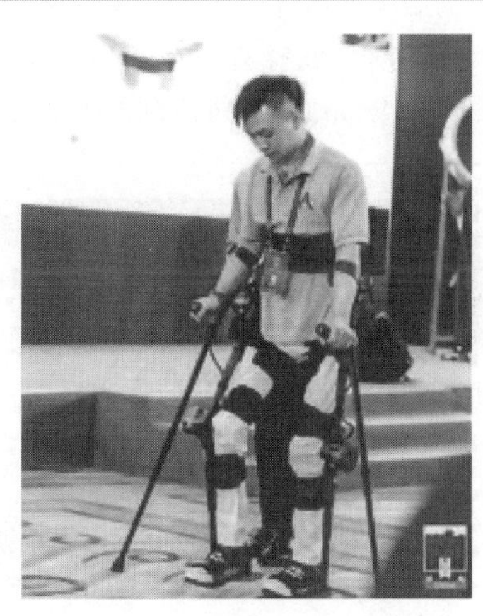

图 1-17 辅助行走下肢外骨骼康复机器人

2）生活辅助类康复机器人

生活辅助类康复机器人主要为行动不便的老年人或残疾人提供各种生活辅助，补偿其弱化的机体功能，如智能假肢、智能轮椅、智能辅助机械臂等。一些生活辅助类康复机器人还具有生理信息检测及反馈技术，能为使用者提供全面的生活保障。生活辅助类康复机器人按作用功能不同，可分为功能代偿型康复机器人和功能辅助型康复机器人两个次类。

① 功能代偿型康复机器人。功能代偿型康复机器人作为部分肢体的替代物，可替代因肢体残缺而丧失部分功能的患者的部分肢体，从而使患者得以最大可能地实现部分因残缺而丧失的身体机能。功能代偿型康复机器人按作用不同，可分为智能假肢、智能辅助机械臂、智能轮椅等。

a. 智能假肢（图 1-18）又叫神经义肢或生物电子装置，是利用现代生物电子学技术为患者把人体神经系统与图像处理系统、语音系统、动力系统等装置连接起来，以嵌入和听从大脑指令的方式替代这个人群的躯体部分缺失或损毁的人工装置。智能假肢包括上肢智能假肢与下肢智能假肢。具有代表性的上肢智能假肢有德国奥托博克公司的智能仿生肌电手 Michelangelo、英国 RSL Steeper 公司研制的肌电假手 Bebionic3；具有代表性的下肢智能假肢有冰岛 Ossur 公司的智能假肢 Power Knee。

b. 智能辅助机械臂（图 1-19）是一种用于生活辅助的机械臂，其结构类似于普通工业机械臂，主要作用是为老年人或残疾人等上肢功能不健全的人群提供一定的生活辅助。智能辅助机械臂的服务对象是人，所以需要研究人机交互、人机安全等诸多问题，这是与工业机器人的最大区别。其关键技术涵盖机器人机构及伺服驱动技术、机器人控制技术、人机交互及人机安全技术等。具有代表性的智能辅助机械臂有日本产业技术综合研究所研制的辅助机器臂 Rapuda、荷兰 Exact Dynamic 公司研制的 6 自由度机械臂 Manus。

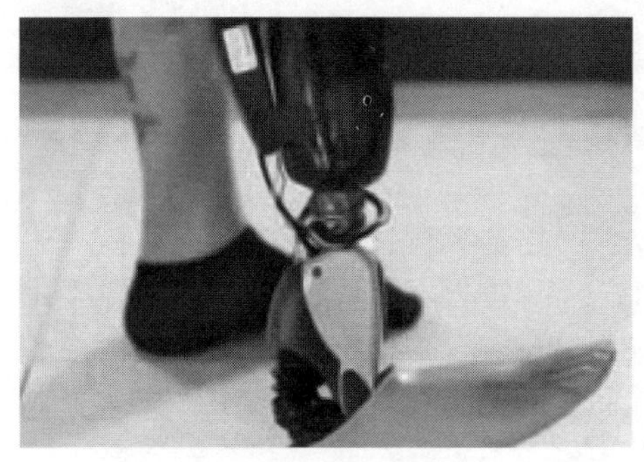

图 1-18 智能假肢

图 1-19 智能辅助机械臂

c. 智能轮椅（图 1-20）是一种将智能机器人技术与电动轮椅相结合，用于辅助使用者行走的辅助设备，其融合多种领域的技术，在传统轮椅上叠加控制系统、动力系统、导航系统、检测反馈系统等，可实现多姿态转换、智能控制及智能检测与反馈功能，也被称为智能式移动机器人。具有代表性的智能轮椅有麻省理工学院智能实验室 Wheelesley 项目研制的半自主式智能轮椅、法国的 VAHM 项目研制的智能轮椅。

② 功能辅助型康复机器人。功能辅助型康复机器人是通过部分补偿机体功能以增强老年人或残疾人弱化的机体功能来帮助其完成日常活动的一类康复辅助设备。功能辅助型康复机器人主要包括移位机器人、导盲机器人、智能护理床、个人卫生护理机器人、陪护机器人、喂食机器人等。

a. 移位机器人（图 1-21）是一种能够根据所测压力自动协调各部位驱动部件的输出功率，通过机器臂调整卧床患者的姿态位置的生活辅助设备。移位机器人基于多传感器数据融合技术及智能控制技术，可分析检测附近环境信息及护理对象生理数据信息。具有代表性的移位机器人有日本理化学研究所研制的移位机器人、美国 Vecna Robotics 公司研制的救援机器人。

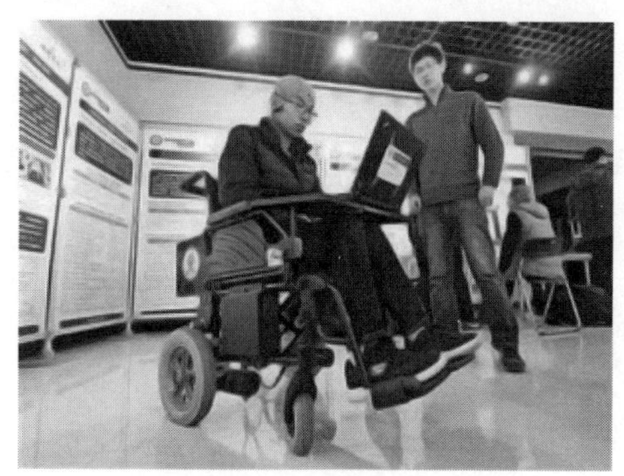

图 1-20 智能轮椅

图 1-21 移位机器人

b. 导盲机器人（图 1-22）是集环境感知、动态决策与规划、行为控制与执行等多种功能于一体的综合系统，它通过多种传感器对周围环境进行探测，将探测的信息反馈给视觉障碍者，帮助弥补患者视觉信息的缺失以避开日常生活中的障碍物，成功行走至目的地，有效提高其生活质量。它属于服务机器人范畴。导盲机器人作为视觉障碍者提供环境导引的辅助工具，具有代表性的导盲机器人有日本 NSK 公司研制的机器导盲犬，以及美国麻省理工学院的 Dubowsky 教授等研制的具有智能型步行机和智能手杖装置的

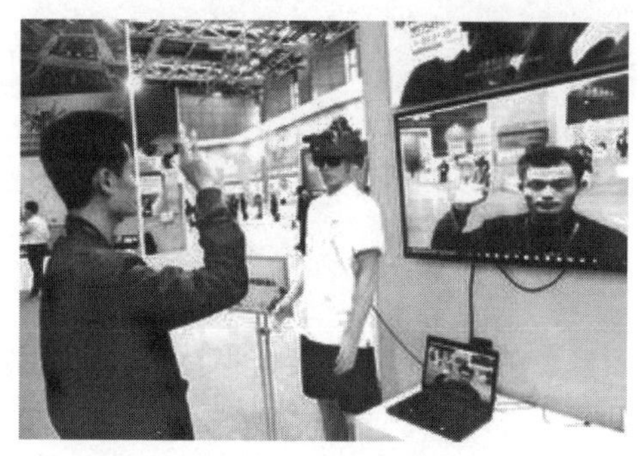

图 1-22 导盲机器人

PAMM 系统。

c. 智能护理床（图 1-23）是一种为生活不便或瘫痪在床的老年人和残疾人提供生活护理而设计的生活辅助设备。智能护理床不仅可以通过连杆铰链的机械结构，以及直线推杆作为动力源，实现患者翻身、起背、屈伸腿等辅助换姿活动，还可以基于传感器应用的生理参数监测系统以及人机交互系统检测人体生理参数监测系统，判断人体的生理状况。智能护理床机器人中比较有代表性的有美国史赛克医疗公司研制的智能护理床以及瑞典 ArjoHuntleigh 公司研制的智能护理床 Enterprise9000。

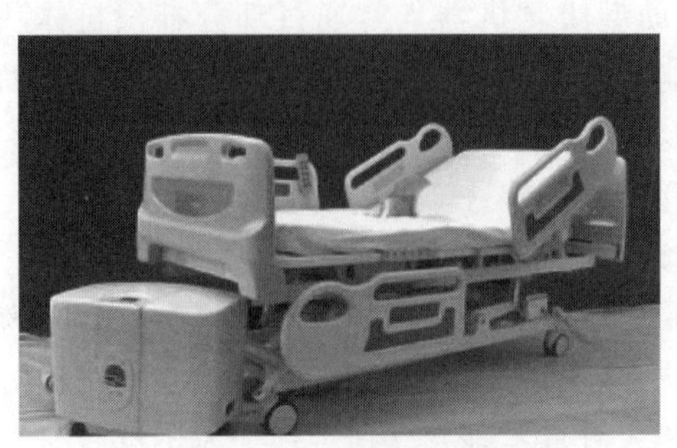

图 1-23 智能护理床

d. 个人卫生护理机器人是一种为那些由不同原因导致的生理能力下降或功能丧失而无法实现自我照料的老年人、残疾人和无知觉患者而设计的生活辅助装置。其通过微控制器及多传感器融合技术，检测生命体特征，再经过按键或语音控制方式，控制个人卫生护理机器人进行相应动作。个人卫生护理机器人包括大小便处理机器人和辅助洗澡机器人。具有代表性的个人卫生护理机器人主要有日本安寝全自动智能排泄处理机器人、日本研制的自动洗澡机器人 Avant Santelubain999（图 1-24）。

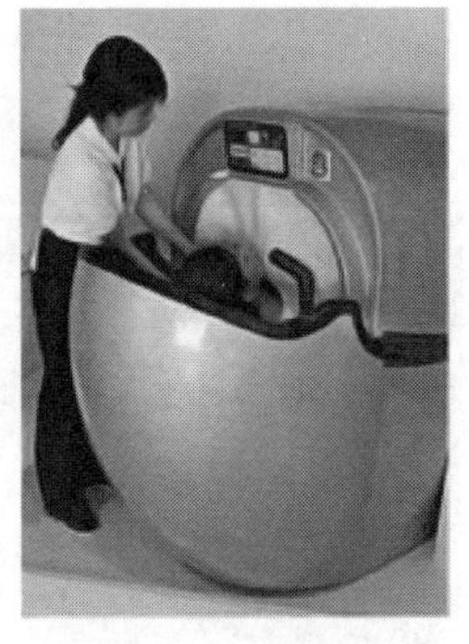

图 1-24 自动洗澡机器人

图 1-25 陪护机器人

e. 陪护机器人（图 1-25）是一种具有生理信号检测、语音交互、远程医疗、自适应学习、自主避障等功能的多功能服务机器人，能够通过语音和触屏交互系统与使用者进行沟通，并通过多方位检测设备检测使用者的生理数据信息，从而进行相应陪护服务。具有代表性的陪护机器人有德国弗劳恩霍夫制造技术和自动化研究所研制的服务机器人 Care-O-Bot、奥地利维也纳技术大学研制的陪护机器人。

f. 喂食机器人（图 1-26）是一种提供饮食辅助的机器人，其原理是基于多传感器融合技术，通过多自由度串联机械臂协助使用者进食。喂食机器人服务的对象主要为肌萎缩侧索硬化症、脑性瘫痪、帕金森病和脑或脊髓损伤等造成手部不灵活甚至手缺失的患者。具有代表性的喂食机器人有美国 Desin 机器人公司研发的智能喂食机器人 OBI、日本 SECOM 公司研发的助餐机器人。

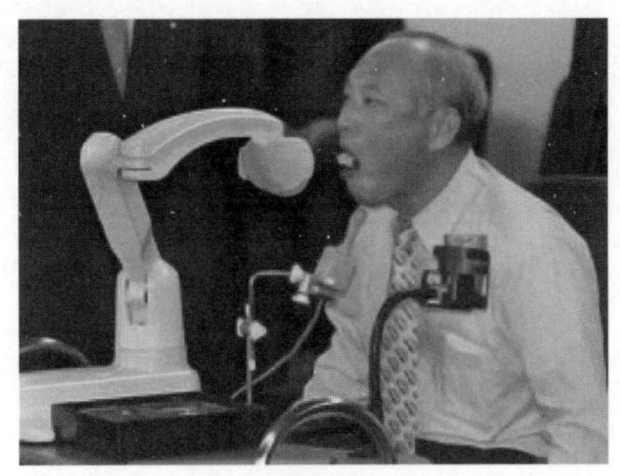

图 1-26 喂食机器人

参考文献

[1] 侯小丽，马明所. 医疗机器人的研究与进展[J]. 中国医疗器械信息，2013，6（1）：48-50.

[2] 倪自强，王田苗，刘达. 医疗机器人技术发展综述[J]. 机械工程学报，2015，51（13）：45-52.

[3] Min Y J，Taylor R H，Kazanzides P. Safety Design View：a Conceptual Framework for Systematic Understanding of Safety Features of Medical Robot Systems[C]. 2014 IEEE International Conference on Robotics & Automation，May 31-June 7，2014，Hong Kong，China，pp. 1883-1888.

[4] Moskowitz E J，Paulucci D J，Reddy B N，et al. Predictors of Medical and Sur-

gical Complications after Robot-assisted Partial Nephrectomy: an Analysis of 1, 139 Patients in a Multi-institutional Kidney Cancer Database[J]. Journal of Endourology，2017，31(3)：223-228.

[5] Challacombe B，Wheatstone S. Telementoring and Telerobotics in Urological Surgery[J]. Current Urology Reports，2010，11(1)：22-28.

[6] 赵子健，王芳，常发亮. 计算机辅助外科手术中医疗机器人技术研究综述[J]. 山东大学学报（工学版），2017，47（3）：69-78.

[7] 潘孝华，颜士杰，李绪清，等. “达芬奇”机器人手术系统行妇科手术 11 例临床观察[J]. 安徽医药，2015，19（11）：2139-2141.

[8] 楼逸博. 医疗机器人的技术发展与研究综述[J]. 中国战略新兴产业，2017，48：135-136.

[9] Ueki S，Kawasaki H，Ito S，et al. Development of a Hand-assist Robot with Multi-degrees-of-freedom for Rehabilitation Therapy[J]. IEEE/ASME Transactions on Mechatronics，2012，17(1)：136-146.

第2章

医疗机器人的关键技术

医疗机器人技术已经成为国际前沿研究热点之一，它是从生命科学与工程学理论、方法、工具的角度，将传统医疗器械与信息技术、机器人技术相结合的产物，是诸多学科交叉的新兴研究领域[1]。伦敦皇家学院泌尿外科医生贾斯廷·韦尔认为，如今机器人已成为日常医疗工作的组成部分，随着机器人的价格越来越低、体形越来越小，它们定会成为常规医疗手段。医疗机器人的关键技术包括远程手术技术、手术导航技术、人机交互技术、辅助介入治疗技术四部分。

2.1 远程手术技术

2.1.1 远程手术技术的背景

由于我国人口众多，经济发展和医疗资源极不平衡，中心城市和沿海发达地区经济发达，医疗资源丰富，而边远地区经济相对落后，医疗资源匮乏。同时，我国 80%的大医院集中在中心城市和经济发达地区，大手术一般要到中心城市才能进行，由于地域造成的就医困难，患者经常会错过最佳手术时机。基于医学物联网的远程手术方式，可以把边远地区患者与大医院知名专家连在一起，最大限度地减少患者及家属身体上、精神上和经济上的负担。我国是自然灾害多发国家，开展远程手术具有重要意义。在 2008 年的汶川大地震中，由于当地手术条件限制，远程手术挽救了很多伤者的性命，减少了残障者的数量。目前成功的手术机器人大多是主从操作式机器人，未来的趋势是远程手术，因此遥控操作和远程手术技术备受关注。

2.1.2 远程手术的基本定义

远程手术是远程医疗的一种。远程医疗以计算机技术，卫星通信技术，遥感、遥测和通信技术，全息摄影技术，电子技术等高新技术为依托，充分发挥大医院和专科医疗中心的医疗技术和设备优势，对医疗条件较差的边远地区、海岛或舰船上的病员进行远距离诊断、治疗或医疗咨询。远程手术是指医生运用远程医疗手段，异地、实时地对远端患者进行手术，包括远程手术会诊、手术观察、手术指导、手术操作等。

远程手术实际上是网络技术、计算机辅助技术、虚拟现实技术的必然发展，可以使得外科医生像在本地手术一样对远程的患者进行一定的操作[2]。其实质是医生根据传来的现场影像来进行手术，其动作可转化为数字信息传递至远程患者处，控制当地的医疗器械的动作。在手术之前，首先需要进行远程会诊与手术规划，远程中心与远端站点的医生通过医学物联网对患者资料作出详细分析和研究，制定详细的手术方案，应用虚拟现实技术进行手术规划与预演，准备主要手术方案的可能替代方案。远程手术实施时，执刀医生位于中心站点，通过技术手段遥控位于异地远端站点的机器人来进行手术。远程手术在位于中心站点的虚拟手术室和远端站点实际手术室同时进行，前者的手术对象是由患者的信息数据再现的虚拟。患者应用虚拟现实技术及精密传感技术将远端患者的空间透视图像，患者的状态、姿态信息及重要的生理信息传送至控制中心并精确地显示于操作者（外科医生）的一个虚拟图像环境中。外科医生戴上虚拟现实装置并且利用定制的界面对虚拟的患者部位进行虚拟手术操作。远程手术的完成需要一个受中心站点精确控制的智能机械系统，包括机器人、操纵杆或精密机械手[3]。这种机械装置可以在远端站点的手术室内完全逼真地再现中心站点医生在虚拟现实环境中所进行的手术操作，使之准确地施加在与虚拟现实环境中完全相同的患者身体的部位。

2.1.3 远程手术的运用实例

2001 年 9 月 7 日，在美国纽约和法国斯特拉斯堡之间实施了世界上首例微创远程机器人辅助手术，两地相距 7000 多千米。手术使用了由 Computer Motion 公司开发的宙斯（ZEUS）机器人系统，如图 2-1 所示，接受手术的患者位于法国斯特拉斯堡，是一名 68 岁的胆结石患者，而外科医生位于美国纽约，最后手术获得了很大的成功，自此远程手术开始快速发展。

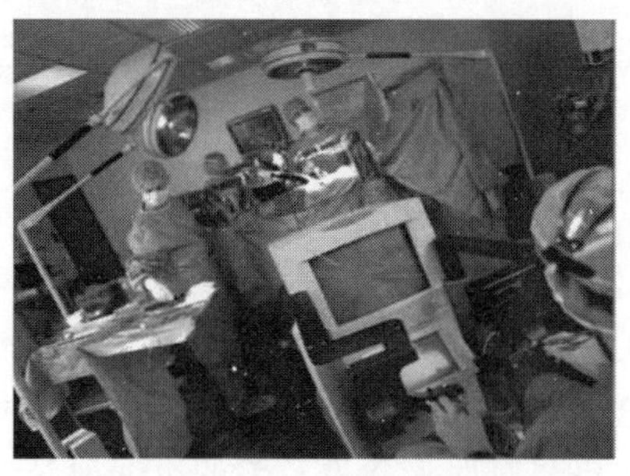
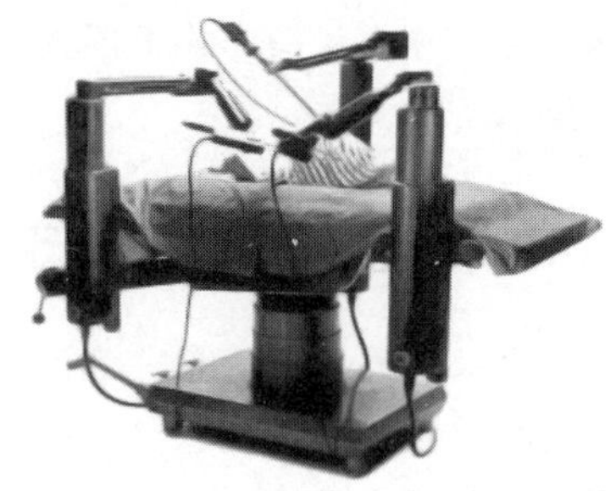

图 2-1 宙斯（ZEUS）外科机器人

2012 年 12 月，由北京航空航天大学和海军总医院合作开发的 BH-7 机器人（图 2-2）完成了我国首次海上远程手术。手术过程中，医生位于北京的海军总医院远程中心，患者位于太平洋某海域的医院船上，手术通过卫星建立通信连接，最后手术获得成功。BH-7 机器人具有 5 个自由度，是北京航空航天大学与海军总医院针对海上远程环境下脑外科手术开发的一套远程系统。为了解决卫星通信延时的问题，系统采用了虚拟手术技术将远程的视频图像与预测的虚拟图像融合在一起，这样增强了系统的安全性和可靠性，同时也在很大程度上降低了延时对系统的影响，针对海上环境下船体的振动、摇摆以及手术环境空间狭小等因素，BH-7 机器人在结构设计、误差分析与补偿方面也进行了相关的研究。

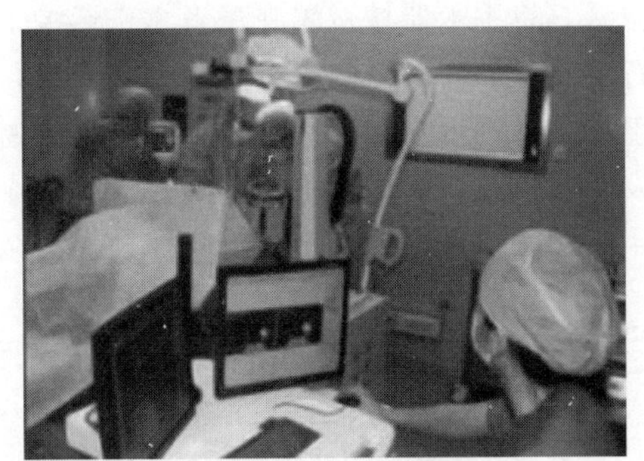

图 2-2 BH-7 机器人

远程手术可以更好地管理和分配边远地区的紧急医疗服务，可以使医生突破地理范围的限制，提高了医疗资源的利用率，进一步提高我国的医疗水平。

2.2 手术导航技术

2.2.1 手术导航技术的背景

随着人们物质生活水平的不断提高，对医疗服务的要求也越来越高，使得许多传统的、创伤很大的手术也需要适应这一形势变化而发展，要求手术必须在最大限度地切除病变的同时，将手术的损伤程度降到最低，确保患者术后拥有良好的生活质量。手术导航技术就是在这种条件下产生发展起来的。传统的脑外科手术是：术前 CT 或 MRI 影像资料是以固定胶片的形式在远离术者的观片灯表面显示，手术工具与组织解剖结构的关系需要医生通过想象实现，客观性差。医生为了确保手术的成功率，手术切口常做得很大，颅内病灶的定位和切除主要靠医生的经验和技术水平，缺少客观上的衡量标准。手术导航系统是把患者术前的影像资料与术中病灶的具体位置通过高性能计算机连接起来，可以准确地显示病灶的三维空间位置及相邻重要的组织器官，这样术前医生可以通过处理软件在计算机上选择最佳的手术路径，设计最佳手术方案；术中手术导航系统跟踪手术器械位置，将手术器械位置在患者术中影像上实时更新显示，向医生提供手术器械位置的直观、实时信息，引导手术安全进行。医生可依靠实时的定位及预设方案的引导，做到手术切口尽量小，在手术中避开重要的组织结构直达病灶，使手术更安全、快速，更彻底地切除病灶，不但节省了手术时间，减少了患者的失血量、术后并发症和住院天数，而且体现出医院“一切以患者为中心”的服务宗旨。

2.2.2 手术导航技术的基本定义

手术导航技术是计算机技术、精确定位、图像处理等技术的结合体，它的应用极大地减小了手术创面，减轻了患者的痛苦，缩短了手术的复原期，同时使手术的成功率大大提高。术中定位技术是联系手术空间和虚拟空间的工具，配准技术是手术空间和虚拟空间对应起来的具体实现手段，它们的精度直接决定着导航系统的精度[4]。

(1) 定位技术

定位技术是手术导航的关键技术之一，它的作用就像是手术过程中的观察者，通过这个观察者得到患者、手术器械的位置和姿态，确定患者的位置姿态，并将其结合起来，定位精度直接决定着手术导航的精度。一般来说，手术导航定位技术可以分为接触式定位方法和非接触式定位方法两种。非接触式定位方法按传感器的种类不同可以分为以下三种。

① 声音定位方法。该方法利用不同声源的声音到达某一特定地点的时间差、相位差、声压差等来进行定位与跟踪，定位精度一般在 5mm 以内。

② 电磁定位方法。该方法利用电磁定位器进行空间立体定位，如图 2-3 所示。电磁定位器一般由发射器和接收器组成。接收器在手术空间中的位置和姿态由发射器发射的电磁波得到。该方法的优点在于不受红外线和可见光灯遮挡，因此不用考虑手术过程中对接收器的遮挡问题。但该方法严重依赖于电磁波，电磁干扰会大大影响定位效果。电磁定位技术的定位精度可以在 2～3mm。

图 2-3 电磁定位器

③ 光学定位方法　光学定位系统一般由感测器和参考刚体组成，如图 2-4 所示，感测器在工作范围内发出红外线，参考刚体通过反射感测器发

出的红外线将其位置和姿态信息输出给感测器。光学定位方法不受电磁信号的干扰，同时参考刚体小巧且方便固定。但是它会受到可见光和红外线的干扰。它的精度是以上几种方法中最高的，可以达到0.5mm。

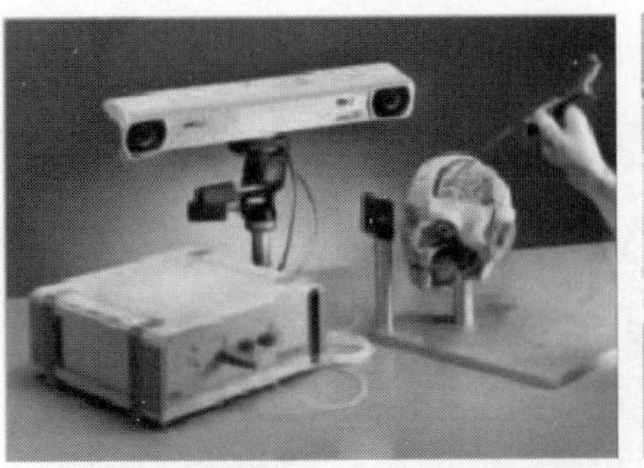

图 2-4 光学定位系统

(2) 配准技术

配准技术涉及不同医学图像空间的转换关系，是手术导航技术不同于其他工业机器人导航技术的关键所在。图像配准就是将不同时间、不同成像设备获取的两幅或多幅图像进行匹配、叠加的过程，从而得到该两幅或多幅图像的位置和姿态信息的转换关系。配准精度会直接影响手术导航精度。

基于医学图像的配准，对图像处理技术、配准算法、计算机语言编程都有很高的要求，涉及医学、数学、计算机、机械工程等领域的知识，所以2D/3D配准一直是一个难点，虽然许多专家学者提出了多种配准算法，但一直没有成熟的技术，因此一直是研究的热点。

2D/3D配准可以分为四类：基于点的配准、基于轮廓的配准、基于表面的配准和基于图像灰度的配准。

常见的手术导航系统主要包括两类：一类是只完成手术器械和患者位置的实时更新与显示，由医生来完成手术过程，如图2-5所示；另一类是由机器人来完成手术导航，不但能实时给出机器人相对于患者的位置和姿态，还能监控机器人的手术过程，如图2-6所示。

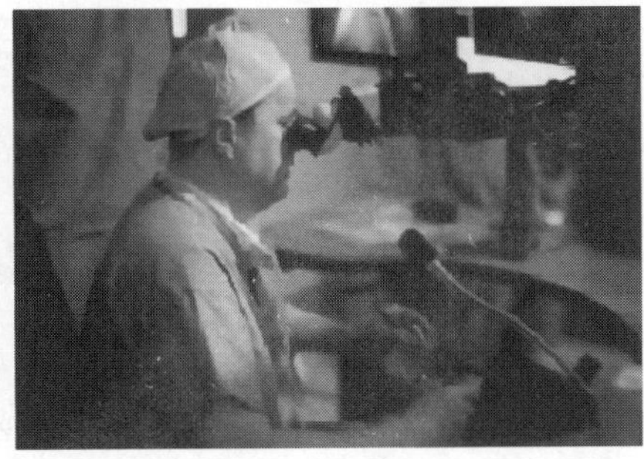

图 2-5 由医生完成手术过程

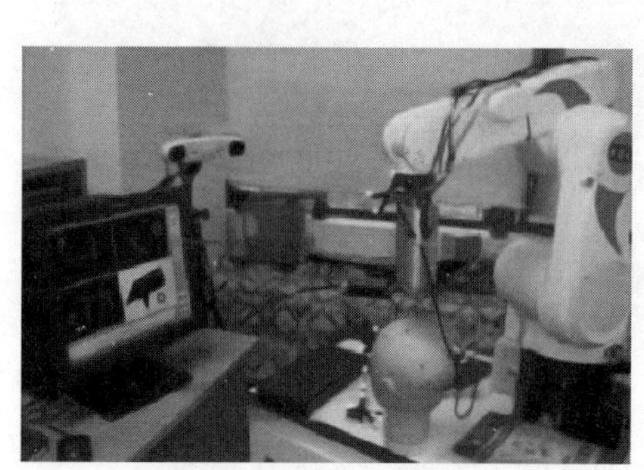

图 2-6 监控机器人手术过程

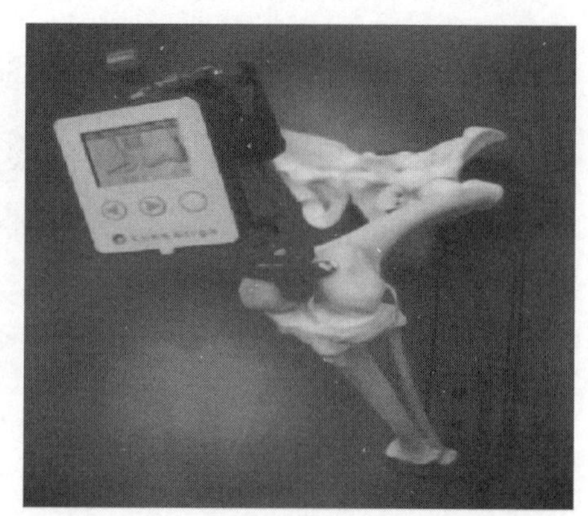

图 2-7 KneeAlign2 系统

2.2.3 手术导航技术的运用实例

OrthAlign 公司的 KneeAlign2（图 2-7）系统已经得到 FDA510（k）许可证。

OrthAlign 采用 ADI iSensor@IMU（惯性测量单元），可以在数秒时间内测定患者胫骨旋转中心，并精密计算出切骨角度，操作简便，能达到光学导航系统同等的胫骨和股骨测量效果。据报道，该系统关节置换对准精度接近 91%，而传统外科手术设备仅有 68%。

手术导航系统，是将患者术前或术中影像数据和手术床上患者解剖结构准确对应，手术中跟踪手术器械并将手术器械的位置在患者影像上以虚拟探针的形式实时更新显示，使医生对手术器械相对患者解剖结构的位置一目了然，使外科手术更快速，更精确，更安全。

2.3 人机交互技术

2.3.1 人机交互技术的背景

医疗机器人在临床应用和推广过程中必然面临效率、可用性、可靠性、安全性、成本、道德、法律、规范等问题，这些问题均属于人机交互的研究内容。有关机器人人机交互方面的研究大多是开发合适的工具和设备、改进操作和提高效率等。

将人机交互的理论和方法应用于医疗外科机器人的设计是解决临床问题的一个有效手段[5]。Alexander认为在产品的开发阶段，系统工程专家很少关注所谓的"用户"这个自然特性，进而提出了产品利益相关者的洋葱图模型，指出该模型可以在需求分析阶段辨识和评估用户的作用，从而有效地避免产品使用过程中的不稳定和降低出现故障的风险，强调在需求分析阶段必须采用社会技术系统的方法考虑用户所关心的问题，即强调工作系统中人和机器交互的问题。

医疗外科手术机器人的临床应用，对患者来说克服了传统外科的一些弊端，有很多潜在的好处；但人机交互手段的改变，对医生来说则带来了严重的不利，如失去三维视觉反馈和本体感受、较差的分布式手眼协调能力、不良的设备和工作站设计、手术室小组成员组织和任务变化等。按照Rahimi和Karwowski的观点，这些不利因素都是机器和人在工作中发生危险的潜在根源，因此这些变化都会导致医疗手术最关心的安全问题。尽管有关机器人手术在安全问题上发生的事故报道只有1例，但对于尚在应用起步阶段的医疗外科机器人领域来说，可以认为它在实际应用中对事故的发生起着重要作用。因此，安全问题成为阻碍这个领域发展的一个瓶颈。尽管已经有众多科研机构在大力研发并推广临床应用，但真正市场化较好的医疗机器人系统却只有用于神经外科手术的NeuroMate系统和用于通用手术的da Vinci机器人系统等少数的几种，相对于庞大的市场来说远没有普及。Davies认为医疗机器人和工业机器人是两个完全不同的领域。用于工业机器人的人机交互和安全分析策略主要考虑除编程调试外如何避开人和机器人的接触问题，这些方法应用于医疗外科机器人领域是不合适的。

另外，医疗机器人的研发涉及机械、电子、计算机、控制、医学等多个学科的技术和知识，这导致用于医疗机器人系统的设计和临床应用面临巨大挑战。为此，Taylor认为，可采用系统科学的方法解决多学科问题。但在实际的临床过程中，医生、护士等医务人员以及患者、医疗机器人系统、手术室、手术流程等构成一个复杂的人机系统，在这个系统中，医疗机器人系统被作为扩展医生技能的工具来看待，不能独立于医生和医务人员之外。因此，Rau等指出引入人机交互理论和方法到系统开发中意味着切实采取了多学科的方法，是解决上述问题最有效的途径之一；并且，Buckle等指出人机交互理论通常倡导采用系统的方法去解决工作和工作系统设计问题。人机交互理论和方法能够为日益增长的基于技术依赖的手术过程和系统的最大化效率和安全提供合理的基础。Delano的研究表明，在医院、医疗保障中心、医疗产品与系统设计的场合，人机交互理论或者以人为中心的设计流程的组建是既不费力也不费钱的事情。

2.3.2 人机交互的基本概念

人机交互（human-machine interaction，HMI）是一门研究系统与用户之间互动关系的科学，属于工效学/人因学（ergonomics/human factors）的范畴。在人机交互中，人与机器进行互动的可见部分被称为人机界面或人机接口。用户通过人机界面同系统进行交流或操作。人机交互中的系统既可以是各种机器，也可以是计算机化的系统和软件，还可以是其他工程技术系统。人机交互的主要用途有以下两方面。

① 提高工作中的效率和效果，包括增强使用的方便性、降低错误、增加生产率；

② 提高特定期望下人的价值，包括提高安全性、降低疲劳、减轻压力、增加舒适度、提高更多用户的可接受性、增强工作满意度和提高生活质量。

研究计算机化的系统和软件的人机交互被称作 HCI（human-computer interaction）。美国计算机协会将 HCI 定义为“一门研究人与计算系统进行交互的设计、评估、应用以及研究人与计算机系统周围主要环境相互作用的科学”。广义上的 HCI 是指所有包含计算机的人机交互。目前的医疗机器人系统大多是在计算机导航系统的交互下完成的，同时又需要考虑人和机器人的直接交互，因此严格说来医疗机器人的人机交互属于广义 HCI。为了不让人产生人机交互就是狭义 HCI（人与计算机软件操作界面的交互）的误解，以 Helande 模型为基础，给出了人机交互的概念模型[6]，如图 2-8 所示。由模型可知，人机交互的过程可表述为：在环境（自然环境如照明、色彩、振动和社会环境如组织、文化、制度、法律、规范、道德等）条件的制约下，人通过感觉器官感受机器（泛指设备或工具等工作系统）的输出信息，并传递到大脑中进行信息处理，做出决策，促使人的肌肉骨骼运动，以控制机器按照人的意志进行工作，这里，人和机器的工作方式正好相反。人是经过“感知信息→决策信息→控制命令输出”过程，即“S-O-R”（stimulate，operation，reaction）过程；而机器却是经过“接受命令→决策处理→结果显示”过程，即“C-O-D”（command，operation，display）过程。图 2-8 中人与机器进行通信与控制的部件就是人机界面，方框内容为人机交互所研究的内容[7]。

人机交互是研究人、机器、环境三者之间的联系。由于其固有的可实践性以及包含满意度的设计标准，因此属于系统工程范畴的多学科综合而形成的工程学科，而不是科学学科。其理论的基础主要来源于以下几个方面。

① 系统理论。人机交互的核心是将人、机器、环境作为一个系统来考虑其效率、安全、操作的满意度问题，强调人在系统中的核心作用。因此，系统的功

能、组成、可靠性、控制规则、层次性，以及系统信息的接收、存储、处理、响应等信息交换过程的相关理论直接为人机交互的分析提供基础指导。

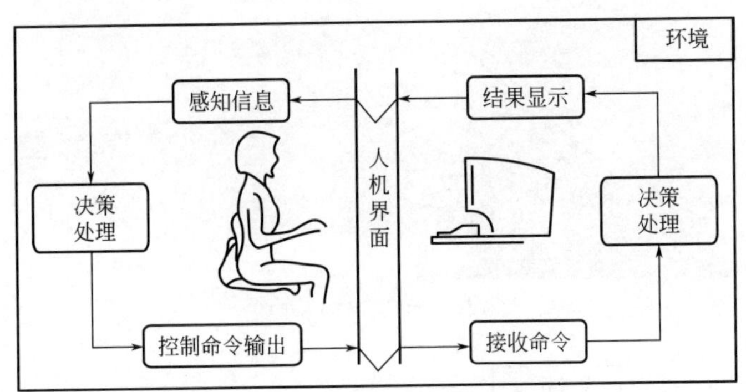

图 2-8　人机交互的概念模型

② 认知科学。认知是指通过形成概念、知觉、判断或想象等心理活动来获取知识的过程，即个体思维进行信息处理的心理功能。对认知进行研究的科学称为认知科学。人机交互是在该理论基础上研究人、机器、环境系统中人的工作效能及其行为特点，从而进行系统的设计。这类以研究认知行为为主的人机交互被称作认知工效学。

③ 环境科学。环境科学是一门研究人类社会发展活动与环境演化规律之间相互作用关系，寻求人类社会与环境协同演化、持续发展途径与方法的科学。而人机交互所研究的工作周围的温度、湿度、照明、色彩、污染、振动等自然环境以及组织、管理等社会环境更多的是在环境科学基础上的应用。这类以研究自然和社会环境为主的人机交互又称作组织工效学（或者宏工效学）。

④ 工程科学。这里的工程科学包括机械工程、计算机工程、控制工程、管理工程、安全工程等与机器系统研究、设计、开发、制造、维修等相关的工程学科。只有了解这些学科，才能进行人机功能的匹配和交互工具的设计。对于医疗机器人系统的人机交互来说，医学相关学科也是为其研究提供基础理论的学科之一，在研究过程中需要由其提供支撑。

2.3.3　人机交互的运用实例

如图 2-9 所示为 da Vinci 机器人系统的人机交互模型，这是一种典型的主从式医疗外科机器人系统的人机交互模型。该模型清晰地给出了在最大化配置医疗外科机器人系统下的一类人机界面，即医生与手术工具、医生与机器人、医生与仿真系统的手术工具、医生在虚拟现实环境与感知设备等交互形式。

(a) da Vinci机器人应用现场

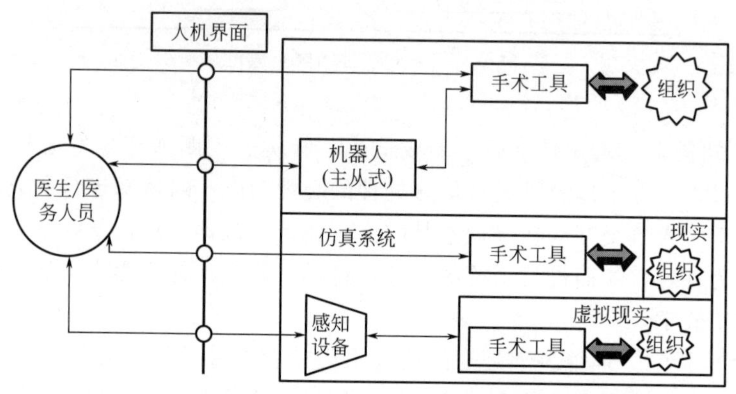

(b) 最大化配置下的系统人机交互模型

图 2-9 da Vinci 机器人系统人机交互模型

结合人机交互的理论基础和研究内容，将医疗外科机器人系统人机交互的研究内容分为如下 9 类。

① 研究人机系统的总体设计。在机器人加入手术室后，人机关系和人机界面发生了变化，必须充分考虑人机系统的整体效率和功能，进行系统级的设计和优化。

② 研究手术作业流程和效率。新的机器人系统代替传统手术工具后，手术作业流程会发生一定的改变，因此必须进行设计和优化。

③ 研究手术室的布局和工作站的设计。手术室因增加了机器人系统而会改变系统的布局，同时主从端的机器人工作站也是一个设计的重点。

④ 研究改善手术工具、机器人等与人交互的接口或界面，使操作更加符合人的需求，最合理地进行人机功能的匹配。特别是新的技术出现后，改变了以前的交互模式，给医生带来了不利因素。

⑤ 研究软件的人机交互接口（狭义的 HCI）。包括虚拟现实和增强现实技术的研究、手术软件界面的可用性等问题。

⑥ 研究机器人手术条件下，系统的安全性、可靠性以及人为失误问题。尽管医疗外科机器人的应用在这个方面有很大的改进，但是否会产生新的问题仍需要进一步研究。

⑦ 研究医院的组织和管理制度。医疗外科机器人应用，在医院的管理和医务人员的配备上都会提出新的问题，因此这也是一个很重要的研究内容。

⑧ 研究远程实时手术。主从式手术的实现以及高效快速的网络通信技术的发展为远程实时手术的开展提供了可能，但也会面临着诸如通信延时等带来的严重的人机交互问题。

⑨ 研究和制定新的医疗手术的法律、规范、标准等问题。

人机交互系统可以提高手术效率和效果，减轻患者的痛苦和医生的工作强度。

2.4 辅助介入治疗技术

2.4.1 辅助介入治疗技术的背景

20 世纪 90 年代以来，介入治疗迅速发展，该技术是在医学影像（如 CT、MRI、US、X 射线等）的引导下，将特制的导管、导丝等精密器械引入人体，对体内病态进行诊断和局部治疗。该技术为许多以往临床上认为不治或难治之症，开辟了新的有效治疗途径。介入治疗的医生把导管或其他器械置入到人体几乎所有的血管分支和其他管腔结构（消化道、胆道、气管、鼻腔等）以及某些特定部位，对许多疾病实施局限性治疗，该技术还特别适用于那些失去手术机会或不宜手术的肝、肺、胃、肾、盆腔、骨与软组织恶性肿瘤。介入治疗具有不开刀、创伤小、恢复快、疗效好、费用低等特点。有的学者甚至将介入与内科、外科并列称为三大诊疗技术[8]。

目前介入治疗方法也存在一定的问题，例如大部分介入治疗是在传统的二维影像中完成的，这就造成对病灶靶点的定位不够准确，影响介入治疗的效果；医生长时间暴露在 X 射线、CT 等放射性的辐射下，对医生健康造成了伤害；由于没有对手术器械的定位，医生往往不能一次性将手术器械准确置入病灶靶点，需要在影像的指导下逐步置入目标靶点，降低了手术的效率；手部运动的局限性以及长时间准确把握手术工具都会使医生感到非常疲劳，而疲劳和人手操作不稳定等因素会影响手术质量；同时介入治疗的技巧性高，只有经验丰富的医生才能进行，不易被一般医生所掌握，限制了这项技术的广泛应用。

2.4.2 辅助介入治疗技术的基本定义

介入治疗的关键是将精密的手术器械准确地置入到病灶靶点以达到治疗的目的，这就需要解决治疗前的科学设计，治疗中的准确定位、稳定穿刺和器械扶持等难题。辅助介入治疗技术即通过机器人辅助系统解决上述传统的介入治疗问题的方法。机器人辅助系统是利用计算机技术分析医学影像信息，在构建三维空间坐标的基础上应用医用机器人实现精确定位和辅助操作[2]，从而使介入技术与机器人定位准确、状态稳定、灵巧性强、工作范围大及操作流程规范化等优势相结合，减少治疗中的人为因素，使介入治疗更为精确、灵巧与安全，克服完全依赖于医生经验的弊端。

2.4.3 辅助介入治疗技术的应用实例

如图 2-10 所示为哈尔滨理工大学张永德研制的前列腺活检机器人。整个机器人系统包括 Motoman 机器人、扎针机构小规模继电器电路、PLC。系统操作流程：首先通过超声仪器，获得前列腺组织的超声图像数据，输入到计算机系统；再经过软件的专家模块计算，生成靶点的位置数据，对机器人和活检针穿刺最佳路径进行规划；最后按照生成的路径进给，机器人到达扎针点后，扎针机构实施活检针的进给，完成活组织检测。其中 Motoman 机器人具有 6 个自由度，可以实现完成扎针的任意姿态；扎针机构具有 1 个自由度，用来实现活检针的进给。

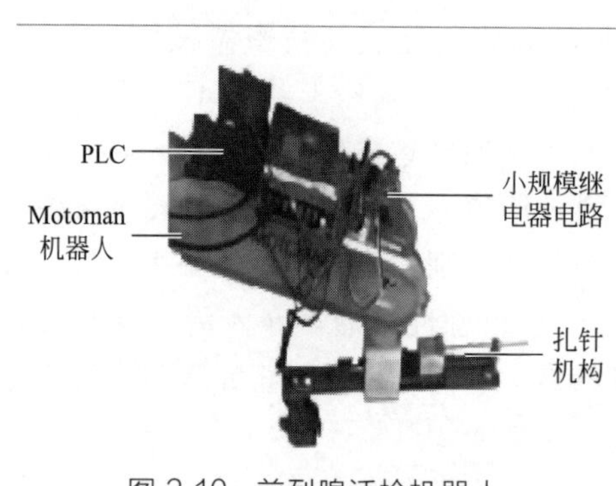

图 2-10 前列腺活检机器人

图 2-11 为哈尔滨理工大学研制的 MRI 乳腺介入治疗机器人。MRI 乳腺介入机器人设计为串联机器人，共分为四个模块，分别为定位模块、穿刺模块、末端执行模块（活检模块）以及储存模块，整个机器人机构共计 7 个自由度，采用了由 PC＋单片机的上位机与下位机结合的控制方案设计乳腺介入机器人的控制系统。上位机主要能够完成人机交互功能，便于医生更精准地完成手术；下位机则主要负责控制驱动的部分，控制完成各轴的运动控制任务。其中控制芯片是控制器的核心部分，它决

定了控制系统的控制精度、工作效率等总体性能。

辅助介入治疗技术极大地减轻了患者的痛苦，同时提高了治疗效果。

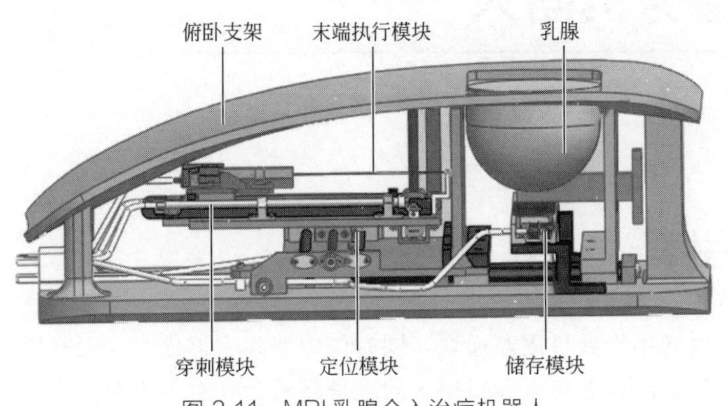

图 2-11 MRI 乳腺介入治疗机器人

参考文献

[1] 倪自强，王田苗，刘达. 医疗机器人技术发展综述[J]. 机械工程学报，2015，51（13）：45-52.

[2] 赵子健，王芳，常发亮. 计算机辅助外科手术中医疗机器人技术研究综述[J]. 山东大学学报（工学版），2017，47（3）：69-78.

[3] 楼逸博. 医疗机器人的技术发展与研究综述[J]. 中国战略新兴产业，2017，（48）：135-136.

[4] 韩建达，宋国立，赵忆文. 脊柱微创手术机器人研究现状[J]. 机器人技术与应用，2011，（4）：24-27.

[5] 吕毅，董鼎辉. 医疗机器人在消化外科的应用[J]. 中华消化外科杂志，2013，12（5）：398-400.

[6] 侯小丽，马明所. 医疗机器人的研究与进展[J]. 中国医疗器械信息，2013，6（1）：48-50.

[7] 杜志江，孙立宁，富历新. 医疗机器人发展概况综述[J]. 机器人，2003，25（2）：182-187.

[8] 杨凯博. 医疗机器人技术发展综述[J]. 科技经济导刊，2017，（34）：201.

第3章

医院服务机器人

3.1 引言

随着我国老年人数目逐渐递增，同时国内残疾人群庞大，而我国劳动力人口所占比重逐年下滑，老年人和残疾人的护理将成为社会的重要负担，医护人员增速却很缓慢，护士的工作更具压力，为了解决上述问题，医院服务机器人应运而生。医院服务机器人是移动式机器人的一个分支，集成了多种传感器，能够处理传感器噪声、误差和定位错误，具备发现并避开障碍物的能力。

3.1.1 医院服务机器人的研究背景

服务机器人是机器人家族中的一个年轻成员，应用范围很广，主要从事维护保养、修理、运输、清洗、保安、救援、监护等工作。国际机器人联合会将服务机器人定义为一种半自主或全自主工作的机器人，它能完成有益于人类健康的服务工作，但不包括从事生产的设备。主要应用领域有医用机器人、多用途移动机器人平台、水下机器人及清洁机器人等。服务机器人不仅产生了良好的社会效益和经济效益，而且越来越多地改变着人类的生活方式。

医院服务机器人是服务机器人的一种，目前在世界范围内已应用于日常医疗护理、代替医生实施手术、战场救护等领域。医院服务机器人的主要工作集中在完成一些沉重的和繁杂、枯燥的工作，如抬起患者去厕所、为失禁患者更换床单等。医院服务机器人通过技术的发展，可以辅助护士完成食物、药品、医疗器械、病志等的传送和投递工作以及病房巡视的工作。护士助手机器人的使用，可以提高医院的自动化水平，缓解目前一些国家医护人员短缺的状况，因此开展医院服务机器人的研究具有十分重要的意义[1]。

3.1.2 医院服务机器人的研究意义

据联合国统计，2020 年全球人口 60 岁以上人群将达到 10 亿[2]；到 2050

年，全球将有近20亿的老年人，平均每5个人中就有1个老年人[3]。截至2014年底，我国60岁以上的老龄人口已达2.12亿，并在以年总人口增长速度的5倍逐年递增，同时国内残疾人群庞大，2014年残疾人总数为8500万，占人口总数的6.07%[4]。而我国劳动力人口所占比重正在逐年下滑，老年人和残疾人的护理将成为社会的一个重要负担。与此构成对比的是医院护理人员增速却缓慢，同时护士工作也极具压力性。为解决现有及未来的严重的需求对比，同时减轻医生及护士相关压力，国内外研究人员及公司对医院服务机器人的相关技术在近年来开始逐步进行研究。

截至2012年，服务机器人已在全球形成了超过42亿美元市场总值的产业链，市场占有率正逐年递增，作为新兴产业势头已十分明显。中国产业调研网发布的《2015—2020年中国服务机器人市场现状研究分析与发展趋势预测报告》指出：2014年，全球专业服务机器人销量22163台，比2013年增加1163台，销售额达到45.48亿美元，同比增长8.3%；全球个人/家用服务机器人440台，比2013年增加40台，销售额达到12.05亿美元，同比增长27.2%；2013年，全球医用服务机器人销量1106台，比2012年增加33台。全球家用服务机器人销量224万台，比2012年增加29万台。2014年，我国服务机器人销售额45.56亿元，同比增长34%；2014年，中国投入使用的服务机器人仅少部分是国产的，大部是进口机器人。与此对比，美国服务机器人技术非常强劲，其在产业发展中占绝对优势，占全球服务机器人市场份额的60%。由此可知，对医院服务机器人关键技术进行研究是很有必要的。

3.2 医院服务机器人的研究现状

对于医院服务机器人的研究国外起步较早，TRC公司从1985年开始研制机器人，如图3-1所示。它采用视觉、超声波接近觉和红外接近觉等传感器，作为护士助手机器人用于医院和疗养院中，能在过道和电梯内自主行驶完成物品取送等任务。Helpmate机器人样机于1989年在丹伯里医院进行了试验，并且作了改进。1990年，Helpmate机器人作为商品进行出售。

松下电工2002年开始与日本滋贺医科大学附属医院共同开发如图3-2所示的医院智能跑腿机器人——HOSPI，以代替人传递X线片、样本和药品等。把目的地告诉机器人以后，根据事先输入的地图信息，机器人就会确定合适的行走路线。机器人尺寸为0.8m×0.6m×1.3m，质量为120kg。工作电源为4块铅酸蓄电池，充电时间为8h，工作时间为7个多小时，速度最快为1.0m/s。机器人装有29个超声波传感器、1个激光雷达、8个红外线传感器、1个CCD彩色相机。缓冲传感器布满整个机身的下部[5]。

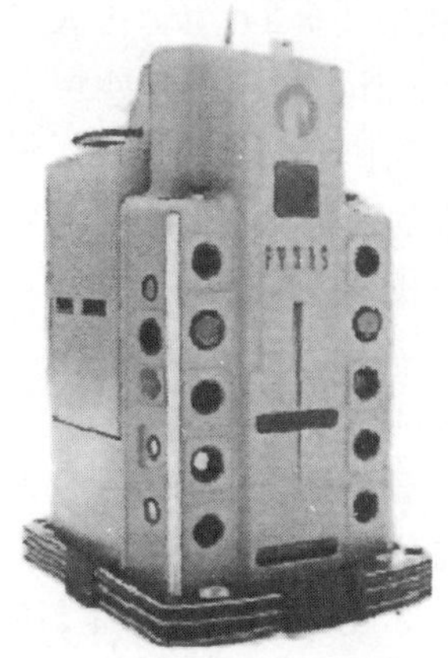

图 3-1 Helpmate 机器人

图 3-2 HOSPI 机器人

2003 年，美国霍普金斯医院使用了国际上第一套远程医疗机器人系统——PR-7，如图 3-3 所示。它由 InTouch Health 科技公司研发，搭配 Remote Presence 控制系统，可由主治医师在办公室内遥控机器人，与护士共同巡视病房，进行会诊服务。此外，在多对多的系统架构下，控制站与所有的机器人都可进行互连，因此只要在医疗人员的办公室、家中或医院里架设控制站，即可提供不受时间限制的医疗服务。目前，美国已有专门提供医疗服务的公司 Off Site Care 利用 InTouch Health 的产品协助医院建置远程医疗系统。

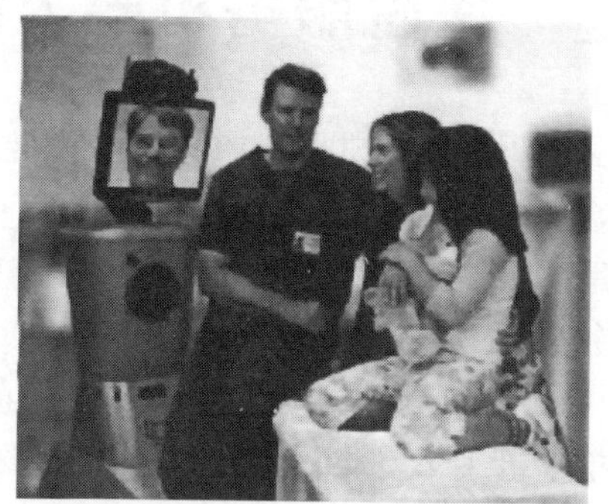

图 3-3 PR-7 远程医疗机器人系统

2006 年 3 月 13 日，由日本名古屋理研生物模拟控制研究中心开发的医用搬运工机器人“RI-MAN”首次亮相，如图 3-4 所示。它不仅有柔软、安全的外形，手臂和躯体上还装有触觉感受器，使它能小心翼翼地抱起或搬动患者。“RI-MAN”机器人高158cm，重约100kg，全身覆盖着厚度约5mm的柔软鞋材料。该机器人身上有5个部位安装了柔软的触觉传感器，还配置了视觉、听觉和嗅觉传感器，可根据声源定位并通过视觉处理找到呼唤它的人，理解声音指令，然后抱起模拟被护理者的人偶。此外，该机器人还能够通过嗅觉传感器来判断怀抱的护理对象的健康状况。研究人员还开发了可对机器人全身进行操控的网络系统。在紧急时刻，这种机器人能像人类条件反射一样对外界环境做出快速反应。

图 3-4 RI-MAN 机器人

国内移动机器人技术起步较晚，在“八五”“九五”期间主要研制的是军用机器人。在国家“十五”863计划中，才开始逐步展开移动机器人相关研究。在2003年5月“非典”高峰期，哈尔滨工程大学研制成功了基于图像的无线遥控护士助手机器人，如图3-5所示[6]。它能执行病区消毒，为患者送药、送饭及生活用品等任务，还能协助护士运送医疗器械和设备、实验样品及实验结果等。该机器人高1.4m，重约35kg，由车体、喷雾消毒器、无线遥控系统、摄像与无线图像传输系统、遥控监视器等组成，能够深入病区连续工作2h，最多可以一次向病区内运送重达35kg的物品。

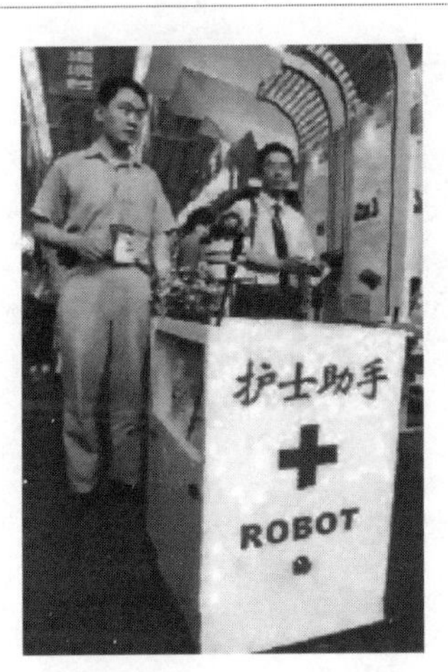

图 3-5 护士助手机器人

2003年，中科院自动化所研制了CASIA-Ⅰ型服务机器人，如图3-6所示。它直径45cm，运行最大速度为80cm/s，可广泛应用于医院、办公室、图书馆、科技馆、展览馆等公共场合。

2004年，中国海洋大学智能技术与系统实验室和青岛医院附属医院联合研制了一台名为“海乐福”的护士助手机器人。“海乐福”机器人通过智能系统识别主人下达的各项指令，快速完成运送物品、导医等任务。它是自主式机器人，能进行路径规划，甚至可以把饭送到患者床位上。它的全身涂满了防水漆，从传

图 3-6 CASIA-Ⅰ型服务机器人

染病病房出来后，可直接使用消毒水消毒。该机器人采用了红外导航、机器人环境模式识别和自动语言交流以及无线通信等技术[7]。仅就室内导航定位技术而言，国内相关研究已经接近或达到世界级水平，室内导航定位相关技术也逐步取得突破性进展，比如中科大研制的“可佳”机器人（图 3-7），其导航能力在 2015 年 RoboCup 上已取得第一名的好成绩；上海交通大学陈卫东教授课题组研究的老人轮椅机器人（图 3-8），也可实现室内平稳导航，并可以在人群比较集中的环境下完成自主避障。

图 3-7 “可佳”机器人

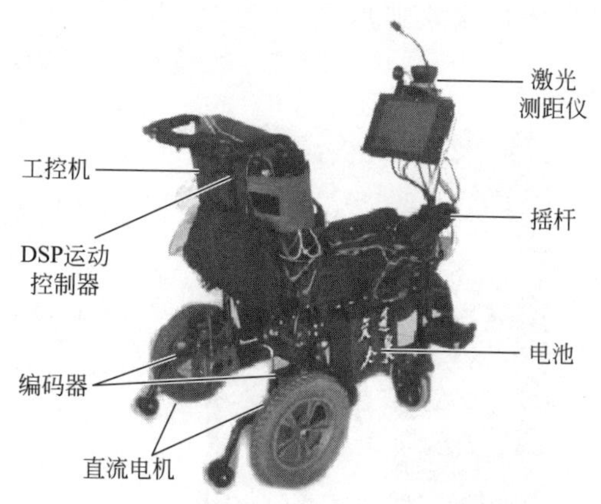

图 3-8 上海交通大学老人轮椅机器人

3.3 医院服务机器人的关键技术分析

3.3.1 医院服务机器人室内导航技术

医院服务机器人导航的基本任务主要有以下三个方面。

① 基于环境理解的全局定位。通过对环境中景物的理解，识别人为路标或具体的实物，以完成对机器人的定位，为路径规划提供素材。

② 目标识别和障碍物检测。实时对室内地面上障碍物进行检测或对特定目标进行检测和识别，提高控制系统的稳定性。

③ 安全保护。能对室内地面上出现的凹陷或移动物体等进行分析，避免对机器人造成损伤。

移动机器人的导航方式常见的有：环境地图模型匹配导航、陆标导航和视觉导航。环境地图模型匹配导航是机器人通过自身的各种传感器来探测周围环境，利用感知到的局部环境信息进行局部的地图构造，并与其内部事先存储的地图进行匹配。如果两模型相互匹配，机器人即可确定自身的位置，并根据预先规划的全局路线，采用路径跟踪及避障技术来实现导航。陆标导航是在事先知道陆标在环境中的坐标、形状等特征的前提下，机器人通过对陆标的探测来确定自身的位置，同时将全局路线分解成为陆标与陆标间的片段，不断地对陆标探测来完成导航。它可分为人工陆标导航和自然陆标导航。人工陆标导航虽然比较容易实现，但它人为改变了机器人工作的环境。自然陆标导航不改变工作环境，是机器人通过对工作环境中的自然特征进行识别来完成导航，陆标探测的稳定性及鲁棒性是目前研究的主要问题。视觉导航主要完成障碍物和陆标的探测及识别。国内外应用最多的是采用在机器人上安装车载摄像机的基于局部视觉的导航方式。P. I. Corkep 等对由车载摄像机构成的移动机器人视觉闭环系统的研究表明这种控制方法可以提高路径跟踪精度。视觉导航方式具有信号探测范围宽、获取信息完整等优点，但视觉导航中的图像处理计算量大、实时性差始终是一个瓶颈问题。为了提高导航系统的实时性和导航精度，仍需研究更加合理的图像处理方法。这是未来机器人导航的主要发展方向。除了以上三种常见的导航方式外，还有气味导航、声音导航、电磁导航、光反射导航、视觉导航等。

自由空间法是采用预先定义的如广义锥形和凸多边形等基本形状构造自由空间，并将自由空间表示为连通图，通过搜索连通图来进行路径规划，其算法的复杂程度往往与障碍物的个数成正比。该法比较灵活，机器人起始点和目标点的改变不会造成连通图的重构，但不是任何情况下都能获得最短路径。栅格法将机器人工作环境分解成一系列具有二值信息的网格单元，多采用基于位置码的四叉树建模方法，并通过优化算法完成路径搜索。

四叉树建模常用的路径搜索策略有 A^*、遗传算法等。局部路径规划的主要方法有人工势场法、遗传算法和模糊逻辑算法等。人工势场法是 Khatib 提出的。其基本思想是将机器人的工作空间视为一种虚拟力场，障碍物产生斥力，目标点产生引力，引力和斥力的合力作为机器人的加速力，来控制机器人的运动方向和计算机器人的位置。该法结构简单，便于低层的实时控制，在进行实时避障和平滑的轨迹控制方面，得到了广泛的应用，但这种方法存在局部最优解的问题，因而可能使机器人在到达目标点之前就停留在局部最优点。势场法存在四个方面的问题：a. 陷阱区域；b. 在相近障碍物之间不能发现路径；c. 在障碍物前面振荡；d. 在狭窄通道中摆动。遗传算法是一种借鉴生物界自然选择和遗传机制的搜索算法，由于它具有简单、健壮、隐含并行性和全局优化等优点，对于传统搜索方法难以解决的复杂和非线性问题具有良好的适用性。应用遗传算法解决自主移动机器人动态环境中路径规划问题，可以避免困难的理论推导，直接获得问题的最优解。模糊控制算法模拟驾驶员的驾驶思想，将模糊控制本身所具有的鲁棒性和基于生理学上的"感知-动作"行为结合起来，适用于时变未知环境下的路径规划，实时性较好。

随着计算机技术、人工智能技术和传感技术的迅速发展以及导航算法的不断改进和新算法的提出，移动机器人导航技术已经取得了很大的进展，但是对于应用比较复杂或通用性较高的导航方法还没有取得重大的突破。根据机器人的工作环境和执行任务可以采用不同的导航方法。室内移动服务机器人自主执行任务时，应以最大的人员安全性及功能可靠性为条件，实现机器人室内移动过程中的障碍物的自动检测和规避，并作出动作决策，能够按照规则自动完成指定的任务，如遍历工作空间等。使用传感器探测环境、分析信号，根据精度需要可以通过适当的建模方式来理解环境。由于单个非视觉传感器获取信息比较少，可以采用多个或多种传感器来获取环境信息，再采用合理的算法分离出有用的信息。过去几十年里，机器视觉的进展非常缓慢。但近几年随着硬件设备的飞速发展，使得当前机器人视觉导航的研究非常活跃。使用视觉传感器能够获取的信息量大，而且视觉导航比较接近人的导航机理。在基于视觉信息的自主式移动机器人导航控制研究中，遇到的主要问题是算法的复杂性与实时性的矛盾。复杂的真实世界要求视觉系统准确地提取出导航必需的环境特征（如路标），算法的鲁棒性常常由于环境噪声的影响和难以分离目标与背景而被削弱。为了提高系统的实时性和减少系统的复杂性，可以采用视觉传感器与非视觉传感器进行融合的方法。但是传统的视觉导航单纯依靠图像，使得数据处理非常困难，因此应该在保留以前快速处理算法的基础上增加其他信息获取的辅助手段。室内移动机器人要完成任务，在多数时候需要一定精度的定位。为了得到精度较高、实时性较强的移动机器人定位信息，可以采用绝对定位与相对定位相结合、主动路标匹配定位和自动模型识别定位相结合的方法。导航数据处理根据使用传感器的不同，处理的方法有所不同。通用的方法有数据融合技术、人工智能、神经网络、模糊逻辑、势场法、栅格法、增强的卡尔曼滤波器等。事实上这些方法在单独使用时很难有比较好的效果，往往一个系统的几个部分中都使用了一种或多种数据处理方法。

未来研究方向主要有以下几个方面。

① 更高的导航精度和实时性。为了让服务机器人更好地完成任务，需要得到更高的导航定位精度以及更好的实时性，可以通过几种导航技术相结合、改进信息数据处理的算法、将绝对定位与相对定位相结合、将信息处理算法相结合等方法实现。融合多学科知识，设计高精度、实时性的导航系统是服务机器人导航的研究趋势之一。

② 更高的智能化水平。随着传感器、计算机、人工智能等相关技术的发展，服务机器人未来的发展前景将越来越广阔。但是目前的科技水平并不能满足现今人们对于服务机器人的智能化需求，这就要求服务机器人导航技术向着更为智能化的方向发展。有学者研究将智能空间、机器人强化学习等智能化算法引入服务机器人导航中，这种方式提升了导航的智能化水平。因此，研究更高水平的智能化算法并将其引入服务机器人导航技术中以提高机器人智能化水平是未来的一个研究趋势。

③ 更高的导航可靠性。服务机器人需要得到较为全面的周围环境信息以实现更高可靠性的导航，对于这样的需求，只采用一个传感器通常是无法满足的，可以利用多传感器融合技术将多个传感器得到的定位信息进行融合，从而产生更为精确的环境信息，进而提高导航可靠性。目前，多传感器信息融合的主要算法有 D-S 方法、Kalman 滤波法、Bayes 推理法、模糊推理方法等。目前应用较多的是将非视觉传感器与视觉传感器信息相融合的多传感器融合方式进行导航。因此，研究更高可靠性、更高水平的多传感器融合技术相关算法也是未来的研究趋势之一。

3.3.2 医院服务机器人的定位与避障技术

(1) 定位技术

在移动机器人的研究中，其精确定位一直是研究的热点问题。移动机器人导航定位的主要目的是要确定机器人在工作环境中的位置。根据定位过程的特性，移动机器人的位置估计可以归结为相对定位和绝对定位两种定位方法。相对定位通常可以称为“局部位置跟踪”，是机器人在已知初始位置的条件下，利用自身所携带的里程计等传感器计算机器人在相邻两个时刻的相对位移和航向改变量，从而确定其位置。绝对定位又称为全局定位[8]。

根据定位技术应用的场合范围可以把定位技术分为室外定位技术和室内定位技术[9]。目前室外定位方法主要是采用全球定位系统[10]。根据所选用的设备不同，以及是否差分等情况，定位精度可以从几十米到几厘米[11]。根据全球定位系统（global position system，GPS）系统的特点，其并不适合室内定位应用。为实现机器人的室内定位，主要的手段有红外传感器、超声传感器、激光雷达传感器、无线传感器网络等。现在实验室的系统利用红外传感器实现室内定位，但其缺点会导致室内定位效果很差。两个具有代表性的超声定位系统分别是 Crick-et Lation-support system[12] 和 Active Bat[13]，它们的整体定位精度相对红外传感器较高，为提高精度，系统的底层设备需要增加，成本随之大大提高。

Zigbee 技术在传感器网络中的应用日益受到重视。利用 Zigbee 技术实现定位具有一些特殊的优势。郜丽鹏等[14] 基于技术的信号传播模型分析，提出了一种新的加权质心定位算法，有效提高定位精度。

现阶段 RFID 作为一种新兴的定位手段，越来越多地得到了广大学者的关注和深入研究。其主要实现方法为在机器人工作环境中大面积铺设 RFID 标签，通过构建信号强度模型，对移动机器人进行定位。针对目前的定位技术不能完全满足室内定位的问题，根据读取到的标签坐标，王勇等[15] 采用等边三角形的质心算法计算出读写器的坐标位置，对移动机器人的定位精度提高起到了很大的作用。邓辉舫等采用类似模型，对室内定位 LANDMARC 系统理论作了改进。实验表明改进的算法比原来的算法在定位精度上提高了 10%～50%。针对 LAND-MARC 系统中最近邻居算法计算量较大、效率较低等问题，Jin Guangyao 等对室内标签重新配置并引进一种三角机制来完善算法；Park 等对于基本的方法做出改进，通过使用读写器控制装置来改变读写器对标签的识读范围，提高了定位精度。也可以降低用于识读定位的标签分布密度。方毅、闫保中等对使用 RFID 定位进行了类似的研究。

同样在视觉方面，进行机器人定位也取得了长足发展。视觉定位技术，也称为视觉里程计，主要分为基于单目或双目立体视觉两种类型。其中 Nister 等[16] 提出了一种靠单目或双目的实时视觉里程计方法，采用 Harris 算子以及非极大值抑制等方法提取角点，进行机器人的匹配定位。Yang Cheng 等[17] 设计的立体视觉里程计，在“勇气”号与“机遇”号火星车上得到了成功应用，进一步证明了视觉定位方法的可行性和有效性；王讳强设计提出了基于视觉定位的致密地图构建方法以及整体视觉导航系统方案，得到了机器人精确的全局坐标和路径轨迹，并着重研究了视觉定位算法、立体视觉三维重建方法、地图构建方法。在室内环境下，陈西博提出了一种基于 Stargazer 的顶棚红外标签进行服务机器人的精确定位方法，并在实际应用中取得了很好的效果。

移动机器人导航领域的建模和定位算法方面，主要有概率算法，包括扩展卡尔曼滤波器 EKF、最大似然估计 MLF、粒子滤波器 PF 以及 Markov 定位等。其中 EKF 是解决非线性系统的估计问题的好方法。粒子滤波器定位也称 Monte Carlo 定位，基本思想是使用一组滤波器来估计机器人的可能位置处于该位置的概率，每个滤波器对应一个位置，利用观测器对每个滤波器进行加权传播，从而使最有可能的位置概率越来越高。Markov 定位是一种全局的定位技术，可以在没有任何先前位置信息的情况下定位机器人的位置。

在服务机器人的自主导航过程中，由于自身的原因往往并不知道自己所处环境中的位置，而是需要通过一些外在的定位技术来了解自己在环境中的位置。在服务机器人移动过程中，地面和障碍物的高度对其运动影响很小，所以在定位中忽略高度的变化，把环境空间看成是一个二维空间。因此服务机器人定位的最终目标就是知道自身在全局环境中的位置（x，y）和所处的方向角 θ。当前的自定位方法主要分为相对定位、绝对定位及地图匹配定位。

① 相对定位。相对定位又称为局部定位，是指机器人在已知初始位置和方向条件下来计算自己当前的位置和方向，是一个受到广泛关注和研究的领域，通常包括航迹推算法和惯性导航法。

在相对定位算法中，航迹推算法是一种直接应用的定位方法，因为自身具有简单实用和易于实现等优点而被广泛应用。航迹推算法将它所有采样周期内的位移相加得到机器人在这段时间内总路程，然后根据出发点的位置和方位，计算出当前的位置和方位。航迹推算法常采用的传感器有光电编码器和里程计，其优点是在短距离内精度较高、价格低廉而且易于实现。但也有其缺点，航迹推算法的误差可分为系统误差和非系统误差，一般由不同因素引起的，系统误差是由机器人自身硬件条件的不完善性引起的，例如制造过程中两个轮子的直径不相等。非系统误差主要是外力作用引起的，例如服务机器人在移动过程中车轮与地面发生摩擦，与其他物体发生碰撞等。机器人行走的路程越多，其定位误差会越大。

惯性导航法通常采用陀螺仪、加速度计和电子罗盘等传感器实现定位。陀螺仪用来测量回转速度，对测量值进行一次积分就可以得到角度值，加速度计用来测量加速度，对测量的值进行二次积分就可求出相应位置信息。但是惯性导航定位精度往往不能达到要求，加速度计每次进行两次积分才能获得位置信息，因此对漂移非常敏感。在一般的情况下，加速度计所测量的加速度值非常小，因此只要加速度计在水平面上稍微有点倾斜，所测的数据就会产生波动，产生较大的测量误差。陀螺仪能够提供更为准确的航向信息，也必须经过积分才能得到机器人的角度信息。因此静态偏差漂移对陀螺仪的测量值的影响很大。相对定位算法的根本思想是通过测量距离值，然后将其累加，得到位置和角度信息，因此时间漂移是误差的最大来源。在测量过程中，随着位移的不断增长，任何一个小的误差经过累加后都有可能变成很大误差，所以，对于要求精度较高的场合，不适合用相对定位算法，但是通常可将它们作为其他定位方法的辅助手段，与其他定位算法相融合来获得更可靠的位置信息。

② 绝对定位。绝对定位就是确定当前服务机器人在全局环境中的绝对方位。把服务机器人的工作环境构造成为一个全局地图，绝对定位就是要求服务机器人能够知道自己在这个全局地图中所处的位置。绝对定位经常是由若干个测量环境

信息的传感器来实现的，这些设备包括激光传感器、超声波传感器、红外传感器以及视觉传感器等。由于绝对定位技术通常通过测量服务人在全局环境中的绝对方位来实现其定位，因而可以获得很高的定位精度。目前绝对定位技术中比较成熟的有全球定位系统（GPS）和地图匹配定位等。GPS 是一种以空间卫星为基础的定位与导航系统，由导航卫星、地面站组和用户设备三个部分组成。该系统广泛应用于智能交通、车辆防盗以及呼叫指挥等方面。然而在室内环境中，房屋和其他的障碍物对卫星信号的阻挡和反射，对 GPS 接收机接收信号产生影响，不能够很好地定位，导致定位误差非常大，有时达到几米到几十米。因此，GPS 定位系统不能够完成室内服务机器人的定位。

③ 地图匹配定位。地图匹配定位是根据已知的地图来计算机器人的位置，服务机器人通过各种传感器来感知周围的环境信息，并构造出相应的局部环境地图。然后用这个局部地图和先前存储的环境地图进行对比，如果两个地图能够相互匹配，就可以计算出服务机器人在工作环境中的具体位置和方向。地图匹配定位技术的优点是不需要改变室内的工作环境，而是根据环境中的特定的特征对位置进行推算。此外，为了提高机器人的定位精度，可以用一些开发好的算法来帮助机器人更好地学习和探索周围的环境。缺点是对环境地图要求精确，并且对环境中要匹配的特征要求是静态的而且是很容易辨别的。由于要求的条件比较苛刻，这项技术暂时只能适用于相对简单的环境，比较复杂的环境很难使用。地图匹配定位技术的关键是如何建立地图模型以及相应的匹配算法。

(2) 避障技术

障碍物是机器人行进过程中随机出现的、形状不可预知的三维物体。通俗地讲，任何在机器人行进方向形成一定阻碍作用的物体都可以被称作障碍物。实时避障能力的高低是反映移动机器人智能水平高低的关键因素之一。国内外学者对实时避障问题进行了大量的研究，目前比较有效的方法主要是势场法和栅格法等。针对障碍物及其距离的检测主要有摄像机、超声传感器、红外传感器、激光雷达等。

超声传感器由于探测波束角过大、方向性差等，在障碍物检测方面往往不能获得满意的效果。现阶段，常用的障碍物检测手段主要还是集中在激光雷达和视觉上。激光测距是激光技术应用最早的一个领域，并且具有探测距离远、测量精度高等特点。根据扫描机构的不同，又可以分为 2D 和 3D 两种。其中李云翀等[18] 使用 2D 激光传感器采用角度势场法对室外移动机器人进行了深入的研究。蔡自兴等以激光雷达为主要传感器，对移动机器人设计一种实时避障算法。该算法考虑到机器人的非完整约束，利用基于圆弧轨迹的局部路径规划和控制使之能够以平滑的路径逼近目标位置。采用增强学习的方法来优化机器人的避障行为，利用激光雷达提供的报警信息形成刺激反应式行为，实现了动态环境下避障行为，具有良好的实时反应能力。J. Borenstein 等设计了一种 VFH 方法，该方法采用栅格表示环境，由该方法控制移动机器人的避障表现出了良好的性能。

在视觉方法进行障碍物特征提取方面，主要有基于光流分析的方法和基于立体视觉的方法。而检测的方法主要有帧差法、背景减除法和背景模型法等。洪炳镕等提出将机器人机载摄像头画面分割成不同的区域，基于 BP 网络的非线性拟合，使用拟人的动态避障方法，取得了视觉避障的良好效果。王福忠在分析立体视觉的基础上，分别设计了视觉避障系统。国外研究上，Kyoung 让机器人事先记忆环境中的一些图像，然后在行进时将获取的场景图像与存储的图像进行比对，如果在某区域产生差异则表示有障碍物存在。Tylor 等提出一种 Boundary Place Graph 以搜索未知环境的方法，对环境中的物体都贴上路标，机器人避障时环绕着物体的边界前进直到下一个路标出现。还有一种基于光流的障碍物检测方法，该方法对运动障碍物检测十分有效。

3.3.3 医院服务机器人路径规划问题

路径规划主要研究的问题包括如何对环境信息进行建模、路径规划算法的设计以及路径规划的执行。环境的建模包括两层含义：第一是服务机器人如何获得周围环境的信息；第二是如何将环境信息表示出来，便于服务机器人进行处理。路径规划的核心就是在环境建模的基础上，采用有效、简洁的方法规划出符合机器人要求的路径。路径规划的执行和机器人的控制单元息息相关，还要考虑服务机器人的动力学特征，如何控制机器人按规划好的路径行走。

根据服务机器人对环境信息感知的程度，将路径规划分为全局路径规划和局部路径规划，从障碍物状态来看，又称全局路径规划为静态路径规划，局部路径规划为动态路径规划。

(1) 全局路径规划

全局路径规划是服务机器人对环境中各个障碍物信息（例如位置和形状等）都完全已知的情况下，按照任务的要求从起点到终点规划出一条路径，其约束条件一般是机器人所花时间最短并且不能与障碍物发生碰撞。服务机器人在移动之前就已经规划好路径，因此当局部环境中发生改变，出现其他临时障碍物，服务机器人很难适应，甚至会出现和障碍物相碰撞的危险，因此这种方法不适用于环境发生改变的情况。但是对于那些环境固定不变的情况，全局路径规划的研究还是具有一定的价值的。目前全局路径规划已经取得了很大的成果，常用的方法有栅格法、自由空间法和可视图法等[19]。

① 栅格法。栅格法（grids）将机器人的工作环境划分为许多具有二值信息的网格单元，栅格用直角坐标或者序号来标识，如图 3-9 所示。整个环境被大小

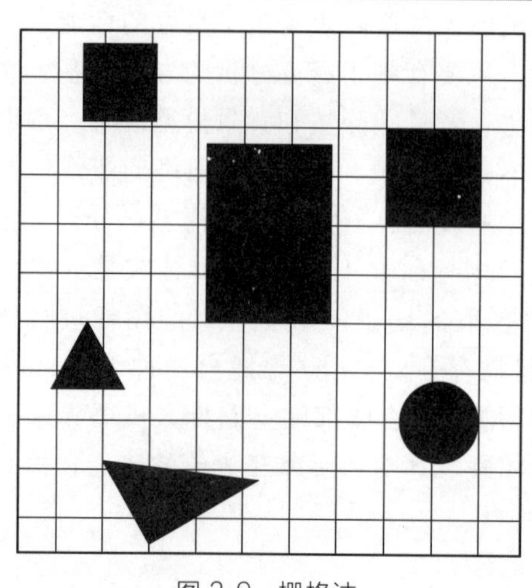
图 3-9　栅格法

相同的栅格所划分，并用栅格来记录所有环境的信息。若栅格中不包含障碍物则为自由栅格，若栅格内含有障碍物则称为障碍栅格。以此对机器人工作环境进行建模，根据环境模型通过各种优化算法来完成路径规划。栅格法以方格作为环境的基本单位，算法比较简单，容易理解，但也有其缺点，例如栅格的划分与所要消耗系统内存的多少以及路径规划所花费时间的长短都有很大的关系。如果栅格过大，所需要的存储量较小，算法执行速度快，但环境的分辨率下降，相反，所需要的存储量变大，所需要的时间更长，好处是环境分辨率高，便于机器人移动。

② 可视图法。可视图法是由麻省理工学院和 IBM 研究院提出的一种方法，如图 3-10 所示，用凸多边形来描述各种障碍物。在可视图中，把障碍物膨胀，这样机器人就可以视作一个质点，用线段将机器人、目标点以及多边形的障碍物的各个顶点进行连接，但是要求所连接的线段都不能穿过障碍物，这些线段和障碍物就构成了一张无向图，称为可视图（visibility graph）。然后路径规划的问题就转化为在可视图中找出一条从起始点到目标点最短距离的路径。由于各个顶点之间是无碰撞连接的，所以得到的路径也是没有碰撞的路径。可视图法计算量较小，容易实现，但是当起始点和目标点改变时，可视图就要重新进行构造。

③ 自由空间法。自由空间法的基本思想是在建立障碍物地图时，同样将障碍物按机器人尺寸的一半进行放大，把机器人当作质点来处理。环境中的障碍物用凸多边形等基本形状来进行描述，障碍物外的其他区域定义为自由空间，如图 3-11 所示。将自由空间用一个连通图表示，然后根据起始点对连通图进行搜索，完成路径规划。这种方法的优点是如果起始点和目标点的位置发生变化，对连通图也不会造成影响，但算法得到的路径不一定是最短的，其复杂度也会随着障碍物数目的增加而增加。

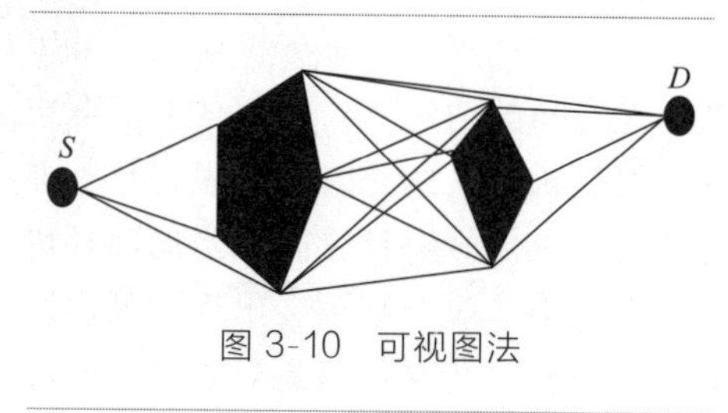

图 3-10　可视图法

(2) 局部路径规划

局部路径规划方法关键是服务机器人利用自身传感器探测当前局部环境信息，然后根据探测的信息实时在线地进行路径规划。这种路径规划方法使得机器人能够实时避开局部环境中的障碍物。相比于全局路径规划的方法，局部路径规划的效率和实用性更高，对于未知变化的环境具有很强的适应能力。局部路径规划的主要方法有人工势场法、模糊推理法和遗传算法等。

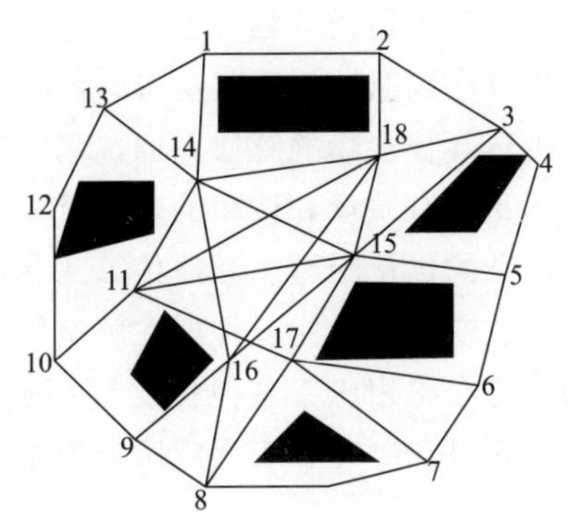

图 3-11 自由空间法

① 人工势场法。人工势场法最初是由 Khatib 提出的一种虚拟力法，是重要的路径规划方法之一。它的基本思想是将人工势场的数值函数引入来描述空间结构，通过势场中的力来引导机器人到达目标。目标点对机器人产生吸引势，障碍物对机器人产生排斥势，机器人在势场中受到抽象力作用，抽象力使得机器人向着目标点运动，而对障碍物则是绕过。该算法的优点是结构较其他算法简单，机器人很容易进行实时的控制，能够规划出平滑无碰撞的路径。因此，人工势场法广泛应用于实时避障和平滑路径等方面。然而该方法也存在着缺点：非常容易产生局部极点和死锁现象，在相邻的障碍物之间不能发现路径。

② 模糊推理法。模糊推理法的路径规划方法的主要思想是模仿人的驾驶经验，通过移动机器人自身携带的传感器实时探测周围环境的信息，将可能出现的情况进行列表，然后通过查表的方式进行局部避障规划。该方法计算量不是很大，能够做到一边规划一边探测。主要的优点是能够根据传感器的信息进行规划，实时性很好，不会产生人工势场法中的局部最小问题，能够很好地解决动态环境下的路径规划问题。但其也有缺点，设计隶属函数和制定控制规则是核心部分，而它们往往要靠人的经验，如何设计合适的隶属函数和控制规则是算法关键的问题。近年来一些研究者把神经网络技术引入模糊控制算法中，提出一种基于模糊神经网络控制的方法，取得了一定的效果，但是其算法的复杂度很高。

③ 遗传算法。遗传算法根据自然界的生物进化理论发展而来，是通过模拟生物进化过程来搜索问题最优解的一种方法，利用自然界的生物进化中的选择、变异等多种手段来求解问题。由于它是一种随机化搜索算法，所以能得到全局最优解的概率很大。其优点是简单、稳定，并且能够并行运行及具有全局优化等。但遗传算法运算速度不是很快，当问题的规模比较大时，对其存储空间和运算时间都有较高的要求，也常常容易陷入局部极值解，很难得到问题的最优解。遗传

算法在机器人的路径规划方面也有一定的运用。除了上述的路径规划算法外，还有其他许多路径规划算法，如启发式 A* 和 D* 算法、机器视觉、强化学习法、蚁群算法以及神经网络法等。粒子群算法作为全局路径规划算法，是一种模拟鸟群飞行寻找食物的算法，通过鸟群之间的信息共享使群体找到最优解。算法中的粒子是没有质量和体积的，并且每个粒子都有相应的行为规则，可以用来求解比较复杂的优化问题。和遗传算法相似，粒子群算法也是基于种群迭代，但它没有交叉、变异等操作。种群在解空间中根据最优粒子进行搜索和迭代。粒子群算法的优势在于相比于其他优化算法更简单，更容易实现，并且具有深刻的智能背景，在科学研究和工程应用方面都有一定的应用。

3.4 医院服务机器人的典型实例

3.4.1 移动式医院服务机器人

20 世纪 60 年代末，斯坦福大学研究人员研制成功名为 Shakey 的自主移动机器人，开始了移动机器人研究的先河。80 年代，一些机器人研发公司和科研院所加大对移动机器人相关技术的研究和开发，但由于计算机运行速度及传感器感知能力的限制，这些移动机器人的实时性控制不佳，一般采用遥控的方式完成相应的工作。到 90 年代，随着计算机和传感器性能技术的跟进，室内移动机器人相关技术已经趋近于成熟，其中较有代表性的机器人有：美国研究机构 Dieter Fox 教授研制的 Rhino，美国 TRC 公司研制的 Helpmate 机器人，其已在美国、英国等地医院得到使用；美国 PIONEER 公司推出的 Mobile Robot 系列，IROBOT 公司推出的 Irobot 系列，AETHON 推出的 TUG 系列，SWISSLOG 的 Speci Minder 机器人，日本的 RIBA Ⅱ 机器人，日本松下电工的 HOSPI 机器人。这些机器人均可在不同程度上完成相应的室内导航工作，其中部分可以完成自动充电功能，尤其是 2013 年 ITOUCH 和 IROBOT 公司推出的 RP-VITA 机器人更是大放异彩。如图 3-12 所示为全世界首台使用了人工智能的 Shakey 机器人，其产生于 20 世纪 70 年代初，配备了当时最先进的传感器，并采用双计算机无线控制的方式，完成机器人相关感知导航等工作。其虽可以实现导航等功能，但碍于当时计算机的计算效率，往往会用数小时的时间分析处理外部环境信息。

随着算法及传感器的更新，20 世纪末，研究机构 Dieter Fox 教授等研制了 Rhino 机器人，此机器人 1998 年在展览会作为导游机器人展出，其自带深度摄像头、超声波传感器、激光等传感器，具有语音功能，可以自由行驶于室内环境中，同时此款机器人提出的相关理论方法也成为未来研究学者研究移动机器人的基础（图 3-13）。在后续的近 20 年中，Dieter Fox 持续性地提出优化此机器人导航的各种算法。

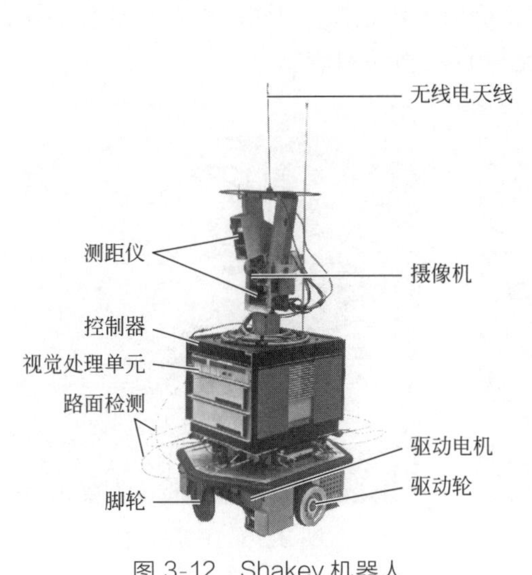

图 3-12 Shakey 机器人

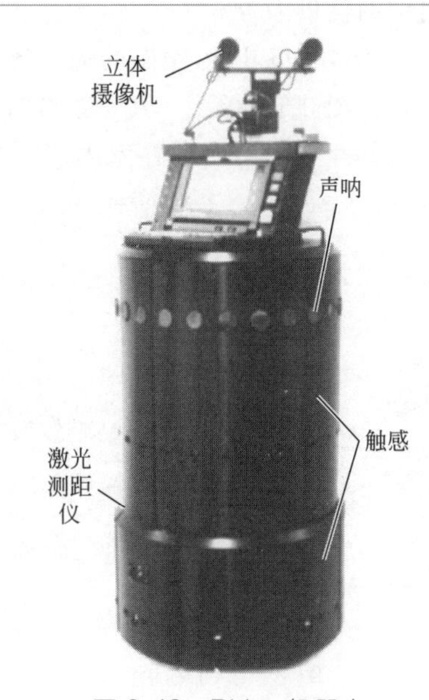

图 3-13 Rhino 机器人

图 3-14 所示为 TRC 公司研制的 Helpmate 机器人，其可以称作第一台名副其实的医用服务机器人。这台机器人诞生于 1993 年，并在美国和英国等医院相继投入使用，其机体装有当时先进的传感器设备、超声波、激光扫描仪及摄像头等，其可以利用朝向天花板的摄像机进行自主定位，可以实现在走廊中自主导航、运送货物。

图 3-14 Helpmate 机器人

随着传感器技术的进一步更新，导航等相关算法提出后工程性问题的逐步解决，21 世纪初，PIONEER 公司推出 Mobile Robot 系列产品，可以完成室内、室外导航相关工作。其中室内导航机器人，包含采用激光、超声波导航的 Patrobot，采用超声波导航的 PIONEER 系列的

3D-X等机器人。由于为公司产品，其技术处于保密阶段，就其导航而言，在速度控制上和定位上均有绝对的技术优势，其速度控制可以完成长距离无障碍情况加速行驶，有障碍时快速做出避障反应，是目前国内外可使用轮式机器人导航系列中的佼佼者。

IROBOT作为美国的另一家机器人公司，较为有名的是扫地机器人Roomba，如图3-15所示。其自带红外、碰撞检测等传感器，于2002年开始发布并逐步完善性能，可实现在室内房间中大范围自主移动和清扫。

图3-15 Roomba机器人

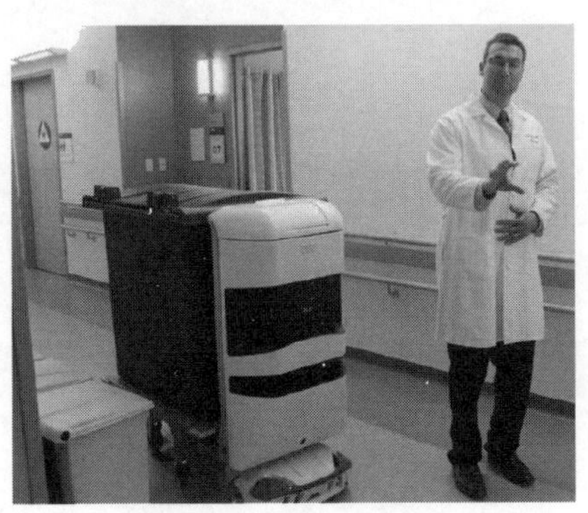

图3-16 TUG机器人

这些商用机器人的出现也逐步激发着市场，逐步演化到医院行业，图3-16所示为AETHON推出的TUG机器人，其可以实现医院内的物流传送，载重量设计为1000英镑，可以为多名患者传送货物，并设置了相关密码，由专有人才可以打开。其自主导航已经由视觉为主导逐步转为激光导航为主导。通过无线模块可实现与电梯及电动门通信，完成上下楼梯及过门等工作。医生反馈，它解决了运送效率及稳定性等问题。

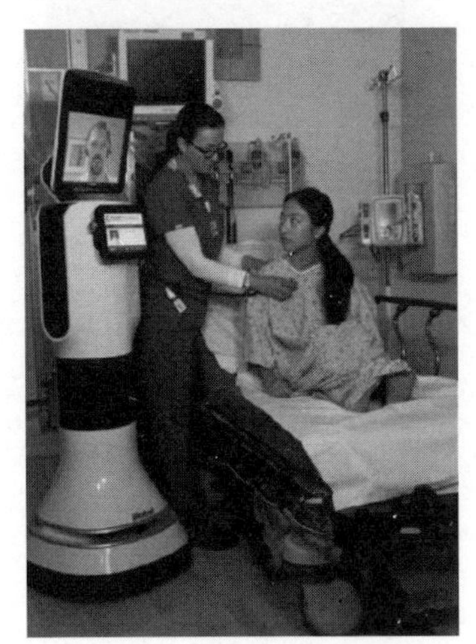

图3-17 RP-VITA机器人

此外，瑞士SWISSLOG的Speci Minder机器人、日本的RIBA Ⅱ机器人、日本松下电工的HOSPI机器人都是十年以内的产物。值得一提的是IROBOT和ITOUCH公司联合推出的RP-VITA医用机器人（图3-17），其利用导航及视频通信等功能，可以实现医生远程与患者会话、检查病理、快速医治，已经在医院投入使用，并获得了医生及患者的好评。其导航及定位除了上面提及的类似方式外，又再次添加了手动遥控功能，增加了人的参与部分。

3.4.2 自动化药房

与国内医疗体制不同的是，很多西方国家的医疗服务和药物供应是相互分离运作，医院只提供医疗服务而不再下设运营药房，绝大多数的自动化售卖设施见于药品零散售卖店。自20世纪90年代起，在现代药品管理思想的指导下，一些西方国家的相应机构展开了药房内药物的自动发放这一领域的探索与研究，并且推出了诸多的自动化药房设施，这些设施均能很好地适应其国内药店特点。数字化药房技术的迅速进步以及医疗保障体系的日趋完善，促使一些西方国家在药品的自动化调剂和信息化管理方面都取得了长足的进步，五花八门的自动化药房设备也是层出不穷，并向市场推出了很多技术较为成熟的先进自动化药房设备，这些设备依据自身优势与特点都在市场上占有一席之地。根据发药方、储药方式以及所适应的药品的特征，市场上流行的自动化药房可归纳为以下四种典型产品。

（1）机械手搬运式自动化药房

以该种方式运行的设备主要是依靠一个机械手来完成包装盒类药物的出库及入库，其主要工作原理是利用真空吸附和机械加持相互配合协调动作的机械手，完成药品在特定空间内的转移，药品密集存储在水平的储药架上，每种药品都有自己特定的位置。该种形式的药房自动化设备能够实现药品的密集存储和智能管理。机械手搬运式自动化药房的典型代表是德国ROWA公司的自动化药房（图3-18），这种被誉为“欧洲第一”的数字化智能药房设施在国际市场的知名度也相当高，西方的很多发达国家都在用该公司的产品，但是，由于机械手单次只能实现一盒药品的出库或入库，药品的出库和入库不能同时进行，所以，其工作效率会受到较大的限制，这种形式的自动化药房设备只适用于日处理处方量较小的国外药店，无法很好地适应药品的发放和存储相对集中的国

图3-18 德国ROWA公司的自动化药房

内医院的药房。

(2) 储药槽式自动化药房

针对ROWA的机械手搬运式自动化设备存在的不足，欧洲的一些公司相继推出了储药槽式自动化药房。目前，这种形式的自动化药房是国外药房自动化设备市场的主流产品，德国、荷兰等国的相应公司正在抢占中国市场（图3-19）。这种形式的自动出药设备基于重力落料原理和密集存储原则，在药品长度方向上将其摆放在一与水平面有一定倾斜角度的槽道内，通过槽道前端的特殊发药动作机构实现药物的发放，槽道按其宽度分为不同规格系列，可参照药品的使用情况规划存储位置。由于每个储药槽前端都安装有实现药品出库的机构，所以可以实现处方药物的高效率发放，这种形式的设备亦可通过增加槽道的数量扩充整体储药量，在药品发放和存储上完全优于机械手式的设备。但是这种实现形式会增加整体的成本，所以对于每天处理药品品种和数量都很大的国内医院推广起来有一定的困难。另外，这种形式的自动化药房在药品入库方面效率低下，不能很好地匹配药品的出库速度，容易造成“供不应求”的现象，不适用于日处理处方量较大的中国医院药房。

图3-19 荷兰Robopharma公司的储药槽式自动化药房

(3) 适用于散装药品的自动化药房

这种形式的设备在功能上更近似于一种药物灌封装机器人，其实现方式就是采用机械手抓取特定的封装瓶，完成某种药物的自动灌封以及贴标签。目前这种形式的药房自动化设备主要见于制药公司，正渐渐成为市场的主流趋势。该种形式的设备的代表是日本TOSHO公司的Xana全自动单剂量分包机（图3-20），该类型的自动化药房在国际市场上有一定的份额。但是国内的医疗体制与国外不同，医药并

图3-20 Xana全自动单剂量分包机

不是分离运营的，这就限制了这种形式的自动化药房产品在国内的发展。但是，随着国内医药领域的制度创新和医疗改革的日益深入，这种形式的自动化药房将很有可能在不久以后成为中国医院药房的方向。

(4) 立体回转式自动化药房

这种设备是参照了某些工厂利用数控回转式立体仓库来实现零件的科学存储与管控的模式，同时将在库药品相关信息同医院的HIS系统对接，并加装一些用来保证药房相关工作人员的操作安全的保护装置，再结合医院的空间规划方案设计而成。这是一种半自动化设备，其代表产品是德国Hanel公司生产的设备（图3-21），其运行方式为，利用转动式的传动链将可移动的储药斗铰接，不同种类的药物按类分别放置在不同的盛药装置内。发药指令发出时，回转式传动链将相应药品的盛药装置依要求转动到药房前面的取药口以便医药操作人员的取药或者摆药操作。这种实现方式的设备能够很好地实现不同包装的药品的存储或者发放，但是这种药房在取药或者摆药等操作时需要全部运转，会造成很大的功耗，而且链传动的效率偏低，因此药品的出入库效率也会受到较大的限制，另外需要工作人员的参与，也使得该种设备的运行效率很低，推广起来很受限制。

图3-21 立体回转式自动化药房

国外一些发达国家的自动化药房技术已经相当成熟，应用也基本普及，但适合国内情况的药房自动化设备却寥寥无几。目前国内的绝大多数医院的药品的分发还采用传统的手工分发模式，随着医改的深入，医院药房工作日渐繁重，相关部门科技工作者早就已经意识到药房自动化设备的研发的必要性。国内关于药品分发自动运行方面的相关探索最早见于航天工业部第三研究院第三十五研究所研发的基于微型计算机的盒装药品自动发放机。但是，受限于当时国内医院的条件，最初研发的这些设备并未得到广泛的推广。我国在自动化药房方面开展的研究大致分为以下三个重要阶段。

首先是产品的自主创新阶段，其标志就是一些专利的出现，例如“旋转药盘架”等专利的申请。这些装置的出现为国内药品自动分发设备的发展开辟了先河。其后是半自动化设备的研发阶段，大部分产品的研发是基于自动化售药设备，例如深圳三九集团研制的自动化售药设备，这种设备采用矩阵方式布局出药动作机构，能在很大程度上提升发药效率，同时简化了控制系统，节约了电气控制成本。

目前自动化药房的发展已经进入到第三阶段，这种药房在存储规模和发药效率等方面都更能满足医院的需求。例如北京华康和苏州艾隆等公司生产的自动化药房，针对医院药房的实际情况提出合理的解决方案，这种自动化药房更适合中国国情，能够实现医院药品的自动出入库。现阶段自动化药房研发缩小了同国外发达国家的行业的差距，标志着中国药房自动化设备的发展已经迈进了高速发展的百家争鸣、百花齐放时期，具有代表性的就是苏州艾隆研发的药品自动分发设备（图 3-22）和江苏迅捷研发的智能发药设备（图 3-23）。

图 3-22 苏州艾隆研发的药品自动分发设备

图 3-23 江苏迅捷研发的智能发药设备

参考文献

[1] 杜志江，孙立宁，富历新. 医疗机器人发展概况综述[J]. 机器人，2003，25(2)：182-187.

[2] 应斌. 银色市场营销[M]. 北京：清华大学出版社，2005.

[3] 王丽军. 动态环境下智能轮椅的规划与导航[D]. 上海：上海交通大学，2010.

[4] 次吉，慕明莲. 对护士现存的压力及应对措施的探讨[J]. 岭南急诊医学杂志，2012，3：235-236.

[5] 罗振华. 医院服务机器人室内导航算法与自主充电系统研究[D]. 哈尔滨：哈尔滨工业大学，2016.

[6] 韩金华. 护士助手机器人总体方案及其关键技术研究[D]. 哈尔滨：哈尔滨工程大学，2009.

[7] 王立权，孟庆鑫，郭黎滨，等. 护士助手机器人的研究[J]. 中国医疗器械信息，2003，9(4)：21-23.

[8] 石杏春. 面向智能移动机器人的定位技术研究[D]. 南京：南京理工大学，2009.

[9] 张健翀. 基于射频识别技术室内定位系统研究[D]. 广州：中山大学，2010.

[10] 刘美生. 全球定位系统及其应用综述

（一）——导航定位技术发展的沿革中[J]. 中国测试技术，2006，32（5）：1-7.

[11] 刘基余. 卫星导航定位原理与方法[M]. 北京：科学出版社，2003.

[12] Ward A，Jones A，Hopper A. A New Location Technique for the Active Office [J]. IEEE Personal Communications. 1997，4（5）：42-47.

[13] Priyantha N B，Chakraborty A，Balakrishnan H. The Cricket Location-Support System [C]. 6th ACM International Conference on Mobile Computing and Networking （ACM MOBICOM），Boston MA，August 2000，pp. 32-43.

[14] 郜丽鹏，朱梅冬，杨丹. 基于 ZigBee 的加权质心定位算法的仿真与实现[J]. 传感技术学报，2010，23（1）：149-152.

[15] 王勇，胡旭东. 一种基于 RFID 的室内定位算法[J]. 浙江理工大学学报，2009，26（2）：228-231.

[16] Nister，Naroditsky O，Bergan J. Visual Odometry，Proc. IEEE Computer Society Conference on Computer Vision and Pattern Recognition （CVPR 2004），Washington DC，June 2004，pp. 652-659.

[17] Cheng Y，Maimone M，Matthies L. Visual Odometry on the Mars Exploration Rovers [C]. IEEE International Conference on Systems，Man and Cybernetics，Waikoloa，Hawaii，USA，October 10-12，2005，pp. 903-910.

[18] 李云翀，何克忠. 基于激光雷达的室外移动机器人避障与导航新方法[J]. 机器人，2006，28（3）：275-278.

[19] 王家超. 医院病房巡视机器人定位与避障技术研究[D]. 济南：山东大学，2012.

第4章

神经外科机器人

4.1 引言

在过去的几十年中，机器人技术已经成为介入医疗程序的有力辅助工具。目前，机器人技术已成功应用于神经外科手术中的多项外科手术领域，如立体定向和功能性神经外科、癫痫病灶的定位、内镜脑外科、神经外科肿瘤学、脊柱手术、周围神经手术，以及其他神经外科应用等[1]。随着先进机器人技术（包括计算机控制技术、检测技术、图像处理技术、多媒体和信息网络技术、人机接口技术、机械电子技术等）、微侵袭外科技术、神经影像技术的飞速进步，数字机器人神经外科的概念正逐渐形成，实现外科手术中所必需的精确微小定位、微小操作、手术空间的形状监测和图像显示等各种功能成为可能，使得神经外科手术系统已从立体定向手术发展到开颅显微外科手术甚至远程手术[2]。除了神经机器人的可视化技术和触觉反馈的改进之外，机器人神经外科学的未来也涉及纳米神经外科的进步——纳米级的神经外科手术。

4.1.1 神经外科机器人的研究背景

近年来，中国神经外科的发展进入了一个崭新的时代，人们对神经系统疾病有了深刻的认识。基础研究、神经保护修复手术，尤其是生长因子手术取得了重大进展，在神经干细胞如程序性细胞死亡等神经外科临床研究中，显微外科技术已成为熟练的显微外科常规手术，微创技术在脑血管疾病、脑肿瘤、脊髓神经外科等领域得到越来越广泛的应用[3]。

在医疗外科机器人的研究中，机器人神经外科是一个重要的研究方向。神经外科手术的发展趋势是追求安全、微创和精确，使用机器人进行神经外科手术能够满足这些要求，并且在微创方面获得了传统治疗方法不可比拟的良好效果。在使用机器人之前，国内外普遍采用的是有框架脑立体定向手术，即在患者的颅骨上固定一个金属框架，并拍摄 CT 片。医生通过 CT 来确定病灶点在这个框架（也就是一个参考坐标系）中的具体位置，并决定手术方案。手术时在患者颅骨上钻一个小孔，将手术器械通过探针导管插入患者脑中，对病灶点进行活检、放疗、切除等手术操作。这种手术方式耗时较长，精确度不够高，要求医生具有较高的医术，同时患者比较痛苦。采用机器人进行神经外科手术，利用机器人的高精度、高稳定性，按计算机中规划好的手术路径导航控制机器人自动完成手术，彻底改变了医生仅凭医疗图片和临床经验进行手术的局面。由于机器人系统能够自动计算出颅部微创手术的位置和方向，精确控制各种手术器具插入的深度和手术路径的重复性，不但没有了固定框架给患者带来的痛苦和给医生带来的操作不便，而且提高了手术的定位精度和操作的可视性，从而大大减少人为因素引起的手术误差，最大限度地减少了手术创伤，缩短了痊愈时间，降低了医疗费用[4]。

4.1.2 神经外科机器人的研究意义

回顾神经外科百余年的发展历史，所走过的每一步都离不开科学技术的推动。显微神经外科时代，在神经麻醉、神经影像、神经电生理监测、神经导航及其他相关学科辅助下，“手”的艺术已经被发挥到了极致。相对于人手的晃动，机器人可以非常稳定地实现安全操作，因此，机器人大幅提升了手术安全性。传统手术中颅内多发肿瘤的处理难度很大，而手术创伤过大会对患者脑功能产生影响；医学机器人可利用激光探头进行导航，在颅脑狭窄的视野空间中为医生实时显示肿瘤切除范围和大小，选择手术位置。颅脑穿刺过程中常需经过很多大脑组织和结构，利用医学机器人可以在三维层面调整手术方案，避开会造成大出血的关键部位。此外，医学机器人还能帮助医生实施精准的3D化疗及干细胞植入技术，保证药物能在1～2mm的位置上发挥作用，大大提升了手术安全性。医学机器人可帮助医生缩短手术时间，减少手术风险，提高神经外科手术的精准性，使患者能够接受更加精准的微创治疗，有利于减少手术创伤。

4.2 神经外科机器人的研究现状

4.2.1 立体定向神经外科

神经外科定位定向术一般是对颅脑内可能的病变部位进行穿刺化验、囊肿积液抽取或者对指定区域进行热疗致病变部位坏死。保证手术安全的重要条件是：安全的手术路径规划和手术部位的精确定位。它是通过医学图像诊断、规划后，实施微创定位定向的一种手术。在采用立体定位定向术前，神经外科手术一般采用开颅的方式完成，需要全身麻醉，手术损伤大，康复时间长，易感染。立体定位定向术目前采用两种方式完成：框架手术和无框架手术。框架手术需要在患者头部固定一个金属框架后采集图像，术中要借助该框架完成手术路径的定位定向。安装框架有一定的手术损伤，特别是对于儿童，若不施行全麻，有时候儿童患者不配合医生。无框架立体定位定向术在患者头部安装体外标记点（fiducial markers）后，采集患者医学图像，一般是 CT 或 MR 体数据。在手术过程中，借助视觉系统对体外标记点的定位，完成图像中手术规划路径到机器人工作空间的转换，由机器人完成手术规划目标。这种方法对于患者的损伤最小，利于患者配合医生手术[5]。近年来，许多研究小组已经证明采用机器人技术进行无框活组织检查的可行性、安全性和准确性。

2001 年，解放军海军总医院田增民神经外科团队与北京航空航天大学中国航天技术研究所合作，研发成功“黎元 BH-600”声控机器人，并于 2003 年 9 月 10 日，在北京海军总医院通过互联网链接到相距 600km 的沈阳医学院附属中心医院手术室，成功为一位 52 岁的脑出血患者实施了国内第一例脑外科立体定向远程遥控手术。手术实况如图 4-1 所示。

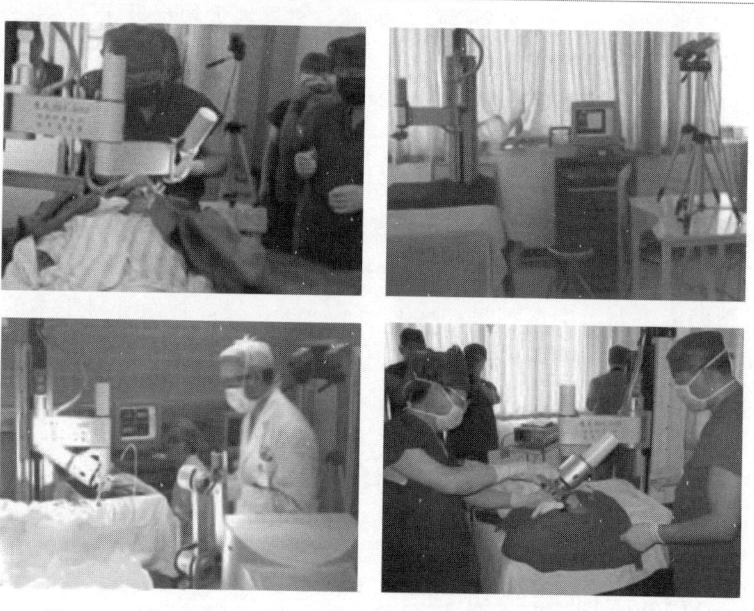

图 4-1 “黎元 BH-600”声控机器人北京链接沈阳遥控手术实况

Haegelen 等[6] 介绍了 NeuroMate 机器人在 15 例接受机器人引导的脑干病变立体定向活检的患者中取得的良好效果，在总共 17 个活检中包括 12 例采用超小脑入路，5 例采用双斜前额入路。NeuroMate 机器人及手术过程如图 4-2 所示。

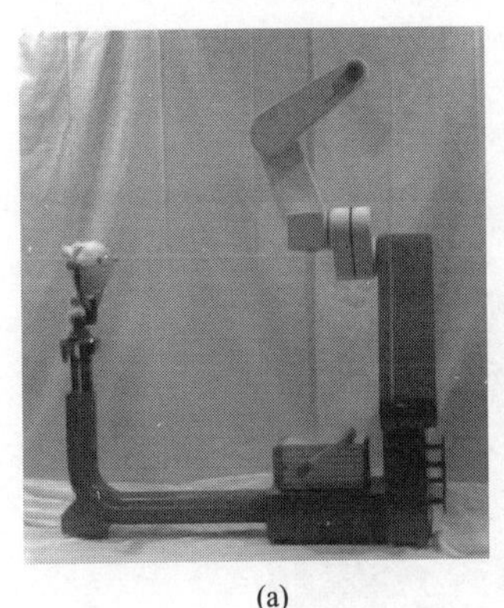
(a)

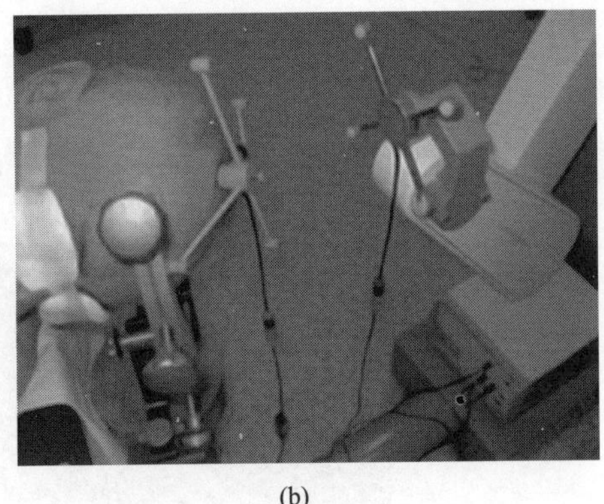
(b)

图 4-2 NeuroMate 机器人及手术过程

Bekelis 等[7] 介绍了 41 例患者使用 SurgiScope 系统（ISIS，intelligent surgical instruments&systems，Grenoble）进行立体定向图像引导机器人活检。SurgiScope 机器人系统如图 4-3 所示，将活检臂固定在 SurgiScope 显微镜上，使机器人主要用作仪器支架，与所选轨迹对齐。据报道，在前半部分病例中，手术时间为 54.7min，在后半部分为 34.5min，表明使用机器人辅助技术的渐进式学习曲线。

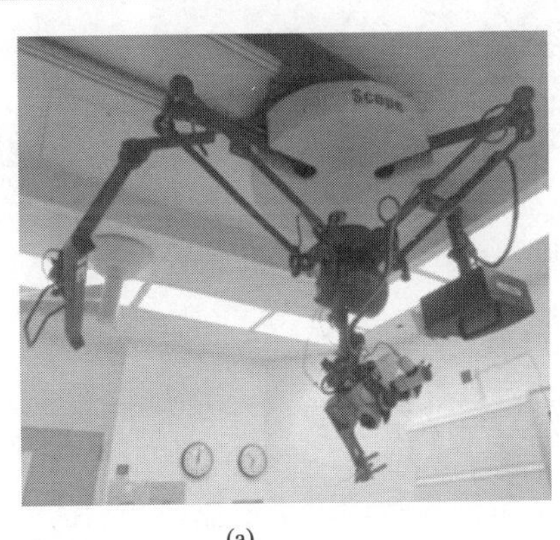
(a)

(b)

图 4-3 SurgiScope 机器人系统

Lefranc 等回顾了他们在 100 个无框立体定向活组织检查中使用机器人 ROSA 装置的经验[8]。如图 4-4 所示，ROSA 装置的机械臂被用作仪器支架（如带框架的弧形）；利用 ROSA 装置的活检过程如图 4-5 所示，机器人手臂沿着计划的轨迹自动定位，外科医生通过减速器手动进行活组织检查。结果表明，在术前计划和术后 CT 扫描之间进行匹配后，所有活检部位都在肿瘤靶内。在 97 名患者中建立了组织学诊断，没有发生与手术相关的死亡或永久性发病情况。在最近的 50 次无框机器人活检中，手术时间不到 1h，包括头部定位、机器人安装和悬垂，机器人与形臂相结合不到 2h。

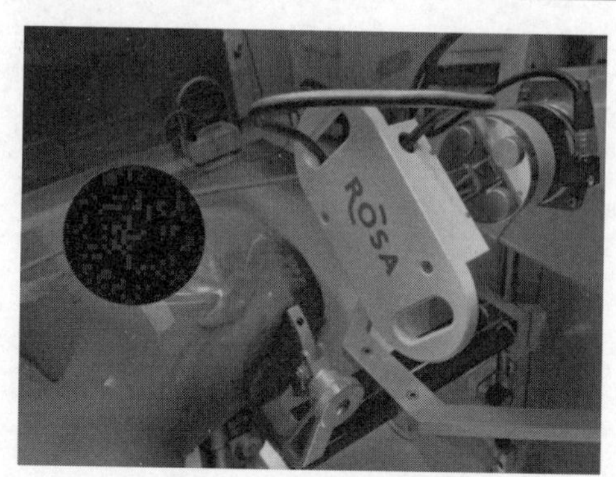

图 4-4 ROSA 装置

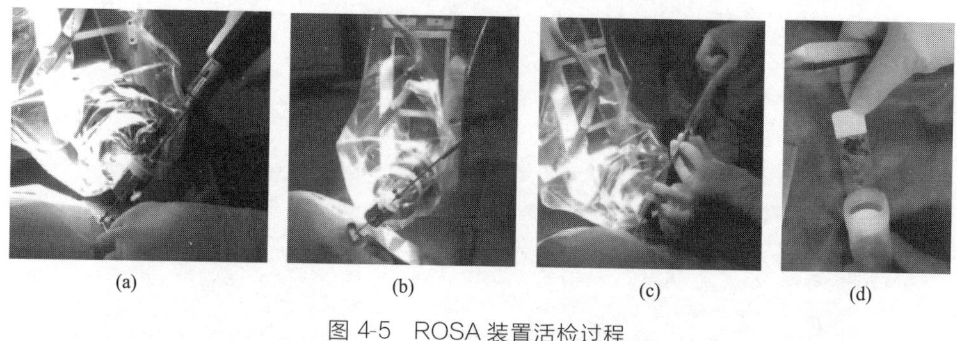

图 4-5 ROSA 装置活检过程

4.2.2 功能性神经外科及癫痫病灶定位

随着机器人辅助立体定向神经外科活组织检查的逐步演变，在功能性神经外科手术中已经证明了有希望的结果，例如 DBS 植入，用于癫痫灶定位的深度电极的图像引导插入，以及癫痫病灶的机器人辅助立体定向激光消融。

在使用 NeuroMate 神经外科机器人（Renishaw-Mayfeld）的体外研究中，Varma 和 Eldridge[9] 在大量 113 个 DBS 植入系列中显示出 1.29mm 的准确度。2015 年，Daniel 等[10] 量化了 NeuroMate 机器人在 17 个连续患者中 30 个基底神经节目标（13 个苍白球内部，10 个丘脑底核，7 个腹侧中间核）的运动障碍，验证了基于框架DBS程序应用的准确性。实验数据表明NeuroMate神经外科机器人的体内应用精度小于1mm，至少类似于立体定位框架臂的准确性。

机器人技术在功能性神经外科手术中的另一个成功应用是深度电极的图像引导插入，用于顽固性癫痫患者癫痫灶的术中定位。一项开创性的机器人辅助手术研究表明，与使用机器人技术之前的手术相比，三名患者成功植入了记录电极，并且手术时间明显缩短[11]。2008年，Spire等[12]介绍了使用SurgiScope机器人放置颅内深度电极进行癫痫手术，如图4-6所示。

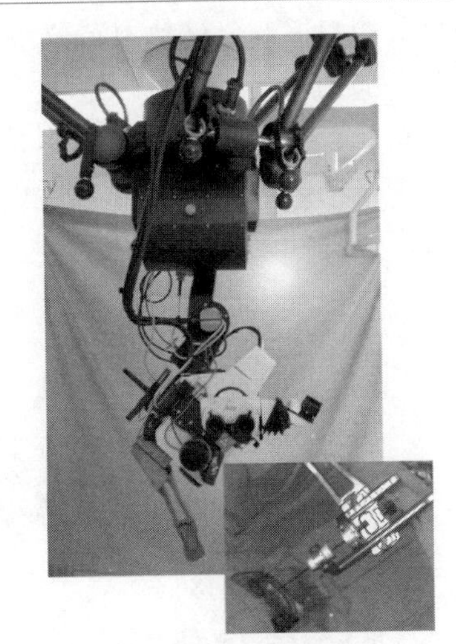

图4-6 SurgiScope机器人颅内深度电极植入

2013年，Cardinale等[13]发表了一项关于500个立体脑电图（SEEG）程序的大型研究，包括在由NeuroMate机器人系统辅助的一系列1050个基于框架的电极植入中研究定位误差。实验结果表明SEEG是一种安全、准确的癫痫区侵入性评估方法。传统的Talairach方法，通过多模式规划和机器人辅助手术实现，允许从表面和深层脑结构直接电记录，提供最复杂的耐药性癫痫病例的基本信息。

2014年，Gonzalez-Martinez等[14]介绍了他们在2014年使用ROSA机器人对一名19岁女性进行机器人辅助立体定向激光消融术的手术情况，该患者具有10年难治性局灶性癫痫病史。作者强调该手术是微创、快速和安全的，患者只有极小的不适，经过短暂治疗即可出院。

4.2.3 内镜脑外科

神经内镜检查是治疗脑积水、颅内囊性病变，做肿瘤切除或活组织检查以及任何可以通过内镜辅助的显微手术方法的完善治疗方式，以便在不收缩神经血管结构的情况下实现对手术器官的充分额外控制。神经内镜检查的一个潜在缺点和可能的并发症来源是外科医生在颅骨内引导内镜。内镜可以手动移动，也可以使用机械或气动固定装置暂时固定。从这个意义上说，使用机器人来定位和保持内镜，使得外科医生能够在非常关键的解剖区域内进行非常平滑和缓慢的操作。

Zimmermann 等[15] 介绍了他们使用 Evolution 1 机器人装置（URS，universal robots，sewerin）对 6 名患有室性脑积水的患者进行机器人辅助的第三脑室造口术的早期经验。URS“Evolution 1”精密机器人有 7 个驱动轴、1 个通用仪器接口、1 个移动预定位系统，包括控制计算机机架和触摸操作图形用户界面，如图 4-7 所示。手术过程中没有发生与器械相关或手术相关的并发症。根据作者的经验，内镜手术部分的时间范围为 17～35min。与传统手术相比，使用机器人装置的引导，可以更容易、更快速、更精确地针对凝血的小血管进行定位。

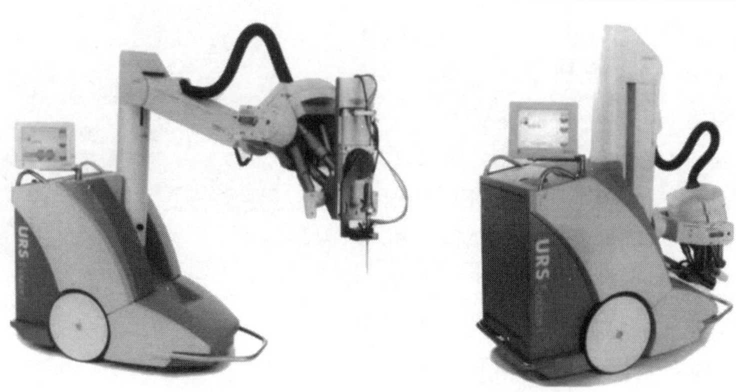

图 4-7 URS“Evolution 1”精密机器人

机器人辅助内镜检查也已应用于颅底入路。J. Y. Lee 等介绍了使用达芬奇机器人（intuitive surgical，CA，USA）在尸体上进行颅颈交界和寰枢椎的经口机器人手术的可行性[16]，如图 4-8 所示。2010 年，该团队还介绍了他们使用达芬奇机器人辅助齿状突切除术治疗颅底凹陷的临床经验[17]。

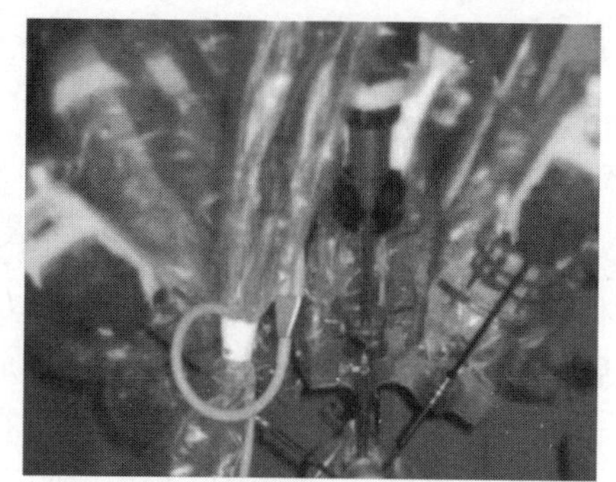

图 4-8 机器人手臂经口导入，有角度地朝向鼻咽和头部颅底

同时，一些科研工作者试图验证机器人辅助对常用锁孔颅内手术的可行性。Hong 等[18] 报道了使用达芬奇机器人在尸体研究中通过眉毛皮肤切口辅助眶上额下入路的应用，如图 4-9 所示。虽然作者得出结论认为这种机器人辅助方法可能是可行的，但他们指出了一些缺点，包括缺乏合适的器械，如存在骨刀和手臂碰撞的风险。Macus 等[19] 2014 年报道了他们对达芬奇机

器人在一系列锁孔方法中的适用性的分析，例如尸体研究中的眶上额下、乙状窦后和小脑幕下动脉。作者得出结论，达芬奇系统在锁孔神经外科手术中既不安全也不可行，主要是由于缺乏触觉反馈。

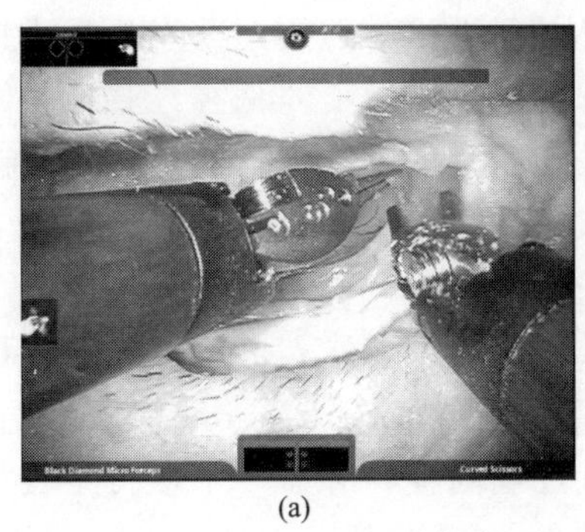
(a)

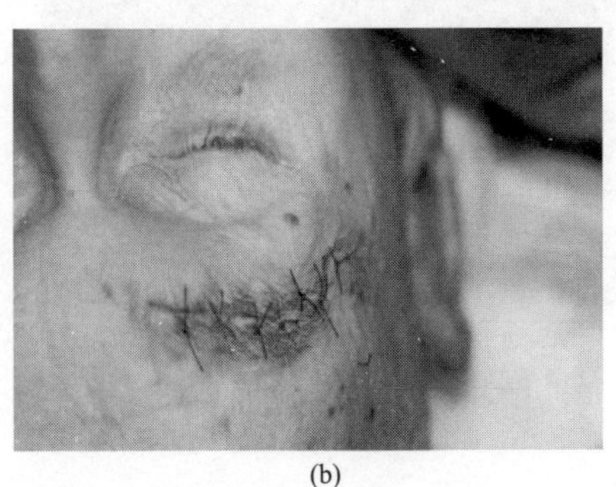
(b)

图 4-9 机器人经眉毛皮肤切口辅助眶上额下入路打开硬脑膜

4.2.4 神经外科肿瘤学

大多数神经外科机器人仅限于立体定向和内镜脑部手术[20]。Drake 等报道了第一次将机器人技术纳入脑肿瘤手术的尝试。第一个有效纳入脑肿瘤手术的神经外科机器人是 Neuroarm。Neuroarm 是一种远程操作的磁共振兼容图像引导机器人；它将成像技术与显微外科手术和立体定位相结合。它包括两个机械臂，能够操纵通过主系统控制器连接到具有感知沉浸式人机界面的工作站的显微外科手术工具。该系统的一个主要优点是它配备有三维力传感器，从而为外科医生提供先进的触觉反馈。迄今为止，据报道，Neuroarm 已被用于 60 多名脑部病变患者。2013 年，Sutherland 等报道了第一批 35 个病例[21]，涉及胶质瘤、脑膜瘤、神经鞘瘤、皮样囊肿、脓肿、海绵状血管瘤、髓母细胞瘤和放射性坏死。

尽管取得了这一初步进展，但具有触觉反馈的机器人技术仍处于起步阶段，尚未与神经外科实现完全整合。

4.2.5 周围神经手术

机器人辅助神经外科手术的另一种可能应用是周围神经外科手术。由于消除了扰乱操作运动的生理性震颤，也可以通过使用机器人来改善周围神经外科修复，这也得益于运动的增加，这提高了这种运动的精确度[22]。

Melo 等[23] 使用达芬奇机器人进行转移腋神经和肱三头肌长头神经的手术，

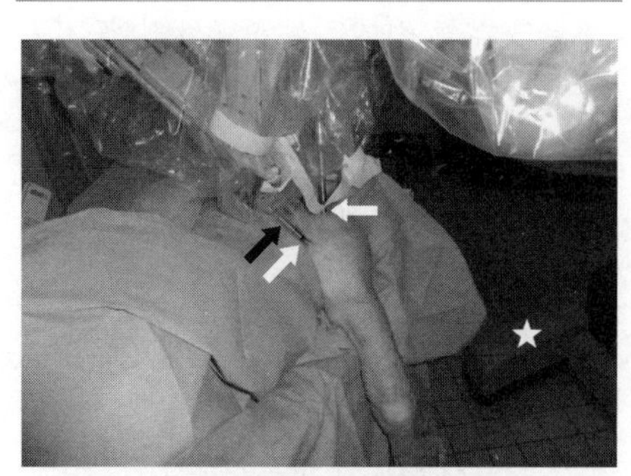

图 4-10　达芬奇转移腋神经和肱三头肌长头神经的手术

证明了使用达芬奇机器人改善周围神经手术修复的可行性，消除了医生生理上震颤扰乱手术动作，提高了手术精确度。Miyamoto 等介绍了他们在臂丛神经手术中使用达芬奇机器人的临床经验，描述了 6 例神经移位手术将肱三头肌长头神经转移到到腋神经，具有良好的临床术后效果，如图 4-10 所示。

同时，机器人也可以辅助周围神经的肿瘤手术。Lequint 等报道机器人辅助周围神经肿瘤手术取得了良好的效果[24]。此外，Deboudt 等证实了 2 例机器人辅助腹腔镜切除周围神经神经鞘瘤的可行性[25]。

4.2.6 其他神经外科应用

机器人技术在神经外科领域不断发展，在过去几年中，机器人辅助程序系统获得了更多领域的应用。除了以上介绍外，一些科研工作者报告了不同方面的应用。例如，Lollis 和 Roberts[26,27] 已经证明了使用 SurgiScope 将心室导管置于小脑室环境中的良好效果。Barua 等[28] 已经证明了使用 NeuroMate 机器人（Renishaw Plc，Gloucestershire，UK）准确和安全地将小直径导管输送到大脑进行化疗的可行性。最后，Motkoski 等[29] 报道了他们使用机器人辅助神经外科激光的初步临床经验。

4.3 神经外科机器人的关键技术

4.3.1 神经外科导航系统与定位技术

神经外科导航系统（neurosurgery navigation system，NNS）通过将现代影像、空间定位、先进计算机等技术结合，使医师能够在术前充分评估患者情况并详细规划手术路径、方案。在术中可通过对手术器械的精确导航，使外科手术更加微创化。还可通过对手术过程中数据的记录分析，在术后进行手术评估。因此，神经外科导航系统对于提高手术成功率、减少手术创伤、优化手术路径等具有十分重要的意义。

一个典型的神经外科导航系统主要由三个部分组成：成像装置、三维定位装置和图形工作站。成像装置如CT或MRI等，用于对患者进行术前的数据采集；图形工作站把采集到的切片序列数据进行三维建模和可视化处理；三维定位装置实时跟踪手术器械上标志点的空间位置信息。图4-11为Medtronic公司的神经外科导航系统。

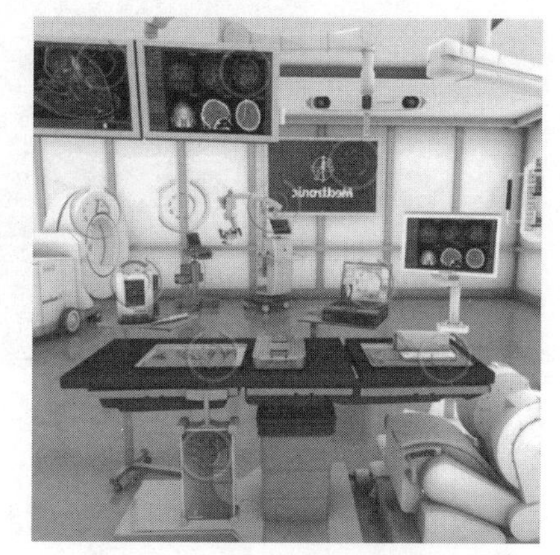

图4-11　Medtronic公司的神经外科导航系统

神经外科导航系统的主要特点如下。

① 高度的可视化程度。StealthStation可视化神经系统如图4-12所示。

a. 使用自动三维分割工具创建肿瘤模型、白质束、皮质表面和血管；

b. 通过3D模型的自动混合，快速可视化结构和解剖结构；

c. 使用虚拟开颅手术和虚拟内镜工具规划的手术方法；

d. 合并来自CT、MRI、CTA、MRA、fMRI、PET和SPECT的图像。

② 人机交互。人机交互如图4-13所示，类似于智能手机或平板电脑，使软件易于学习和使用。

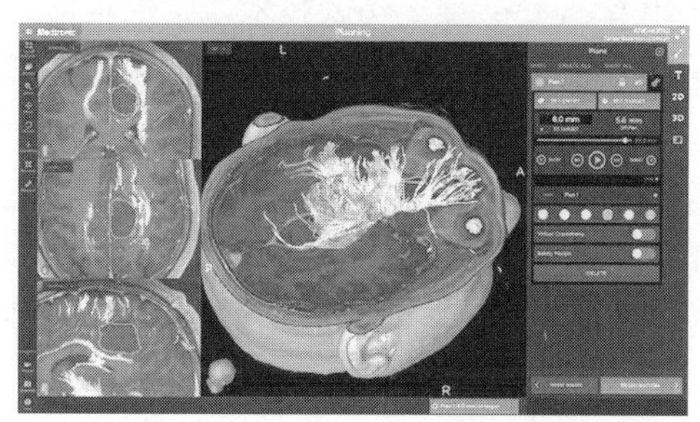

图4-12　StealthStation可视化神经系统

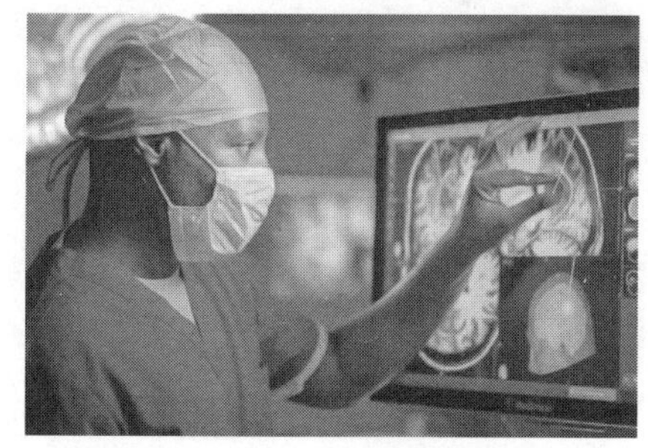

图4-13　人机交互方式

③ 简化的患者病灶标记。

a. 自动检测基准点；

b. 使用触摸和跟踪技术改进标记点，包括使用O-arm™手术成像系统自动注册；

c. 准确的匹配信息如图 4-14 所示。

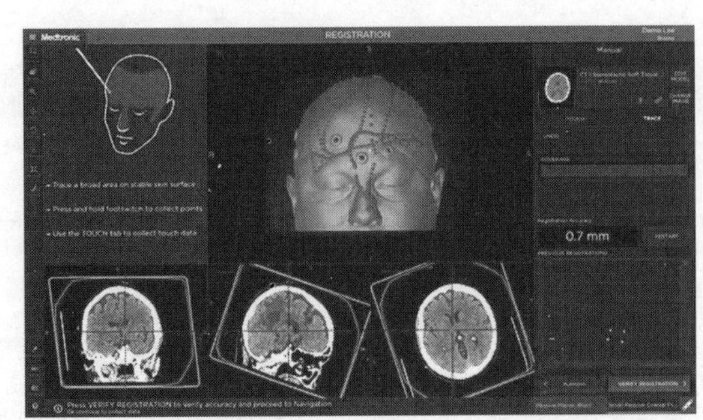

图 4-14 将基准点和解剖点与表面匹配的跟踪技术相结合

手术导航系统中定位技术用于手术过程中手术器械的定位和跟踪，使医生能够在计算机上直观地看到手术器械和组织结构的位置关系。它的定位精度直接影响到整个导航系统的精度[30]。在手术导航系统 20 多年的发展历程中，手术定位技术也是在不断改进，从最初的关节臂定位到超声定位，再到光学定位和电磁定位，定位技术的精度在不断提高和完善[31]。常用的定位方式如下。

① 关节臂定位。关节臂定位由多个关节组成，手术中，通过计算关节的相对运动来确定机械臂的位置。其优点是定位原理简单直观，可以被动地约束或制动，使之按手术规划的路径和位置执行。缺点是只能在很小的手术空间中操作，使用较笨拙，连接部分定位误差累加，精度差，目前已趋淘汰。

② 超声定位。超声定位是利用超声波的空间传播特性，通过测量超声波在各组织中的传播时间来确定目标的位置。其优点是一种无接触技术，系统可同时对多个目标的位置进行检测。其缺点是超声波束的方向性差，易受干扰，定位精度差。

③ 电磁定位。电磁定位在医学上的应用还比较新，它通过发射源线圈和接收器感应线圈之间的电磁感应关系，得到两者之间的位置关系，从而达到空间定位的目的。其优点是系统结构紧凑，便携性强，成本低，无光线阻挡问题。缺点是受外界电磁干扰影响严重，对于手术空间任何金属物体都十分敏感，影响定位精度。

④ 红外定位。又称光学导航（optical navigation），它基于视觉立体定位的原理，通过多个相机从不同角度获取同一目标的多张图，再计算目标在不同图上的视差，确定目标的空间位置。其优点是轻巧、灵活、数据采集快、定位精度高、可靠性好，已成为目前手术导航系统中应用最广泛的一类定位装置，如加拿大 NDI 公司生产的红外线定位装置，Medtronic 公司的 Stealth Station 系统，德国 AECUPIA 公司的 Ortho-Pilot 系统。

4.3.2 神经外科机器人远程交互技术

神经外科机器人远程交换技术使外科医师可以在异地通过遥控操作系统控制手术现场的机器人完成手术。远程操作外科机器人系统涉及广泛的高新技术领域，如在远程医疗中需要传送数据、文字、视频、音频和图像等大量的医学信息，实时性、可靠性要求高，对通信网络有很高的要求，特别是需要对遥控操作环境中的通信延迟进行分析和补偿，以克服通信的延时性。

内镜图像处理任务是一种可选辅助功能，其可通过图像处理的手段将病灶区域的某些信息更加清晰显著地展示在医生眼前，以方便医生的判断和操作。此外，基于图像处理还可实现一些视觉引导功能，比如通过点触图像画面即可控制调整内镜所聚焦的手术部位。而IO设备触发事件响应则主要处理一些辅助按钮、脚踏板等设备的中断触发事件，用于实现手术机器人的一些调整功能。

手术台车控制系统的主要任务是根据医生主控制台的动作命令，实现对各从操作手的实时运动控制，从而完成相应的手术操作。首先，手术台车控制系统需要根据控制命令进行从操作手逆运动学求解。在求得各个关节的角度控制量后，台车控制系统将通过CAN总线控制从操作手的各个关节完成相应运动，并同时监测各个关节的运动状态，反馈回医生主操纵台控制系统。为了提高机器人辅助微创手术的安全可靠性，在实际应用时通常还会增加另一套冗余控制系统来同时监控从操作手的运动状态，以防止台车控制系统失效时从操作手发生误动作而对患者造成伤害。除了上述任务之外，手术台车控制系统也需完成一些IO设备触发事件的响应处理。

4.3.3 神经外科机器人精准定位技术

医疗机器人，特别是神经外科机器人，不同于一般工业机器人，具有对安全性和容错性要求很高、追求绝对定位精度、不允许通过示教编程来实现运动控制等特点。这无疑给机器人的控制系统提出了较高的要求。因此，以机器人控制系统的安全可靠性为研究重点，以机器人定位精度的提高为目的，以获得临床手术的圆满完成为宗旨，对神经外科机器人控制系统进行研究开发尤为必要。

精准定位是神经外科机器人系统最重要的性能指标。要使神经外科机器人系统完全取代立体定向框架，其定位精度必须与立体定向框架相当，即小于1mm。对于功能神经外科手术，如帕金森病的治疗，这样的精度是必须保证的。然而，对于一些精度要求不太高的神经外科手术，如脑出血治疗、脑组织活检、粒子植入等，2～3mm的精度也是可以接受的。如已经商业化的NeuroMate系统，定位精度均方值为1.95mm±0.44mm[32]；同样商业化的PathFinder系统，定位精度的平均值为 2.7mm[33]。

引起神经外科机器人系统定位误差的因素可以分为两部分：靶点映射误差和机器人绝对定位误差。靶点映射误差是将病灶点位置从医学图像空间映射到机器人空间时引起的误差，它导致所给出的病灶点空间位置不准确。机器人标定可以提高机器人绝对定位精度，通过对影响机器人精度的几何因素和非几何因素进行建模和参数辨识，用尽量准确的模型描述机器人的运动[34]。为了弥补机器人标定参数多、运动学方程复杂、非几何因素难以考虑等不足，一些研究者考虑用神经网络的方法对机器人定位误差进行补偿，常用的有关节坐标的神经网络补偿和直角坐标位置的神经网络补偿两种方式[35]。

4.4 神经外科机器人实施实例

4.4.1 Neuroarm 手术系统

大脑是人体内最为娇嫩的器官，功能精密而复杂，对疾病定位的准确性和手术操作的精确性要求极高。从 Broca 脑功能分区的提出，到气脑造影、碘油造影、超声、显微镜、CT、MRI、神经导航的应用，神经外科的发展史可以说是不断追求准确性和精确性的历史。机器人辅助神经外科萌芽在 20 世纪 80 年代，但受当时科学技术水平的限制，虽然提高了定位的准确性，但是其进行操作的安全性难以保证，所以没有得到广泛的应用。随着科技的进一步发展及转化医学理念的提出，2007 年新一代神经外科手术机器人 Neuroarm 问世，标志着机器人辅助神经外科技术的再次兴起[36]。

（1）Neuroarm 的设计理念和研发团队

Neuroarm 是一款磁共振兼容（MRI-compatible）-影像引导（imageguided）-计算机辅助（computer-assisted）的手术机器人系统。设计理念是加拿大卡尔加里大学神经外科系 Garnette Sutherland 教授在 2001 年提出的。研发团队中还包括麦克唐纳·迪特维利联合有限公司（MacDonald Dettwiler and Associates Ltd.，MDA）。在此之前，Garnette Sutherland 教授曾经带领自己的团队研发了一套术中磁共振系统（iMRI），MDA 则具有开发太空机器人的技术背景，其中最著名的是国际空间站上所应用的 Candarm 系统。将太空机器人技术整合到 iMRI 系统中，最终造就了 Neuroarm，整个研发过程历时 5 年。2008 年 5 月 12 日，Neuroarm 成功地为 1 例 21 岁的女性患者实施了嗅沟脑膜瘤切除术。这是世界上第 1 例由机器人完成的脑肿瘤手术[37]。

(2) Neuroarm 系统的组成

Neuroarm 系统由 2 条工作臂（manipulator）、1 个注册臂（registration arm）、2 个高清外景摄像机（field camera）、1 个可移动基座（movable base）、1 个远程工作站（remote work station）及 1 个系统控制箱（system control cabinet）组成，制作材料以钛、聚醚醚酮和聚甲醛为主，可在 3T 磁场中正常工作，而不影响术中 MRI 图像的质量。移动基座为工作臂、注册臂和外景摄像机提供支撑。工作臂采用仿人体手臂设计，设有“肩”“肘”“腕”三大关节，7 个自由度（degree of freedom），远端可以握持手术机械，如图 4-15 所示。手术器械和工作臂末端之间设有高精度及高灵敏度的感受器，用来将器械尖端的压力及扭转力信息传送到控制手柄。高清外景摄像机位于工作臂的两侧，采集视频信息并传送到远程工作站的 3D 显示器上。显微镜主镜下的视频信息则传送到远程工作站的另一个 3D 显示器上。远程工作站安装在毗邻手术室的房间内，采用中央集控型的设计，集视觉、触觉和听觉信息于一体，使操作者可以获得近乎手术现场的感官体验，如图 4-16 所示。除了高清外景摄像机和显微镜所提供的视觉信息外，工作站还设有 2 个可触摸显示屏，分别用来展示 2D 或 3D 的 MRI 图像，及反映整个 Neuroarm 系统工作状态的虚拟图像。触觉信息来自控制手柄，目前仍限于压力及扭转力信息，工作臂的空间位置信息尚无法获得；操作者通过控制手柄来操控手术器械。听觉信息来自通信头盔，能将操作者和手术室内的助手及护士连接起来，还能传递手术操作所产生的各种声音信息[38]。

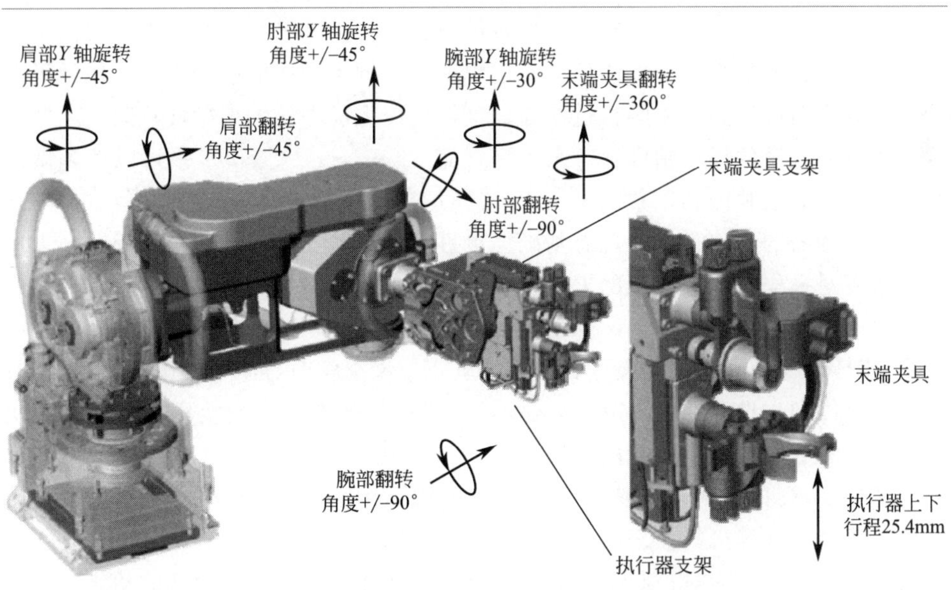

图 4-15 Neuroarm 系统的机械臂

(3) Neuroarm 的临床应用

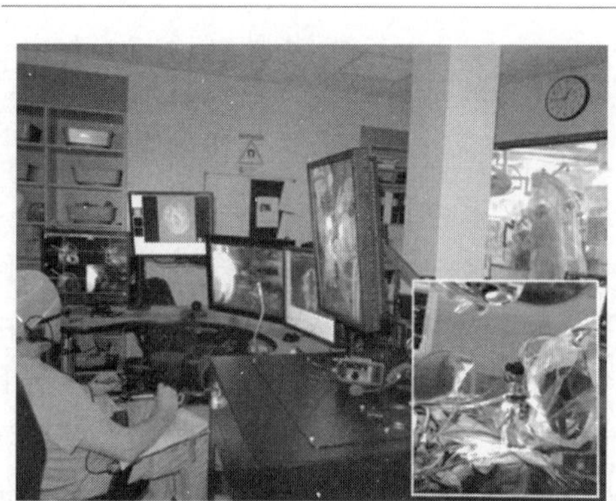

图 4-16 Neuroarm 系统的远程工作站

根据报道，Neuroarm 目前已经完成了 35 例显微神经外科手术（无立体定向手术），所涉及的疾病种类有脑膜瘤、低级别胶质瘤、高级别胶质瘤、神经鞘瘤、皮样囊肿、转移癌、脑脓肿、海绵状血管瘤、放射性坏死及髓母细胞瘤，不包括动脉瘤和动静脉畸形。总的时间平均 7 小时，其中准备时间 2 小时（主要是 iMRI 采集图像和手术计划的制定），从开颅到关颅的时间平均为 4.5 小时。Neuroarm 在术中位于主刀的位置，由于两侧的位置被高清外景摄像机所占据，所以助手只能位于对面。虽然居于主刀的位置，但并非一次性获得了所有的主刀权限，直到第 4 例患者 Neuroarm 才开始切除肿瘤，但它的学习曲线非常陡直，很快便可以实现完全切除肿瘤，并安全地分离肿瘤和脑组织界面。术中应用 Neuroarm 的平均时间为 1 小时。术后没有感染的报道。术后当时和 3 个月后的随访数据显示，患者的 KPS 评分多数获得改善，部分维持不变，没有降低的报道[21]。

(4) Neuroarm 的优缺点

和人的手相比，机器人有 3 个天然优势：第一，准确性高，肌肉的细微颤动在高倍显微镜下会变得异常明显，一定程度上限制了操作的准确性，工作臂可以通过计算机精确控制，将颤抖过滤掉，这样可以保证操作的准确性；第二，精确性高，目前人手的操作精度在毫米水平，而 Neuroarm 的操作水平可以达到微米级别，这在处理肿瘤和正常脑组织边界的时候有很大的优势，结合其他方面的技术有望使肿瘤的切除程度在现有基础上更进一步；第三，不存在耐力问题，无需考虑术者对操作体位舒适性的需要。

除以上天然优势之外，Neuroarm 在设计上还有其独特优点：第一，可以在采集 MRI 图像的同时进行操作，做到了真正意义上实时影像引导下的精确操作；第二，可以预先设置禁区（no-go zones），确保操作在安全的范围内进行，对病变周围正常脑组织具有重大的保护意义。

Neuroarm 的最大缺点是灵活性差。一方面是因为人和器械之间的感觉运动环路需要经过计算机的处理；另一方面是因为操作者需要经过思考，将自然、本能的运动反应转化为对控制手柄的操作指令，才能使器械完成相应的动作。目前灵活性方面的欠缺主要由手术助手来完善。另外，工作臂缺乏本体感受器，不能将自身的空间位置信息反馈给操作者，虽然高清外景摄像机和系统工作状态虚拟显示屏可以在视觉上部分弥补这一不足，但这无疑延迟了反应速度。触觉反馈信息的完善是下一步需要改进和提高的地方。

4.4.2 ROSA机器人辅助系统

脑深部电极植入（DBS）手术前，在拥有强大软件支持的ROSA系统下，将术前计划与定向引导整合于一体，在手术过程中，将头部与系统固定，注册后将扫描信息输入ROSA机器人辅助系统（如图4-17所示），系统的三维融合软件进行人脑虚拟三维空间重建，自动定位电极植入所需的颅骨钻孔部位及方向，设定出靶点并模拟手术路径，从而精确地得出深部电极植入方案，如图4-18所示。在医生的操控下，ROSA的6关节机械臂能够实现精准、高效的模拟靶点验证，微电极植入等步骤，通过验证得出术前注册误差精确到0.61mm。术中电生理信号理想，经微电极宏刺激后患者震颤和僵直症状改善明显，达到预期目标。

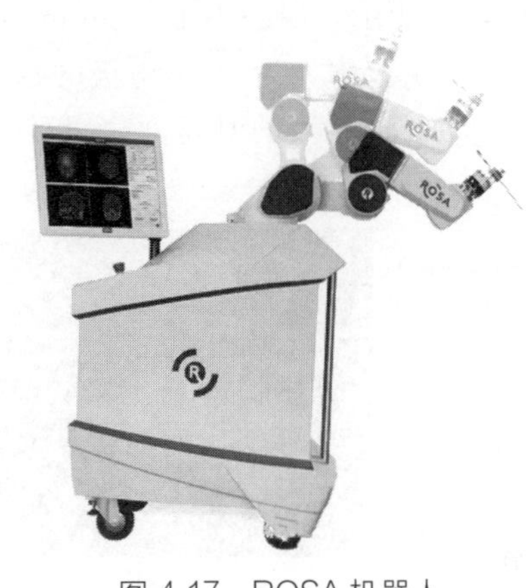

图4-17　ROSA机器人

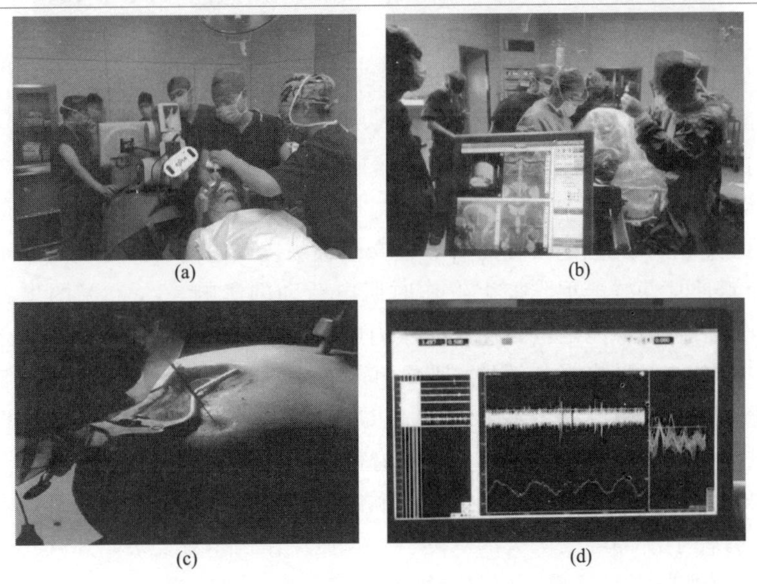
(a)　(b)　(c)　(d)

图4-18　ROSA系统脑深部电极植入手术

立体定向脑电图（SEEG）是近年来在国际上兴起的一种全新的癫痫病灶定位技术，可以揭秘癫痫网络，有助于精确定位癫痫灶，是药物难治性癫痫患者的最佳选择。在ROSA手术机器人辅助下进行局麻状态的SEEG颅内电极植入术，通过ROSA的智能导航进行激光验证，进而将电极精准植入到指定靶点，如图4-19所示，误差小于0.5mm。由于不使用立体定向头架，减去了反复拆装头架的复杂步骤，为13根电极的精准、安全、快速植入提供了有利条件，大幅缩短了SEEG手术的时间。

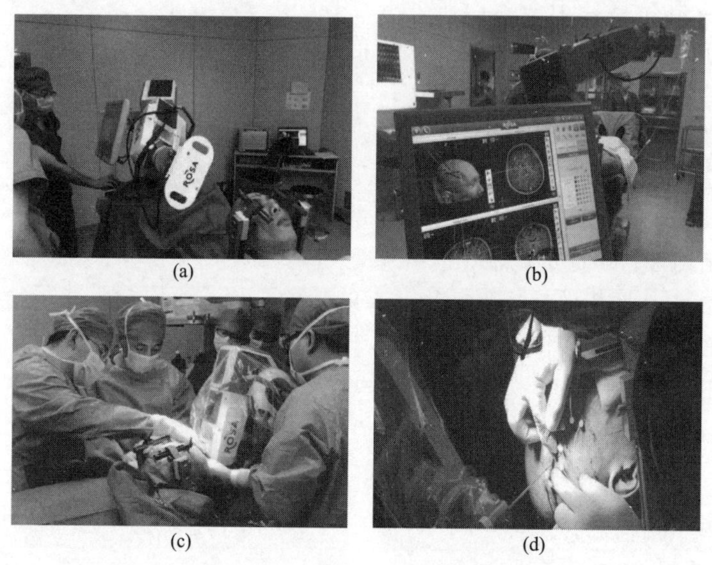

(a) (b) (c) (d)

图4-19 ROSA系统立体定向脑电图颅内电极植入术

利用ROSA系统进行手术具有以下特点。

① 颅内电极埋置，传统方法有局限。癫痫病灶的准确定位是取得良好手术效果的关键。在早期，定位癫痫病灶主要依赖头皮脑电图，但是由于脑电信号经过头皮和颅骨时衰减严重，加上发作时肌电活动的影响，约38%的患者在所有无创检查评估后仍不能定位癫痫灶。颅内电极埋置的出现给这部分患者带来了希望。它的优点是不受头皮、颅骨、肌电和日常活动的干扰，清晰地显示脑电图的细微变化过程，灵敏度高；不足之处是患者必须要承担开颅手术放置电极的痛苦和手术风险，如颅内出血、脑水肿、脑脊液漏和感染等。

经典的有框架立体定向技术提升了颅内电极植入手术水平，使创伤更小、风险降低，方便了深部电极从头部双侧植入，但操作仍相对复杂，并且在适用范围上受到一定限制。

机器人无框架立体定向手术辅助系统（robotized stereotactic assistant，ROSA）将手术计划系统、导航功能及机器人辅助器械定位和操作系统整合于一体，是立体定向发展和计算机技术广泛应用相结合的产物，它给颅内电极埋置手术带来了新技术革新。

② 三维融合，定位精确更安全。ROSA 机器人辅助系统中的三维融合软件，不仅可以更准确地设定靶点，同时可以准确得出手术最优方案。患者经过初步的术前评估定位，提出致痫灶可能的定位范围，确定颅内电极所需覆盖的区域。之后应用造影剂进行 3D 的 MRI 扫描，仅需储存一两个扫描序列的信息即可。在手术过程中，将头部与系统固定，注册后将扫描信息输入 ROSA 机器人辅助系统，系统的三维融合软件进行人脑虚拟三维空间重建，自动定位每根电极植入所需的颅骨钻孔部位及方向，设定出靶点并模拟手术路径，并根据植入路径长度选用合适的深部电极，从而精确地得出深部电极植入方案。

三维技术在设定每根颅内电极植入的轨迹时，会尽量远离影像显示的重要功能区和血管密集区，如图 4-20 所示。ROSA 机器人辅助系统的这一优势，有助于避开颅脑内重要结构，避免电极以切线方向入颅，避开靠近颅底颅骨气房增多、感染风险增强的部位，提高手术安全性。同时，机器人界面以及计划软件允许垂直矢状面和任意角度的多种置入路径，因此，电极植入路径的识别与角度选择范围更广。

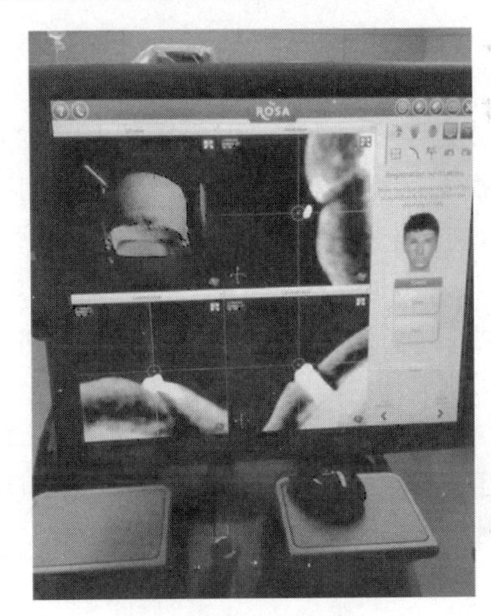

图 4-20 三维技术

③ 无框架，扩大手术范围。ROSA 机器人立体定向辅助系统不使用立体定向头架，不受框架自身误差和安装框架误差的影响，这种无框架设计扩大了手术适用范围，如图 4-21 所示。ROSA 机器人辅助系统采用塑形枕固定头部，避免了安装框架对颅骨菲薄和颅骨缺损患者的伤害，使得这类患者可以得到最佳诊治，尤其在儿童患者中更具优势。首都医科大学三博脑科医院癫痫中心于 2012 年引进亚太地区首台 ROSA 机器人无框架立体定向手术辅助系统，应用该设备实施电极植入手术的最小患者为 4 岁。手术过程顺利，术后无任何并发症，通过颅内电极监测，明确了癫痫病灶，手术效果良好。

由于不使用头架，ROSA 机器人减少了对患者的侵入性，减轻了患者紧张和恐惧心理。对于手术操作者来说，无框架设计让术者的术野和操作空间扩大，避免了框架对电极植入操作的限制，尤其是脑内多个病灶的患者，采用无框架的ROSA机器人辅助系统进行手术更加适合。

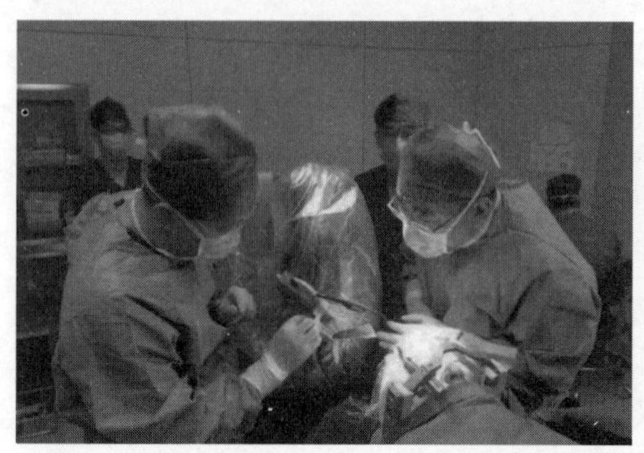
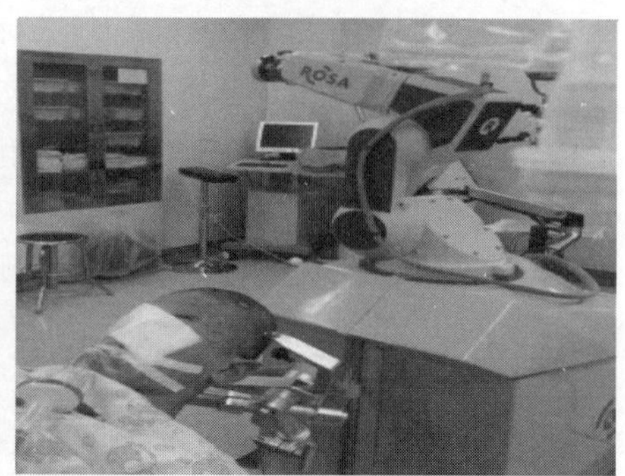

图 4-21 无框架手术

④ 新尝试，机器人辅助手术初显价值。自2012年开始，三博脑科医院癫痫中心尝试应用ROSA机器人辅助系统在亚太地区首先开展了微创的立体定向脑深部电极植入手术。到2013年9月，随访时间超过6个月的有40例药物难治性癫痫病例，在ROSA引导下颅内电极植入，其中单侧植入电极的29例，双侧植入电极的11例。其中1例在电极植入过程中出现颅内出血，开颅止血后待择期再进行颅内电极植入；39例顺利完成了电极植入并进行了视频脑电监测。植入电极后无脑脊液外漏、颅内血肿、电极折断和死亡病例发生，1例患者出现头皮感染（感染率为2.6%）。39例完成监测的患者中致痫灶位于单侧的34例；致痫灶位于双侧的3例（1例行双侧海马电刺激术，1例行VNS手术，1例调整抗癫痫药物）；致痫灶不明确的2例。局灶性切除手术31例，非切除性手术4例，其中迷走神经刺激术1例、单纯岛叶热灼1例、双侧海马电刺激1例以及单纯多脑叶皮质热灼1例。4例未行手术（2例待择期手术，1例未记录到临床发作，1例为发作期双侧放电调整抗癫痫药物治疗）。31例行局灶性切除术的患者，术后随访手术效果为Engel-Ⅰ级者28例，Engel-Ⅱ者1例，Engel-Ⅲ者2例。

术者可在术前一天完成电极植入方案计划，手术时间大大缩短。每根电极植入时间小于10min，降低了患者创伤和风险。ROSA拥有强大的软件支持，术前计划与定向引导整合于一体，术中可根据情况更改电极植入方案，而术后复查CT，与术前MRI相融合分析，可见各电极末端位置与植入术前计划靶点位置基本一致，误差小于1mm，是一种安全、高效、微创的电极。

参考文献

[1] Zamorano L, Li Q, Jain S, et al. Robotics in Neurosurgery: State of the Art and Future Technological Challenges [J]. Int J Med Robot, 2010, 1 (1): 7-22.

[2] 孙君昭，田增民. 神经外科手术机器人研究进展[J]. 中国微侵袭神经外科杂志, 2008, 13 (5): 238-240.

[3] 张达. 简述神经外科手术及其并发症[J]. 世界最新医学信息文摘, 2018, 18 (65): 294.

[4] 吉祥子. 神经外科手术机器人导航定向系统的研究[D]. 锦州: 辽宁工学院, 2007.

[5] 魏军，曹爱增，胡磊，等. 神经外科机器人辅助手术系统[J]. 济南大学学报（自然科学版），2007, 21 (2): 104-107.

[6] Haegelen C, Touzet G, Reyns N, et al. Stereotactic Robot-guided Biopsies of Brain Stem Lesions: Experience with 15 Cases[J]. Neurochirurgie, 2010, 56 (5): 363-367.

[7] Bekelis K, Radwan T A, Desai A, et al. Frameless Robotically Targeted Stereotactic Brain Biopsy: Feasibility, Diagnostic Yield, and Safety[J]. Journal of Neurosurgery, 2012, 116 (5): 1002-1006.

[8] Lefranc M, Capel C, Pruvot-Occean A S, et al. Frameless Robotic Stereotactic Biopsies: A Consecutive Series of 100 Cases [J]. Journal of Neurosurgery, 2014, 122 (2): 1-11.

[9] Varma T R K, Eldridge P. Use of the NeuroMate Stereotactic Robot in a Frameless Mode for Functional Neurosurgery [J]. The International Journal of Medical Robotics and Computer Assisted Surgery, 2006, 2 (2): 107-113.

[10] Daniel V L, Philippe P, Denys F. In Vivo Measurement of the Frame-based Application Accuracy of the Neuromate Neurosurgical Robot [J]. Journal of Neurosurgery, 2015, 122 (1): 191.

[11] Eljamel M S. Robotic Neurological Surgery Applications: Accuracy and Consistency or Pure Fantasy[J]. Stereotactic and Functional Neurosurgery, 2009, 87 (2): 88-93.

[12] Spire W, Jobst B, Thadani V, et al. Robotic Image-guided Depth Electrode Implantation in the Evaluation of Medically Intractable Epilepsy[J]. Neurosurgical Focus, 2008, 25 (3): E19.

[13] Cardinale F, Cossu M, Castana L, et al. Stereoelectroencephalography: Surgical Methodology, Safety, and Stereotactic Application Accuracy in 500 Procedures [J]. Neurosurgery, 2013, 72 (3): 353-366.

[14] Gonzalez-Martinez J, Vadera S, Mullin J, et al. Robot-Assisted Stereotactic Laser Ablation in Medically Intractable Epilepsy [J]. Neurosurgery, 2014, 10 (2): 167-173.

[15] Zimmermann M, Krishnan R, Raabe A, et al. Robot-assisted Navigated Endoscopic Ventriculostomy: Implementation of a New Technology and First

Clinical Results[J]. Acta Neurochirurgica, 2004, 146 (7): 697-704.

[16] Lee J Y K, O'Malley B W, Newman J G, et al. Transoral Robotic Surgery of Craniocervical Junction and Atlantoaxial Spine: a Cadaveric study[J]. J Neurosurg Spine, 2010, 12 (1): 13-18.

[17] Lee J Y, Lega B, Bhowmick D, et al. Da Vinci Robotassisted Transoral Odontoidectomy for Basilar Invagination[J]. ORL J Otorhinolaryngol Relat Spec, 2010, 72 (2): 91-95.

[18] Hong W C, Tsai J C, Chang S D, et al. Robotic Skull Base Surgery Via Supraorbital Keyhole Approach: a Cadaveric Study[J]. Neurosurgery, 2013, 72 (Suppl 1): A33-A38.

[19] Marcus H J, Hughes-Hallett A, Cundy T P, et al. da Vinci Robot-assisted Keyhole Neurosurgery: a Cadaver Study on Feasibility and Safety[J]. Neurosurgical Review, 2014, 38 (2): 367-371.

[20] Arata J, Tada Y, Kozuka H, et al. Neurosurgical Robotic System for Brain Tumor Removal[J]. International Journal of Computer Assisted Radiology & Surgery, 2011, 6 (3): 375-385.

[21] Sutherland G R, Lama S, Gan L S, et al. Merging Machines with Microsurgery: Clinical Experience with NeuroArm[J]. Journal of Neurosurgery, 2013, 118 (3): 521-529.

[22] Nectoux, Eric, Taleb, et al. Nerve Repair in Telemicrosurgery: An Experimental Study[J]. Journal of Reconstructive Microsurgery, 2009, 25 (04): 261-265.

[23] Melo P M P D, Garcia J C, Montero E F D S, et al. Feasibility of an Endoscopic Approach to the Axillary Nerve and the Nerve to the Long Head of the Triceps Brachii with the Help of the Da Vinci Robot[J]. Chirurgie De La Main, 2013, 32 (4): 206-209.

[24] Mini-Invasive Robot-Assisted Surgery of the Brachial Plexus: A Case of Intraneural Perineurioma[J]. Journal of Reconstructive Microsurgery, 2012, 28 (7): 473-476.

[25] Constance D, Jean-Jacques L, Thibault R, et al. Pelvic Schwannoma: Robotic Laparoscopic Resection[J]. Neurosurgery, 2013, 72 (3): 2-5.

[26] Lollis S S, Roberts D W. Robotic Catheter Ventriculostomy: Feasibility, Efficacy, and Implications[J]. Journal of Neurosurgery, 2008, 108 (2): 269-274.

[27] Lollis S S, Roberts D W. Robotic Placement of a CNS Ventricular Reservoir for Administration of Chemotherapy[J]. British Journal of Neurosurgery, 2009, 23 (5): 516-520.

[28] Barua N U, Hopkins K, Woolley M, et al. A Novel Implantable Catheter System with Transcutaneous Port for Intermittent Convection-enhanced Delivery of Carboplatin for Recurrent Glioblastoma[J]. Drug Delivery, 2016, 23 (1): 167-173.

[29] Motkoski J W, Yang F W, Lwu S H H, et al. Toward Robot-assisted Neurosurgical Lasers[J]. IEEE Transactions on Biomedical Engineering, 2013, 60 (4): 892-898.

[30] Ram Z, Cohen Z R, Harnof S, et al. Magnetic Resonance Imaging-guided, High-intensity Focused Ultrasound Forbrain Tumortherapy[J]. Neurosurgery, 2006, 59 (5): 949-956.

[31] Stadie A T, Kockro R A, Serra L, et

al. Neurosurgical Craniotomy Localization Using a Virtual Reality Planning System Versus Intraoperative Image-guided Navigation [J]. International Journal of Computer Assisted Radiology and Surgery, 2011, 6 (5): 565-572.

[32] Li Q H, Zamorano L, Pandya A, et al. The Application Accuracy of the NeuroMate Robot—A Quantitative Comparison with Frameless and Frame-based Surgical Localization Systems[J]. Computer Aided Surgery, 2002, 7 (2): 90-98.

[33] Morgan P S, Carter T, Davis S, et al. The Application Accuracy of the Pathfinder Neurosurgical Robot [C]. International Congress Series, 2003: 561-567.

[34] Roth Z, Mooring B, Ravani B. An Overview of Robot Calibration [J]. IEEE Journal on Robotics and Automation, 1987, 3 (5): 377-385.

[35] 夏凯，陈崇端，洪涛，等. 补偿机器人定位误差的神经网络[J]. 机器人，1995，17 (3): 171-176，183.

[36] 吴震，泮长存. 手术机器人在神经外科领域的应用及展望[J]. 中国医学文摘（耳鼻咽喉科学），2014，29 (3): 145-148.

[37] Sutherland G R, Wolfsberger S, Lama S, et al. The Evolution of NeuroArm [J]. Neurosurgery, 2013, 72 (2): 27-32.

[38] Sutherland G R, Latour I, Greer A D, et al. An Image-guided Magnetic Reason Ance-compatible Surgical robot[J]. Neurosurgery, 2003, 63: 286-292.

第5章

血管介入机器人

5.1 引言

血管介入技术（vascular interventional technique）是在医学影像设备的导引下，通过导管/导丝将精密器械经血管对体内病变进行诊断或局部治疗。数字医学影像扩大了医生的视野，导管/导丝延长了医生的双手，医生可以在不切开人体组织的条件下（微创手术的创口小，有的仅有米粒大小），就可治疗过去必须手术治疗或内科治疗疗效欠佳的疾病，尤其对心血管疾病治疗方面更具有得天独厚的优势。目前在数字减影心血管造影术（digital subtraction angiography，DSA）引导下的血管介入手术需医生全程暴露在射线下完成，虽有严格的防护措施，但也增加了对医生体力的消耗，从而大大影响手术的精度，并且给长期工作在射线下的医护人员带来了很高的职业风险。因此，人们设想用机器人来代替医生在射线下进行血管介入手术。

5.1.1 血管介入机器人的研究背景

国家心血管病专家委员会主任委员高润霖院士在中国心脏大会（China Heart Congress 2014，CHC2014）中指出："我国每 5 名老年人中就有 1 例心血管病患者，每 10 秒钟就有 1 人死于心血管病。"目前治疗心血管疾病的最有效的方法就是进行血管介入手术，及时的手术治疗可大大降低患者死亡风险。心血管介入手术均是操作导管/导丝将精密医疗器械送到病灶，下面以心血管支架植入术为例介绍心血管介入手术的一般步骤，如图 5-1 所示。

① 穿刺针经切口刺入皮肤，迅速将导丝插入针管，并送入血管内，如图 5-1(a) 所示。

② 拔去针管，导丝留在血管内，医生将导管套到导丝上，并沿导丝向前推进，直至导管尖接近切口，如图 5-1(b) 所示。

③ 导管在导丝的支撑下进入皮肤的皮下组织再进入血管，如图 5-1(c) 所示。

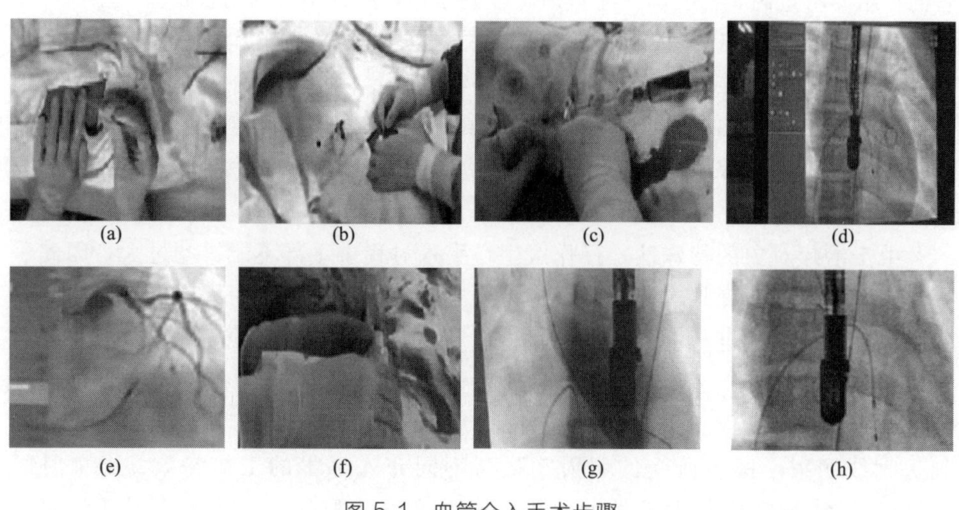

图 5-1 血管介入手术步骤

④ 在 DSA 图像指引下，观察导管在血管内的前进路径以及导管尖头的位置，适时调整导管的方向与位置，如图 5-1(d) 所示。

⑤ 在确定导管位置正确后，可进行主动脉造影，明确血管病变位置，如图 5-1(e) 所示。

⑥ 在 DSA 图像引导下，进行导管诊断及治疗操作，对导管上附带的球囊充气以扩张堵塞的血管，如图 5-1(f) 所示。

⑦ 在 DSA 图像监控下，在血管狭窄处放置支架，支撑起狭窄的血管，如图 5-1(g) 所示。

⑧ 从 DSA 图像可观察冠状动脉恢复血供，从血管内缓慢将导管拔出，如图 5-1(h) 所示。

从以上手术步骤可以看出，血管介入手术主要有以下 3 点。

① 导管、导丝的输送。血管介入手术最为关键的就是将导丝准确输送到病灶所在位置。传统导丝依赖于医生对近端的推送回拉、旋捻来控制导丝的远端使其进入目标血管。由于人体内血管曲折复杂，在操作导丝过程中不可避免地与血管内壁碰撞，近端的力和扭矩不能很好地传递到远端，从而使医生失去对导丝的控制。

② 医生的操作。医生手术的环境极差，医生不仅要忍受铅衣重量所带来的疲惫感，还要承受没有铅衣保护的部位（如手、眼等）上的 X 射线照射。长此以往，医生遭受的 X 射线会影响自身的健康，并且医生在操作过程中，其手腕、肘和肩膀的运动均会造成导管端部的位置误差及颤抖，致使精度不易保证。而且，操作导

管的技术要求过高，需要对医生进行专业的培训，而且学习周期较长。

③ 导航。在X射线成像技术获得的图像中，软组织对比度较差，不易区分血管和组织。而且二维图像叠加了所有的组织和器官，无法分辨血管系统的三维空间结构以及导管相对于血管的位置关系，使得医生很难确定导管是否进入靶血管。此外，手术过程中频繁地照射X射线所产生的辐射对患者和医生都会造成巨大的伤害。

由于治疗对象的特殊性，操作医生在手术过程中手部不能抖动过大，因此手术时医生要精神高度集中，这样很容易造成医生的疲劳，从而无法保证手术的效率和效果，并且在进行手术过程中医生穿着重达几十千克的防护铅衣在DSA下工作，因此血管介入医生也被形象地称为"铅衣人"，并且医生经常一场手术下来就精疲力尽。长期工作在放射线环境，就算医生身穿保护作用的铅衣也难免受到X射线照射。医生所受的照射剂量与不同介入手术的工作参数、出束时间(开启放射线时间）与手术类型、医生的熟练程度等有关，其平均透视时间见表5-1[1]。

表5-1 部分介入手术的平均透视时间 min

手术名称	熟练用时	一般用时	平均用时
冠脉造影	2.57±1.37	5.01±3.23	3.75±2.55
冠脉并置1支架	9.8±6.1	19.3±9.8	16.3±10.7
肝动脉化疗栓塞	5.7±3.3	10.8±5.6	7.1±5.3
室上速射频消融术	8.1±6.6	25.7±21.3	19±15.5
全脑血管造影	6.1	14.4	8.5
食管支架	10.8	12.7	8.2

覃志英对脑血管造影、冠状动脉造影和肝动脉栓塞术3种类型67例介入手术患者进行照射剂量监测，其中脑血管造影12例，冠状动脉造影37例，肝动脉栓塞术18例。此3种手术中的急诊和重症病例予以排除，不予监测就进入手术中，结果发现医生眼部、左手和左脚表面受照剂量均较其他部位大。在肝动脉栓塞术中，左手最高剂量达到1936.14μSv；甲状腺、左胸部和会阴部在有防护情况下表面受照剂量均比较低，且均低于无防护情况（见表5-2)[2]。

从结果看来，一次手术医生眼睛的辐射量还是很大，这是因为术者眼睛的保护很薄弱，长久以往对医生的健康有很大的影响。根据国家职业卫生防护标准，医用X射线工作者不应超过下述剂量限值：连续5年内平均年有效剂量当量20mSv；任何一年中有效剂量50mSv；眼睛体剂量每年150mSv；其他单位器官或组织剂量每年500mSv。

诊疗人数以某三甲医院为例，年手术量可接近1800多台，每组介入术者每年将进行900～1000台手术[3]。

表 5-2 3 种介入手术中医生各监测部位表面受照剂量情况（$\bar{x}$） μSv

手术名称	监测部位									
	眼部	甲状腺		左胸部		会阴部		左手	右手	左脚
		围脖内	围脖外	铅衣内	铅衣外	铅衣内	铅衣外			
冠状动脉造影术	3.5～209.6 (56.0)	3.9～208.4 (23.5)	13.4～298.0 (58.1)	4.8～194.2 (22.3)	5.2～319.8 (73.5)	2.2～345.0 (22.0)	14.3～502.9 (86.5)	7.8～599.7 (77.4)	5.1～323.8 (40.3)	16.6～776.1 (82.8)
肝动脉栓塞术	53.3～374.7 (100.7)	13.3～272.3 (43.1)	35.7～937.5 (82.1)	4.7～152.5 (42.9)	8.2～961.2 (67.0)	5.9～163.8 (46.3)	25.5～1114.6 (69.2)	19.2～1936.1 (77.6)	6.7～243.3 (66.6)	15.3～187.0 (74.2)
脑血管造影	55.7～207.4 (86.2)	52.5～93.3 (59.2)	44.7～85.5 (67.7)	38.0～181.5 (61.4)	40.0～181.5 (85.9)	38.8～75.3 (54.9)	64.2～181.7 (93.9)	56.8～335.9 (100.9)	53.7～363.0 (77.9)	48.6～297.9 (92.3)

5.1.2 血管介入机器人的研究意义

随着机器人技术的发展，机器人辅助医生手术变得越来越普遍，手术机器人的出现降低了医生的工作强度，并且大大提升了手术精度。达芬奇手术机器人的出现更是加快了机器人代替医生这一进程。首先，导管作为介入手术最基本的工具，其可操控性能逐步提高。目前已经出现了多种类型的智能导管，其远端形状能够根据需要进行改变，到达预期位置同时适应人体血管和组织的解剖结构。并且导管的尺寸越来越小，能够进入细小曲折的血管。前端还可集成各种传感器，以获得介入过程中的位置、力和流速等信息[4]。其次，计算机控制的外科手术机器人也越来越多地用于代替医生进行现场操作。最后，DSA、3D-X 射线、计算机断层扫描（computed tomography，CT）、核磁共振（magnetic resonance，MR）、超声（ultrasonography，US）等医学成像技术逐渐发展，使得人们能够获得实时人体组织器官的三维图像，辅助医生进行手术操作。

机器人辅助血管介入技术是未来血管介入治疗发展的重要方向，医生可以通过远程操控机器人来精确完成血管介入手术。该技术的问世不仅仅是把操作移到了手术室外，更重要的是实现操作的精确性和可控性。利用数字操作平台和可准确适应血管走行角度的多关节导管，医生可根据实时反馈对导管的位置和姿态进行准确调整，从原理上改变了目前单纯凭借医生的手感进行操作，使血管介入手术跨入数字时代。

5.2 血管介入机器人的研究现状

国外科学家已经在血管介入手术机器人方面取得了令人瞩目的成绩，美国、德国和加拿大等国家已研制出多种手术机器人产品，血管介入手术机器人正在逐步形成一种新的高端技术医疗器械产业。

2002 年底，美国 Stereotaxis 公司与德国 Siemens 公司联合推出了数字平板磁导航血管造影系统，它为患者提供了一个新的护理标准，提高了常规血管介入治疗手术的效率及效能，实现了计算机控制的精度及手术的自动化，使得手术介入器械更为准确方便地进入病变血管部位。

2006 年，以色列海法医心血管疾病研究所的 Beyar 等开发出一套用于心血管介入手术的微创机器人，整个系统包括床边装置（bedside unit）和操作控制装置（operatorcontrol unit），如图 5-2(a) 所示。床边装置安装在手术床的上方，实现引导线的轴向（前进—后退）和旋转运动。该床边装置由导引管（guiding catherter）、Y 形连接器（Y-Connector）、导丝（wire）、导丝导引装置（wire nagivator）、导管器具（device）和导管导引装置（device navigator）组成，如图 5-2(b) 所示。导管和导丝的运动由一对摩擦轮带动，另有一对被动摩擦轮位于驱动摩擦轮后面，用来监测送丝装置的传动状态，防止导管、导丝在运动过程中打滑。医生可在远端操作控制装置来完成导管、导丝的方向和位置调整，图 5-2(c) 为控制装置[5]。

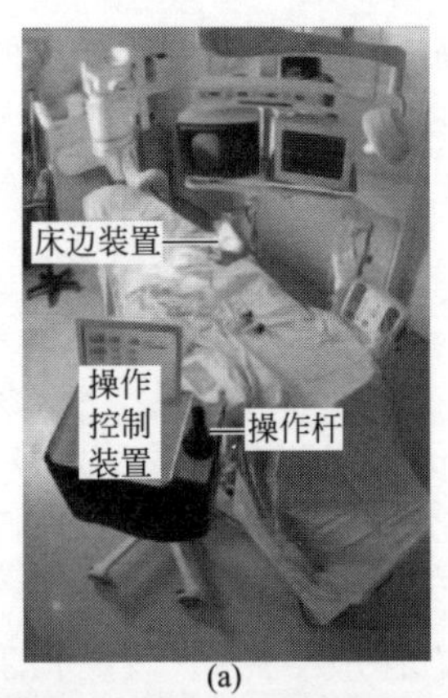

(a)

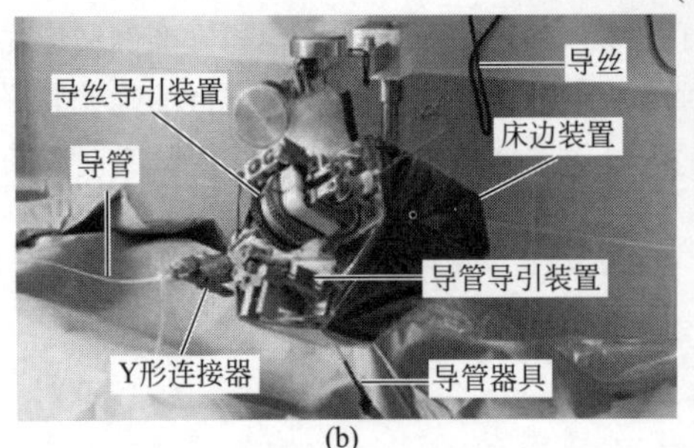

(b)

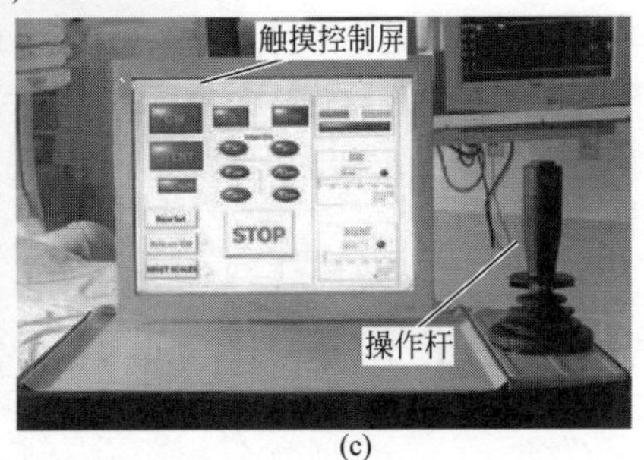

(c)

图 5-2　介入手术机器人系统

意大利博洛尼亚大学的 Marcelli E，Cercenelli L，Plicchi G 设计了一款远程操纵的导管操作机构，如图 5-3 所示，图 5-3(a) 为机器人主体、控制界面及操作手柄，图 5-3(b) 为利用该系统进行实验。该系统在导管的顶端加装一个力传感器来测量导管前进所遇到的阻力。力传感器采集的数据为导管推进提供信息，并能为导管是否与心内膜接触提供指示信息，可以防止在手术过程中对心肌组织造成损伤[6]。

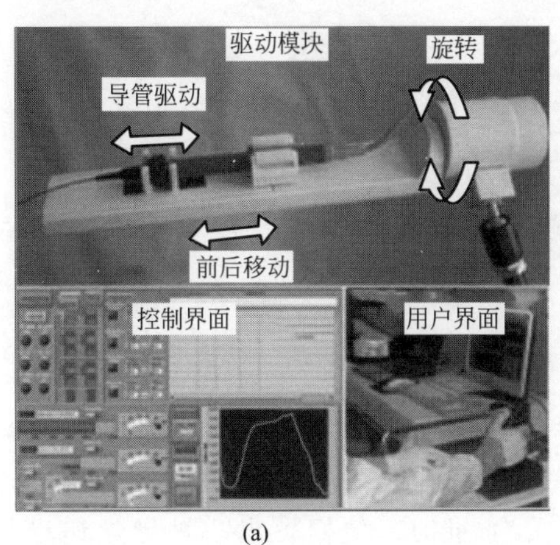

(a)

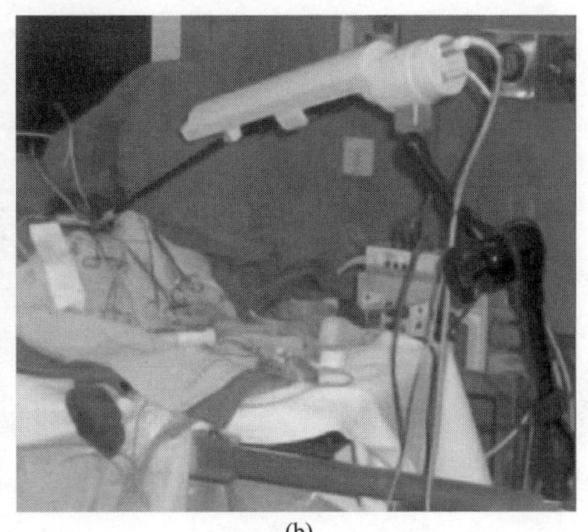

(b)

图 5-3 Marcelli 等设计的血管介入机器人系统

日本国立香川大学的郭书祥团队对血管介入做了很多研究，2012 年提出一款主从控制血管介入手术系统，该系统的主动端具有轴向和径向两个自由度，由左把手、右把手、电机和直线滑台等组成，如图 5-4(a) 所示；从动端同样也有这两个自由度，由导管夹持机构、直流电机和换台等组成，如图 5-4(b) 所示。在主动端上有控制导管夹持机构开合开关，并在从动端上安装有力传感器，可以在主动端实时进行力反馈[7~9]。

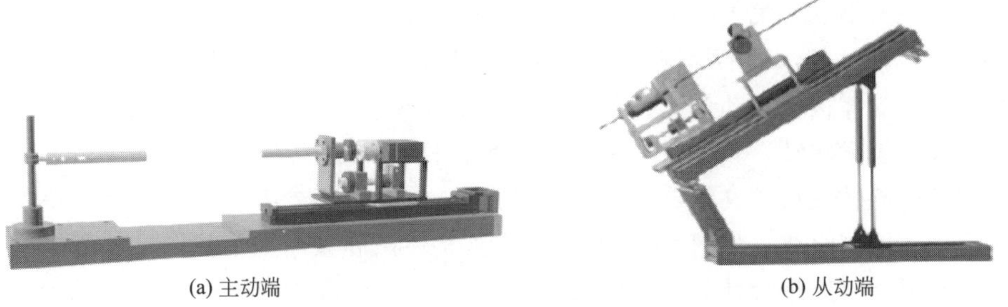

(a) 主动端　　(b) 从动端

图 5-4 血管介入主从控制系统

基于以上研究，郭书祥团队在2017年提出一种基于VR的机器人辅助导管训练系统，该系统由虚拟环境和触觉设备组成。该触觉设备由上述主动端在左把手上加装阻尼器改造而成，如图5-5所述。通过对该设备左右把手的操作可以在虚拟环境中同步控制导管，轴向误差为0.74mm以内，径向误差为3.5°以内，并且在操作端加装了力反馈装置[10]。

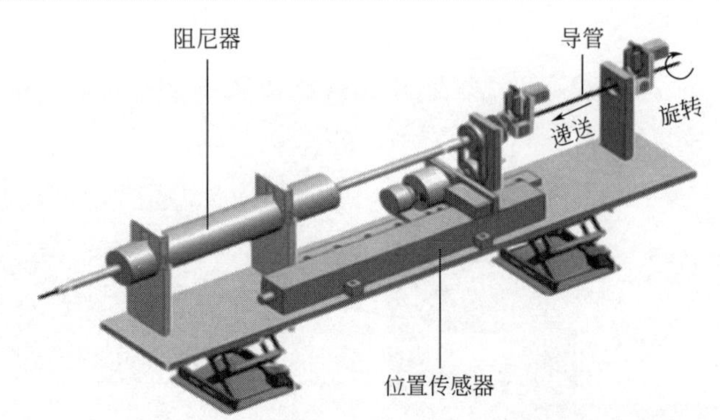

图5-5 虚拟血管介入触觉操作器

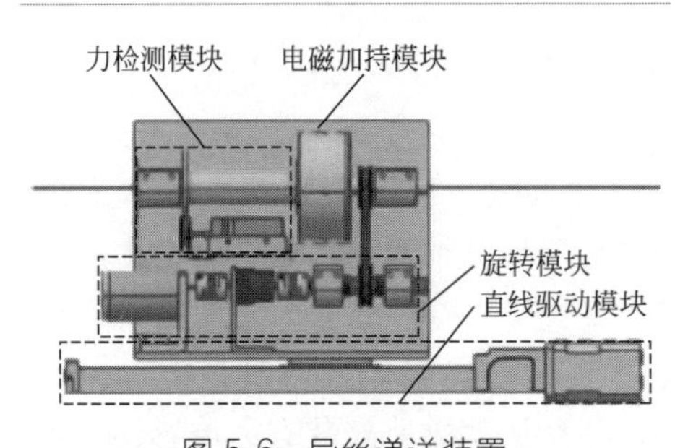

图5-6 导丝递送装置

同时，他们提出一种导丝递送装置，该装置分为旋转模块、力检测模块、直线驱动模块和电磁加持模块，如图5-6所示。在旋转模块装有力矩传感器，可以测量导丝递送过程中的力和力矩，采用电磁铁和弹簧构成的加持模块加持导管，这种结构可减少由于加持力过大而导致导管破坏的状况的发生。当加持模块夹紧时，可通过旋转模块和直线模块来驱动导管[11,12]。

2018年该团队提出一种对导管、导丝分别控制的远程控制血管介入机器人(RVIR)。该机器人分为线性驱动模块和旋转模块两部分。线性驱动模块由四部分组成：支撑板、移动单元、张紧单元和直线驱动单元，如图5-7(a)所示，其驱动采用柔索驱动，其中张紧单元可调整柔索张紧力。旋转模块分为导管旋转模块和导丝旋转模块，其中导丝/导管旋转模块由电磁离合器、电机、导管抓紧器和力传感器等组成，如图5-7(b)所示为其整体图和其内部结构图。导管抓紧器基于锥形夹紧原理设计，可有效抓住导管而不会损伤它的表面，当电磁离合器关闭时可对导管进行旋转操作。设计了一个导丝/导管辅助支撑机构夹持导管的末端而不干扰其运动，该机构安装在一个滑块上并可以自由移动同时可抓紧导丝，其结构如图 5-7(c) 所示，整体机构如图 5-7(d) 所示[13,14]。

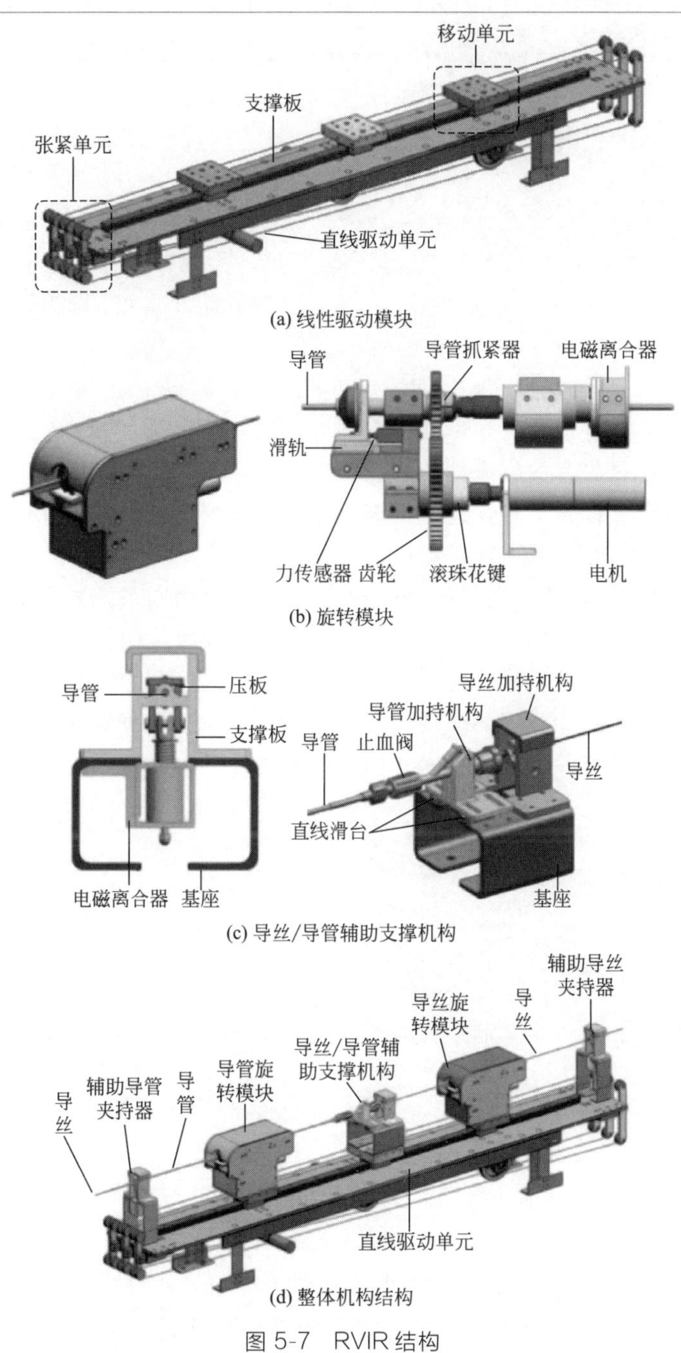

(a) 线性驱动模块

(b) 旋转模块

(c) 导丝/导管辅助支撑机构

(d) 整体机构结构

图 5-7 RVIR 结构

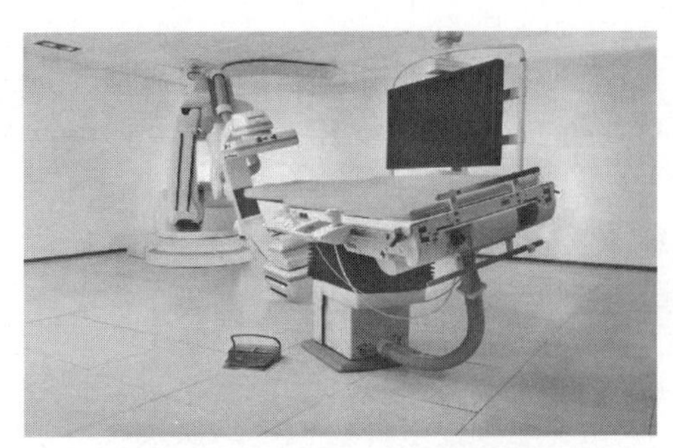

图 5-8 Artis Zeego Ⅲ系统

2007 年，Siemens 公司推出了全新的多轴全方位机器人式血管造影和治疗 Artis Zeego 系列机器人 Artis Zeego Ⅲ系统。如图 5-8 所示，该系统采用 8 轴落地机架设计，C 臂与功能强大的现代机器人的有机结合为医生提供了移动自由。该系统还配备了独创性的大容量、大视野平板 CT 重建功能以及血管造影软组织成像技术（Dyn-aCT），在仅 6s 的时间内可进行大范围 3D 重建，通过它可获得更好的图像质量，并减少运动的伪影和造影剂的使用，并且具有 3D 路径图引导、3D 穿刺立体定位等最先进的临床功能，为医生术前诊断、术中规划、术后评估提供了精确、高效的一体化平台，还可根据临床需求选配多种检查床（标准床、步进床、倾斜床、OR 床、外科手术床）。

Catheter Robotic 公司研发的 Amigo 远距离导丝输送系统如图 5-9 所示，该系统包括主端的操作手柄、从侧的手术导管操作器及医学图像采集显示系统，通过一个手持控制器完成对导管的输送、撤回操作，通过两个旋转按钮分别控制导丝夹持端的旋转和智能导管的摆动，在手术时医生只需在远端看着 DSA 显示屏幕来操控手中控制器即可完成手术。但该套系统缺乏力和扭矩的反馈信息。

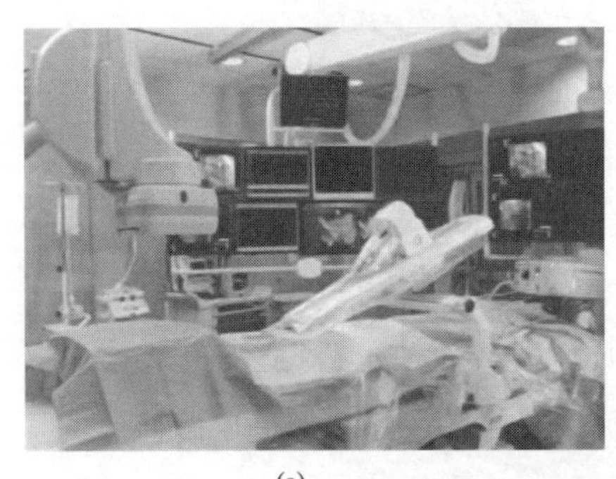

(a)

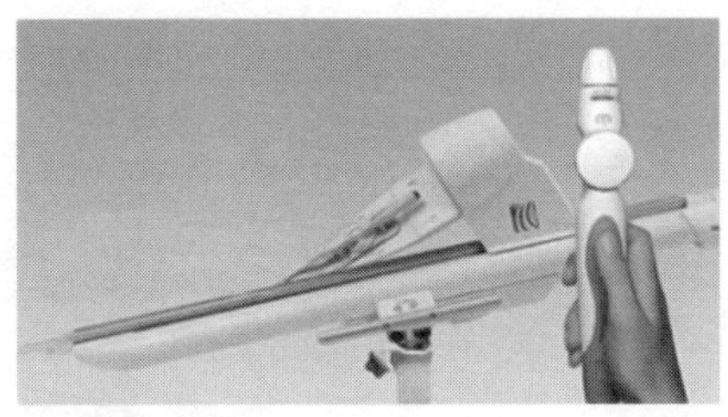

(b)

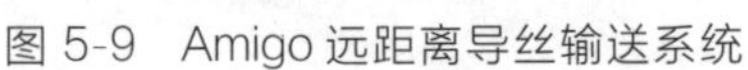

图 5-9 Amigo 远距离导丝输送系统

美国的 Corindus 公司开发的经皮冠状动脉介入治疗（PCI）辅助机器人系统 CorPath200，也是美国食品药品监督管理局批准的首款可实施外周血管介入术的机械器械，如图 5-10 所示，该系统由两部分组成：导丝/导管输送装置和远程控制台。其中，导丝/导管输送装置需要由机械臂辅助定位，远程控制台能够移动到手术室的任意位置。床旁操作单元为模块式设计，由安装在手术床护栏上的可灵活移动的机械臂和一次性操控盒组成，操控盒与机械臂末端的驱动接口相连，盒内的动力装置分别操控指引导管、导丝和球囊或支架，接收指令完成推送、牵拉和旋转动作，细微动作可以精确到 1mm。CorPath200 的手术控制单元为移动工作站式的铅防护工作舱，不仅可以将手术控制单元放置在手术区域的任何地方或 DSA 控制间，而且可以使介入医生不需要穿着铅衣，坐在射线屏蔽良好的工作舱内遥控完成手术。手术控制单元采用触摸屏控制台和两个操纵杆对手术器械和 DSA 设备进行操控，控制舱内配有压力泵接口和造影剂注射系统，另外，工作舱内监视器可以实时查看手术录像、心电监护、血流动力学参数等。但是 CorPath200 缺乏触觉力反馈，大大限制了其使用[15]。

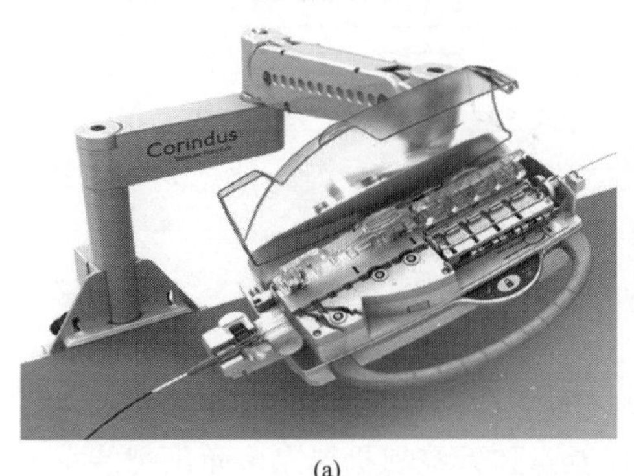

(a)

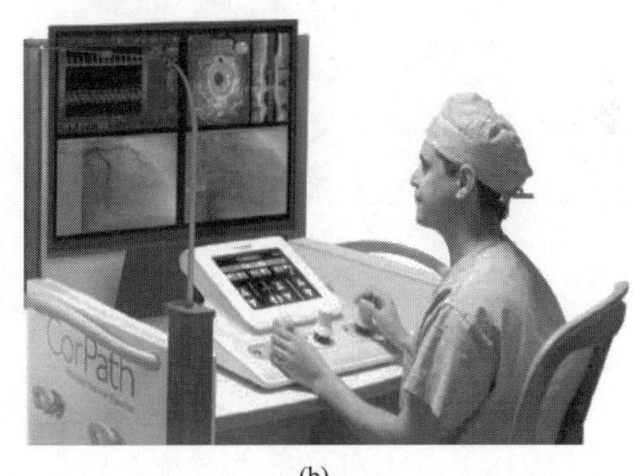

(b)

图 5-10　CorPath200 PCI 辅助机器人系统

国内的相关研究还停留在实验室阶段。哈尔滨工业大学研制了一种可参与血管介入手术的高精度导管驱动机械装置，如图 5-11 所示。该装置由小驱动齿轮、大从动齿轮盘、一个齿轮组（一对外啮合摩擦轮，垂直于大从动齿轮盘）、步进电机组成。齿轮组固定在大从动齿轮圆盘上，摩擦轮夹紧导管，通过步进电机带动齿轮组啮合转动，实现导管在血管中前进/后退。通过与小驱动齿轮连接的步进电机，带动大从动齿轮圆盘旋转，摩擦轮夹紧导管并随大从动齿轮圆盘一起转动，实现导管

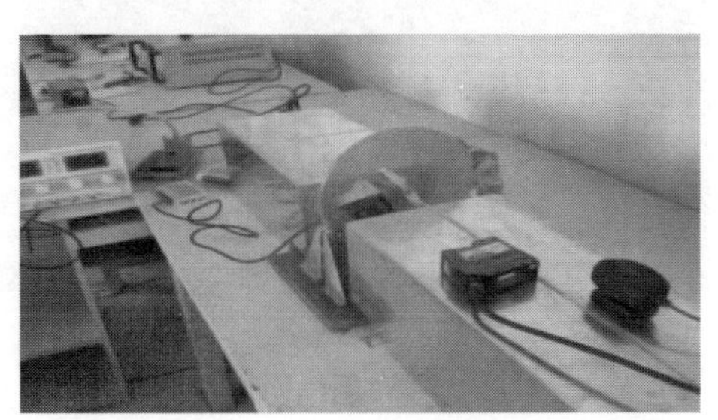

图 5-11　血管介入手术导管驱动装置

在血管中的旋转动作[16]。

北京科技大学的曹彤等设计了一款主从式遥操作血管介入机器人，并设计了控制系统。该机器人的从动端采用模块化设计理念，分为轴向进给模块和周向旋转模块：轴向进给模块由电机、传动齿轮副及摩擦滚轮等组成；周向旋转模块由电机、传动齿轮副及主轴等组成。其从动端机构如图 5-12(a) 所示。主动端为医生的操作平台，考虑到医生对导管的操作习惯，将主控端也设计为两自由度的机构，医生通过旋转或轴向推拉手柄控制从端导管的运动，主动端机构示意图如图 5-12(b) 所示。该机器人能达到 1mm 的运动控制精度和 0.44ms 的主从运动实时性[17]。

(a) 从动端机构

(b) 主动端机构

图 5-12 机器人末端执行器

第二军医大学、海军总医院和北京航空航天大学联合研发了一款血管介入机器人 VIR，它由机械推进系统、图像导航及操控系统和机器人多角度把持系统三部分组成。机械推进系统如图 5-13(a) 所示，位于患者端的机械推进系统能够模拟人手的动作，通过齿轮的旋转，完成导管的直线前进、后退或旋转运动。

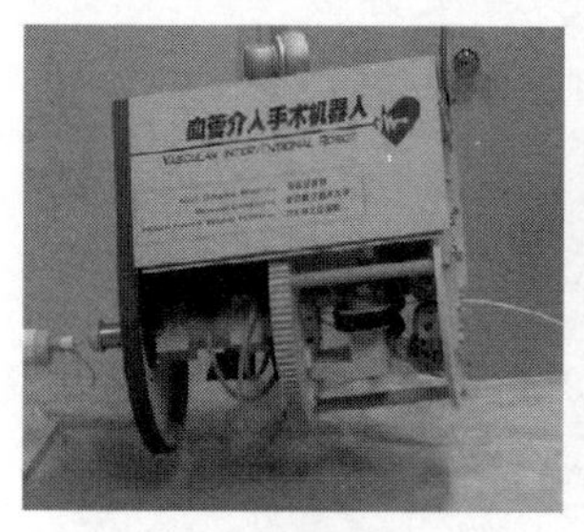

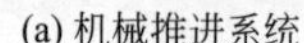

(a) 机械推进系统

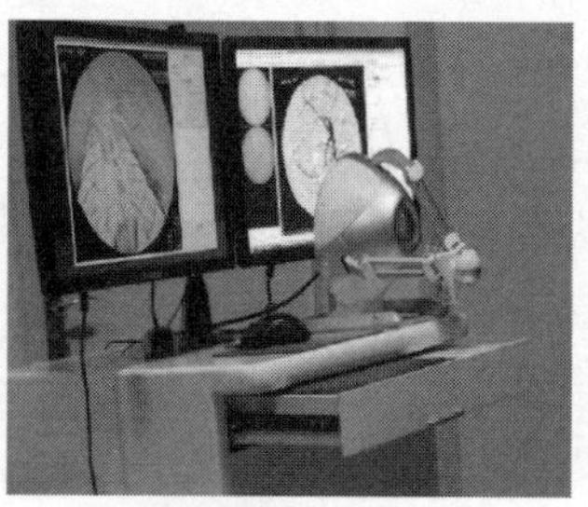

(b) 图像导航及操控系统

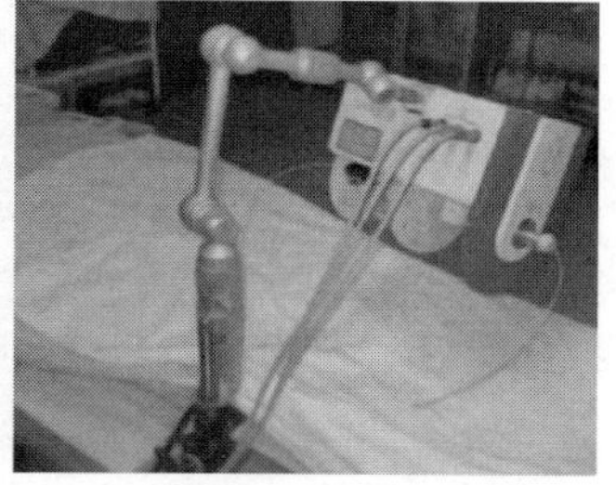

(c) 机器人多角度把持系统

图 5-13 机械推进系统、图像导航及操控系统和机器人多角度把持系统

图像导航及操控系统如图 5-13(b) 所示，包括操作手柄和主控站。医生通

过操作手柄向位于患者端的机械推进系统发出指令，实现导管的运动控制。影像重建系统包含视觉定位系统、DSA图像校正软件、基于多角度DSA图像的血管三维重建软件。视觉定位系统通过跟踪两个与DSA成像系统有固定几何关系的跟踪标记来确定C臂X光源和影像增强器的空间坐标。DSA图像是X射线减影图像，为避免失真变形，保证手术导航精度，需要进行失真校正才能用于导航定位。最后，根据多角度的DSA图像，重建三维的血管立体影像。可将二维投影融合于重建的三维影像，实现导管的实时定位及导航。

机器人多角度把持系统如图5-13(c) 所示，它包含五个可自由活动的液压关节，可以固定于手术台的任何角度。医生可以根据穿刺血管的走行方向，调整机器人的固定位置[18]。

中科院自动化研究所的侯增广等基于介入医生用大拇指和食指操作导丝的方式，设计了一种主从式远程控制的血管介入机器人送丝系统。该系统主要包括操作手柄、送丝机构（图5-14）以及上位机，送丝机构包括主动轮和被动轮，分别模仿医生的大拇指和食指。在主动轮和被动轮夹紧导引导丝后，当主动轮绕轴线旋转，通过摩擦带动被动轮也绕轴线旋转，从而推动导丝沿轴向运动，主动轮改变旋转方向实现对导引导丝的前送或回撤；当主动轮和被动轮分别沿轴线平移，且运动方向相反时，如主动轮沿轴线往下运动，而被动轮沿轴线往上运动，通过摩擦传动方式带动导引导丝发生周向旋转。若主动轮和被动轮均改变平移运动的方向，则相应改变导引导丝的旋转方向。主动轮和被动轮都具有绕轴线旋转和沿轴线平移2个自由度，且被动轮还具有夹紧方向的第3个自由度。在夹紧方向上，主动轮和被动轮之间的夹紧力大小可根据介入器械的不同而进行调整，主动轮和被动轮的最大间距为5mm，该距离足够夹持不同直径大小的导丝和导管。此外，导引导丝的沿轴向运动和绕轴线旋转在机械结构上是解耦的，因此送丝机构能够同时前送和旋转导引导丝。由于送丝机构直接和介入器械接触，必须保持其清洁无菌，同时还要防止血液沿导管流入送丝机构影响其功能。为便于消毒和

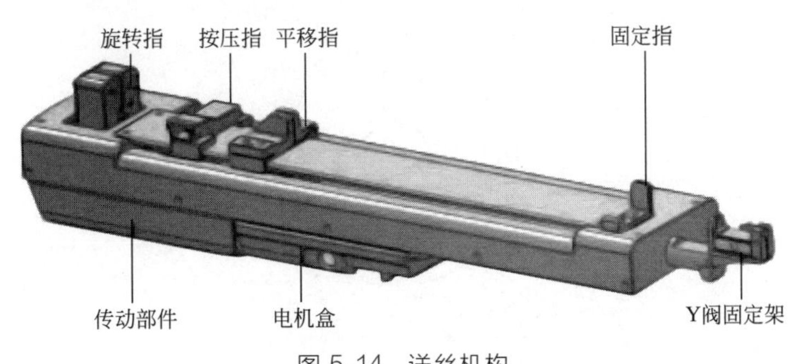

图5-14 送丝机构

清洁，送丝机构与介入器械直接接触的部件（如主动轮、被动轮、支撑架等）都设计为易于拆卸的一次性部件，在每完成一例手术后能够方便快速地替换。为疏导手术中沿导管外流的血液以保证送丝机构内部电机的正常工作，对送丝机构进行了外观设计和保护，其中包含血液疏导装置以及密封橡胶圈。操作手柄中包含一个直流电机，当导丝机构力传感器检测到导丝前进的阻力时，下位机会给直流电机输出一个相应的电流达到力反馈的效果[19,20]。

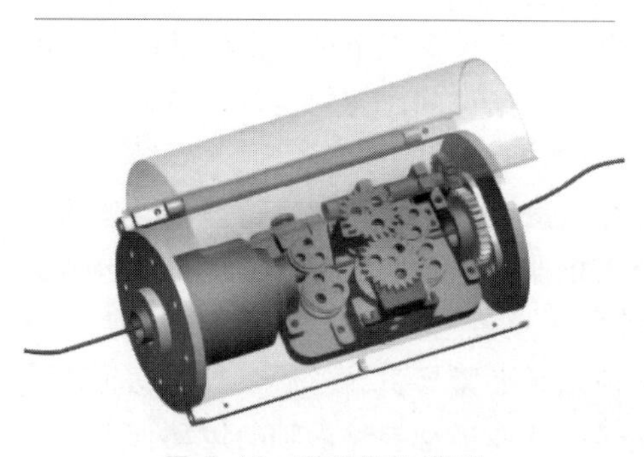

图 5-15 送丝机构模型

燕山大学的杨雪提出了一种新型的心血管微创介入手术机器人系统。该机器人的机械系统包括定位机械臂、推进机构、操作装置三部分。实验表明，该机器人系统能够辅助医生完成血管介入手术中的导管/导丝/球囊/支架的推送回拉、捻旋等操作，具有可测量前端阻力、可分离消毒、可人工干预且易于操作的优点[21]。图 5-15 为其送丝机构模型图。

哈尔滨工业大学的刘浩设计了一款由形状记忆合金（shape memory alloy，SMA）和钢丝驱动的可操控导管机器人，并研制了一款图像引导软件，实现在对血管 2D 切片数据三维重建基础上的导航路径规划、漫游导航和碰撞检测，将传感器获得的位姿信息实时显示到导航图像中实现定位，提取决定导向的关键几何信息，辅助导管机器人进行导向[22]。图 5-16 为该机器人的整体结构及其横截面图。

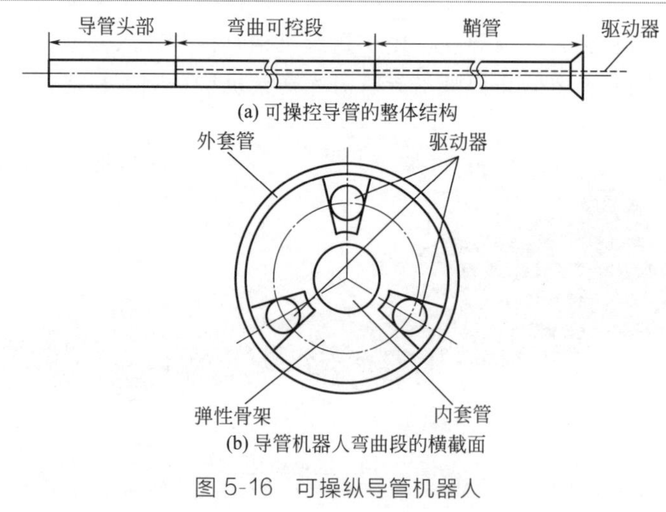

图 5-16 可操纵导管机器人

上海交通大学的李盛林设计了一款介入机器人导管插入机构，如图 5-17 所示。机器人使用摩擦轮结构实现导管的直线运动，用齿轮对啮合传动实现导管的旋转运动。当递送步进电机带动摩擦轮转动时，从动摩擦轮在摩擦力作用下随着摩擦轮一起转动，导管在两摩擦轮的挤压作用下向前运动。摩擦轮和从动摩擦轮位置可由弹簧进行调节，将导管穿过两个摩擦轮，拧紧锁紧螺母时，从动摩擦轮通过滑块在导轨上朝向摩擦轮运动，从而可以夹紧导管。小齿轮是固定在旋转步进电机的旋转轴上的。当旋转步进电机旋转时，小齿轮跟随着一起旋转，从而驱动大齿轮实现旋转运动。导管是被摩擦轮、从动摩擦轮紧紧夹住，而在此时摩擦轮、从动摩擦轮相对于大齿轮是不动的，即可以看作两个摩擦轮和大齿轮是固连在一起的，从而实现了导管的旋转运动。当旋转步进电机转向反向时，导管也就向相反的方向旋转[23]。

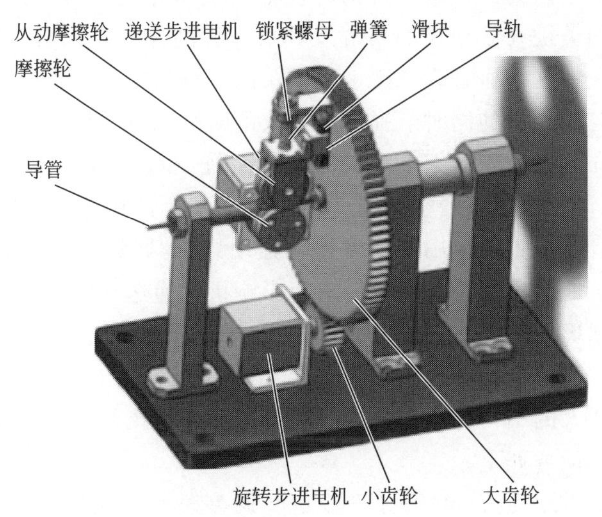

图 5-17　上海交通大学李盛林设计的导管插入机构

5.3 血管介入机器人的关键技术

5.3.1 血管介入机器人机械结构

血管介入手术机器人是以微创血管介入手术为应用背景，通过机械结构来实现导管运动并对其进行实时控制，从而将医生从放射环境解放出来。但是血管介入手术机器人并不能够独立地进行手术操作，它只是帮助医生将非人力可为的微小手术空间映射为医生可以进行手术操作的较大范围工作空间。手术机器人仅仅是一个载体，医生是借助于机器人的手来执行手术的，因此在设计时还应充分考虑医生在使用手术机器人时的便利性、舒适性以及灵活性等特点。由于血管介入手术是在 DSA 下进行的，由于受到手术空间有限以及手术室的射线工作环境等相关因素的影响，所设计的血管介入手术机器人在保证具有较高安全性的条件下，还应具有结构简单、移动方便、操作简单灵活、精确度高、使用材料不应对 DSA 扫描产生影响等特点。

人体血管细长狭窄且分支较多，形状不规则，导管/导丝的推进动作难度较大，人工手动送管是采用大拇指和食指夹持导管向前递送，且上下搓动两个手指，实现对导管/导丝的捻旋，捻旋的目的是改变导管弯头的方向，使其进入到正确的分支血管中。为此，推进机构的设计就是要完成直线推进/回拉和捻旋两个动作。设计的关键在于动作的实现及其可靠性的保证，同时，灵活性、刚度、工作空间和定位精度是血管介入手术机器人的关键指标，其目的是在保证机器人满足任务工作空间要求的同时，提高机器人的刚度和灵活性。

目前血管介入手术机器人多设计为床旁系统，它包括导管/导丝输送模块和导管/导丝姿态调整模块，后者为前者提供一个平台，在较大范围上进行空间位置的定位。并且机构大都采用借助摩擦轮搓动导管/导丝向前进的方式，这种递送方式不可避免地会出现打滑现象，从而影响机构递送导管导丝的精度，因此在使用中多数在摩擦轮上加装压紧弹簧，但这种传动方式对测量导丝阻力带来了不便。

因此把机器人的结构主要划分为两大部分：末端执行器模块和机器人姿态调整模块，完成的任务如下。

① 末端执行器。包括导丝/导管输送和调整模块完成导管/导丝的推送和旋捻动作，能较好地配合完成动作，并且具有支撑导管的功能。

② 姿态调整机构。在手术前对机器人的位姿进行调整，并保证机器人有一个良好的手术位置。现有结构一般为被动式，即需要医生手动调整机器人到合适位置。

③ 实际中，需借助 DSA 造影设备获取的图像来完成介入手术，采集手术的图像，操作者根据图像控制机器人完成手术。

5.3.2 血管介入机器人导航技术

传统的心血管介入手术是在患者腹股沟区的股动静脉、锁骨下静脉、桡动脉进行穿刺，把导丝通过穿刺点送入到相应的血管或靶器官之中，然后术者在数字血管造影系统的引导下通过对动静脉血管的手感，小心谨慎地逐渐将导丝送入相应的部位，然后根据手术的要求，送入相应的治疗材料（电极、球囊、支架或封堵器等）[24]。介入手术的图像导航技术分为术前图像导航和术中图像导航。术前图像如CT、MR等，其图像质量很高，包含的信息量大，可以清晰地显示患者体内组织器官的解剖结构，但无法实时地显示其功能信息，并且缺少与患者的对应关系；术中图像如正电子发射型计算机断层显像（PET）和DSA，可以实时地反映出患者体内组织器官的功能信息，但图像质量较差，不能清晰地显示机体的形态结构，因而不适合用于精细操作。在实际手术过程中还需要定期拍摄术中图像（二维图像，如超声）来观察导管运动状况以进行术中图像导航，为便于观察导管空间位置并和术前规划进行对比，就需要将二维图像与术前的三维图像进行匹配，将术中图像与术前图像进行融合叠加显示。

就目前来说，这种二维与三维图像的匹配一般依靠外科医生自己，但由于患者血管组织、器官的运动和形变及造影剂的稀释，使图像的匹配增加了难度。这也催生了对三维血管影像的需求。三维血管影像可多角度显示病变，更易于医生观察诊断。国内外均已展开了一些三维血管影像方法的研究，如螺旋CT血管造影（SCTA）、电子束CT血管造影、三维MRA、三维B超、旋转DSA等方法。另外，依靠磁力定位系统来标定超声探头或其他手术器械，获得其空间坐标，从而使所获得的二维图像与术前三维图像进行配准来定位手术器械的位置。磁场的定位跟踪技术利用了磁传感器等测量设备测量空间中指定位置的磁感应强度，再利用这些数据，计算出传感器到磁源的相对位置和方向。根据磁源形式不同，分为静磁场和交变的电磁场两种。利用静磁场的定位技术的优势在于实现简单，但容易受到周围环境中其他磁场或者其他磁性物体的干扰，适用的定位范围也比较小；利用电磁线圈（使用交变的信号来激励）定位技术的优点是，可以使用特殊的信号频率以及有效的信号处理方法来减少磁性物体或环境磁场的干扰，从而提高精度，而且该方法的定位范围比较大，多用于医疗方面[25]。

但是由于磁导航系统昂贵，一个配备有磁导航系统的电生理导管室的造价是常规电生理导管室的3倍左右，这是磁导航系统在国内普及遇到的最主要的障碍之一。并且，使用电磁定位来追踪血管介入手术的导航系统，空间配准非常困难。只有通过空间配准建立图像坐标系和患者坐标系之间准确的转换关系，导航系统才能实时地向操作医师展示术前构建的手术器械模型和解剖模型间的位置关系，进而为其提供真实环境下手术器械和患者体内组织器官的位置信息，否则，整个图像导航系统是无效的。

5.3.3 血管介入机器人的安全

机器人在血管介入手术过程中应避免对医生、患者、周围环境造成意外损害，因此，系统的安全监控是一个不容忽视的问题。这就需要一个基于多信息融合的自主多层安全监控平台，当机器人出现异常情况时，系统自主或半自主地采取安全防范措施或者对医生报警。血管介入机器人需要考虑以下问题：(a) 设计血管介入机器人系统的硬件和软件时均要设置保护措施，以保证发生特殊情况时（如突然断电），机器人的各个关节可以立即制动，不会对医生和患者构成伤害，并且在机器人工作失效时，医生可以手动完成手术；(b) 进行介入手术时，要使血管机器人和医生协调配合、不发生碰撞，这就需要在设计机器人之前仔细考虑机器人的工作环境；(c) 在介入手术之前，必须对手术区域进行消毒，这就需要将血管介入机器人进行模块化设计，并且保证送丝机构便于装卸、易于消毒；(d) 在控制层面，要采用容错技术和故障诊断技术，自动完成故障诊断、报警。因此，系统设计的主要内容包括血管介入机器人本体的精度、电机的精度、传感器的测量精度、血管介入机器人的控制算法、三维图像导航精度。这不是基于一个学科就能解决的问题，需要多学科交叉共同解决。

5.3.4 基于虚拟技术的手术模拟

心血管介入手术是一项非常复杂、耗时的精细手术，需要操作医生有精湛的手术技能。手术前，医生需进行大量介入手术训练，并且掌握手术技巧以保证手术顺利完成。传统的训练方式有：在捐献尸体上训练，但其来源有限，不能满足大量医生长期训练的要求，而且尸体不能呈现出与活体一样的生物体特征，影响训练效果；使用已有的人体模型进行训练，但现今的模型多为橡胶材质，无法达到生物学仿真的要求，缺乏活体的真实感；用动物训练，但动物与人类生物体结构有很大差异，不能提供好的训练环境和模拟手段；患者志愿者实验，虽然在人体上进行介入手术训练效果更佳，但是这样一种训练方式只能在单一的患者上操作一次，并且需要一名介入手术熟练的医生从旁指导并全程监控手术过程，以避免给患者带来不良反应。进一步来讲，在患者身上进行心血管介入手术训练要耗费大量的治疗设施与设备等，将大大提高培训成本，并且培训严重依赖患者活体，有很大的时间和地域局限性。此外，这种传统的在患者身上训练的培训模式，由于手术过程有一定风险，已逐渐不被接受。美国食品药品监督管理局早在2004年就决定，在人体血管网络循环系统中做高风险、高难度手术的医生，其手术操作技能在手术前必须经培训并且达到精通水平，同时也首次提出手术技能的培训可以使用虚拟现实手术仿真系统。基于虚拟现实技术的血管介入手术医生训练系统为解决血管介入手术的训练问题提供了新的方法。

基于虚拟现实技术的血管介入手术训练系统是一项新型的多学科交叉的研究领域。系统的完成涉及多学科的融合，其中主要包括医学、力学、计算机技术、传感器技术、自动控制技术等。整个系统致力于实现虚拟现实技术和图形学技术的融合，达到模拟和重现血管介入手术的过程。其技术优点如下：手术场景直观再现，利用计算机技术通过几何建模、物理建模、生物学模拟可以逼真再现手术现场；医生可以反复训练，针对感染性较高或放射治疗的手术，可以有效保护医生的安全；通过术前培训可优化手术方案、降低手术风险、提高病患治愈率；系统可以进行多次重复使用，降低长期训练的成本。

基于 VR 技术的血管介入手术医生训练系统主要由以下几个部分组成。

① 虚拟模型和环境的几何建模以及视觉渲染。先由三维建模软件对虚拟模型进行绘制，之后通过血管绑定和蒙皮为实现血管动画提供相应的条件。

② 实现碰撞检测。碰撞检测是实现系统力反馈的重要前提和基础。在分析了各种碰撞检测方法的优缺点后，选取合适的碰撞包围盒，计算碰撞点位置，计算相应力反馈，为系统力反馈提供基础。

③ 根据需要建立实现力反馈的物理模型。物理模型的建立是现阶段国内外研究的重点，根据不同的研究对象，需要建立不同的物理模型，设置不同物理参数和不同的动力学方程，以便能够更好地计算出相应物理环境的力。当导管与血管模型发生碰撞时，计算机根据先前设定的物理模型，根据获得的相应位置信息，计算出力反馈。

④ 人机交互。人机交互是指操作者通过计算机对硬件设备的信息共享。本系统中医生的操作只有轴向位移和径向旋转两个方式。当医生操作主端时，主端操作器通过串口提供计算机相应的运动信息，然后通过计算机处理，将运动信息传递给虚拟环境中的对应模型，实现虚拟模型的实时追踪，与此同时，当导管和血管模型发生碰撞时，计算机计算并传递力反馈，实现触觉临场感。依据以上的四个主要环节，该血管介入手术医生训练系统分别为实现血管动画、碰撞检测确定受力点、软组织形变、力觉的双向信息交互等提供基础，以此使系统具有高度的沉浸感，能够很好地再现整个手术过程。

碰撞检测是虚拟现实系统的基础，亦是计算反馈力的前提，碰撞检测的实时性、精确性和稳定性将直接影响到虚拟现实系统的后续处理，更有可能对整个手术仿真的性能产生巨大的影响[26]。目前，根据实体对象模型的不同，碰撞检测算法大致可以分为两类：空间剖分法和层次包围盒法。两种方法均试图通过减少需要相交测试的对象数目或者基本几何元素的数目来提高检测效率。

空间剖分法的中心思想是将虚拟空间按区域划分成体积相等的小单元格，碰撞检测只发生在占据有相同或相邻的单元格的几何对象之间，由于需要进行单元格划分，因此更适用于分布比较均匀以及分布比较稀疏的几何对象之间的碰撞检测。

层次包围盒法的核心在于用体积略大而几何特性简单的包围盒来近似地描述

复杂的几何对象，从而只需对包围盒重叠的对象进行进一步的相交测试。这种方法采用了层次结构模型，能够尽可能减少相交测试的几何对象的数目，大大提高了算法的实时性。此外，层次包围盒可以无限地逼近几何对象，精确地描述对象的几何特性[26]。常见的包围盒方法有以下几种：AABB包围盒（axis-aligned bounding box），包围球（sphere），方向包围盒OBB（oriented bounding box）以及固定方向凸包FDH（fixed directions hulls或k-DOP），如图5-18所示。

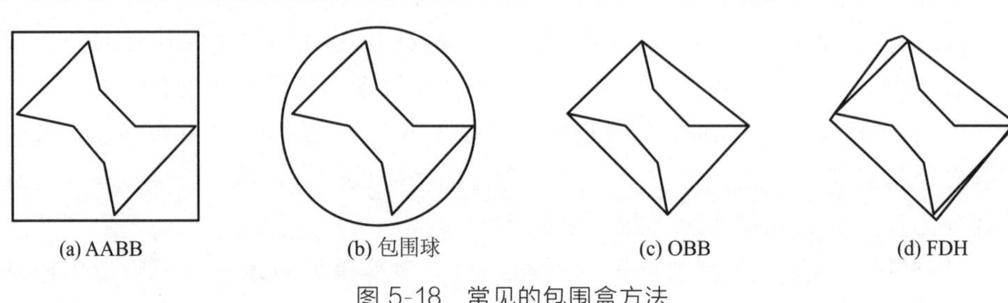

图5-18 常见的包围盒方法

AABB是应用最早的包围盒，如图5-18(a）所示。AABB构造比较简单，但存储空间小，紧密性差，尤其对不规则几何形体时冗余空间很大，但AABB相交测试的简单性，因此AABB得到了广泛应用，还可以用于软体对象的碰撞检测。包围球为包含该对象的最小的球体，如图5-18(b）所示。包围球是比较简单的包围盒，而且当对象发生旋转运动时，包围球不需做任何更新。但它的紧密性是比较差的，因此较少使用。OBB是Gottschalk在1996年提出的RAPID系统中首先使用的，如图5-18(c）所示，它是包含该对象且相对于坐标轴方向任意的最小的长方体。OBB的最大特点是它的方向具有任意性，但其相交测试很复杂，并且它的紧密性比较好，可以大大减少参与相交测试的包围盒的数目，因此总体性能要优于AABB和包围球。但OBB不适用于包含软体对象的复杂环境。FDH(k-DOP）是一种特殊的凸包，如图5-18(d）所示，它继承了AABB简单性的特点，但要具备良好的空间紧密度。FDH比其他包围体更紧密地包围原物体。FDH相对于上面三种包围盒其紧密性是最好的，同时其相交测试算法比OBB要简单得多，可以用于软体对象的碰撞检测。

在虚拟介入手术过程中，导管相对于血管的位置和方向都在时刻发生变化，预处理过程中构造的包围盒树是在初始位置和初始状态下的。导管运动后，初始的包围盒树已经不再适用。如果每次发生变化时都重新构造树，将会影响碰撞检测的速度。因此需要一种合理的方式实现对原始树进行较快的更新，得到当前状态下对象的包围盒树，以便进行快速准确的碰撞检测[27]。

基于图像的碰撞检测方法一般将三维几何物体通过图形处理器投影绘制到图

像平面上，降维得到二维的图像空间，然后在图像空间中通过对保存在各类缓存中的信息进行查询和分析，检测出物体之间是否发生干涉。然而多数基于图像空间的碰撞检测算法仅能在凸体间进行碰撞检测，而且其绘制过程往往直接针对物体进行，缺乏必要的优化手段，其性能不够理想。

在虚拟手术中，引入力反馈，可以使手术医生不仅能够看到所要手术的器官，而且能感觉到此器官。医生通过操作介入手术设备与虚拟现实构建的软件环境进行交互，通过虚拟现实构建的虚拟手术环境获得视觉图像反馈，通过力反馈设备获取力的反馈。基于介入虚拟手术系统，实习医生通过使用模拟介入手术器械来学习和熟练介入手术的操作手法，使操作者体验到逼近于真实手术操作的感觉，并培养他们应对手术中各种突发意外病况的能力。然而传统的介入虚拟手术系统往往缺乏力反馈信息或者力觉反馈精度较差，医生通常只能依赖视觉反馈得到的信息进行模拟手术训练。尽管视觉图像信息能满足医生在一定程度上进行许多手术，但缺乏力反馈的系统模拟效果仍不能很好地再现实际手术。如果能获得准确的力觉反馈信息，医生将能够真实地“感受”到人体组织的特性，便于医生识别人体组织，使手术更为精准。在介入虚拟手术系统中添加力反馈单元，能帮助训练人员“体验”到真实手术的感觉，必然能显著降低医生培训周期。

力反馈的原理为人体的力觉是一种本体感受[28]，是当人手与周围物体产生交互作用时人体从肌肉和肌腱等组织感知到的信息。本质上来讲，运动和力是密不可分的，力觉反馈是对运动的一种感觉。因此，从力反馈的实现角度来看，应从相对运动和力两个方面进行研究。从力反馈设备工作原理的角度来看，力反馈实质上是一种机构表现出来的作用于操作者的反作用力。力反馈设备是将虚拟现实软件中计算得到的矢量力学数据通过力觉反馈装置输出的一定大小和方向的反馈力。力反馈装置通常由多自由度机械结构、运动信息传感器、执行元件、驱动器、控制器以及各个层次上运行的软件程序等组成[29]，力反馈技术原理如图 5-19 所示。传感器采集运动部件的位置、速度、加速度等信息，经处理后传递给计算机中的虚拟软件，根据参数—反馈力关系进行计算，生成控制信号，驱动力反馈机构产生反馈力，这样操作者就可以通过力反馈机构体验到实时的力反馈效果。

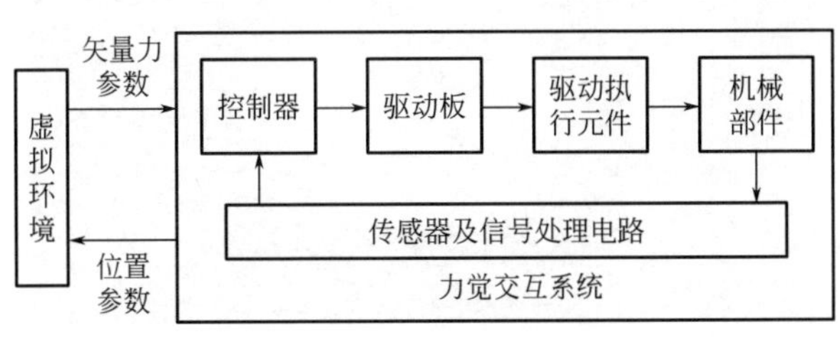

图 5-19　力反馈技术原理

5.4 应用实例

[实例 1] 美国 Hansen Medical 公司研发的用于冠状动脉介入及消融治疗的 Sensei 系统和用于辅助介入治疗外周血管介入术的 Magellan 智能导丝/导管系统。

Sensei 导管机器人系统包括 Sensei 控制台 [图 5-20(a)] 和导管推送系统 [图 5-20(b)]，能够自由灵活地控制导管进入难以到达的血管部位。该系统驱动机构是由摩擦轮夹紧导管，并通过摩擦轮的滚动带动导管实现导管的轴向运动，周向运动也是由外部的旋转装置带动导管做旋转运动。该系统还能智能地判断摩擦和阻力部位，辨别相应的受力变化，给操作者不断地提供力反馈信息，保证病人的安全。

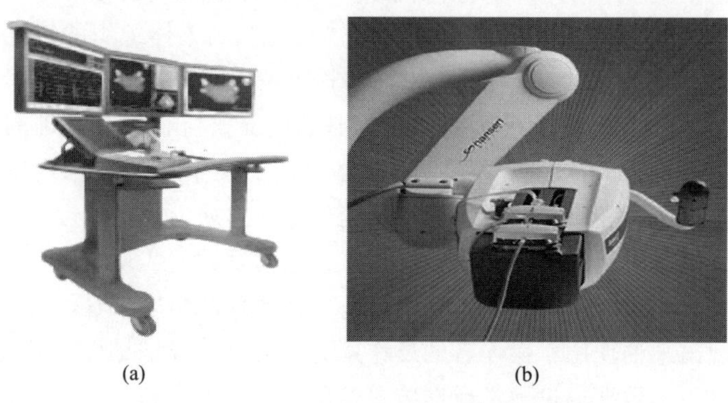

(a) (b)

图 5-20 Sensei 控制台和其导管推送系统

医生工作站包括显示生理数据的显示屏、3D 引导系统（透视图像）和高效的三维手操作杆，如图 5-21 所示。此外，实时的导管定位、导管的压力、透视

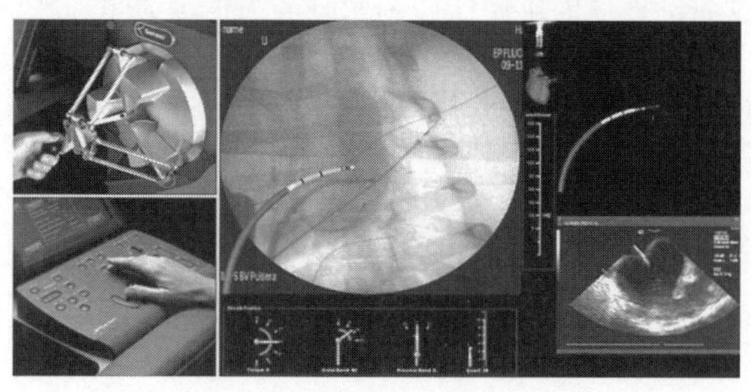

图 5-21 Sensei 的医生工作站

视图以及心内超声心动图都在操控台上显示。导管运动控制器（左上角）与医生工作站的控制面板一起，远程引导导管，在中央控制视图（中）上可以看到。右侧为导管信息和心内超声图像。

此外，该机器人系统使用的导管也是特制可转向导管，称为 Artisan sheath，如图 5-22 所示。它分为内外可操控导管，外导管由两个相隔 180°拉力线分开控制，它为内导管提供稳定的基座，内导管也是由两个拉力线控制。四个正交拉线使内导管在 x 和 y 方向上偏转，以使其能够到达由 275°和 10cm 的环形工作区内的任何地方。该导管也能在导管顶端采集力信息，并反馈给操作医生，但因其价格昂贵而未被广泛使用。

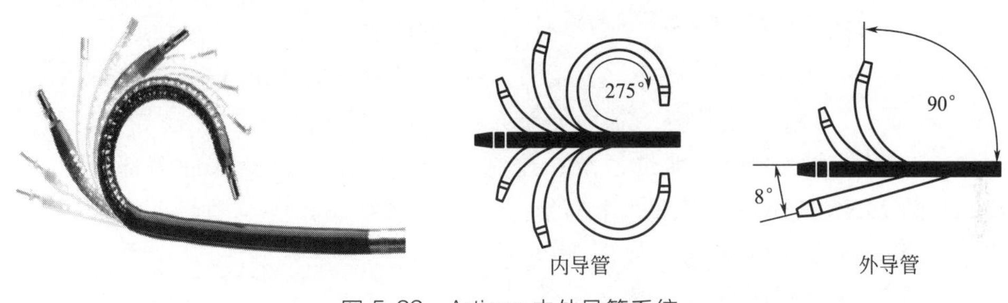

图 5-22　Artisan 内外导管系统

Magellan 机器人系统是在 Sensei 系统基础上开发而成的，其增加了硬件和软件集成，以控制导管额外弯曲、导丝运动及机器人关节运动，并配合改进的操控导管系统和多关节机器人远程导管控制器（RCM）。该系统由远程控制系统、导丝输送系统和控弯导管组成，如图 5-23 所示。在临床中，由于血管解剖形态的千奇百怪，医生为了把导丝/导管送到靶动脉需不断地旋转手中的导丝，而 Magellan 系统只需按下弯曲按钮即可实现导管远端的弯曲，也可以通过 3D 手柄来实现导管远端的三维弯曲。

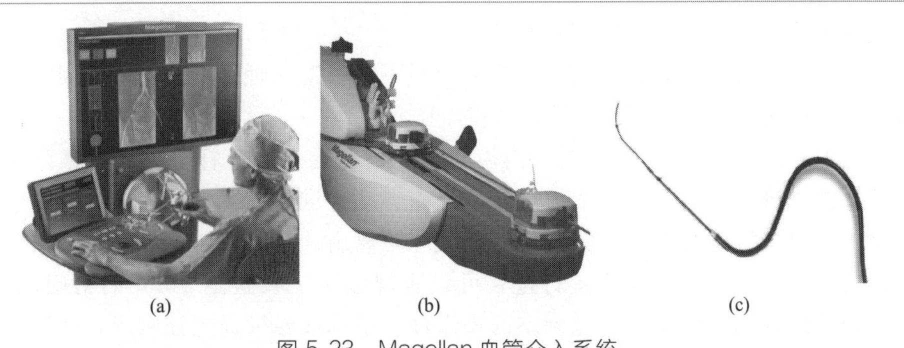

图 5-23　Magellan 血管介入系统

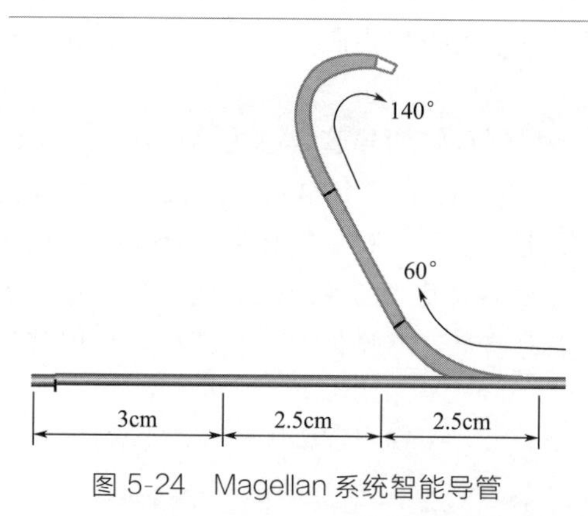

图 5-24 Magellan 系统智能导管

相比于 Artisan 导管系统，Magellan 系统智能导管（如图 5-24 所示）更为精细，直径要小很多，且成角能力更强，有 6 个自由度操作功能，同时进一步增强了组织触觉和视觉反馈。

［实例 2］Epoch 是美国 Stereotaxis 公司提出的一套解决方案，由 Niobe 磁导航系统、Vdrive 机器人导航系统和 Odyssey 信息管理系统组成。

磁导航系统（magnetic navigation system，MNS）全称磁力辅助导航介入系统，用磁场来引导磁导管的行进方向。它由半球形磁体、推进系统、控制系统、操作系统及软件等部分组成。Epoch 的 MNS 具体包括以下几个部分。

① Niobe 磁导航系统　如图 5-25 所示。置于胸廓两侧的永久磁体材料为铷-铁-硼复合物，每个磁体又由 200 余个小磁体构成。磁场强度为 0.08～0.1T，通过控制磁体位置的变化来改变磁力线的方向，从而可以改变磁导管的方向，可使导管头进行 360°旋转，实现更准确的移动。导管是特制的磁导管，3 块非常小的磁铁被包埋在导管的远端，这样导管的方向就能被体外的磁场所控制。当两侧的磁体旋转时，在磁场范围内可产生不同强度和方向的磁场力，使得磁导管在不同的磁矩的作用下，改变导管远端的运动方向。由于采用了新的技术，减少了 80％的反应时间。

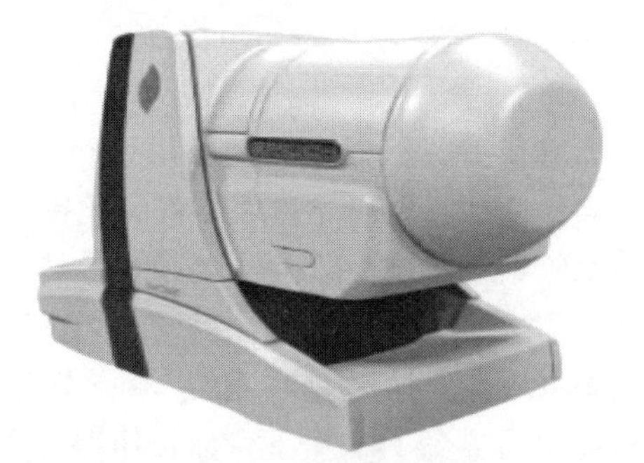
图 5-25 Niobe 磁导航系统

② Cardiodrive 导管推进器　由齿轮驱动器和遥控操纵杆组成，根据设定的导管弯曲与进退方向。导管的前进与后退由自动推进系统完成，在控制室医生用操纵杆来对导管进行控制，其进退的快慢和距离由计算机控制，最终导管按照医生设定的目标方向或靶点位置行进，可以实现偏转 1°及进退 1mm 的精确定位，控制导管进退和方向全部靠控制室的操纵杆、鼠标或触摸屏遥控完成，使得手术变得既简单又准确。

③ Navigant人机交互界面软件系统 由高速计算机硬件和图形交互处理软件组成工作站，整合各种心脏影像，控制磁体自由旋转角度，计算、预设和储存导航球的综合向量，由综合向量调控体内磁性导管的弯曲、旋转与进退方向。操作者可在导管室外计算机屏幕的三维虚拟心脏或心脏解剖影像上，借助方向导航、靶点导航和解剖标志导航实现对磁性导管的遥控操作。通过注册X射线影像至人机交互界面，可以将CARTO三维标测系统完成的三维影像实时显示在注册的X射线影像上，从而可以减少医患的X射线曝光量（图5-26）。同时，因导管的操控可以由鼠标或推送杆完成，在完成心脏导管的植入后，医生可以卸下铅衣，在导管室外的操作间完成心律失常的标测和消融，大大减少医生的铅衣负荷，减少职业病的发生。

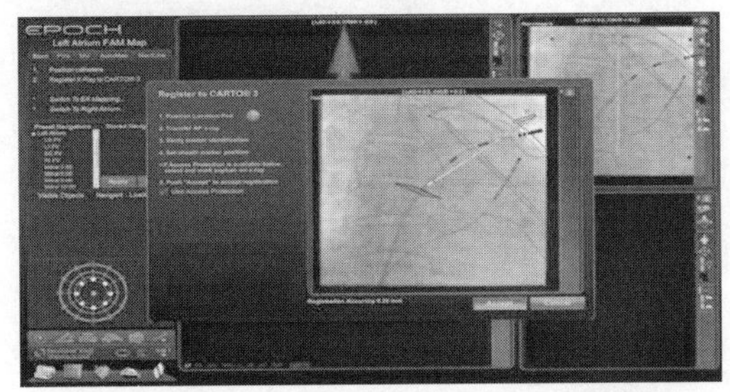

图5-26 注册X射线到磁导航系统，模拟实时X射线界面，减少X射线曝光量

该系统的优点包括诊断和治疗设备的控制更精确，减少医生和患者在X射线下的曝光。由于计算机控制和数字自动化大大提高了手术效率和准确性，医生只需通过简单地移动鼠标即可完成手术。

Vdrive机器人导航系统与Niobe磁导航系统搭配使用，为诊断中导航和保持稳定性提供了保障。Vdrive机器人不仅保证了导管的精确移动，而且增加了临床效益，并减少了对医生、工作人员和患者的辐射剂量，大大减轻了医生的劳动强度，降低了医生的健康风险。图5-27为Vdrive的三种型号。

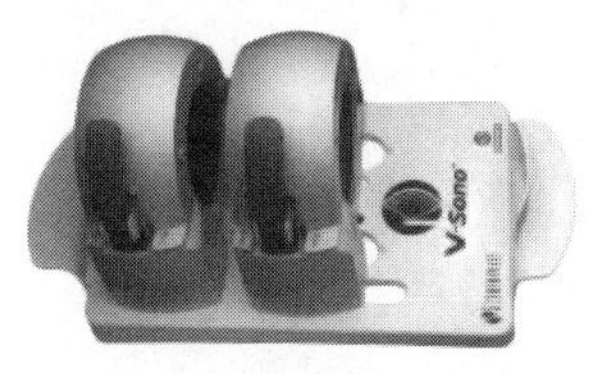

(a) V-Sono

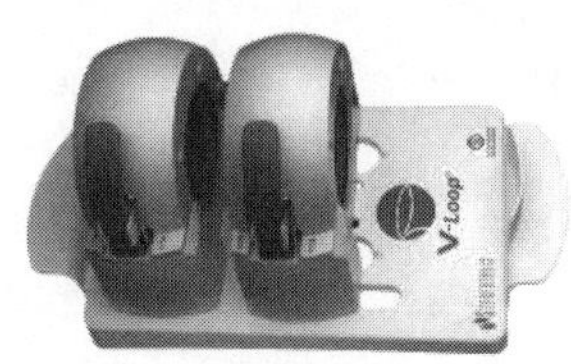

(b) V-Loop

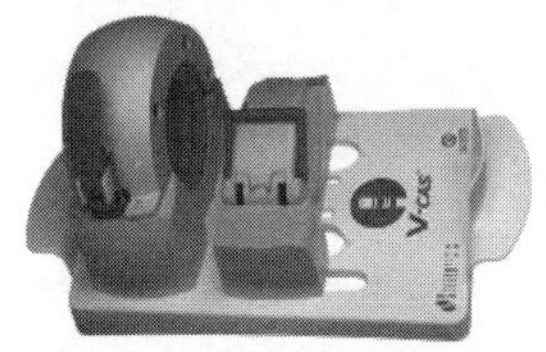

(c) V-CAS

图5-27 Vdrive的三种型号

在医院中，医疗设备通常由多个供应商所提供，当使用这些设备检测患者各项电生理值时，由于各个厂商所使用的信息传输标准不同，临床数据常常丢失和无法获取，并且由于不同科室对患者的病例检查缺乏统一的保持措施，经常会产生病例丢失的情况。Odyssey 系统将大量的临床实验室信息整合，如图 5-28 所示，医生只需要一块屏幕和一套鼠标和键盘控制。这样使得医生能够在 Odyssey 系统中观看患者每一次诊断的相关信息，最大限度地提高诊断效率。

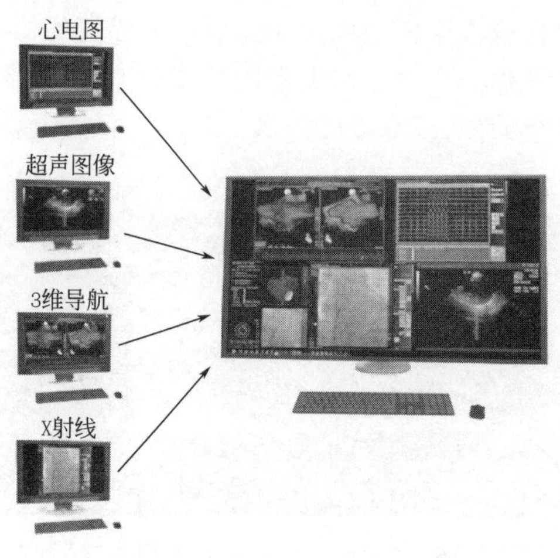

图 5-28 Odyssey 系统操作台

参考文献

[1] 于曰俊. 正确使用数字减影血管造影机减少介入手术中的辐射吸收剂量[J]. 中国医学装备，2012，9(6)：72-74.

[2] 彭慧，李雪琴，王晓涛，等. DSA 介入医师受照剂量评价及管理探讨[J]. 核安全，2017，16(3)：30-34.

[3] 韦宏旷，唐孟俭，覃志英，等. 对介入放射手术中医生和受检者受照剂量的研究[J]. 中国医学装备，2016，13(9)：37-39.

[4] French P J，D. Goosen J F L T. Sensors in Medicine and Health Care：Sensors Applications in Sensors for catheter applications[M]. Wiley Online Library，2006：125-131.

[5] Beyar R，Gruberg L，Deleanu D，et al. Remote-Control Percutaneous Coronary Interventions：Concept，Validation，and First-in-humans Pilot Clinical Trial

[J]. 2006, 47 (2): 296-300.

[6] Marcelli E, Cercenelli L, Plicchi G. A Novel Telerobotic System to Remotely Navigate Standard Electrophysiology Catheters [J]. Computers in Cardiology, 2008, 35: 137-140.

[7] Guo Jian, Guo Shuxiang, Xiao Nan, et al. A Novel Robotic Catheter System with Force and Visual Feedback for Vascular Interventional Surgery[J]. International Journal of Mechatronics and Automation, 2012, 2 (1): 15-24.

[8] Song Yu, Guo Shuxiang, Yin Xuanchun, et al. Design and Performance Evaluation of a Haptic Interface Based on MR Fluids for Endovascular Tele-Surgery[J]. Microsystem Technologies, 2018, 24 (2): 909-918.

[9] Guo Shuxiang, Yu Miao, Song Yu, et al. The Virtual Reality Simulator-based Catheter Training System with Haptic Feedback[C]. IEEE International Conference on Mechatronics and Automation, Takamatsu, Kagawa, Japan, August 23, 2017, pp. 922-926.

[10] Guo Jian, Guo Shuxiang. Design and Characteristics Evaluation of a Novel VR-based Robot-assisted Catheterization Training System with Force Feedback for Vascular Interventional Surgery [J]. Microsystem Technologies, 2017, 23 (8): 3107-3116.

[11] Zhang Linshuai, Guo Shuxiang, Yu Huadong, et al. Electromagnetic Braking-Based Collision Protection of a Novel Catheter Manipulator [C]. IEEE International Conference on Mechatronics and Automation, Takamatsu, Japan, August 6 - August 9, 2017, pp. 1726-1731.

[12] Zhang Linshuai, Guo Shuxiang, Yu Huadong, et al. Design and Performance Evaluation of Collision Protection-based Safety Operation for a Haptic Robot-assisted Catheter Operating System[J]. Biomedical Microdevices, 2018, 20 (2): 22.

[13] Bao Xiaoqiang, Guo Shuxiang, Xiao Nan, et al. Operation Evaluation in-human of a Novel Remote-controlled Vascular Interventional Robot [J]. Biomedical Microdevices, 2018, 20 (2): 34.

[14] Bao Xiaoqiang, Guo Shuxiang, Xiao Nan, et al. A Cooperation of Catheters and Guidewires-based Novel Remote-controlled Vascular Interventional Robot [J]. Biomedical Microdevices, 2018, 20 (1): 20.

[15] Corindus Announces Results of First-in-Human Clinical Study of CorPath 200 System [OL]. 2010.

[16] Feng Weixing, Chi Changmin, Wang Huanran, et al. Highly Precise Catheter Driving Mechanism for Intravascular Neurosurgery [C]. IEEE International Conference on Mechatronics and Automation, Luoyang, China, June 25-June 28, 2006, pp. 990-995.

[17] 曹彤，王栋，刘达，等. 主从式遥操作血管介入机器人[J]. 东北大学学报（自然科学版），2014，35（4）：569-573.

[18] 贾博，田增民，卢旺盛，等. 遥操作血管介入机器人的实验研究[J]. 中国微侵袭神经外科杂志，2012，17（5）：221-224.

[19] 奉振球，侯增广，边桂彬，等. 微创血管介入手术机器人的主从交互控制方法与实现[J]. 自动化学报，2016，42（5）：696-705.

[20] 奉振球. 微创血管介入手术机器人系统的设计与控制[A]. 中国自动化学会控制理论专业委员会、中国系统工程学会. 第三十二届中国控制会议论文集（D卷）.

[21] 杨雪. 心血管微创介入手术机器人系统研究[D]. 秦皇岛：燕山大学，2014.

[22] 刘浩. 导管机器人系统的建立及其关键技术研究[D]. 哈尔滨：哈尔滨工业大学，2010.

[23] 李盛林，沈杰，言勇华，等. 介入式手术机器人进展[J]. 中国医疗器械杂志，2013，37(2)：119-122.

[24] 杨雪峰，孟照辉. 磁导航技术在心血管介入手术中的应用与评价[J]. 医学综述，2013，19(24)：4512-4514.

[25] 尤晓赫. 无线胶囊内镜的精确定位跟踪技术[D]. 杭州：浙江大学，2017.

[26] 魏迎梅，王涌，吴泉源，等. 碰撞检测中的层次包围盒方法[J]. 计算机应用，2000，20(S1)：241-244.

[27] 王晓荣. 基于AABB包围盒的碰撞检测算法的研究[D]. 武汉：华中师范大学，2007.

[28] Johan T，Jan W. Tactile Sensing in Intelligent Robotic Manipulation-a Review[J]. Industrial Robot-An International Journal，2005，32(1)：64-70.

[29] Kanagaratnam P，Koawing M，Wallace D T，et al. Experience of Robotic Catheter Ablation in Humans Using a Novel Remotely Steerable Catheter Sheath[J]. Journal of Interventional Cardiac Electrophysiology，2008，21(1)：19-26.

第6章

腹腔镜机器人

6.1 引言

1991 年，我国引进腹腔镜胆囊切除术（LC）并获得成功，标志着现代微创技术在我国的萌芽[1]。短短十几年，腹腔镜下胃、小肠、结肠、直肠、肝、脾以及多器官联合切除术也相继获得成功。妇科在腹腔镜下的卵巢、输卵管与子宫切除术，泌尿科在腹腔镜下完成肾上腺切除、肾切除术等也陆续被报道。随着微创手术的迅速发展，腹腔镜外科手术为现代外科的发展带来了巨大变革。腹腔镜外科手术范围正逐步涉及更为复杂的手术领域，手术模式也向更精确、更精细、无创化和多信息导向的智能化转变，高科技的发展促进了微创外科技术的不断进步，腹腔镜外科机器人就在这新世纪的发展良机中应运而生[2]。在微创手术中，腹腔镜操作机器人负责代替医生完成对腹腔镜的操作，因此需要对腹腔镜机器人系统展开相关研究，使机器人能够满足微创手术任务要求。

6.1.1 腹腔镜机器人的研究背景

腹腔镜是一种带有微型摄像头的器械，用于腹腔内检查和治疗[3]。其实质上是一种纤维光源内镜，包括腹腔镜、能源系统、光源系统、灌流系统和成像系统，如图 6-1 所示。在完全无痛情况下应用于外科患者，可直接清楚地观察患者腹腔内情况，了解致病因素，同时对异常情况做手术治疗。腹腔镜手术又被称为“锁孔”手术。运用腹腔镜系统技术，医生只需在患者实施手术部位的四周开几个“钥匙孔”式的小孔，无需开腹即可在计算机屏幕前直观患者体内情况，施行精确手术操作，手术过程仅需很短的时间。

腹腔镜手术是一门新发展起来的微创方法，是未来手术方法发展的一个必然趋势。随着工业制造技术的突飞猛进，相关学科的融合为开展新技术、新方法奠定了坚定的基础，加上医生越来越娴熟的操作，使得许多过去的开放性手术现在已被腔内手术取而代之，大大增加了手术选择机会。腹腔镜手术多采用 2～4 孔操作法，其中一个开在人体的肚脐上，避免在患者腹腔部位留下长条状的疤痕，恢复后，仅在腹腔部位留有1～3个0.5～1cm的线状疤痕，可以说是创面小、痛楚小的手术，因此也有人称之为“钥匙孔”手术。手术现场如图6-2所示。

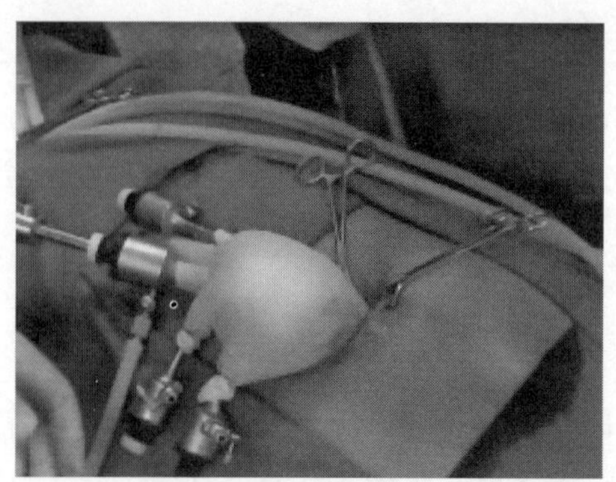
图6-1 纤维光源腹腔镜

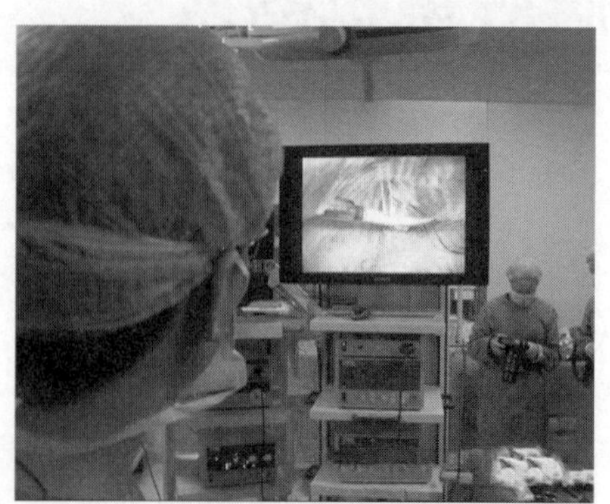
图6-2 腹腔镜手术现场

腹腔镜微创手术与传统手术相比，深受患者的欢迎，尤其是术后瘢痕小又符合美学要求，青年患者更乐意接受，微创手术是外科发展的总趋势和追求目标。目前，腹腔镜手术的金标准是胆囊切除术，一般地说，大部分普通外科的手术，腹腔镜手术都能完成，如阑尾切除术，胃、十二指肠溃疡穿孔修补术，疝气修补术，结肠切除术，脾切除术，肾上腺切除术，还有卵巢囊肿摘除、宫外孕、子宫切除等，随着腹腔镜技术的日益完善和腹腔镜医生操作水平的提高，几乎所有的外科手术都能采用这种手术。

新型的腹腔镜手术是现代高科技医疗技术用电子、光学等先进设备原理来完成的手术，是传统剖腹手术的跨时代进步，它是在密闭的腹腔内进行的手术：摄像系统在良好的冷光源照明下，通过连接到腹腔内的腹腔镜体，将腹腔内的脏器摄于监视屏幕上，手术医师在高科技显示屏监视、引导下，于腹腔外操纵手术器械，对病变组织进行探查、电凝、止血、组织分离与切开、缝合等操作。它是电子、光学、摄像等高科技技术在临床手术中应用的典范，具有创伤小、并发症少、安全、康复快的特点。近几年来，外科腔镜手术发展很快，可同时检查和治疗，是目前最先进、最尖端的微创技术，在治疗外科疾病中的应用已越来越受到人们的瞩目，并得以快速发展。

6.1.2 腹腔镜机器人的研究意义

随着传统腹腔镜技术的广泛应用，现代外科进入了微创化时代。但传统腹腔镜设备的局限性，极大地限制了微创外科的进一步发展。新出现的机器人辅助腹腔镜技术，超越了传统外科与腹腔镜技术的局限性，其卓越的三维视野以及更好的灵巧性，能够安全完成更精细和复杂的操作，因而外科机器人技术正逐步渗透到外科各亚专科领域，预示着微创外科新纪元即将来临。

据估计，微创手术全球的潜在市场超过35亿美元。仅在美国，每年有700万个手术可以采用微创手术进行治疗，但只有大约100万个手术应用了微创手术机器人，因此微创手术机器人及其装备市场潜力巨大。

近年来，腹腔镜手术技术在我国的大中型城市中被广泛采用，在技术上位于世界前列，而且我国的机器人技术也是世界一流水平，但是我国在腹腔镜手术机器人方面的研究尚处于起步阶段，很多技术研究还是空白。虽然有个别医院尝试引进了国外先进智能辅助医用机器人，并进行了一些手术的应用，但手术个例较少。腹腔镜辅助机器人的发展作为外科机器人发展过程中的一个重要的分支，在我国尚处于起步阶段，任重道远。因此，对于研究腹腔镜手术的专用机器人的整机设计制造具有非常重要的意义。

6.2 腹腔镜机器人的研究现状

6.2.1 腹腔镜机器人的国外研究现状

英国Armstrong Healthcare中心在1998年研制了EndoAssist机器人辅助内镜操作系统[4]，机器人如图6-3(a)所示，操作系统如图6-3(b)所示。外科医生通过戴在头上的操作器来同步控制内镜的移动，获取可视化的病灶组织图像。

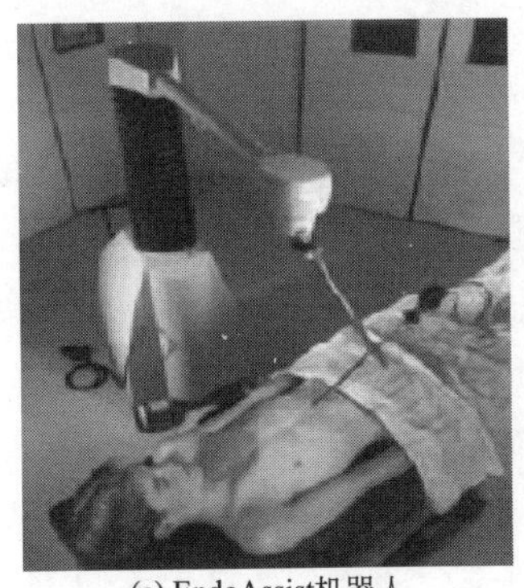

(a) EndoAssist机器人

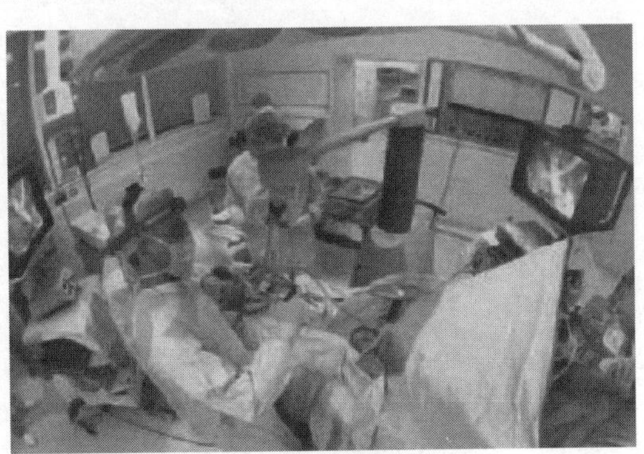

(b) EndoAssist内窥镜操作系统

图6-3 EndoAssist机器人及其操作系统

只有启动脚踏板开关的时候才允许内镜移动，这样可以允许医生的头部在非工作的状态下自由移动。通过测量医生所佩戴操作器内的线圈感应电势，来检测医生的头部运动，并以此控制机器人运动，达到操作内镜的目的。

Computer Motion 公司最初于 1991 年研制的具有语音识别功能的手术机器人 AESOP（automated endoscopic system for optimal positioning），也是世界上第一台通过 FDA 认证的商业化系统。微创腹腔镜手术过程中协助医生把持腹腔镜，该系统采用语音控制方式，手术前预先录入医生的声音，手术中医生通过语音对该机器人下达命令，控制机器人移动腹腔镜。AESOP 外科手术系统实现了手术中腹腔镜的把持，消除了由于医生疲劳产生的图像震颤，使手术成像更为清晰，然而由于采用语音控制，机器人识别医生的命令有延迟，手术效率不高。稍后该公司对 AESOP 进行改进和优化，相继推出 AESOP1000、AESOP2000、AESOP3000，如图 6-4 所示[5~7]。

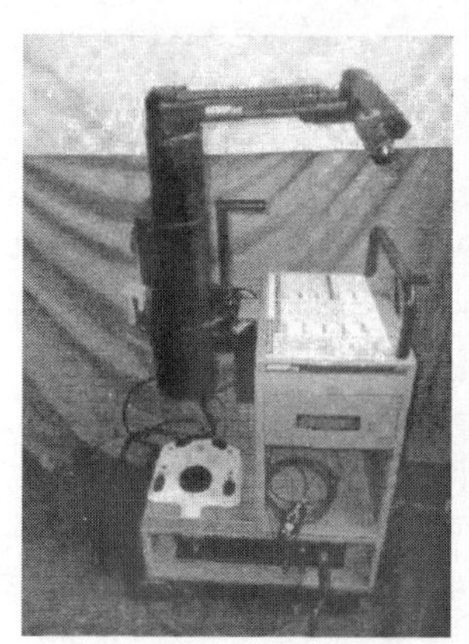
(a) AESOP1000

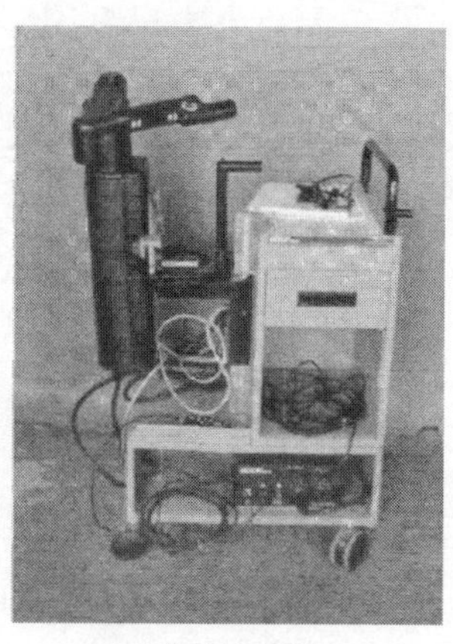
(b) AESOP2000

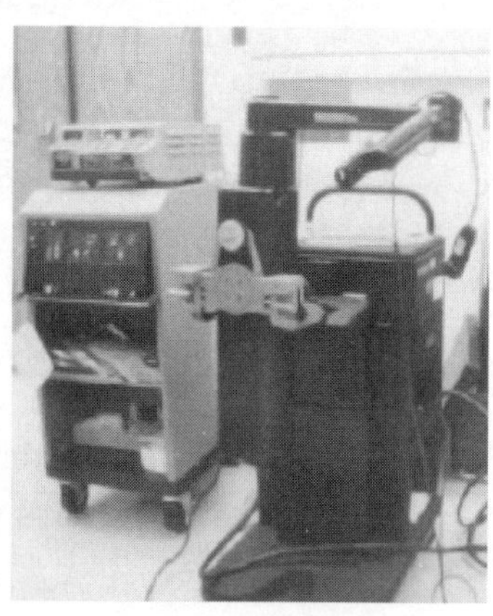
(c) AESOP3000

图 6-4 手术机器人系统

作为 AESOP 外科手术系统的后继者，1998 年该公司研制的基于主从控制的 ZEUS 系统（如图 6-5 所示），成为该系列机器人的经典。该系统配备了三条机械臂，其中包含两条用于夹持手术器械的相互对称的机械臂和一条高自由度的持镜机械臂，由于采用主从控制的方式，医生可以容易地实现远程手术。该机器人能够消除手术时的颤抖，使得内镜定位更加精确和稳定，机械臂为冗余 7 自由度，能模拟人手臂的运动功能，代替医生完成对腹腔镜的操作[8]。机械手臂采用串口通信，控制方式为速度控制，控制接口为语音，ZEUS 外科手术机器人系统采用的持镜臂控制方式继承于 AESOP 外科手术系统，为改进的 AESOP3000 语音控制系统，但同 AESOP 外科手术系统具有同样的缺点。

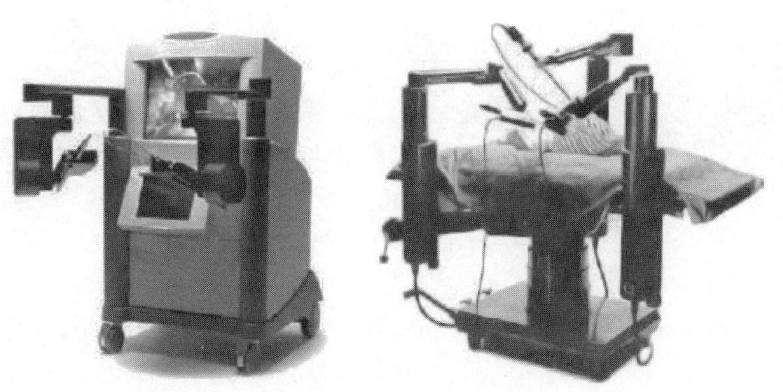

图 6-5　Computer Motion 公司的 ZEUS 系统

后来，Intuitive Surgical 公司收购 Computer Motion 公司，并成功开发出 da Vinci 手术机器人系统[9]，如图 6-6 所示，该机器人通过了 FDA 认证且目前已经商品化。同 ZEUS 机器人系统一样，da Vinci 机器人系统的机械臂也具有 7 个自由度，能够消除手术时的颤抖且具有自动纠错功能。da Vinci 机器人不仅能够应用到腹腔镜手术，还可以辅助实施胸腔镜手术、心脏手术、泌尿手术、妇科手术等多种手术。随后 Intuitive Surgical 公司与 IBM、MIT 以及 HeartPort 公司合作进一步开发该系统，同时奥林巴斯公司为 da Vinci 系统提供了一套新型的 12mm 内镜设备，使得 da Vinci 机器人系统不断更新和完善。

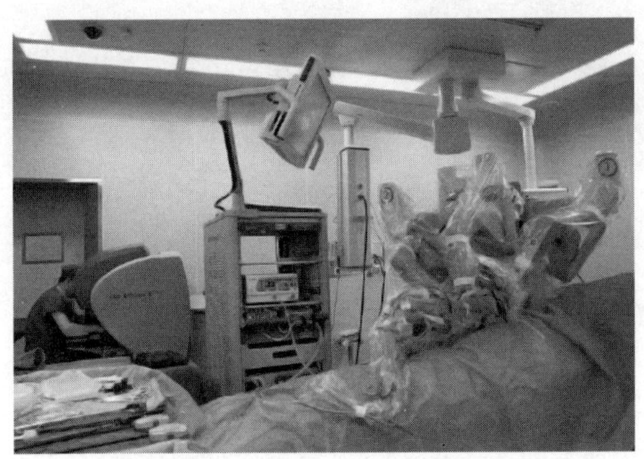

图 6-6　da Vinci 手术机器人系统

2014 年，该公司推出了新的 da Vinci Xi 系统[10]，该系统取得了良好的临床实验效果，如图 6-7 所示。

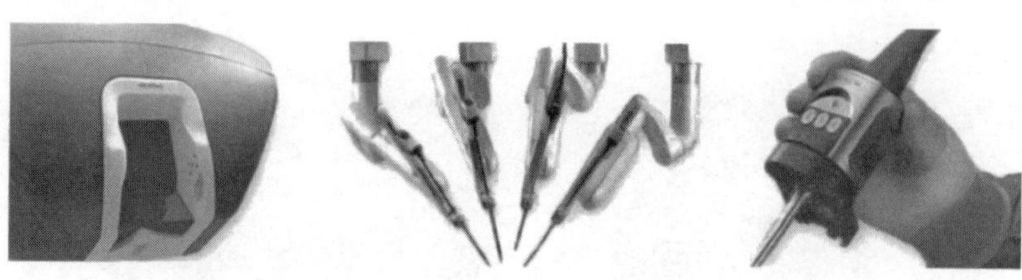

图 6-7 da Vinci Xi 外科手术系统

IBM 公司与琼斯·霍普金斯大学医学院联合研制 LARS 系统，如图 6-8 所示[11]。该系统机械臂安装在具有三维直线运动自由度的平台上，平台位于可锁定的四轮小车上。机械臂末端的机构可使机械臂夹持医疗器械做四个运动：三个转动和一个插入运动。该系统对机械臂的控制方式有两种，一种为通过专门设计的操作杆进行操作，另一种为在医生参与下的主动视觉引导。医生通过安装于手术工具上的微型操作杆对 TV 显示器上的对象（病灶、手术工具等）进行点取操作，系统将通过图像分析，识别其中被选取的对象，移动内镜使被选取的对象位于视野中央，并能进行跟踪和其他辅助操作。该系统具有较强的图像处理功能，可对手术图像进行存储以及在图像之间进行快速切换。目前该系统正处于临床实验阶段，并已成功地进行了胆囊切除手术和肾切除手术。

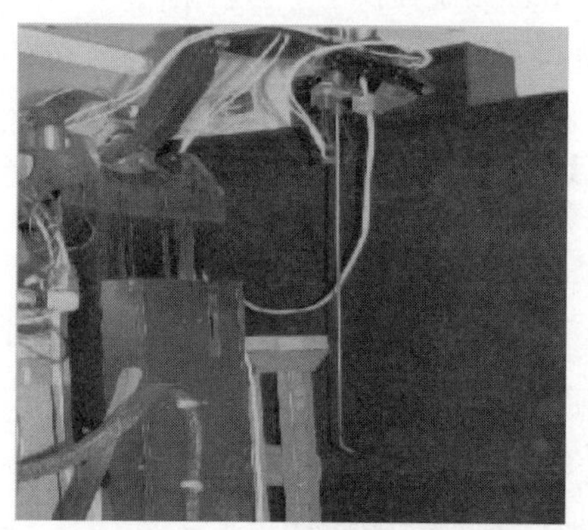

图 6-8 LARS 系统

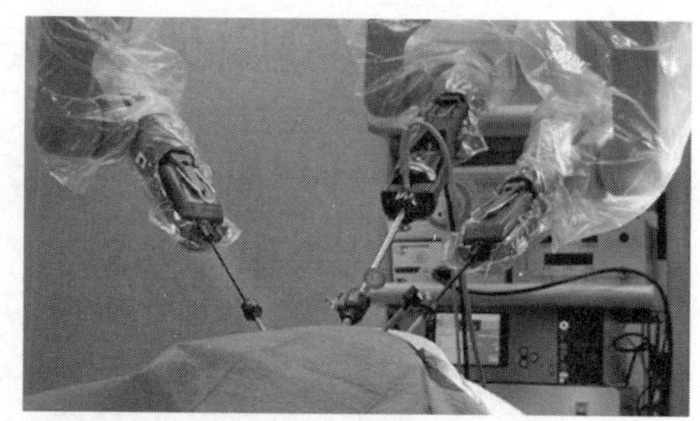

图 6-9 Telelap Alf-X

2016 年，欧洲研发的 Telelap Alf-X 已通过欧盟标准（CE mark），其特点为有触觉反馈及眼睛跟踪系统，目前正在申请美国 FDA 批准，如图 6-9 所示。Telelap ALF-X 的手术功能与 da Vinci 类似，与 da Vinci 形成竞争。其主要特点在于力觉感知和反馈，使医生能够感觉到手术器械施加在手术组织上的力，这将使得手术操作更加安全可靠。另外，系统还可以对医生眼球进行追踪，以自动对焦和调节摄像头视角范围，显示医生眼睛感兴趣的区域[12]。

与 Telelap Alf-X 同样发展迅速的还有英国的 FreeHand 机器人，该机器人具有结构紧凑、体积小巧、安装方便、价格低廉等优点，但其不足是其机械臂为被动式设计。它主要用于对摄像头固定和支撑，为医生实施腹腔手术提供实时高清图像，医生可以根据需要手动调节摄像头位姿。FreeHand 机器人如图 6-10 所示。

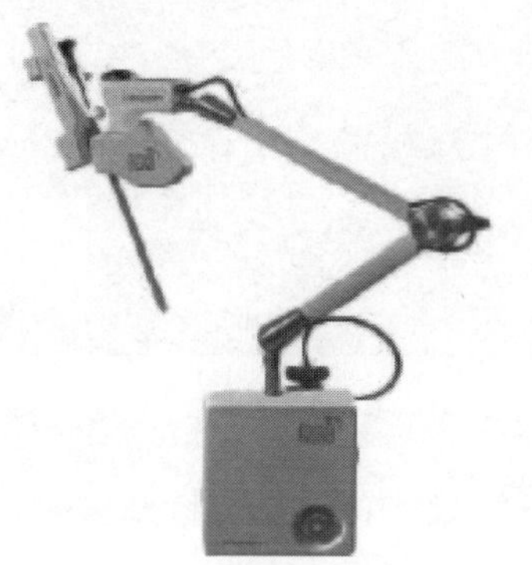

图 6-10 FreeHand 机器人

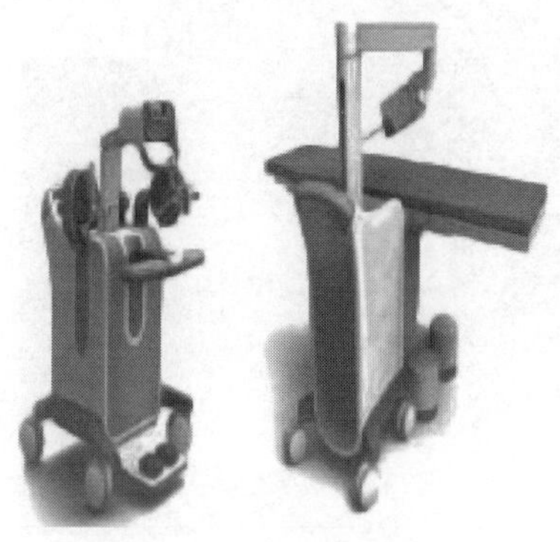

图 6-11 SPORT 机器人

由加拿大 SPORT 公司研发的 SPORT 机器人是一款结构简单的腹腔手术机器人系统，它只有一个机械臂，如图 6-11 所示。它由主端控制台和执行工作站组成。主端控制台包括 3D 高清可视化系统、交互式主端控制器；执行工作站提供了 3D 内镜、机械臂、单孔操作器械等。整个系统结构较 da Vinci 简单，占用的手术室空间相对较小，价格也较便宜，是目前 da Vinci 的主要竞争者。

内布拉斯加州大学林肯分校的 Amy Lehman、Carl A. Nelson 等学者研制了面向 LESS 的协作助手机器人 CoBRASurge（如图 6-12 所示）。该机器人的基座通过一个空间斜齿轮组机构（具有 4 个自由度）保证手术器械部分能够非常自然灵活的进入体内，手术器械部分分别有两个机械臂，每个机械臂肩部有 2 个转动自由度，腕部有 1 个转动自由度和 1 个移动自由度，左臂上装有夹子，右臂上装有灼烧器。两臂上的电机均采用带有编码器的直流永磁伺服电机，电机采用 PID 控制。整个系统采用主从控制方式，外科医生通过操作主手能够实现手术器械的灵活操作。该机器人整体尺寸较大，所进行的实验均是在体外且需要额外增加照明摄像装置[13,14]。

同年，该校的 Jason Dumpert、Amy C. Lehman、Nathan A. Wood 等学者又针对机器人的核心部位进行了改进，设计了如图 6-13 所示的 NOTES 机器人模型。该机器人有两个机械臂和一个主体，每个机械臂具有 3 个自由度，左臂实现夹持，右臂实现灼烧功能，主体部分嵌入一对立体视觉摄像系统用于视觉反馈，主体部分还装有磁铁，用于手术操作时机器人的定位。每个关节处装有编码器且电机采用 PID 控制[15]。

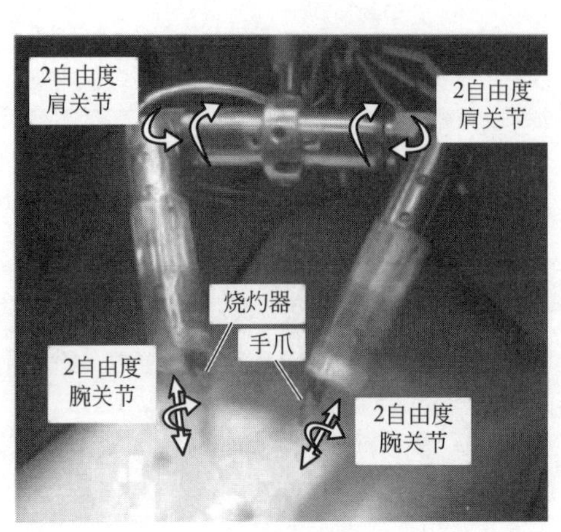

图 6-12 CoBRASurge 机器人

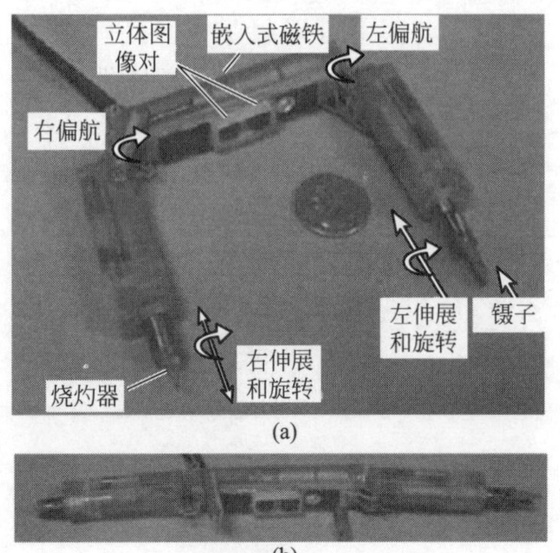

图 6-13 NOTES 机器人模型

日本慈惠会医科大学的 Naoki Suzuki、Asaki Hattori 等学者于 2010 年提出了一种蝎子型的手术机器人，如图 6-14 所示，该机器人可用于单孔微创腹腔手术和自然孔手术[16]。新加坡南洋理工大学机械航天学院机器人研究中心的 Phee Soo Jay、Low Soon Chiang 等学者于 2009 年也研制了一种主从单孔腹腔镜机器人，如图 6-15 所示。这两种机器人都是通过驱动丝传动的方式进行手术器械操作的，受到材料特性的限制，手术器械的运动范围受到限制[17]。

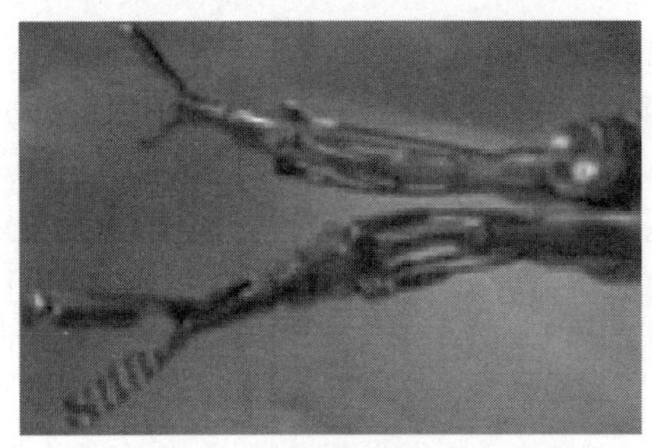

图 6-14 日本蝎子型腹腔手术机器人

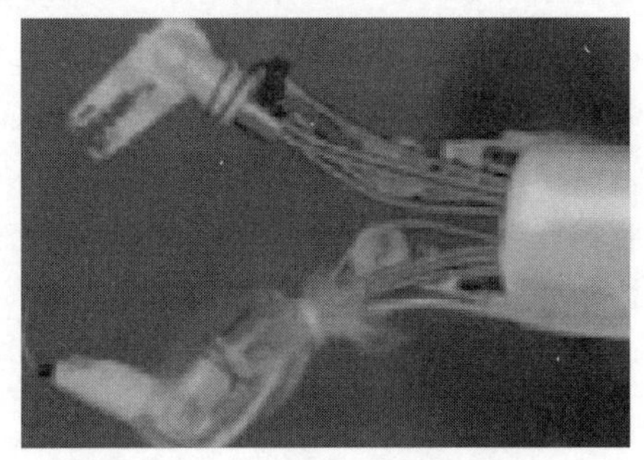

图 6-15 主从单孔腹腔镜机器人

2010 年，内布拉斯加州大学医学中心的 Dmitry Oleynikov 和 Shane Farritor

从尺寸小型化和成本廉价化的理念出发，设计了一款可以通过一个切口完全进入人体内部的腹腔镜手术微型 vivo 机器人，如图 6-16 所示。图 6-16(a) 是该机器人安装在一个平台上进行临床试验，图 6-16(b) 是主操控平台，包括主手和显示系统。该机器人包括中间照明摄像模块和两个机械臂，整个机器人可通过一个切口进入患者体内。照明模块装有 LED 灯和两个摄像头，能够将采集到的手术区域的图像信息实时传送到体外显示屏上，每个机械臂具有 2 个自由度，关节之间的电机采用 PID 控制，一个机械臂上装有夹子，另一个机械臂上装有高频电刀，医生根据屏幕上的视野信息通过手柄控制机械臂进行手术。该机器人已经经过了临床试验，其结果表明：该机器人提高了手术区域的清晰度和深度，增加了手术操作的灵活性和手术效率，但是整机的尺寸较大，无法感知手术时的力觉，控制起来较困难[18,19]。

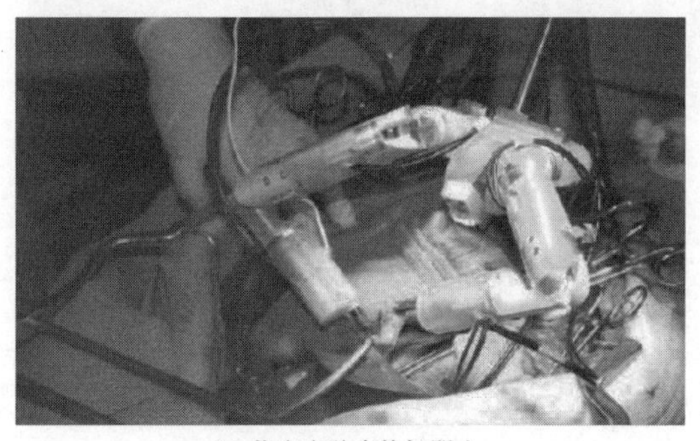

(a) 临床实验中的机器人

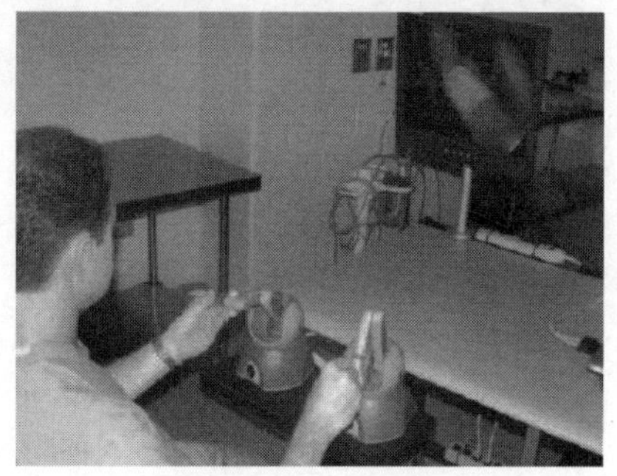

(b) 主操控平台

图 6-16　内布拉斯加州大学的微型 vivo 机器人

6.2.2　腹腔镜机器人的国内研究现状

2009 年，我国哈尔滨工业大学机器人研究所在“863 计划”的资助下，由付宜利等设计研制了腹腔镜微创手术机器人系统[20]。该系统可替代手术助手扶持、移动腹腔镜，为医生提供稳定的手术区域图像，并可以按照预先规划的轨迹夹持腹腔镜运动到患者体表切口处，并以一定姿态插入患者体内；按照手术医生命令实时调整腹腔镜姿态，为医生输出理想手术视野，如图 6-17 所示。其控制系统采用 PC 机和运动控制板卡相结合的方式。开始工作时，计算机首先规划机器人末端轨迹，然后通过运动控制板卡控制伺服电机，驱动机器人手臂达到目标位姿。

同年，南开大学的鞠浩以腹腔镜微创手术机器人控制系统为研究对象[21]，针对机器人本体主从操作手“异构”的特点以及腹腔镜微创手术要求，设计了基于 DSP＋FPGA 的嵌入式硬件系统平台，在分析主从手映射关系的基础上设计了主从映射算法，在腹腔镜微创手术机器人上实现了 1000Hz 的实时主从映射，如图 6-18 所示。

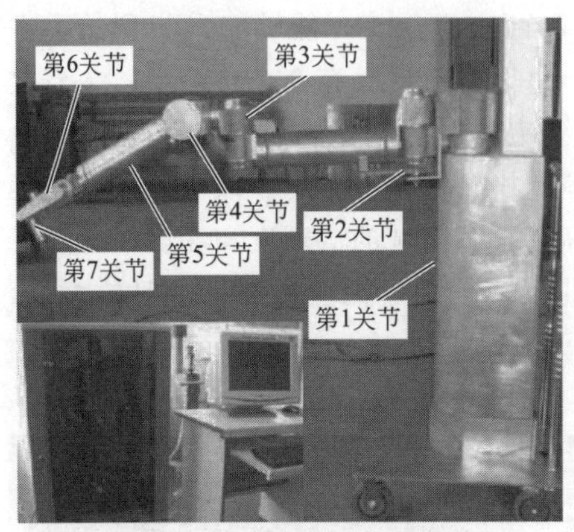

图 6-17 哈尔滨工业大学研制的腹腔镜机器人

图 6-18 南开大学研制的腹腔镜机器人

由哈尔滨工业大学杜志江教授等研制的微创腹腔外科手术机器人系统是一种类似 da Vinci 系统的手术机器人系统，如图 6-19 所示，该系统已经完成了 15 例活体动物的胆囊的切除实验，在手术中实现了胆囊的夹取、牵拉、剥离等操作，是我国在外科手术系统研制上的一个突破[2]。该系统还在控制算法、三维腹腔镜成像上取得了一些突破。但是该系统在腹腔镜的视野控制上仍然采用与 da Vinci 系统相同的“脚踏板”控制方式。

图 6-19 微创腹腔外科手术机器人系统

目前国内对于手术机器人的研究还主要集中在手术机器人构型、主从控制算法、手术过程规划等的研究上，对于腹腔镜的自动导航方法研究较少。

6.3 腹腔镜机器人的关键技术

6.3.1 腹腔镜机器人持镜手臂设计

微创手术特点是医疗器械只能通过患者体表切口运动，并且一般只具有 4 个自由度。它要求机器人系统中用于操作医疗器械的机构有足够的自由度和运动空间。因此，微创手术机器人一般为具有多自由度的关节式机器人。为了便于控制，机器人运动机构可设计成机械手臂和手腕，前者实现机械手腕的手术部位的定位，后者实现对医疗器械的操作。满足微创手术插入点限制的机器人腕部机构成为微创手术机器人的研究重点。

东京大学研制了一种新型的 5 连杆机构用于操作内镜[22]，如图 6-20 所示，通过医生头部运动可操作内镜按照医生动作运动，机器人所有零件及相应的连杆可以轻易拆卸，利于机器人的消毒。目前该机器人已经成功完成对猪胆囊切除的操作。为了避免手术机构尺寸较大的缺点，华盛顿大学研制了一种小巧球面运动机构[23,24]，如图 6-21 所示。该机构的特点是所有旋转运动的轴线都交于球心一点。这样将手术插入点与该球心点相重合时，满足微创外科手术对插入点限制的手术需求。根据该球形机构的运动学、雅可比矩阵进行结构优化，给出了最终的结构尺寸。

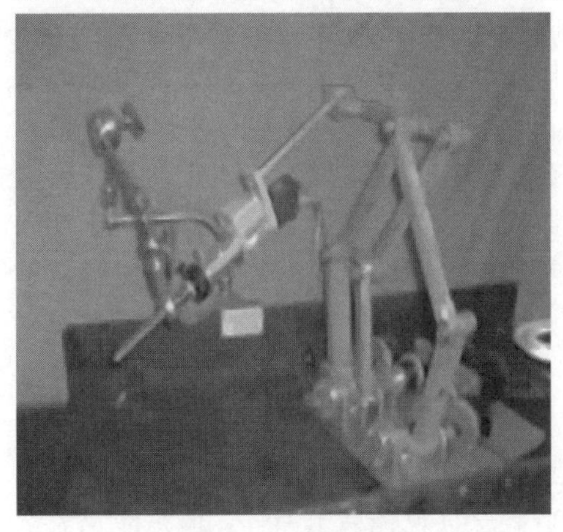

图 6-20 5连杆机构

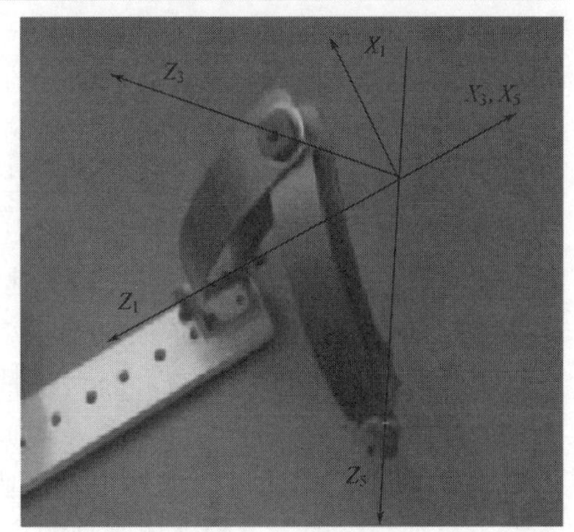

图 6-21 球面运动机构

为了模拟外科医生的手术过程，哈尔滨工业大学所设计的机器人本体具有两个机械臂，分别位于视觉单元的两侧，相当于医生的两个手臂，两个手臂上分别装有手术器械[25]。医生手术过程中，最重要的动作是分离组织，暴露病灶体，并对病灶体进行灼蚀。因此，一个机械臂上设计有夹持机构，另一个机械臂上设计有电刀插座，可更换系列化医用电刀。两个机械臂既可以分居视觉单元两边工作，又可以和视觉单元以分散的形式独立工作。每个机械臂里分别装有一个下位机控制系统，机械臂与上位机的通信采用无线通信的方式。机械臂单元设计方案如图 6-22 所示。

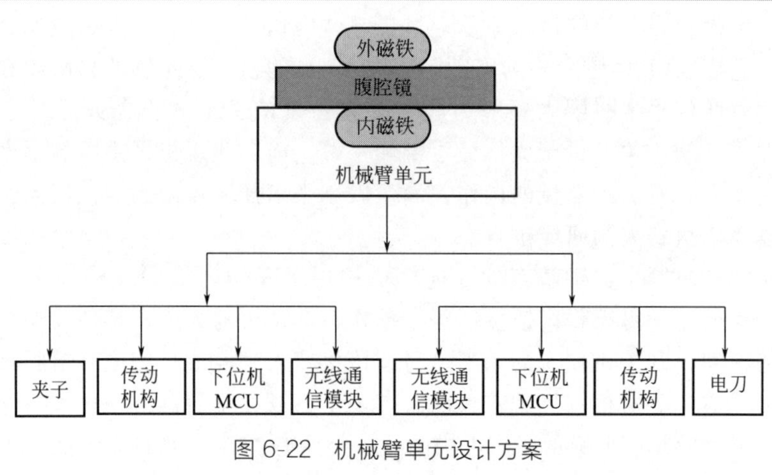

图 6-22 机械臂单元设计方案

6.3.2 腹腔镜机器人的运动规划及控制技术

腹腔镜机器人的运动规划是满足一定的物理约束条件下，机器人运动到达预期的位置及方向所产生的运动和执行的动作序列。机器人领域最常见的物理约束条件是避免与环境中的其他物体发生碰撞[26]。机器人运动规划包括路径规划和轨迹规划两个部分。机器人路径规划是指在相邻序列点之间通过一定的算法搜索一条无碰撞的机器人运动路径，不考虑机器人位形的时间因素。机器人轨迹规划是使机器人在规定时间内，按一定的速度及加速度，在路径的约束下输出机械手末端执行器各离散时刻的位姿序列，实现从初始状态移动到规定的目标状态。

机器人的轨迹规划大致可分为两种：笛卡儿空间规划方法和关节空间规划方法。

① 在笛卡儿空间轨迹规划中，作业是用操作臂末端执行器位姿的笛卡儿坐标节点序列规定的，这种轨迹规划的优点是概念直观、易于理解，但是涉及大量的笛卡儿空间和关节空间的转换，计算量较大。

② 机器人关节空间的轨迹规划方法不必在笛卡儿坐标系中描述两个路径点之间的路径形状，计算量小、效率高。但由于关节空间法仅受关节速度与加速度的限制，且关节空间与笛卡儿坐标空间之间并不是连续的映射关系，因此不会发生机构的奇异性问题。

冗余机器人运动规划可以克服非冗余机器人的诸多缺陷，如提高操作灵活度、克服奇异性、回避障碍以及改善运动学和动力学性能等。然而，这些多余的自由度使得该类机器人为欠定系统，运动规划相对困难，很难用传统的规划方法进行研究。为此，学者们从不同的角度来研究相应的规划算法，使机器人获得良好的动态控制品质。算法大致可分为以下两类。

① 基于运动学逆解本身来研究运动规划，如梯度投影法和扩展空间法等。这类基于雅可比矩阵的伪逆的算法计算量很大，效率低。

② 从运动学正解出发来完成运动规划。Sung 以正运动学方程为约束条件，用优化理论来求最优解。Joey 用遗传算法来完成轨迹规划，但这种迭代变量随机产生的迭代方法的收敛性无法保证。运动控制是指在复杂条件下，将预定的控制方案、规划指令转变成期望的机械运动。

在伺服系统中应用的控制策略大致归纳如下。

① 传统的控制策略　传统的控制策略如 PID 反馈控制、解耦控制等，在伺服系统中得到了广泛应用，其中 PID 控制算法蕴含了动态控制过程中的过去、现在和未来的信息，而且其配置几乎为最优，具有较强的鲁棒性，是伺服电机控制系统中最基本的控制形式，其应用广泛，并与其他新型控制思想结合，形成了许多有价值的控制策略。

② 现代控制策略　在对象模型确定，不变化且为线性的条件下，采用传统控制策略是简单有效的。但在高精度微进给的高性能场合，就必须考虑对象的结构与参数变化，各种非线性的影响，运行环境的改变以及环境干扰等时变和不确定因素，才能得到满意的控制效果。因此，现代控制策略在伺服系统的研究中引起很大重视，出现了自适应控制、变结构控制、鲁棒控制和预见控制等多种先进控制策略。

在微创手术中机器人所作用的对象是患者，因此要仔细分析机器人进行微创手术的动作，充分利用上述各种运动规划和控制策略，使机器人运动满足微创手术需求。

6.3.3 腹腔镜机器人的自动导航方法

腹腔镜机器人的自动导航有助于提升微创腹腔镜手术机器人的自动化程度，提高手术效率。目前国内外学者提出的方法主要有以下几类。

① 基于视线追踪的方法。Goldberg 等[27] 提出了一种离线方法预测人的意图来控制腹腔镜手术机器人持镜臂运动和相机的变焦，该方法预测变焦放大图像的准确率为 65%，而且这种方法对于先验信息的依赖度高，目前无法实现实时导航。如图 6-23 所示，Hansen 等[28] 通过预设的环形标记预测用户的意图，当用户注视环形标记上的预设字母时，系统将该字母移动到图像中心，并且根据注视的时间确定其缩放程度。

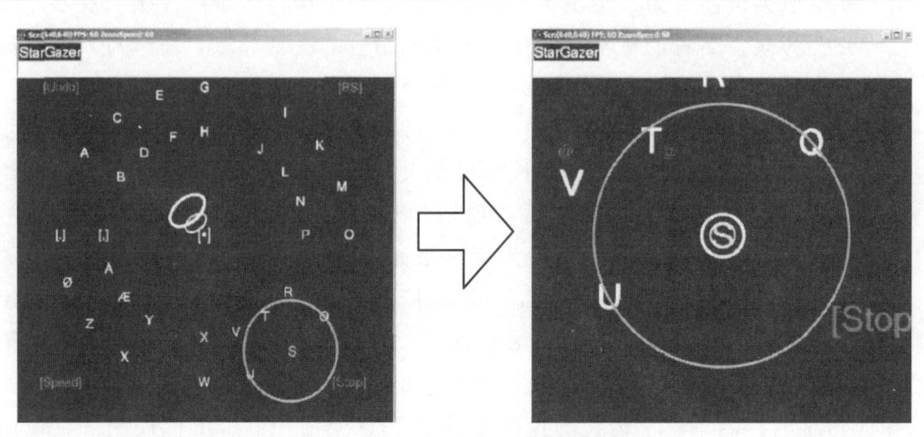

图 6-23 基于标记的视线追踪方法

② 基于腹腔镜视觉的方法。在传统的腹腔镜手术过程中，由于没有机械臂的参与，系统的反馈只有腹腔镜图像，所以基于腹腔镜视觉的导航方法也得到了研究。Omote 等[29] 将视觉技术引入到了腹腔镜手术机器人的自动导航中，该方法采用基于边缘检测、阈值分割的方法来实现手术器械在图像中的跟踪，以此引导持镜臂运动，通过实验证明该方法能够缩短 30% 的手术时间。如图 6-24 所示，Azizian[30]、King[31] 等基于腹腔镜图像中手术器械的位置提出了一些腹腔镜视野的调节准则，搭建了模拟的腹腔镜手术环境，对其进行了实验分析。此外，许多学者研究了手术器械在腹腔镜图像中的位置、姿态、运动轨迹等参数的识别方法[32,33]，对于确定手术状态、制定腹腔镜视野的调节准则有一定的意义。

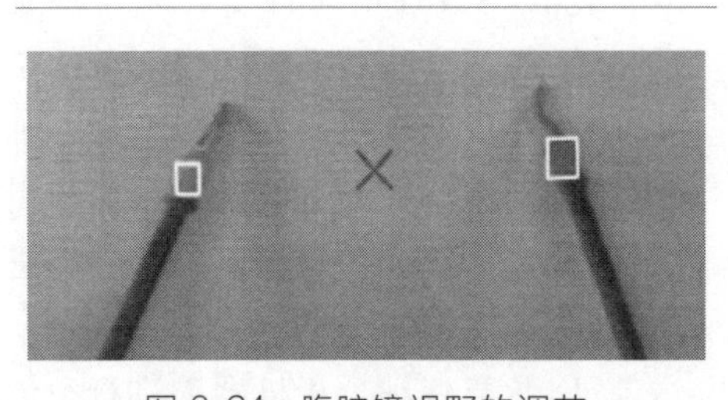
图 6-24 腹腔镜视野的调节

③ 基于运动学的方法。在主从式控制的手术机器人系统中（如 da Vinci 系统），手术器械的位置、速度、加速度信息可以通过传感器获取，综合利用这些

信息为视窗跟踪自动导航提供了另一种途径。Mudunuri[34] 通过对手臂进行运动学建模，结合持镜臂、持械臂之间的位置关系，实现了持镜臂自动导航。于凌涛等[35,36] 在持镜臂运动学的基础上，提出了一种通过控制手术视野参数，调整手术视野的方法。Reiley 等[37] 通过研究现有的持械机械臂引导持镜机械臂运动的方法，提出训练持镜机械臂有助于搭建人机交互系统。

运动学方法主要通过手臂之间的坐标关系获得所需的手术器械参数，对于一些持镜机械臂系统与持械机械臂系统组合的外科手术机器人系统，必须预先标定各系统之间的位置关系，此外运动学跟踪方法也存在机械延时、需要对手术器械的轨迹进行预测等问题。

④ 基于位置传感器直接测量的方法。采用传感器技术检测手术器械位置的方法也有很多，电磁跟踪系统是一个研究方向，通常用来检测手术器械的位置和姿态。磁通量传感器安装在手术器械前端，如图 6-25 所示，它可以检测到场频信号发生器所产生的磁场，一个问题是磁场会对手术环境产生干扰，不利于手术的顺利进行[38]。惯性测量装置也可以用于检测手术器械的位置、速度和加速度，但是存在误差累计的问题，而且其中一些传感器可能与手术机器人的其他传感器产生干扰。

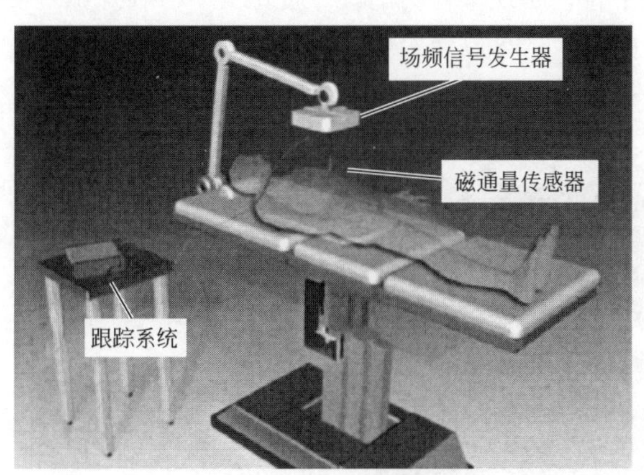

图 6-25 电磁跟踪系统

6.3.4 腹腔镜机器人的空间位置确定

在微创手术过程中，由于手术室中的手术台在术中是不易移动的，当出现所需要的器械操作超出机器人的有效工作空间时，不能通过移动手术台来达到操作目的，需要保证将手术器械放置在能够到达患者的病灶处，才能使用手术器械完成可达的病灶点处的手术操作。因此，在术前规划好机器人相对于手术台的空间位置是非常重要的。

此外，在手术室中医生需要做大量的术前准备工作，不能通过反复试验来获取机器人较佳的位置，目前，对机器人空间位置的确定多采用离线规划的方法来获取。V. F. Muñoz 等通过 C 空间的概念对腹腔镜手术中机器人的位置规划进行了研究，在对 6 种基本的腹腔微创手术的研究中，将医生简化为圆柱形模型，在经过相应的位置规划算法和碰撞检测后，给出微创手术中机器人基座相对于患者的理想位置，最后给出了相应的规划仿真，验证了提出的机器人位置规划算法的有效性[39]；Wei Yu 提出灵活度的概念，并将其作为优化算法的价值函数，使用遗传算法对机器人位置规划做了详细的研究，最后对 9DOF 拟人型手臂进行了仿真，也取得了较为良好的效果[40]。

6.3.5 腹腔镜机器人的虚拟现实技术

在临床上不经任何检测而直接应用机器人进行手术的风险性非常高，最好的检测方法就是建立相应的虚拟现实系统。虚拟现实技术应用到机器人微创手术中可使医生更直接、深入地进行微创手术的术前规划和仿真，同时还可以作为医生的医疗教育培训平台，实现全社会的医疗资源共享。在虚拟现实仿真系统中集成先进的力反馈传感技术，可以使医生在模拟手术时具有真正工作时的感觉，为临场感技术的解决提供了有效的途径。

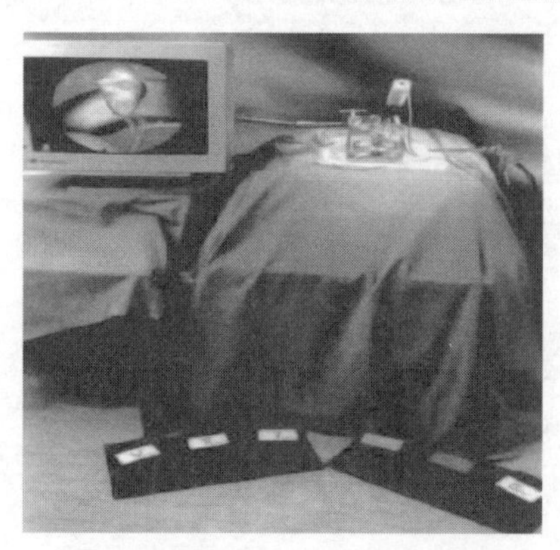

图 6-26 基于 KISMET 软件的微创手术训练系统

德国的 Forschungszentrum Karlsruhe 研究所利用自己研发的三维图像仿真软件 KISMET，开发了微创手术训练系统[41]，如图 6-26 所示。该系统利用虚拟现实技术，能快速准确地生成手术场景以及发生病变的器官组织模型。通过外科手术模型之间的形变能完成模拟夹钳、切削、凝结、缝合、注射等基本操作。除此之外，还可以完成手术区域的冲洗和引流操作。

为了优化手术器械在患者体内的插入位置及机器人相对于患者的初始位置，法国 CHIR 医疗机器人研究组利用虚拟仿真技术对此问题进行了研究，开发了 INRIA 系统[42]。系统方案包含规划、确认、仿真、传输、检测及仿真分析等阶段。每一阶段的目的依次是：根据相关技术指标规划插入点和机器人位置，自动确认所规划的位置，使能干涉仿真，传输规划结果到手术室，检测仿真信息，最后对仿真信息进行分析。该仿真系统如图 6-27 所示。

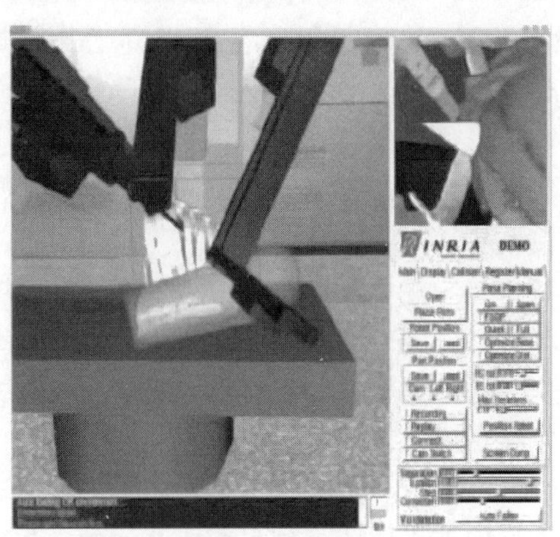

图 6-27　INRIA 微创手术仿真系统

6.4 腹腔镜机器人的介入实例

腹腔镜机器人被用于完成心脏外科、泌尿外科、胸外科、肝胆胰外科、胃肠外科、妇科等相关的微创腹腔镜手术。与常规开放性手术相比，腹腔镜机器人手术可以有效地减少患者创伤、缩短患者康复时间，同时可以减轻医生疲劳。但由于手术过程中医生不能直接接触患者和手术器械，也不能直接观察手术区域，医生所获取的信息相对减少，这需要医生对手术操作方式和经验进行转变。其中，具有代表性的腹腔镜机器人有美国 Intuitive Surgical 公司的 da Vinci 系统，国内天津大学研制的“妙手”系统。

6.4.1 da Vinci 系统

达芬奇（da Vinci）机器人手术系统以麻省理工学院研发的机器人外科手术技术为基础[43]。Intuitive Surgical 与 IBM、麻省理工学院和 Heartport 公司联手对该系统进行了进一步开发。da Vinci 系统是一种高级机器人平台，其设计的理念是通过使用微创的方法，实施复杂的外科手术。da Vinci 系统是世界上仅有的、可以正式在腹腔手术中使用的机器人手术系统，也是目前最复杂和最昂贵的外科手术系统之一。

da Vinci 是目前应用最为广泛的医疗机器人系统，在全球范围内已完成超过 200 万例手术，售出 3000 多台。目前已开发出五代系统：标准型（1999 年）、S 型（2006 年）、Si 型（2009 年）、Si-e 型（2010 年）和 Xi 型（2014 年）。最新的 Xi 型系统进一步优化了 da Vinci 的核心功能，提升了机械臂的灵活性，可覆盖更广的手术部位；此外，da Vinci Xi 系统和 Intuirive Surgical 公司的“萤火虫”荧光影像系统兼容，这个影像系统可以为医生提供实时的视觉信息，包括血管检测，胆管和组织灌注等。da Vinci Xi 系统还具有一定的可扩展性，能有效地与其他影像和器械配合使用[44]。

对于 da Vinci 系统来说，它的手术器械属于消耗品，使用 10 次以后必须更换，每套 1000～2000 美元，这都不是普通医院所能承受的价格。虽然使用机器人进行微创手术较传统方法更为复杂，且机器人系统价格较高，但机器人微创手术以其特有的优点开始在国内推广起来。

解放军总医院于 2007 年初引进了“达芬奇 S”机器人系统，并建立了中国第一个全机器人心脏外科的技术团队。到目前为止，解放军总医院已完成机器人心脏手术 100 余例，术后患者均顺利恢复，无并发症发生[45]。2008 年 6 月 27 日，国内首家微创机器人外科中心在解放军总医院成立；2009 年 2 月 23 日，第二炮兵总医院用 da Vinci 机器人切除左肝手术获得了成功，揭开了微创手术机器人在我国外科手术领域应用新的篇章。由于缺乏自主知识产权和核心技术，微创手术机器人系统无法实现国产化。因此，研制微创手术机器人系统，占领高端医疗器械市场，不仅可以满足医生和患者的需要，还可以将其产业化，发展为一个新的经济增长点。研制高性能、低成本的微创手术机器人系统迫在眉睫。鉴于以上原因，应根据腹腔微创手术的临床环境，分析微创手术中的任务特点，研究设计适合微创手术的腹腔镜操作机器人。da Vinci 机器人系统如图 6-28 所示。

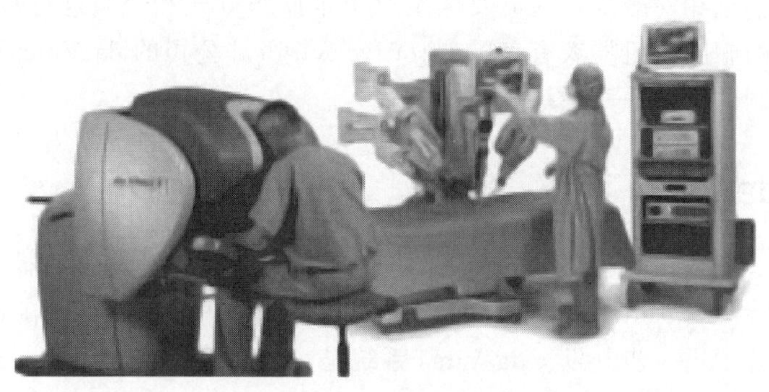

图 6-28　da Vinci 机器人系统

da Vinci 系统由三部分组成，即外科医生控制台、床旁机械臂系统、成像系统[46～49]，如图 6-29 所示。

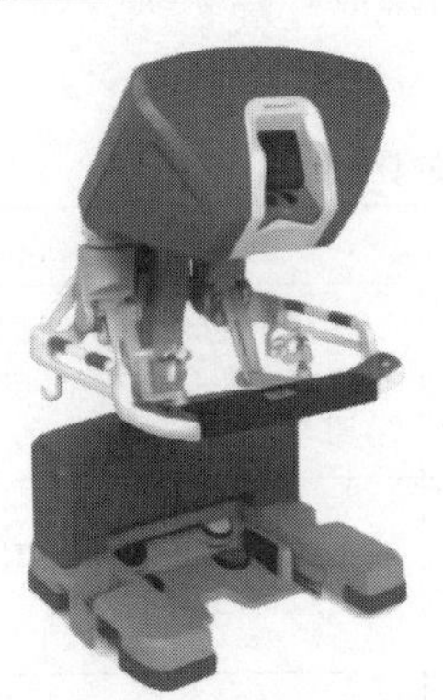

(a) 外科医生控制台

(b) 成像系统

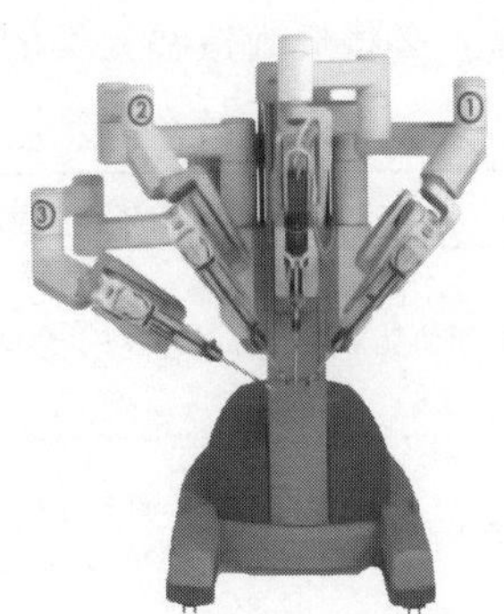

(c) 床旁机械臂系统

图 6-29 da Vinci 系统组成

外科医生控制台是 da Vinci 系统的控制中心，由计算机系统、监视器、控制手柄、脚踏控制板及输出设备组成。外科医生控制台的操作者坐在消毒区域以外，通过使用控制手柄来控制手术器械和立体腔镜。术者通过双手动作传动手术台车上仿真机械臂完成各种操作，从而达到术者的手在患者体内做手术的效果。同时可通过声控、手控或踏板控制腹腔镜。术者双脚置于脚踏控制板上配合完成电切、电凝等相关操作。da Vinci 系统让术者在微创的环境里可以达到开放手术的灵活性。

成像系统（video cart）内装有外科手术机器人的核心处理器以及图像处理设备，在手术过程中位于无菌区外，可由巡回护士操作，并可放置各类辅助手术设备。外科手术机器人的内镜为高分辨率三维（3D）镜头，对手术视野具有 10 倍以上的放大倍数，能为主刀医生带来患者体腔内三维立体高清影像，使主刀医生较普通腹腔镜手术更能把握操作距离，更能辨认解剖结构，提升了手术精确度。

床旁机械臂系统（patient cart）是外科手术机器人的操作部件，其主要功能是为器械臂和摄像臂提供支撑。助手医生在无菌区内的床旁机械臂系统旁边工作，负责更换器械和内镜，协助主刀医生完成手术。为了确保患者安全，助手医生比主刀医生对于床旁机械臂系统的运动具有更高优先控制权。

da Vinci 系统对传统的腔镜手术均能高效、高质量地完成，用于治疗泌尿外科、肝胆胰腺科、胸外科、肛肠科、妇科等多科室的相应疾病，尤其是一些普通手术没法做的、风险难度较高的疾病，具体病种如肝胆胰腺外科的肝胆结石、肝胆肿瘤、胰腺肿瘤，妇产科的子宫肿瘤、卵巢肿瘤，心外科的冠心病、先心病，泌尿外科的前列腺癌、肾肿瘤、膀胱肿瘤等。表 6-1 列出了 da Vinci 系统与传统手术、腔镜手术的比较，相信随着医学、生物工程技术的发展，该系统会越来越完善，必将成为造福人类的利器。

表 6-1　da Vinci 系统与传统手术、腔镜手术的比较

	传统开放手术	腹腔镜手术	达芬奇机器人手术
眼手协调	自然的眼手协调	眼手协调降低，视觉范围和操作器械的手不在同一个方向	图像和控制手柄在同一个方向，符合自然的眼手协调
手术控制	术者直接控制手术视野，但不精细，有时受限制	术者须和持镜的助手配合，才能看到自己想看的视野	术者自行调整镜头，直接看到想看的视野
成像技术	直视三维立体图像，但细微结构难以看清	二维平面图像，分辨率不够高，图像易失真	直视三维立体高清图像，放大 10～15 倍，比人眼更清晰
灵活性和精准程度	用手指和手腕控制器械，直观、灵活，但有时达不到理想的精度	器械只有 4 个自由度，不如人手灵活、精确	仿真手腕器械有 7 个自由度，比人手更灵活、准确
器械控制	直观的同向控制	套管逆转器械的动作，医生需反向操作器械	器械完全模仿术者的动作，直观的同向控制
稳定性	人手存在自然的颤抖	套管通过器械放大了人手的震颤	控制器自动滤除震颤，使得器械比人手稳定
创伤性	创伤较大，术后恢复慢	微创，术后恢复较快	微创，术后恢复较快
安全性	常规的手术风险	常规的手术风险外，存在一些机械故障的可能	常规的手术风险外，死机等机械故障的概率大于腔镜手术系统
术者姿势	术者站立完成手术	术者站立完成手术	术者采取坐姿，利于完成长时间、复杂的手术

6.4.2 “妙手”系统

紧跟国际研究前沿，天津大学的王树新教授等在 2004 年研制出了“妙手”系统[50]。该系统可以完成直径 1mm 以下的微细血管的剥离、剪切、修整、缝合和打结等各种手术操作，而且具有一定的力反馈能力。但作为我国第一代外科手术机器人，其结构设计、控制方式、信息反馈技术都不太成熟。

2014 年，第二炮兵总医院（现火箭军总医院）与天津大学开展医工合作研究，在“妙手”系统的基础上，开发了新一代国产机器人手术系统“妙手 S”系统（MicroHand S system），并开展了动物实验和初期临床应用研究，并且在中南大学湘雅三医院成功为三位病患成功实施了手术，取得了成功[51]。为进一步验证“妙手 S”系统远程手术的安全性和有效性，经第二炮兵总医院伦理委员会审查同意后开展了实验。

传统概念的远程医学（telemedicine）包括远程医疗会诊、远程医学教育、远程医疗保健咨询系统等。机器人远程手术是将微创手术机器人技术应用于远程手术，是远程医学中最为复杂的部分，使外科医生可为患者实施手术而不受地域的限制，该技术无论在民用还是军用方面都具有重要的实际应用价值。如图 6-30 所示，新一代的系统运用系统异体同构控制模型构建技术，成功解决了立体视觉环境下手、眼、器械运动的一致性，其执行机构较 da Vinci 系统小，系统的灵活性更强，其机械手臂上具有虚拟力触觉反馈能力，能够将手术器械的触觉反馈给医生，但是在腹腔镜的视野控制上依然采用主从切换的控制方式。

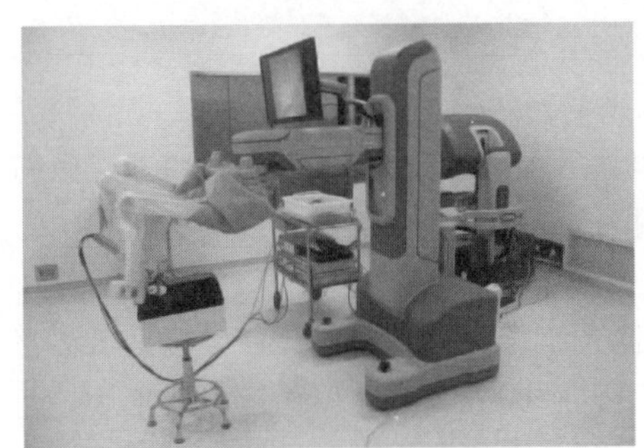

(a)“妙手S”手术机器人

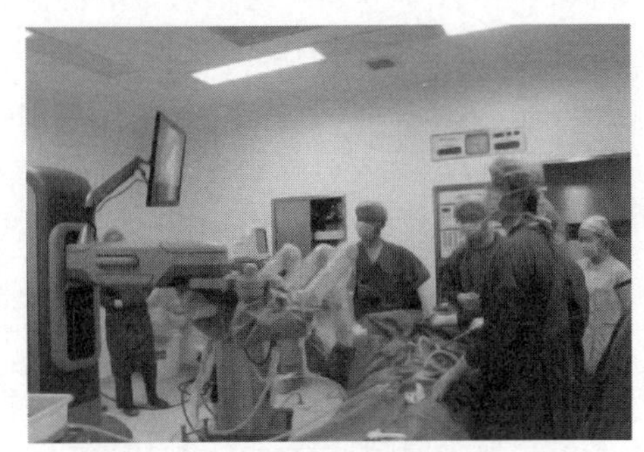

(b) 医院手术现场

图 6-30　天津大学“妙手 S”手术机器人及手术现场

2015 年 7 月 18 日，天津大学与第二炮兵总医院合作，对“妙手 S”手术机器人系统进行远程动物实验，如图 6-31 所示。

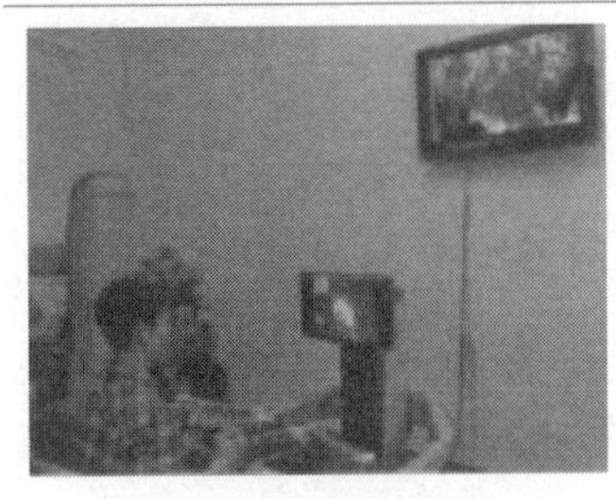

(a) 天津大学机器人实验室远程控制台，主刀手术操作

(b) 第二炮兵总医院机器人外科实验室，本地助手手术操作

图 6-31　远程动物实验手术安排

机器人主手放置于天津大学机械工程学院实验室，机器人从手放置于第二炮兵总医院机器人外科实验室，两地相距 118km，主从手之间采用 10M 带宽的商用网络（VPN）作为连接链路。采用实验猪作为实验对象，分别进行了胆囊切除、胃穿孔修补和肝脏楔形切除术。实验猪采取仰卧姿，固定于自制的手术床上，4 个直径为 12mm 的 Trocar 置于实验猪的腹腔上部，医生依据临床手术经验确定 Trocar 摆放位置，其中左侧和右侧对称放置的 Trocar 分别作为机器人的两个工具通道，中间的 Trocar 放置内镜，右下侧的 Trocar 作为助手辅助的工具通道，整体 Trocar 以肝门部为中心呈扇形分布。

实验中首先完成胆囊切除手术，具体过程如下。

①“妙手 S”系统开机调试，网络通信调试。

② 气管插管全麻成功后，常规消毒，铺巾，脐下穿刺建立气腹，气腹压力设置在 12mmHg（1mmHg=0.133kPa），以肝门部为手术区域中心，按扇形分布布置机器人 Trocar，连接从手端机器人器械臂。

③ 远程主手端操作。

④ 测试网络时间延时，测试结果显示平均延时小于 250ms。

⑤ 进行机器人远程胆囊切除，游离胆囊管及胆囊动脉，夹毕后切断，顺行法切除胆囊，仔细剥离胆囊床浆膜，避免损伤肝脏，避免切破胆囊壁。

⑥ 顺利切除胆囊后，本地操作取出胆囊。

本次动物（猪）实验顺利完成远程机器人胆囊切除、胃穿孔修补、肝脏楔形切除术。胆囊切除手术时间为 50min，术中出血 5ml。在胃穿孔缝合手术中，手术工具更换为两把针持，主要评估远程手术缝合操作，手术时间为 20min，术中出血 0ml。在肝脏楔形切除手术中，再次将工具更换为组织抓钳和高频电刀，主要评估远程手术的电切、电凝功能，实验获取的肝叶活检样本由助手经 Trocar 孔取出，手术时间为 30min，术中出血 15ml。术中无周围脏器的损伤，手术过程中有一定的延时效应，但基本不影响实验顺利完成。机器人远程手术操作过程中未出现明显抖动或其他机器人系统不稳定等情况。

6.5 未来展望

经过 20 多年的发展，腹腔镜机器人手术已经日趋成熟。相较于常规开放性手术，腹腔镜机器人手术有着手术创伤小、术后疼痛轻、住院时间短、美容效果好等特点。通常的腹腔镜机器人手术通过 3～5 个 5～12mm 的小孔来完成手术。随着机器人技术在临床应用的积累和探索，为了进一步减小手术切口，降低感染的可能性，单孔腹腔镜手术（single-incision laparoscopic surgery，SILS）和自然通道腹腔手术（natural orifice transluminal endoscopic surgery，NOTES）成为当前的研究热点。

SILS需要在患者体表打开一个10～20mm的切口，然后利用这单一的切口完成所有的手术操作。NOTES是指运用内镜通过人体的胃、直肠、阴道等自然腔道到达腹腔进行手术。但由于SILS和NOTES的入路手段和操作器械手段较之前的手术方式有了很大改变，现有的腹腔镜机器人机构不能满足手术需求，新型机构的研究便成为当前的研究热点。2014年4月，针对SILS的da Vinci Sp［图6-32(a)］获得了美国食品药品监督管理局的许可，其手术执行机构由一个3D高清摄像头和三个手术臂组成，是目前唯一商用化的SILS型机器人。另外比较典型的系统还有哥伦比亚大学开发的IREP［图6-32(b)］和帝国理工学院的i-snake［图6-32(c)］。IREP可以通过直径为15mm的鞘管进入腹部，通过21个驱动关节控制两个灵巧臂和一台立体视觉模块。每个灵巧臂由一个两段的连续性机器人、一个平行四边形机构和一个腕关节组成。i-snake的直径只有12.5mm，长度可延伸到40cm，可以由医生手持或是固定到手术台上，其设计初衷不是取代da Vinci系统，而是开发一种易于手持、更加小巧智能的手术机器人[52]。

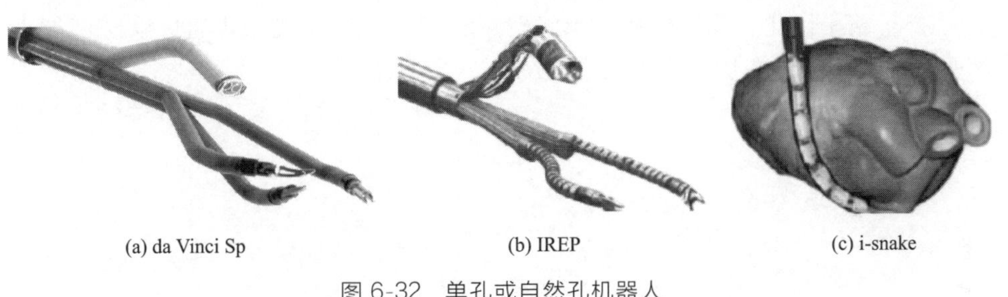

(a) da Vinci Sp (b) IREP (c) i-snake

图6-32 单孔或自然孔机器人

微创机器人手术是现代外科的发展方向。da Vinci腹腔镜机器人是目前最先进的腹腔镜手术机器人系统，它能够使手术更加精准、更加稳定，但是并没有达到完美的状态，还需要进一步研发。

那么，新一代机器人应该是怎样的呢？我们设想，也许未来医生能够将一个很小的机器虫放置在患者的血管或者肚子里把手术做完，但就目前而言，这一设想实现起来仍存在诸多困难。但我们仍然希望下一代机器人要有思维、看得透、摸得着。

有思维，是指机器人能够像“阿尔法狗”一样可以学习，具有学习功能。在为患者进行几次手术之后就能够知道这个手术该怎么做，同时还可以在手术遇到危险的时候给医生一些提醒。未来还可以把患者的治疗数据上传，输入到机器人的大脑里面，与原有数据进行对比，从而可以给医生提供手术方案参考或者对手术步骤做一些提示。在未来这些都是很有价值的。

看得透，是指医生通过超声、CT、MR影像学得到病灶立体的影像。从影像中能够得到一些有用的信息，如肿瘤在哪里、怎么切，将这些信息加在一起，就知道肿瘤在某一位置可以切得更深，从而避免一些损伤。现在已经有一些很好的成像技术，例如有一种眼球追踪技术，医生的眼睛往左边看，图像视野就移向左边，往右边看，图像视野就移向右边，往后看，视野就离开，这些技术应该很快就能够用在机器人上。

摸得着，主要是指通过力反馈技术使操作者获得作用力的反馈。在未来，这种力反馈是必不可少的。现在已有很多手术设备，当它们碰到组织器官的时候，已经可以感觉到组织器官的硬度和弹性等。如超声系统具有弹性成像功能，可以通过超声的弹性成像功能辨认出组织性质，这一技术未来一定会发展得更好。

随着相关技术和应用需求的发展，理想化的腹腔镜手术机器人还应具备以下特点。

① 设计人性化。操作平台符合人手力学特点，具有更丰富的感觉反馈。

② 数据传输实时化。感觉反馈及操作指令消除时差阻滞。

③ 软件支撑智能化。医生可随时介入。

④ 价格平民化。购置价格、维修费用合理，使用花费在普通民众经济能力承受范围内，便于在世界范围普及推广。

参考文献

[1] 王伟，王伟东，闫志远，等. 腹腔镜外科手术机器人发展概况综述[J]. 中国医疗设备，2014，29(8)：5-10.

[2] 谢德红，杜燕夫，李敏哲，等. 机器人辅助下的腹腔镜手术[J]. 腹腔镜外科杂志，2002，7(2)：67-68.

[3] Finlay P A，Ornstein M H. Controlling the Movement of a Surgical Laparoscope[J]. IEEE Engineering in Medicine and Biology，1995，14(3)：289-291.

[4] Shew S B，Ostlie D J，Iii G W H. Robotic Telescopic Assistance in Pediatric Laparoscopic Surgery[J]. Pediatric Endosurgery & Innovative Techniques，2003，7(4)：371-376.

[5] Butner S E，Ghodoussi M. Transforming a Surgical Robot for Human Telesurgery[J]. IEEE Transactions on Robotics & Automation，2003，19(5)：818-824.

[6] Kraft B M，Jäger C，Kraft K，et al. The

AESOP Robot System in Laparoscopic Surgery: Increased Risk or Advantage for Surgeon and Patient[J]. Surgical Endoscopy & Other Interventional Techniques, 2004, 18 (8): 1216-1223.

[7] Ballester P, Jain Y, Haylett K R, et al. Comparison of Task Performance of Robotic Camera Holders EndoAssist and Aesop [J]. International Congress Series, 2001, 1230 (1): 1100-1103.

[8] 徐兆红，宋成利，闫士举. 机器人在微创外科手术中的应用[J]. 中国组织工程研究，2011，15 (35): 6598-6601.

[9] 杜祥民，张永寿. 达芬奇手术机器人系统介绍及应用进展[J]. 中国医学装备，2011，8 (5): 60-63.

[10] Brahmbhatt J V, Gudeloglu A, Liverneaux P, et al. Robotic Microsurgery Optimization[J]. Archives of Plastic Surgery, 2014, 41 (3): 225-230.

[11] Taylor R H, Funda J, Eldridge B, et al. A Telerobotic Assistant for Laparoscopic Surgery[J]. IEEE Engineering in Medicine and Biology Magazine, 1995, 14 (3): 279-288.

[12] Gidaro S, Buscarini M, Ruiz E, et al. Telelap Alf-X: A Novel Telesurgical System for the 21st Century[J]. Surgical technology international, 2012, 189 (4): 20-25.

[13] Fleming I, Balicki M, Koo J, et al. Cooperative Robot Assistant for Retinal Microsurgery [C]. 11th International Conference on Medical Image Computing and Computer-assisted Intervention, New York, NY, United states, September 6-10, 2008, pp. 543-550.

[14] Lehman A C, Tiwari M M, Shah B C, et al. Recent Advances in the CoBRASurge Robotic Manipulator and Dexterous Miniature in Vivo Robotics for Minimally Invasive Surgery[J]. Proceedings of the Institution of Mechanical Engineers, Part C: Journal of Mechanical Engineering Science, 2010, 224 (7): 1487-1494.

[15] Dumpert J, Lehman A C, Wood N A, et al. Semi-autonomous Surgical Tasks Using a Miniature in Vivo Surgical Robot[C]. Proceedings of the 31st Annual International Conference of the IEEE Engineering in Medicine and Biology Society: Engineering the Future of Biomedicine, Minneapolis, MN, United states, September 2-6, 2009, pp. 266-269.

[16] Suzuki N, Hattori A, Tanoue K, et al. Scorpion Shaped Endoscopic Surgical Robot for NOTES and SPS with Augmented Reality Functions[C]. 5th International Workshop on Medical Imaging and Augmented Reality, 2010, pp. 541-550.

[17] Phee S J, Low S C, Huynh V A, et al. Master and Slave Transluminal Endoscopic Robot (MASTER) for Natural Orifice Transluminal Endoscopic Surgery (NOTES) [C]. Proceedings of the 31st Annual International Conference of the IEEE Engineering in Medicine and Biology Society: Engineering the Future of Biomedicine, Minneapolis, MN, United states, September 2-6, 2009, pp. 1192-1195.

[18] Dmitry Oleynikov, Shane Farritor. Robotic Telesurgery Research[A]. Maryland: U. S. Army Medical Research and Materiel Command Fort Detrick, March 2010.

[19] Wortman T D, Strabala K W, Lehman A C, et al. Laparoendoscopic Single Site Surgery Using a Multi Functional

Miniature in Vivo Robot[J]. International Journal of Medical Robotics and Computer Assisted Surgery, 2015, 7 (1): 17-21.

[20] 付宜利，潘博，杨宗鹏，等. 腹腔镜机器人控制系统的设计及实现[J]. 机器人，2008，30 (4): 340-345.

[21] 鞠浩. 腹腔镜微创外科手术机器人控制系统研究[D]. 天津：南开大学，2009.

[22] Kobayashi E, Masamune K, Sakuma I, et al. A New Safe Laparoscopic Manipulator System with a Five-bar Linkage Mechanism and an Optical Zoom [J]. Computer Aided Surgery. 1999, 4 (4): 182-192.

[23] Lum M J H, Rosen J, Sinanan M N, et al. Kinematic Optimization of a Spherical Mechanism for a Minimally Invasive Surgical Robot[C]. IEEE International Conference on Robotics and Automation, New Orleans, LA, United states, April 26-May 1, 2004, pp. 829-834.

[24] Rosen J, Lum M, Trimble D, et al. Spherical Mechanism Analysis a Surgical Robot for Minimally Surgery-analytical and Experimental Approaches [J]. Studies in Health Technology and Informatics, 2005, 111: 422-428.

[25] 马腾飞. 磁锚定腹腔内手术机器人的设计与视觉伺服实验研究[D]. 哈尔滨：哈尔滨工业大学，2015.

[26] 王小忠，孟正大. 机器人运动规划方法的研究[J]. 控制工程，2004，11 (3): 280-284.

[27] Goldberg J H, Schryver J C. Eye-gaze-contingent Control of the Computer Interface: Methodology and Example for Zoom Detection [J]. Behavior Research Methods Instruments & Computers, 1995, 27 (3): 338-350.

[28] Hansen D W, Ji Q. In the Eye of the Beholder: A Survey of Models for Eyes and Gaze [M]. IEEE Computer Society, 2010.

[29] Omote K, Feussner H, Ungeheuer A, et al. Self-guided Robotic Camera Control for Laparoscopic Surgery Compared with Human Camera Control [J]. American Journal of Surgery, 1999, 177 (4): 321-324.

[30] Azizian M, Khoshnam M, Najmaei N, et al. Visual Servoing in Medical Robotics: a Survey. Part I: Endoscopic and Direct Vision Imaging-techniques and Applications[J]. International Journal of Medical Robotics and Computer Assisted Surgery, 2013, 10 (3): 263-274.

[31] King B W, Reisner L A, Pandya A K, et al. Towards an Autonomous Robot for Camera Control During Laparoscopic Surgery[J]. Journal of Laparoendoscopic & Advanced Surgical Techniques, 2013, 23 (12): 1027-1030.

[32] Kim M S, Heo J S, Lee J J. Visual Tracking Algorithm for Laparoscopic Robot Surgery[C]. Second International Conference on Fuzzy Systems and Knowledge Discovery, Changsha, China, August 27-29, 2005, pp. 344-351.

[33] Reiter A, Allen P K, Zhao T. Appearance Learning for 3D Tracking of Robotic Surgical Tools [J]. International Journal of Robotics Research, 2014, 33 (2): 342-356.

[34] Mudunuri A V. Autonomous Camera Control System for Surgical Robots[D]. Wayne State University, 2010.

[35] Yu Lingtao, Wang Zhengyu, Sun Liqiang, et al. A Kinematics Method of

Automatic Visual Window for Laparoscopic Minimally Invasive Surgical Robotic System [C]. IEEE International Conference on Mechatronics and Automation, Takamastu, Japan, August 4-7, 2013, pp. 997-1002.

[36] 于凌涛，王正雨，于鹏，等. 基于动态视觉引导的外科手术机器人器械臂运动方法[J]. 机器人，2013，35（2）：162-170.

[37] Reiley C E, Lin H C, Yuh D D, et al. Review of Methods for Objective Surgical Skill Evaluation [J]. Surgical Endoscopy, 2011, 25(2): 356-366.

[38] Franz A M, Haidegger T, Birkfellner W, et al. Electromagnetic Tracking in Medicine-a Review of Technology, Validation, and Applications [J]. IEEE Transactions on Medical Imaging, 2014, 33(8): 1702-1725.

[39] Muñoz V F, Fernández L J, Gómez-de-Gabriel J, et al. On Lapaproscopic Robot Design and Validation[J]. Integrated Computer-Aided Engineering, 2003, 10(3): 211-229.

[40] Yu W. Optimal Placement of Serial Manipulators [D]. The University of Iowa, 2001.

[41] Kuhnapfel U, Cakmak H K, Maab H. Endoscopic Surgery Training Using Virtual Reality and Deformable Tissue Simulation. Computer and Graphics (Pergamon), 2000, 24(5): 671-682.

[42] Adhami L, Maniere E C, Boissonnat J D. Planning and Simulation Robotically Assisted Minimal Invasive Surgery [J]. Lecture Notes in Computer Science, 2000, 1935(1): 624-633.

[43] 沈周俊，王先进，何威，等. 达芬奇机器人辅助腹腔镜前列腺癌根治术的手术要点[J]. 现代泌尿外科杂志，2013，18（2）：108-112.

[44] Wilson T G. Advancement of Technology and its Impact on Urologists: Release of the Da Vinci Xi, a New Surgical Robot [J]. European Urology, 2014, 66(5): 793.

[45] 王翰博，孙鹏，赵勇. 达芬奇机器人手术系统的构成及特点[J]. 山东医药，2009，49（39）：110-111.

[46] 喻晓芬，王知非，洪敏. 达芬奇机器人手术系统的手术配合[J]. 中国微创外科杂志，2015,（6）：570-573.

[47] 姚宝莹. 神奇的达芬奇机器人[J]. 首都医药，2009,（19）：40-42.

[48] 张宇华，洪德飞. 微创胰十二指肠切除术：从腹腔镜到达芬奇机器人手术系统[J]. 中华消化外科杂志，2015，14（11）：980-982.

[49] 张伟. 达芬奇机器人手术系统——原理、系统组成及应用[J]. 中国医疗器械信息，2015,（3）：24-25.

[50] 韩宝平，阚世廉，陈克俊，等. 显微外科手术机器人——“妙手”系统的研究及动物实验[C]. 第八届全国显微外科学术会议暨国际显微外科研讨会，青岛，中国，2006年9月，pp. 195-197.

[51] 俞慧友，蒋凯. 国产手术机器人“妙手”回春[N]. 科技日报，2014-04-06（001）.

[52] Ding Jienan, Goldman Roger E, Xu Kai, et al. Design and Coordination Kinematics of an Insertable Robotic Effectors Platform for Single-port Access Surgery [J]. IEEE/ASME Transactions on Mechatronics, 2013, 18(5): 1612-1624.

第7章

胶囊机器人

7.1 引言

胶囊机器人是一种能进入人体胃肠道进行医学探查和治疗的智能化微型工具，是体内介入检查与治疗医学技术的新突破。它自带摄像头（图像传感器）、微型芯片和无线传输装置。被患者服下后，胶囊机器人可以依靠人体胃肠的蠕动或者外部场能的驱动在肠胃中运动，对肠胃道进行多角度的拍照，来记录消化道及胃肠的细微病变，供医生进行诊断参考。检查完毕后，它会自动通过消化道排出体外[1]。胶囊机器人应用于临床能减轻患者痛苦，缩短康复时间，降低医疗费用。

7.1.1 胶囊机器人的研究背景

人体的消化系统负责对摄入的营养物质进行消化与吸收，一旦发生病变，将直接影响人体体质和健康。胃肠道疾病是常见的消化系统疾病，主要包括食管、胃、小肠和大肠的器质性或功能性疾病。胃肠道集营养吸收、废物排出和人体免疫功能于一体，极易受到细菌和病毒的侵扰，发生炎症和细菌性痢疾；此外，胃肠道的先天性结构异常、手术后病变、血管性疾病、寄生虫疾病和免疫性疾病等病症在临床上也时有发生[2]。由于现代生活与工作节奏快，压力大，人们的膳食结构被改变，再加上环境污染和食品安全等一系列问题，导致全世界消化系统疾病发病率以每年 2% 的速度上升，我国的发病率增速是全球平均水平的两倍[3]。而且，消化系统疾病的癌变率高，占全部癌症病例的一半以上。世界卫生组织资料显示，常见的 5 种消化系统癌症（胃癌、食管癌、肝癌、胰腺癌、大肠癌）在我国的发病率与死亡率均高于同期全球平均水平和其他发展中国家水平，其中，胃癌以每年近 40 万的新发病例，居我国恶性肿瘤首位；肠癌的每年新发病例约为 13 万～16 万人，且有逐年上升趋势[4]。

目前，胃肠道疾病的临床治疗存在预警困难、早期诊断率低和中晚期治疗效果差等挑战。因此，对其检查和诊断的技术成为当代医学工程研究的热点。胃肠道检查常用的方法有间接成像和直接观测两种[5,6]。间接成像如：小肠钡剂造影、腹部计算机断层扫描、数字减影血管造影、磁共振成像以及B超等方式，受外界影响因素较多，诊断敏感性较低。直接观测是利用消化道内镜（胃镜或肠镜）直接进入胃肠道，采集图像或取样，甚至进行部分手术治疗，这种方式可由体外控制，同时比间接成像更直观，因而被用作主要的临床诊断方法。

在人类对消化道疾病的研究与探索过程中，内镜发挥了不可替代的作用，相关技术也得到迅速发展。从最初的硬管式内镜、光导纤维内镜，到20世纪80年代的电子内镜，内镜技术在胃肠道临床诊断中的应用越来越广泛，但是，内镜仍然很难达到胃肠道的一些特殊部位，而且在弯曲的肠道中，医生插入内镜操作有可能引发患者的疼痛感甚至出血，因此很多患者排斥胃肠内镜检查[7]。

而21世纪初面世的胶囊机器人，不但实现了对人体的低侵入无创诊查，降低了患者痛苦和手术风险，还可以深入探查狭长多曲的小肠，完成传统内镜无法实现的任务。作为消化道疾病无创诊疗的研究热点，胃肠道胶囊内镜随着微机电、信号处理和材料等技术的进步，已发展成一个全新的科研领域[8]。随着技术的不断完善，胶囊机器人将会取代现有的各种胃肠道诊疗方式，成为最便捷、安全、有效的胃肠道诊疗手段。

7.1.2 胶囊机器人的研究意义

我国是胃病大国，其发病率约占总人口的20%，且胃癌死亡率居全球首位。由于胃癌发病隐匿，近半数患者无特异或报警症状，导致超过85%的患者确诊时已为中晚期，从而使多数患者失去手术机会，因此每年做一次胃部检查已成为一种健康新趋势。传统内镜通常采用插入式内镜，耐受性差，且检查区域有限，诊断准确度低，无法对空肠远段和小肠等部位进行检查，人们往往“谈胃镜色变，望胃镜却步”。

胶囊机器人的诞生，解决了许多医学上的盲区，缩短了胃肠检查的时间，提高了检测效率，医生更容易发现病变位置和原因，为医生提供了切实可靠的依据，让医生更容易对症下药。随着胶囊机器人转弯控制、姿态和可视化调整、能源供给等问题的解决，其治疗效果和安全性可靠性将会进一步提高，并且能够减轻患者的痛苦，缩短手术后的康复时间，降低医务人员的劳动强度，节省人力，对以后医疗水平的提高，医疗手段的扩展具有深远的意义[9]。

7.2 胶囊机器人的研究现状

7.2.1 被动式胶囊机器人

早期的胶囊机器人只能依靠胃肠蠕动在胃肠中运动，不能够自主运动，因此被称为被动式胶囊机器人。2000 年，以色列 Given Imaging（GI）公司首次生产出了被动式胶囊机器人——M2A，开创了无创介入式微型诊疗技术开发的新领域[10]。随后，GI 公司对产品进行了差异化和专业化的定位，将 M2A 定位于小肠专用检查内镜，并在 M2A 的基础上，开始继续完善和开发消化道其他部位的专用胶囊机器人。2001 年起，GI 公司相继推出 PillCam 系列胶囊机器人，这些胶囊机器人尺寸为 ϕ11mm×31mm（后期改进至 ϕ11mm×27mm），质量约 4g，工作时间为 6～8 小时，其外观如图 7-1 所示[11,12]。

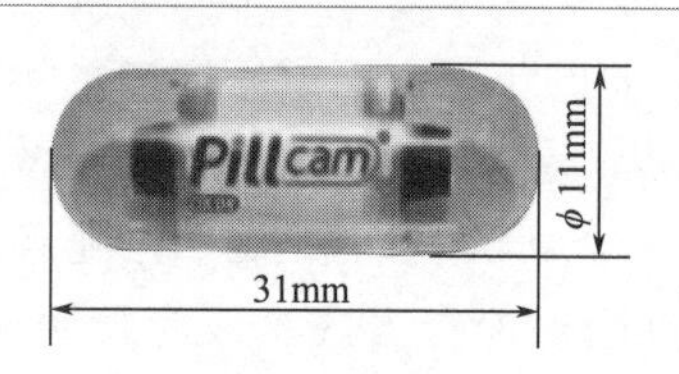

图 7-1 PillCam 胶囊内镜外观

日本 RF System Lab 公司经过数年研究，于 2001 年 12 月推出了首个不需要使用电池的被动式胶囊机器人——Norika3，如图 7-2 所示。该胶囊机器人具有更小的体积，内部集成的 CCD 镜头可以拍摄高达 41 万像素的图片。机器人的能量供应通过无线传输，由机器人内部的三对线圈和患者穿戴的装有同样三组对应线圈的外部设备通过磁感应的方式实现，解决了电池供能不足的问题，也减轻了胶囊机器人的负载。此外，Norika3 胶囊机器人还具有药物喷洒和活检组织取样的功能。

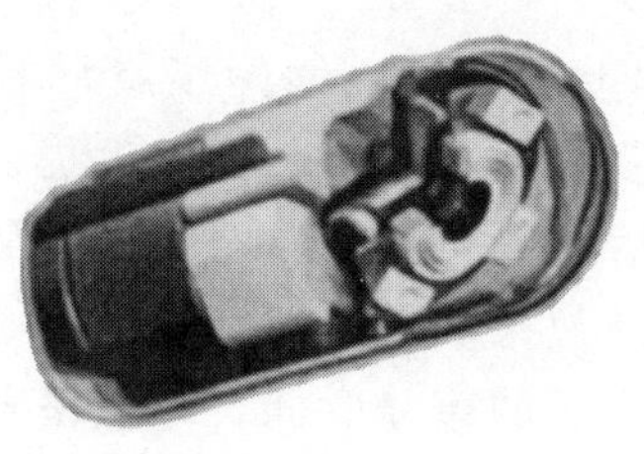

图 7-2 Norika3 胶囊内镜

相对于 Given Imaging 公司的 M2A 或 PillCam 系列胶囊内镜，Norika3 具有

自身独特的优势和不同，如表 7-1 所示。Norika3 具有更小的体积，更加方便吞服且具有更好的通过能力，采用体外线圈感应传输能源，能更持久地工作，摄像头视角和焦距皆可调整，能更加准确细致地观察病变部位，成像更加清晰，提高了诊断的准确性。

表 7-1 M2A 胶囊内镜与 Norika3 对比

产品	M2A(Given Imaging)	Norika3(RF System Lab)
尺寸	ϕ11mm×26mm	ϕ9mm×23mm
成像技术、像素	CMOS、19 万	CCD、41 万
帧率	2～3 张/s	30 张/s
镜头视角调整	不支持	支持
焦距调整	不支持	支持
动力源	内置电池体	外线圈感应传输
续航能力	电池续航有限，工作时间短	不受电源限制，可长时间工作

2015 年 12 月，RF System Lab 公司推出了新一代胶囊机器人 Sayaka[13]，如图 7-3 所示。其尺寸与 Norika 一样，但其内部结构有很大改变。受飞翔在天空中鸟类俯瞰大地的启发，Sayaka 将摄像头布置于内镜中段，并在感应线圈产生的电流带动下每隔 12s 旋转一次，胶囊在肠道内穿梭的同时，每秒可拍摄 30 张照片的摄像头能将整个消化道 360°完整无遗地拍摄下来，并通过内置天线发送到外部接收装置，将这些图片存储到存储介质 SD 卡中；Sayaka 拥有比 Norika 更高的成像分辨率，输出的图像既可以拼接成完整的消化道平面图，也可以合成为三维立体视频，医生可以身临其境般对消化道进行检查。

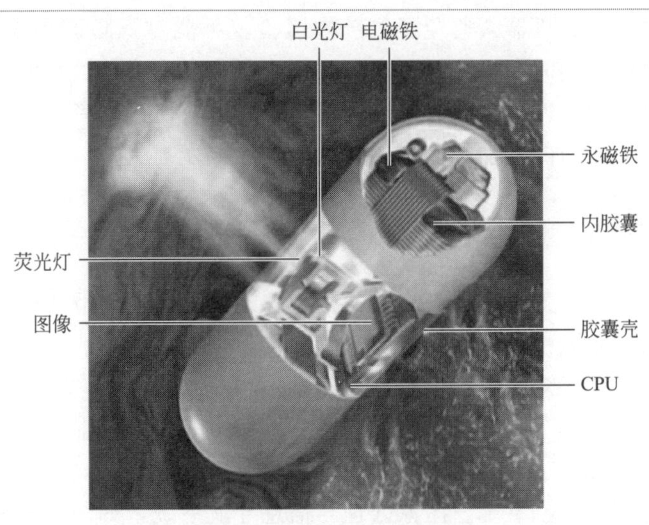

图 7-3 Sayaka 胶囊内镜

世界上首次开发出临床内镜的奥林巴斯医疗系统集团（Olympus Medical Systems Corporation），也于2005年推出一种应用于小肠诊断的胶囊内镜Endo Capsule，其外形如图7-4所示。该胶囊内镜外径为11mm，长度为26mm，其拍摄视角为145°（2013年2月在欧洲、沙特阿拉伯、新加坡等地上市的Endo Capsule 10 System胶囊内镜将视角增加15°～160°，新一代的胶囊内镜扩大了拍摄检查的范围）。该产品从2005年开始，相继于欧洲、美国、日本等地得到生产与销售许可。

2005年上市的OMOM胶囊机器人是我国第一颗具有完全自主知识产权的胶囊机器人[14]，同时也是世界上第二颗投入临床使用的胶囊机器人（比Norika3、Endo Capsule都要早）。OMOM胶囊机器人的尺寸为ϕ13mm×27.9mm，持续运行时间可达7～9h，采用CCD成像技术，拍摄视角为140°，能量由充电电池提供，其外形如图7-5所示。

图7-4 Endo Capsule胶囊机器人外形

图7-5 OMOM胶囊机器人外形

上述被动式胶囊机器人避免了传统内镜检查可能对胃肠道造成损伤的风险，实现了无创诊疗，同时在诊疗过程中大大减少了患者的痛苦。然而，实际应用中仍存在着明显的功能性缺陷。为了克服这些弊端，科研工作者开始积极研制新一代具有自主运动能力的主动式胶囊机器人。

7.2.2 主动式胶囊机器人

主动式胶囊机器人通过自身集成的微型移动装置，在光滑弯曲、具有黏弹性的非结构胃肠道环境中行走。为了保证胶囊机器人灵活、高效地通过复杂的肠道环境，研究者设计了众多新颖的微型移动机构。

奥林巴斯医疗系统集团与西门子公司合作开发出一款磁导航胶囊内镜（magnetically guided capsule endoscopy，MGCE）胃内检查系统[15]，该套系统包含胶囊内镜、磁导航系统、图像处理与信息导航系统，如图7-6所示。该系统胶囊内镜在向外部传输拍摄图像的同时，能够在外部磁场的控制下进行相应的旋转与倾斜，以及横向与纵向的定位，并能够在感兴趣的部位进行高清晰画质停留拍摄，从而可以对该部位进行更深入的观察与诊断[16]。

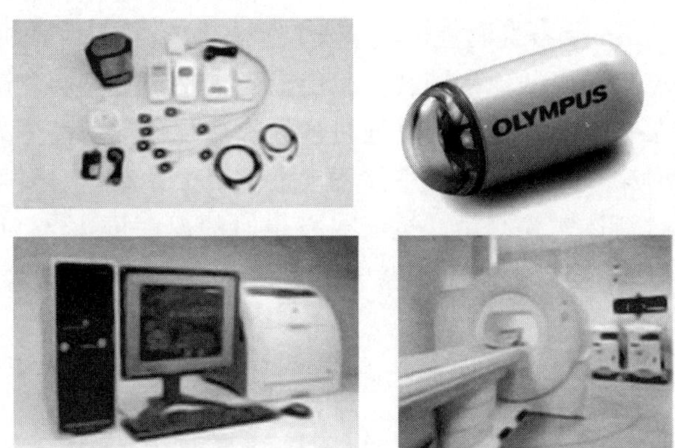

图 7-6 Endo Capsule 胶囊机器人及检测配件

意大利 Sant’Anna 大学 P. Valdastri、R. J. Webster Ⅲ等研制了具有腿移动机构的中尺度胶囊机器人[17]，其具体结构如图 7-7 所示。该机器人所含的移动机构由 12 条腿组成，结构紧凑，在低能耗的条件下机器人足部能够获得较大的牵引力。这 12 条腿分为两组，每 6 条构成一组，并分别由直流无刷电机通过齿轮传动带动一个微型丝杠进行驱动。通过丝杠的旋转，带动螺母往复运动，从而分别使每组腿同时伸缩，完成胶囊机器人的行走。研究者对机器人的运动机构进行了静力学和动力学的分析，对设计参数进行了优化，并进行了机器人的步态规划，通过实验验证了该机器人在肠道中行走的可行性。

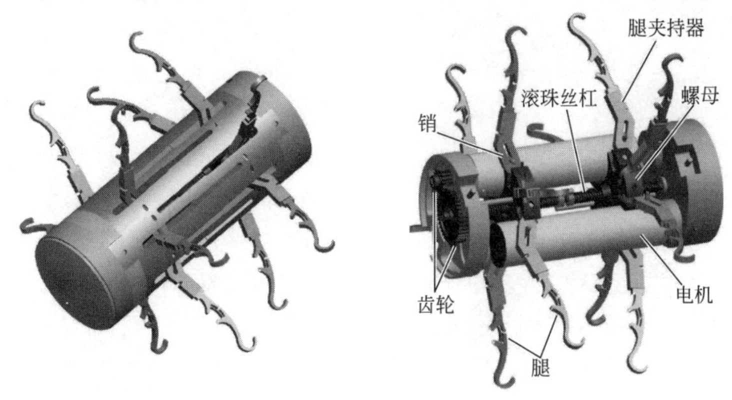

图 7-7 腿式胶囊机器人具体结构

韩国科学技术研究所 Sungwook Yang 和 Jinseok Kim 等提出并设计了划桨式胶囊机器人[18,19]，如图 7-8 所示。该胶囊机器人由主体、多个桨、一个安装着桨的移动源、一根丝杠和一个直径为 6mm 的有刷直流电机组成，其总长度为 43mm，直径为 15mm。当直流电机驱动丝杠旋转时，安装着桨的移动源由于受到机器人主体上键槽的限制无法旋转，只能沿丝杠轴线平移。移动源向后运动的同时，机器人的桨张开与肠道接触，通过丝杠螺母传动推动机器人主体前进。当移动源向前移动时桨收缩，机器人整体不动。重复上述动作，便可实现机器人沿肠道的行走。通过活体实验测量，机器人行走时的速度可达 28.4cm/min。遗憾的是，胶囊机器人在行走过程中其桨末端难免会对胃肠道黏膜表面造成一定损伤。

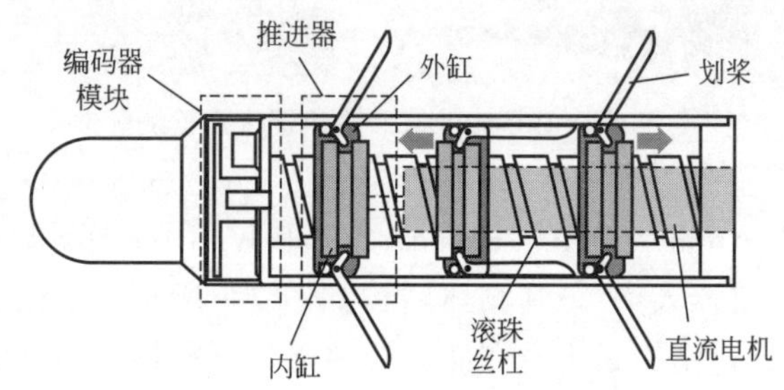

图 7-8 划桨式胶囊机器人

英国伦敦大学帝国理工学院 Stephen P. Woods 等设计了一种具有胃肠道内定点靶药物释放功能的胶囊机器人[20]。该胶囊机器人具有两个新颖的子系统：一个是微定位机构，用于释放机器人携带的 1ml 靶药物；另一个是支撑机构，用于抵抗胃肠道的自然蠕动，完成药物的定点释放。其结构如图 7-9 所示，机器人的工作过程如下：首先，患者吞服该机器人；随后，机器人经过胃到达小肠，并开始通过无线通信向操作者传输图像信息，操作者在外部计算机上观察实时图像并确定施药的靶位点；一旦机器人到达钳位点，通过展开其上集成的支撑机构来抵抗肠道的蠕动压力，保持位置固定，注射针从机器人周围的孔中伸出并扎进肠道内壁中完成药物释放；检查完成后，机器人通过胃肠自然蠕动排出体外。

图 7-9 靶药物释放胶囊机器人结构

上海交通大学研制的尺蠖式胶囊机器人结构如图 7-10 所示，其主要由伸缩机构及两端的钳位机构三部分组成[21]，其中伸缩机构为双向直线驱动，轴向行程可达 45mm，钳位机构由连杆机构和伸缩腿组成，为减小其阻力分别试验了铜、硅、橡胶、ABS 四种不同的材料。其结构及行走原理如图 7-10(a) 所示，前后的径向钳位机构交替实现固定[22]，配合轴向伸缩机构的伸长及收缩可实现机器人轴向前进和后退。该机器人直径 13mm，长 97mm，重 22g，需三个电机驱动，结构复杂。

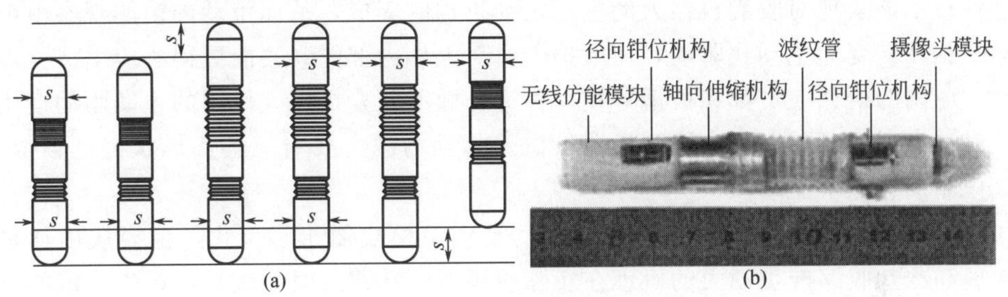

图 7-10　尺蠖式胶囊机器人结构

日本中央大学 Daisuke Sannohe 等提出一种仿蚯蚓蠕动式胶囊机器人可用于人体小肠内的检测[23]，如图 7-11 所示。该机器人重 23g，当直径为最小值 15mm 时机器人长度最大可达到 150mm，由四段人造肌肉组成，人造肌肉采用碳纤维和天然橡胶合成的细小管状结构制作而成，材料纤维方向与机器人轴平行。当通入空气后，人造肌肉中具有较强弹性的橡胶成分就会发生伸展，而碳纤维薄片成分在轴向几乎不伸长，于是人造肌肉就会沿径向扩张成球形，结构如图左所示。按一定的顺序通入气体即可实现各段肌肉的伸长或缩短，采用不同的通气顺序可实现三种不同的运动类型[24]。

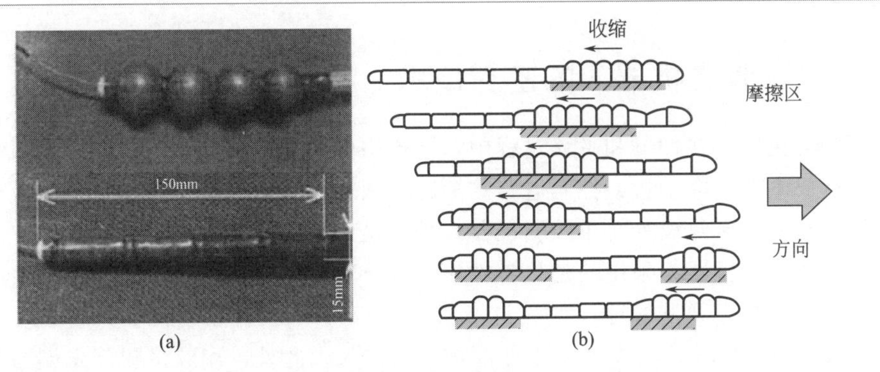

图 7-11　仿蚯蚓蠕动式胶囊机器人原理

7.3 胶囊机器人的关键技术

7.3.1 胶囊机器人的微型化技术

微机电系统技术的不断提高，为胶囊机器人微型化的发展带来了曙光。利用这种技术能实现对胶囊机器人的主动驱动机构的集成，从而带动内镜的观察由被动式驱动转变为主动式驱动，使医护人员对人体内部的观察能更得心应手。[25]

各国的研究人员都积极地寻找一种适合微型胶囊机器人使用的主动驱动模块的设计方法。目前成功应用到机器人试验的动力源主要有三类：形状记忆合金、气压驱动、电机驱动。

① 就形状记忆合金而言，其对应的动力源模块便于小型化，但模块由加热伸展和冷却收缩产生动力的机理在实际应用上所花费的时间较长，产生一定的反应延迟。

② 就气压驱动而言，其动力源模块在相同的容积下能产生更大的动力，但模块小型化所需的技术十分复杂，成本较高，同时气压驱动亦对患者带来了潜在的危险。

③ 就电机驱动而言，动力源模块的小型化十分简易，但是 CCD 影像感应器、DSP 芯片对强磁场都很敏感，而电磁原理的电机在运转时产生的磁场会对于图像传感器造成干扰，故需要在图像传回到输出设备前考虑通过屏蔽或图像处理消除视频中的磁场噪声。

微型化技术对于推动胶囊机器人的发展有着深远的影响，上述的三种动力源都在不同的方向上有着成熟的应用，对微型胶囊机器人的研制和临床应用有着巨大的促进作用。

7.3.2 胶囊机器人的密封技术

胶囊机器人在伸缩和平移过程中，肠道中的消化液可能会进入到驱动机构内部，造成电池、电动机或控制电路的短路。因此，为了保护电路和机械系统的安全性，有效的密封设计对于胶囊机器人来说是必要的。

腿式胶囊机器人采用的是热塑性聚氨酯弹性体橡胶（thermoplastic polyurethanes，TPU）薄膜密封，如图 7-12 所示。TPU 薄膜将胶囊机器人包裹住，其厚度仅为 0.02mm，可有效防止外部物质的进入。此外，用胶将腿部末端与薄膜固定住，防止腿部机构在薄膜内出现打滑现象。在装配过程中，需要为腿部机构的平移运动预留出足够的活动空间，降低薄膜对腿部机构的阻力。该设计在基本不改变运动模式的前提下，可起到有效的密封保护作用[26]。

图 7-12 腿式胶囊机器人 TPU 薄膜密封

尺蠖式内镜胶囊机器人采用的是分段密封技术，如图 7-13 所示[27,28]。该机器人由驱动器、前后两个钳制油囊、波纹管、无线能量接收模块、微型摄像头以及电路部分组成。微型摄像头和电路部分密封在头仓；驱动器、油泵、无线能量传输模块密封在尾仓；前后油囊分别密封在头仓和尾仓表面，通过油管和油泵连接；波纹管连接前后外壳，并用胶密封。整个胶囊机器人是完全密闭的。驱动器由无线能量传输供能，在直流电机的驱动下输出油囊的径向扩张和收缩、胶囊的伸长和缩短，并通过控制芯片控制运动时序。机器人集成了驱动系统、微处理系统、微通信系统，可在外部操控下进入人体肠道进行检测，在工作时分别通过天线和发射线圈与外界进行通信。

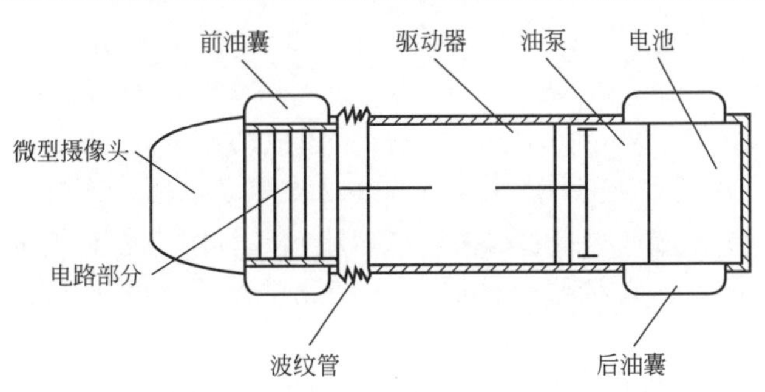

图 7-13 尺蠖式胶囊机器人分段密封技术

7.3.3 胶囊机器人的能源供给技术

无线供电技术应用于医学领域，最早是在经皮能量传输系统当中。在大量试验中，发现经皮能量传输系统没有对实验对象的生理状况造成明显影响，系统的传输效率也能达到 90%以上[29]。但是经皮能量传输系统方案，在体内的接收线圈体积过大，传输距离过小。对于消化道中的胶囊机器人，因为人体胸腔、腹腔的阻隔作用，所以发射线圈和接收线圈之间的距离通常要在 20cm 左右。而且胶囊机器人在肠道内蠕动，其姿态和位置也随时发生变化，使得发射端与接收端的耦合程度也将随时变化不定。所以经皮能量传输系统方案不适用于胶囊机器人。

目前，共有两种方式可实现对胶囊机器人的无线供能：一是从生物体内部获取能量；二是从体外供电，实现无线电能传输。

① 从生物体内部获取能量。人体本身就拥有巨大的能量，如果能从相应体内能量场（比如温度）中获得足够的能量并转化为电能，而不对人体产生有害的生理影响，是一种较为理想的办法。美国麻省理工学院的无线供能实验室正在进行这方面的研究，但目前效果还远不能满足需求[30]。另外，在人体内部运动过程中，各个部位不可避免地会发生振动，这也是重要的能量来源。Lim 等设计了一种基于电荷的由机械能到电能转换系统，最大可以获得 100μW 的电能[31]。Al-Rawhani 等设计了一种自我供能的信号处理器，主要是利用人体运动过程中的振动，带动线圈切割磁力线而产生电能，平均输出功率能达到 400μW[32]。

可以看出，这种内部供能方式较为简单安全，但所获得的能量在 μW 级，适用于能耗极低的应用场合，对于非常简单而且短暂的检测完全可以胜任，但是想做到功能的高度集成以及精准的测量，还是很困难的[33]。

② 体外供电方式，实现无线电能传输。外部供电方式就是通过体外发射装置和体内接收装置共同实现的电能无线传输。体外发射装置体积相对不受限制，那么较容易实现大功率传输，如果能有效地设计装置，提高传输效率和稳定性，就能获得足够的电能。因此这种方式被认为是解决相应问题的最具前景、最有效的方案。

韩国翰林大学的 Munho Ryu 等进行了相应的胶囊机器人电能传输问题研究[34~36]，他们主要研究了能量接收线圈的面数和负载阻抗匹配对接收功率的影响[37,38]，设计了三维能量接收线圈，以减小接收线圈姿态变化对接收功率的影响，如图 7-14 所示。在接收线圈在姿态变化的情况下可平均接收 300mW 的能量。

(a)

(b)

图 7-14 三维能量接收线圈

比利时鲁波天主教大学的 Bert Lenaerts 等[39,40] 也开展了这方面的研究，他们设计的无线电能传输系统样机如图 7-15 所示。其中，发射线圈使用绞合线来降低线圈内阻，初步实现了 150mW 的无线电能传输。

图 7-15　Bert Lenaerts 等研发的无线电能传输系统

2010 年，上海交通大学的颜国正等设计了应用于视频胶囊内镜的无线供电系统[41]，对比了亥姆霍兹发射线圈、三维接收线圈的传输效果，建立了人体电磁仿真模型，证明了能量传输系统的安全性，如图 7-16 所示。

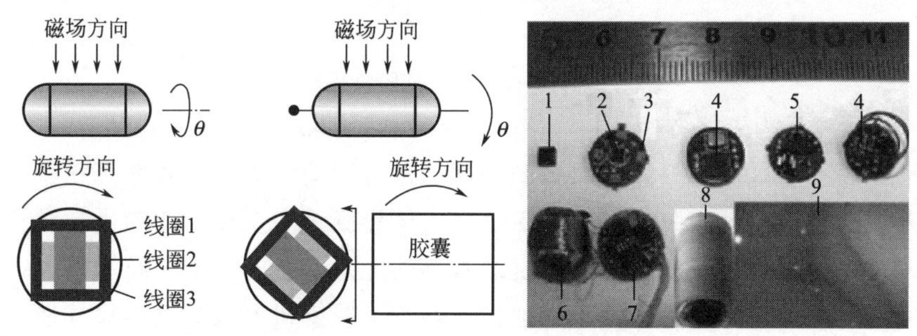

图 7-16　上海交通大学胶囊内镜无线供电系统

国内外近期研究均获得了一定的成果，推动了面向胶囊机器人的无线供电技术的发展。但是，这些研究还是初步的、局部的，并没有完整的、系统性的、理论性的研究成果。比如，在实际应用中，发射端电路存在失谐问题，发射端功率、效率较低，频率提高时性能下降，发射线圈发热，以及由于发射线圈和接收线圈之间的耦合度很弱，所以耦合效率低等问题，这些研究均未给出明确的解决方案。另外，无线供电中发射线圈产生的电磁场是否会对人体组织产生不利的影响，程度有多大，如何评价，也鲜有学者对其进行研究。因此，针对胶囊机器人的无线能量传输技术，在谐振稳定性、输出功率、效率、耦合效率、人体安全性评测指标等方面还存在着大量需要深入探究的问题。

7.3.4 胶囊机器人的驱动技术

（1）被动式驱动

GI 公司生产的 M2A 是被动式驱动机器人的典型代表[42]。该胶囊机器人的结构尺寸为 ϕ11mm×27mm，具体结构由透明外壳、光源、微型摄像机、电池、天线、LED 照明、发射模块和传感器八个部分组成。机器人外部具有光滑的外壳，便于患者吞服，依靠胃肠道的自然蠕动前进，对胃肠道内壁进行图像拍摄，所得图像被无线传输到体外，供医生进行诊断分析。随后，该公司在此基础上陆续推出了 PillCam 系列胶囊机器人，如图 7-17 所示。

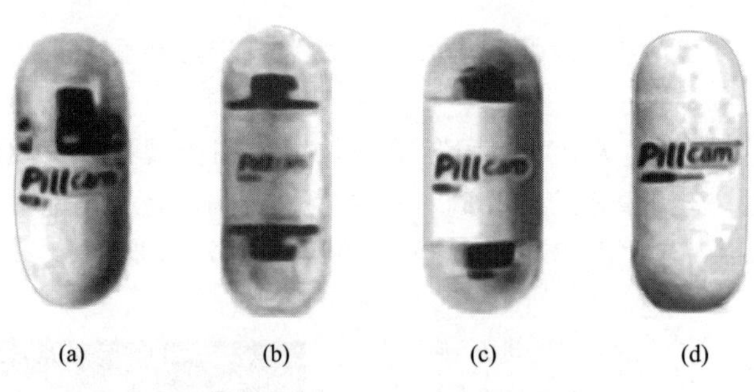

图 7-17 PillCam 系列胶囊机器人

早期的胶囊机器人只能依靠胃肠道蠕动进行运动，因而其并非真正意义上的机器人。首先，被动式胶囊机器人无法在人体胃肠道中实现加速前进、抛锚定点观察以及返回可疑病变区域进行重复观察等功能。其次，被动式胶囊机器人照片拍摄的能量由其自身携带的微型电池供应，为了减少机器人的整体尺寸便于患者吞服，在结构设计过程中微型电池的体积受到限制，因此电池能量制约着机器人工作时间。第三，被动式胶囊机器人直径较小并且无法主动控制，当其到达肠道坍塌以及褶皱较多的隐蔽区域时无法顺利通过，会产生机器人长时间滞留体内的风险[43]。

(2) 主动式驱动

主动式驱动胶囊机器人主要分为电能驱动式、磁能驱动式两大类。

① 电能驱动式。电能驱动式胶囊机器人通过胶囊机器人自身集成的微型移动装置，在光滑弯曲、具有黏弹性的非结构胃肠道环境中行走。为了保证胶囊机器人灵活、高效地通过复杂的肠道环境，研究者设计了众多新颖的微型移动机构。从这些运动机构所需的电能来源来看，电能驱动式胶囊机器人大致可分为两类：一类是自身携带微型电池提供电能的胶囊机器人，另一类是通过无线能量传输来提供电能的胶囊机器人。

土耳其萨班吉大学的 Ahmet Fatih Tabak 提出带螺旋尾巴的仿生游动机器人，如图 7-18 所示[44]。机器人能量由 Li-Po 电池供应，该电池由头部呈半球形的 0.75mm 厚度的石英玻璃盖进行密封保护。直流电机安装在塑料密封圈上，其转子嵌入铝合金机械式联轴器中形成转动关节，联轴器的另一端带有两个凹槽与硬铜线绕制的尾巴相连。

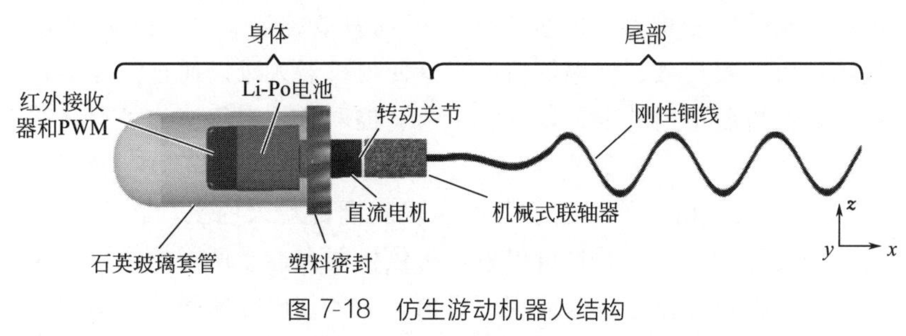

图 7-18 仿生游动机器人结构

上海交通大学开发了无线能量系统为胶囊机器人供能，如图 7-19 所示。在机器人的轴向运动机构中集成了无线能量传输系统的接收线圈，该线圈与外部系统中的发射线圈通过电磁耦合原理实现能量传输[45]。

综上，不难发现电能驱动式胶囊机器人存在着如下弊端：

a. 电能驱动式胶囊机器人的结构十分复杂，机器人内部包含电池、电机、复杂的传动机构以及控制器等。为便于患者吞服，胶囊机器人的整体尺寸受到严格的限制，而上述零部件的存在需要额外的空间，这无疑会增加机器人的尺寸，不利于机器人的微型化。

b. 大多数电能驱动式胶囊机器人在胃肠道中行走时，都需要与胃肠道内壁接触来获得前进的作用力，因此可能会对胃肠道产生损伤，妨碍胶囊机器人的临床应用。

c. 电能驱动式胶囊机器人在检查过程中受到能量的限制，若用电池供电，鉴于电池储存电能有限，无法进行长时间工作。即使采用无线能量传输的供能方式，由于无线传输效率较低，也无法完全保证胶囊机器人供能充足，故采用电驱动式胶囊机器人完成人体胃肠道的遍历检查存在困难。

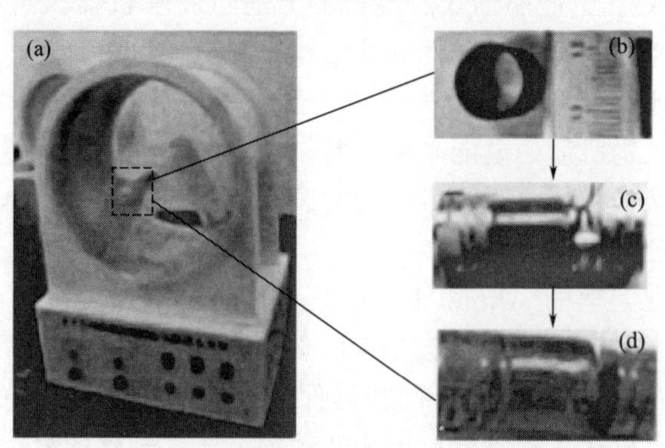

图 7-19 仿尺蠖胶囊机器人无线能量系统

d. 电能驱动式胶囊机器人的姿态无法得到有效控制，由于人体胃肠道为非结构化环境，存在着褶皱、坍塌等情况，这使得机器人难以通过。并且，机器人姿态不可控，给胃肠道内的定点观察、施药、提取活检组织切片等后续作业带来困难。

② 磁能驱动式。由于外部磁场可以实现胶囊机器人的主动行走及姿态的控制，完成胃肠道无创诊疗，并且可以直接提供机器人运动所需的能量，因此磁能驱动式胶囊机器人更加便于临床应用。目前，国内外研究的磁能驱动式胶囊机器人所采用的磁操作系统有两类：永磁体系统和电磁系统。永磁体系统为梯度磁场，依靠磁力驱动机器人行走；电磁系统产生的磁场为均匀磁场或者梯度磁场，通过磁力矩和磁力驱动机器人完成旋转、平移、翻滚等运动。

美国卡内基梅隆大学 Sehyuk Yim 等研发了具有药物释放功能的永磁体驱动软胶囊机器人，如图 7-20 所示[46,47]。机器人工作时，操作人员控制外部永磁体旋转产生磁力矩，驱动机器人在胃表面滚动行走，同时通过机器人拍摄的图像对胃肠道进行实时观察。当发现病变位置时，外部永磁体停止旋转，依靠内外磁铁间的磁力作用使机器人停留在期望位置，并且在外部磁体的吸引下机器人沿轴向受到挤压变形，完成药物的释放。

为了避免永磁体梯度磁场可能使机器人对胃肠道造成冲击的风险，同时为保证机器人在行走过程受到恒定的磁力矩，增加机器人姿态调整和转弯行走的灵活性、连续性及稳定性，研究者尝试使用均匀磁场来驱动和控制胶囊机器人。

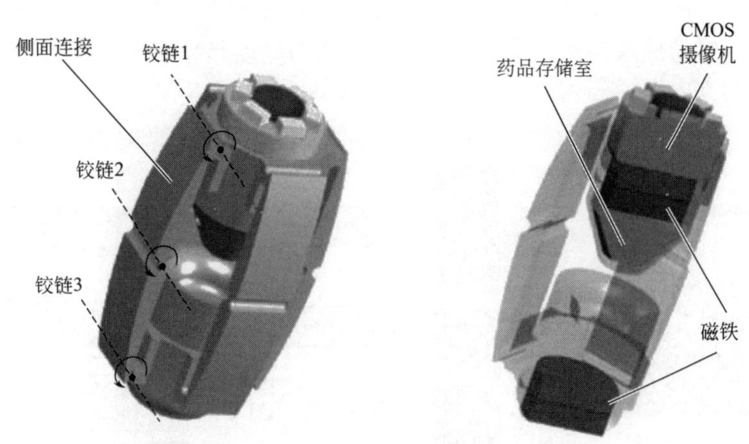

图 7-20 软胶囊机器人结构及药物释放

7.3.5 胶囊机器人的定位与智能控制

胶囊机器人的定位系统负责获得胶囊内镜当前的位置，供控制系统使用。控制系统主要负责规划胶囊内镜微机器人的运动路径，控制外部导向磁场的方向，给出控制电机转速的合适的指令等，从而控制胶囊内镜微机器人的运动速度、运动方向以及启停胶囊的摄像功能等。

在定位系统设计中采用多传感器磁定位方法。在胶囊内镜微机器人运动空间的周围放置多个磁传感器，通过多个传感器所获得的信号，经过一定的算法处理得到胶囊内镜微机器人当前的位置和姿态。胶囊机器人定位系统如图 7-21 所示[48]。

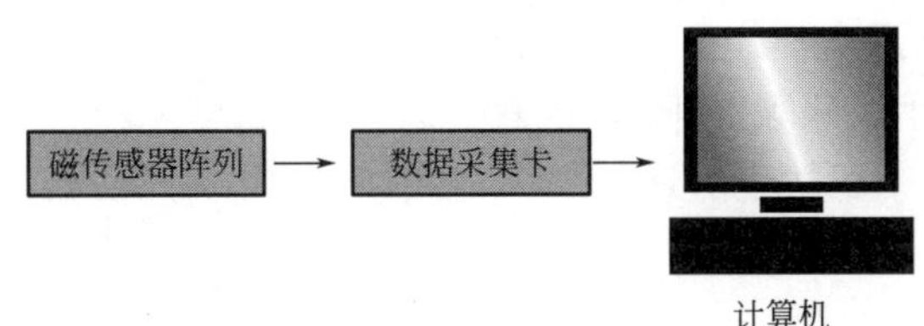

图 7-21 胶囊机器人定位系统

外部控制系统以一台计算机为核心，系统结构如图 7-22 所示。计算机通过 DA 卡控制 PWM 模块产生适当占空比的 PWM 波，通过射频发射模块调制后发出。当胶囊内镜机器人收到携带 PWM 波的射频信号后，经过解调控制内部电机启停、改变转速等。计算机上装有串口扩展卡，分别用于控制三个电源的电流，使得三对亥姆霍兹线圈中产生指定大小和方向的导向磁场，从而控制胶囊微型机器人的运动方向。实际构造的系统如图 7-23 所示。

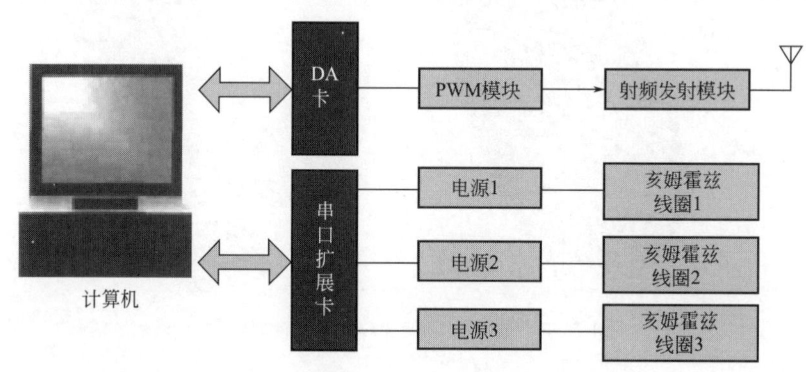

图 7-22 胶囊机器人体外控制系统结构

若能彻底解决上述五大关键技术难题，胶囊机器人就能代替医生完成大量的医疗操作。胶囊机器人可以进入机体内部完成诊断，向病变组织准确地释放药物，避免传统药物治疗对正常组织产生的副作用，也可以对组织进行取样等。不仅如此，它还可以进入动脉内清除脂肪块，减小血栓发病的可能。安装上手术装置，胶囊机器人甚至可以对一些肿瘤进行微型移除手术。相比传统的医疗方法，胶囊机器人治疗方法具有高效、对人体伤害小、康复时间短等优点，在医疗领域有不可估量的意义。

图 7-23 磁场调控系统

7.4 胶囊内镜机器人实施实例

7.4.1 PillCam 胶囊机器人

以色列的 GI 公司从 1991 年开始胶囊机器人的研发工作，经过二十余年的不解努力，已经推出多代胶囊机器人产品，并广泛应用于临床，取得了良好的治疗效果。其中性能最好的当属PillCam系列胶囊机器人，包括用于小肠检查的PillCam SB、用于结肠黏膜检查的PillCam COLON、用于食道检查的PillCam ESO。下面以PillCam COLON胶囊机器人为例，介绍PillCam系列胶囊机器人的系统组成、使用流程和注意事项。

(1) 系统组成

PillCam COLON胶囊机器人诊断系统主要由PillCam COLON胶囊、Given数据记录仪、RAPID工作站组成。PillCam COLON胶囊内部集成了LED照明、镜头、CMOS元件、电池、发射器和天线等部件，在其光滑的表面没有任何其他线缆，如图7-24(a)所示。在PillCam COLON胶囊的头尾各有一个摄像头，以2帧/s的速度进行拍摄，拍摄视角可达156°，景深为0～30mm，电池一次充满电可以工作9个小时。Given数据记录仪由阵列传感器和10GB内存的2C型数据记录仪组成，阵列传感器贴在患者腹部用来实时地采集数据，数据记录仪负责对采集到的数据进行记录，如图7-24(b)所示。RAPID工作站主要包括RAPID5分析软件和RAPID实时监视器，RAPID5分析软件对胶囊实时采集到的图像数据进行分析处理，并生成报告，RAPID实时监视器则实时监控拍摄到的画面，如图7-24(c)所示。

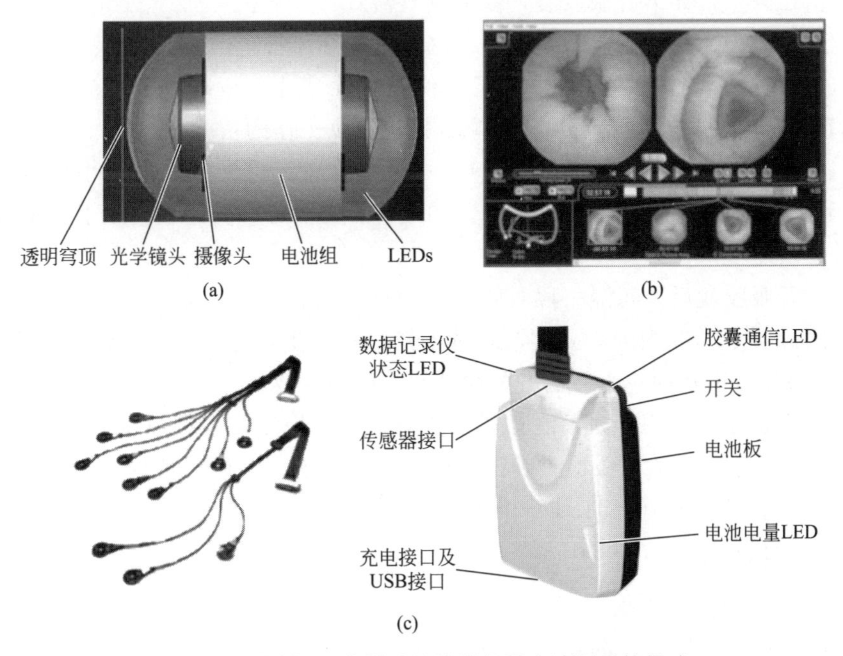

图7-24 PillCam COLON胶囊机器人诊断系统组成

PillCam COLON 胶囊机器人的工作原理：被检查者通过口服吞入 PillCam COLON 胶囊，在肠道部位的腹部贴附上阵列传感器用于接收胶囊发射出的信号，胶囊随消化道的蠕动而前进，摄像头在电池的驱动下开始工作，并以一定频率拍摄消化道内壁的图像，通过内置发射装置将进行信号处理后的图像信息发射到外部接收装置——Given 数据记录仪，接收到的信号经 RAPID 工作站处理后即可得到胶囊所拍摄的消化道内壁图像，供医护人员进行诊疗与医治。

（2）使用流程

PillCam COLON 胶囊机器人完整的检查流程包括检查前准备、检查过程中的仪器使用以及检查后的身体状态监测，具体过程如下。

① 检查前一日进食清淡、易消化的半流食（如大米粥），禁食牛奶及乳制品、有色食物、肉、汤类等。

② 检查当天早上禁食，进行抽血、上腹部彩超检查、TTM 检查后，服清肠剂 1L，以每 15～20min 一杯（250mL）的速度喝完。

③ 喝完后，不再饮水，多走动，进行彩超、DR、心电图、人体成分分析、双能 X 射线骨密度、中医经络监测检查（总体时间控制在 60min），检查结束后观察大便排出情况，呈清水样方可接受检查。

④ 在医生指导下吞服胶囊，佩戴接收器。

⑤ 确定胶囊在体内正常运作后，继续其他临床科室的检查。

⑥ 检查结束前始终佩戴数据记录仪及黏性贴片，检查过程中远离强磁场、电场环境，避免剧烈活动等可能影响数据记录仪工作的情况。

⑦ 8h 内（以吞服胶囊时间计算）尽量少饮食，可在胶囊进入小肠后 2h 喝少量水、4h 进食少量干性无色食物，如面包、馒头等，勿进食牛奶及奶制品等，8h 后可恢复正常饮食。

⑧ 吞服胶囊后，每隔一段时间观察数据记录仪右上方蓝色指示灯是否闪烁（1s 闪烁 2 次），8h 内闪烁异常，及时告知检查医生，吞服胶囊 12h 后蓝色指示灯停止闪烁是正常的，小心摘去黏性贴片，送回设备。

⑨ 检查完成后 72h 内，注意观察胶囊是否已经排出，如数日后无法确认是否排出，可进行腹部 X 线检查确认，期间密切关注是否有腹部不适。

⑩ 检查报告于 10 个工作日内出来。

（3）注意事项

1）检查前注意事项

① 受检者签署知情同意书后开始进行肠道准备。

② 记录仪在检查前充满电。

③ 受检者开始正式接受胶囊内镜检查前，一定要保证清肠最后一次排泄物为清水样，不能有残渣，如仍然有残渣，需告知操作医生。

④ 受检者若为老年人或者已知的消化动力比较弱的受检者，建议受检者在正式开始检查前的适当时间口服吗丁啉或接受胃复安注射。

⑤ 正式开始检查前，启用胶囊时，注意要让胶囊在体外拍摄几幅图片，然后再让受检者吞服。

2）检查中注意事项

① 受检者在吞服胶囊 2h 后可进少量水（100mL 以下），待实时监视中胶囊进入小肠 2h 后，受检者可进少量简餐，并告知受检者需等检查全部结束后方可恢复进食。受检者如有腹痛、恶心、呕吐或低血糖反应等情况，应立即通知医生，及时予以处理。

② 受检者在整个检查过程中，不能脱下穿戴在身上的图像记录仪，不能移动记录仪位置。

③ 胶囊内镜检查期间，受检者可正常活动，但避免剧烈运动、屈体、弯腰及可造成图像记录仪天线移动的活动，切勿撞击图像记录仪。避免受外力的干扰。不能接近任何电磁波区域，如 MRI 或业余电台，在极少情况下因电磁波干扰而使某些图像丢失，从而造成需要重新检查。

④ 检查期间还需每 15min 观察一次记录仪上的 ACT 指示灯或进行实时监视，如闪烁变慢或停止，则立即通知医生，并记录当时的时间，同时也需记录进食、饮水及有不正常感觉的时间，一起交给医生，检查结束。

3）检查后注意事项

① 胶囊内镜工作 8h 后且胶囊停止工作后可由医生拆除设备，如受检者是自行解下设备归还，还应详细地指导其在解除图像记录仪时注意后边的天线阵列。

② 在持放、运送、自行拆除所有设备时要避免冲击、振动或阳光照射，否则会造成数据信息的丢失。

③ 受检者注意观察胶囊内镜排出情况，胶囊排出前切勿接近强电磁区域，勿做 MRI 检查。一般胶囊内镜在胃肠道内 8～72h 后随粪便排出体外，若受检者出现难以解释的腹痛、呕吐等肠道梗阻症状或检查后 72h 仍不能确定胶囊内镜是否还在体内，应及时联系医师，必要时进行 X 射线检查。

7.4.2 OMOM 胶囊内镜机器人

中国重庆金山科技集团从 2001 年开始即对胶囊机器人技术展开了研究，并于 2002 年被科技部列入国际合作重点项目，同时也被国家“863 计划”先进制造与自动化领域 MEMS 重大专项给予扶持，不久后通过国家食品药品监督管理总局的认证许可。OMOM 胶囊机器人的上市，标志着我国胶囊机器人技术的发展达到世界领先的水平。与其他胶囊机器人相比，OMOM 胶囊机器人具有其核心优势：首创便携式胶囊内镜姿态控制器，操作简单，易上手，培训时间短，占地面积小，无空间限制，随时随地开展检查；兼容全球 5000 家医院 OMOM 胶囊内镜系统，只需升级软件即可与姿态控制器联合使用胶囊胃镜；高清智能影像；图像质量得到专家认可，图像光亮度自动调节，智能防抖技术。下面从 OMOM 胶囊机器人的系统组成、使用流程和注意事项等方面介绍 OMOM 胶囊机器人。

(1) 系统组成

OMOM 胶囊机器人系统主要由胶囊胃镜、便携式姿态控制器、图像记录仪、台车式影像工作站组成。最新一代的 OMOM 胶囊尺寸更小，为 ϕ11mm×25.4mm，质量小于 6g，采样频率 2fps，有效能见距离为 0～35mm，最长工作时间为 12h，其外形如图 7-25(a) 所示。便携式姿态控制器用来调整胶囊胃镜在胃中姿态，使其拍摄到需要检查部位的图像，如图 7-25(b) 所示。图像记录仪穿戴在患者身上，用来记录由胶囊内镜发出的胃部图片信息，如图 7-25(c) 所示。台式影像工作站对图像记录仪采集到的图片进行分析处理，帮助医生做出诊断，如图 7-25(d) 所示。OMOM 胶囊机器人的工作原理：患者吞服OMOM后，OMOM随着消化道蠕动依次经过食道、胃、十二指肠、空肠与回肠、结

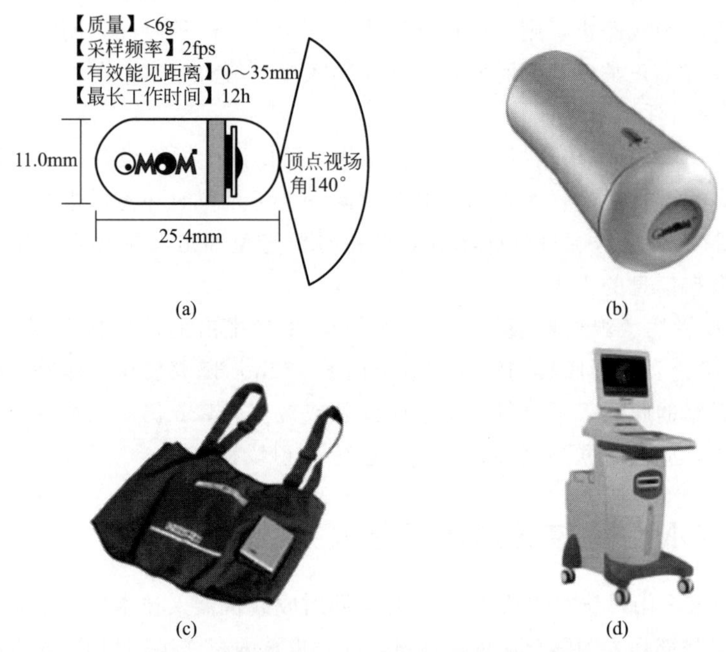

图 7-25 OMOM 胶囊机器人系统组成

肠、直肠，与此同时，摄像头对所经过的消化道以 2～15fps 的频率进行连续拍摄，并且将拍摄得到的图像信号数字化后传输到身上所穿戴的图像记录仪，图像记录仪可以将数字信号转化为图像信号并进行存储，存储后的图像通过影像工作站即可由医生对患者消化道病情进行诊断。

(2) 使用流程

OMOM 胶囊机器人检查流程如图 7-26 所示，其具体过程如下。

1）检查标准

① 检查前一天医生告知受检者注意事项（包括流质饮食/检查当天早上禁食）。

② 医生准备好检查当天所需记录仪，保证记录仪电量充足。

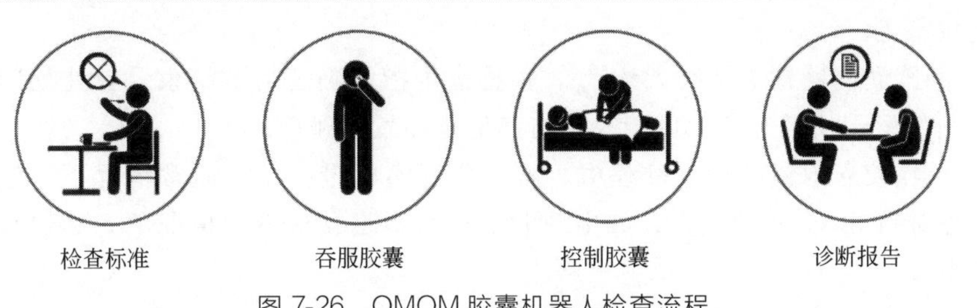

图 7-26 OMOM 胶囊机器人检查流程

2）吞服胶囊

① 受检者穿戴记录仪，吞服胶囊，并饮用一定量的清水。

② 受检者卧于检查床接受检查。

3）控制胶囊

① 医生在体外用控制器控制胶囊在人体内的方向和位置。

② 通过影像工作站实时观察胃部黏膜病变，并采集图像保存到影像工作站。

③ 15min 即可完成胃部检查。

4）诊断报告

① 检查完成后，脱下受检者身上的图像记录仪。

② 医生根据影像工作站采集保存图像，出具临床诊断报告。

(3) 注意事项

1）检查前两日

① 进行胶囊内镜检查的前两日，开始进食医生规定的易消化食物。

② 从进行胶囊内镜检查的前一日中午 11：00 后进食无渣食物，18：00 后进食全流食物，20：00 后禁食（除必须服用的药品外）。

③ 在进行胶囊内镜检查前 24h 禁烟。

2）进行检查的当日

① 按照医嘱进行肠道准备，肠道准备结束的标志为3～5次清水样便；

② 按约定时间到达医院接受胶囊内镜检查，并穿宽松服装；

③ 配合检查医生按照天线调节图穿戴图像记录仪。

3）吞服胶囊后

① 待胶囊在实时监视进入十二指肠后，方可离开医生的视线。

② 待胶囊进入小肠2h后，可以少量进食，干性食品（面包、蛋糕）为佳，尽量少喝水，检查完毕后才能恢复正常进食，必须遵循上述饮食规定，除非检查医生另有规定，如果在行胶囊内镜检查期间出现腹痛、腹泻、恶心等症状，尽快联系检查医生。

③ 吞服胶囊后，不能靠近任何强电磁场源，如核磁共振设备及非专业的无线电设备等。

④ 胶囊内镜检查持续大约8h，根据医生指示确定是否结束，在此期间不要脱下图像记录仪，避免图像记录仪与其他物品发生碰撞。

⑤ 在胶囊内镜的检查过程中，需注意观察电量指示，通常情况下，记录仪电量可维持8～10h的检查，如出现电量显示不足且报警的情况下，尽快给记录仪充电。

⑥ 在胶囊内镜的检查过程中应避免任何剧烈的运动（如骑自行车），并且尽量避免俯身和弯腰。

4）完成检查后

① 按医生的指导在检查结束时归还设备，需小心爱护图像记录仪，它存储着检查数据。

② 如果不能确定胶囊是否排出体外，并且出现无法解释的恶心、腹痛及呕吐，尽快联系检查医生，如需要可进行X射线腹部检查。

③ 检查完到胶囊未排出体外前，切不可做核磁共振成像检查，这有可能对肠道和腹腔造成严重损害，如果不能确定胶囊是否排出，应联系检查医生进行鉴定，必要时进行X射线检查。

参考文献

[1] 李之.“胶囊机器人”[J].现代物理知识，2011，(4)：75.

[2] 莫剑忠.江绍基胃肠病学[M].上海：上海科学技术出版社，2014.

[3] 尹紫晋. 威胁国人生命的十大疾病[J]. 临床医学工程，2005，(6)：4-8.

[4] 全国肿瘤防治研究办公室. 中国肿瘤死亡报告：全国第三次死因回顾抽样调查[M]. 北京：人民卫生出版社，2010.

[5] 李甦韬，王惠南. 胶囊内窥镜的研究进展[J]. 中国医疗设备，2005，20(2)：36-37.

[6] 谢翔. 胶囊内窥镜系统原理与临床应用[M]. 北京：科学出版社，2010.

[7] 许国铭. 消化内镜的世纪回顾与展望[J]. 当代医学，2001，7(5)：27-28.

[8] 石煜. 人体胃肠道腔内诊疗微系统无线能量传输关键技术及其应用研究[D]. 上海：上海交通大学，2015.

[9] 李传国. 主动可控式内窥镜胶囊机器人的研究[D]. 上海：上海交通大学，2010.

[10] Meron G D. The Development of the Swallowable Video Capsule (M2A) [J]. Gastrointestinal Endoscopy，2000，52(6)：817-819.

[11] Swain P，Iddan G J，Meron G，et al. Wireless Capsule Endoscopy of the Small Bowel：Development，Testing，and First Human Trials[C]. Proceedings of Biomonitoring and Endoscopy Technologies，Amsterdam，Netherlands，July 5 - July 6，2000，pp. 19-23.

[12] Nakamura T，Terano A. Capsule Endoscopy：Past，Present，and Future [J]. Journal of Gastroenterology，2008，43(2)：93-99.

[13] The Next Generation Capsule Endoscope-Sayaka [EB/OL]. [2001-12-01]. http：//rfsystemlab. com/en/sayaka/index. html.

[14] 佚名. 我自主研发“囊内窥镜”投放市场[J]. 中国科技投资，2005，(8)：8.

[15] 佚名. 磁导航胶囊内窥镜胃检查系统[J]. 中国医疗器械杂志，2010，34(3)：163.

[16] Keller H，Juloski A，Kawano H，et al. Method for Navigation and Control of a Magnetically Guided Capsule Endoscope in the Human Stomach[C]. 4th IEEE RAS and EMBS International Conference on Biomedical Robotics and Biomechatronics，Rome，Italy，June 24-June 27，2012，pp. 859-865.

[17] Valdastri P，Webster Ⅲ R J，Quaglia C，et al. A New Mechanism for Mesoscale Legged Locomotion in Compliant Tubular Environments [J]. IEEE Transactions on Robotics，2009，25(5)：1047-1057.

[18] Yang S，Park K，Kim J，et al. Autonomous Locomotion of Capsule Endoscope in Gastrointestinal Tract[C]. 33rd Annual International Conference of the IEEE Engineering in Medicine and Biology Society，Boston，MA，United states，August 30，- September 3，2011，pp. 6659-6663.

[19] Kim H M，Yang S，Kim J，et al. Active Locomotion of a Paddling-based Capsule Endoscope in an in Vitro and in Vivo Experiment (with videos) [J]. Gastrointestinal Endoscopy，2010，72(2)：381-387.

[20] Woods S P，Constandinou T G. Wireless Capsule Endoscope for Targeted Drug Delivery：Mechanics and Design Considerations [J]. IEEETransactions on Biomedical Engineering，2013，60(4)：945-953.

[21] Lin W，Yan G. A Study on Anchoring Ability of Three-leg Micro Intestinal Robot[J]. Engineering，2012，4(8)：477-483.

[22] 林蔚，颜国正，陈宗尧，等. 径向伸长可控的微型肠道蠕动机器人[J]. 高技术通讯，2012，22(5)：510-515.

[23] Sannohe D, Morishita Y, Horii S, et al. Development of Peristaltic Crawling Robot Moving Between Two Narrow, Vertical Planes[C]. 4th IEEE RAS and EMBS International Conference on Biomedical Robotics and Biomechatronics, Rome, Italy, June 24 - June 27, 2012, pp. 1365-1370.

[24] Adachi K, Yokojima M, Hidaka Y, et al. Development of Multistage Type Endoscopic Robot Based on Peristaltic Crawling for Inspecting the Small Intestine[C]. IEEE/ASME International Conference on Advanced Intelligent Mechatronics, Budapest, Hungary, July 3 - July 7, 2011, pp. 904-909.

[25] 施志东. 具有摆头机构的胶囊机器人微型化设计[D]. 哈尔滨：哈尔滨工业大学，2012.

[26] 邵琪，刘浩，杨臻达，等. 微型腿式胶囊机器人的设计与分析[J]. 机器人，2015, 37(2)：246-253.

[27] Cuschieri A. Minimally Invasive Surgery: Hepatobiliary-pancreatic and Foregut[J]. Endoscopy, 2000, 32(4): 331.

[28] Macfadyen B V, Cuschieri A. Endoluminal Surgery[J]. Surgical Endoscopy, 2005, 19(1): 1-3.

[29] Balouchestani M, Raahemifar K, Krishnan S. Low Sampling-rate Approach for ECG Signals with Compressed Sensing Theory[J]. Procedia Computer Science, 2013, 19(19): 281-288.

[30] Pentland A. Wearable Information Devices[J]. IEEE Micro, 2001, 21(3): 12-15.

[31] Lim E G, Wang J C, Wang Z, et al. Wireless Capsule Antennas[C]. Proceedings of the International MultiConference of Engineers and Computer Scientists 2013, Kowloon, Hong kong, March 13 - March 15, 2013, pp. 726-729.

[32] Al-Rawhani M A, Beeley J, Chitnis D, et al. Wireless Capsule for Autofluorescence Detection in Biological Systems[J]. Sensors and Actuators B: Chemical, 2013, 189: 203-207.

[33] 黄湛钧. 基于E类逆变器的胶囊机器人无线供电系统研究与设计[D]. 沈阳：东北大学，2014.

[34] 梁华锦. 胶囊内窥镜驱动系统的设计与研究[D]. 广州：华南理工大学，2012.

[35] Rivera D R, Brown C M, Ouzounov D G, et al. Compact and Flexible Raster Scanning Multiphoton Endoscope Capable of Imaging Unstained Tissue[J]. Proceedings of the National Academy of Sciences of the United States of America, 2011, 108(43): 17598-17603.

[36] Huprich J E, Fletcher J G, Fidler J L, et al. Prospective Blinded Comparison of Wireless Capsule Endoscopy and Multiphase CT Enterography in Obscure Gastrointestinal Bleeding[J]. International Journal of Medical Radiology, 2011, 260(3): 744-751.

[37] Lee Y U, Kim J D, Ryu M, et al. In Vivo Robotic Capsules: Determination of the Number of Turns of its Power Receiving Coil[J]. Medical & Biological Engineering & Computing, 2006, 44(12): 1121-1125.

[38] Bourbakis N, Giakos G, Karargyris A. Design of New-generation Robotic Capsules for Therapeutic and Diagnostic Endoscopy[C]. IEEE International Conference on Imaging Systems and Techniques, 2010, pp. 1-6.

[39] Lenaerts B, Puers R. An Inductive Power Link for a Wireless Endoscope[J]. Biosensors & Bioelectronics, 2007, 22(7):

1390-1395.

[40] Carpi F, Kastelein N, Talcott M, et al. Magnetically Controllable Gastrointestinal Steering of Video Capsules[J]. IEEE Transactions on Biomedical Engineering, 2011, 58(2): 231-234.

[41] 辛文辉，颜国正，王文兴. 胶囊内窥镜无线供能模块的研制[J]. 上海交通大学学报，2010，44(8)：1109-1113.

[42] Eliakim R. Wireless Capsule Video Endoscopy: Three Years of Experience [J]. World Journal of Gastroenterology, 2004, 10(9): 1238-1239.

[43] Sun H, Yan G Z, Ke Q, et al. A Wirelessly Powered Expanding-extending Robotic Capsule Endoscope for Human Intestine[J]. International Journal of Precision Engineering & Manufacturing, 2015, 16(6): 1075-1084.

[44] Tabak A F, Yesilyurt S. Experiments on In-channel Swimming of an Untethered Biomimetic Robot with Different Helical Tails[C]. 4th IEEE RAS and EMBS International Conference on Biomedical Robotics and Biomechatronics, Rome, Italy, June 24-June 27, 2012, pp. 556-561.

[45] Yim S. Design and Analysis of a Magnetically Actuated and Compliant Capsule Endoscopic Robot[J]. 2011, 19(6): 4810-4815.

[46] Yim S, Sitti M. Design and Rolling Locomotion of a Magnetically Actuated Soft Capsule Endoscope [J]. IEEE Transactions on Robotics, 2012, 28(1): 183-194.

[47] Yim S, Goyal K, Sitti M. Magnetically Actuated Soft Capsule with the Multimodal Drug Release Function[J]. IEEE/ASME Transactions on Mechatronics, 2013, 18(4): 1413-1418.

[48] 徐建省，张亚男，刘波，等. 一种主动型无线胶囊内窥镜微机器人[J]. 中国医疗器械信息，2015(10)：1-5，33.

第8章

前列腺微创介入机器人

8.1 引言

前列腺癌是男性生殖系统最常见的恶性肿瘤，随着经济的快速发展，人们工作强度、生活压力的加大，饮食结构及饮食习惯的改变，我国男性前列腺癌的发病率有所增加。前列腺的介入通常分为两类。第一类为前列腺组织活检。前列腺组织活检为前列腺癌检查提供了活体组织细胞学诊断依据，提高了诊断的可靠性，并且降低了误诊率，很大程度上避免了因误诊而耽误病情，为患者的治疗赢得了宝贵的时间。第二类为前列腺近距离放射性治疗，即粒子植入。它具有靶向性强、创伤小、疗效确切的特点，在国内外已成为治疗早期前列腺癌的标准手段[1]。由于前列腺介入手术患者术势的特殊，需要医生在狭小的范围内进行高强度的工作，医生易疲劳、易抖动，使手术时间延长并造成恶性循环；并且在介入手术中医生容易出现手和图像引导不协调的现象，使患者出现危险。机器人的出现为解决这些问题带来了曙光。

8.1.1 前列腺微创介入机器人的研究背景

在世界范围内，前列腺疾病已逐渐成为男性面临的主要疾病，并且前列腺癌更是常见的男性恶性肿瘤。全球新诊断的前列腺癌患者约占新增癌症病例总数的15%，成为全球范围内男性第二常见的癌症[2]。据统计，中国前列腺癌的发病率在近二十年间增长了超过10倍，每年新发病例达330万例，成为威胁我国男性健康的重要疾病[3]。

临床上认为前列腺活检是诊断前列腺癌（PCa）的黄金标准[4]。前列腺活检方式主要有两种：经直肠式前列腺活检和经会阴式前列腺活检。虽然二者检出的阳性率没有显著区别[5]，但经会阴的前列腺活检术由于其介入过程更容易保持较好的卫生环境，所以并发症少于经直肠穿刺前列腺[6]。

前列腺癌的治疗有根治性切除、外放疗、近距离治疗、激素治疗等手段。由于近距离治疗中的前列腺粒子植入放疗具有创伤小、并发症少等优点，成为前列腺癌患者的不二选择。2000 年，只有不到 5%的患者采用植入粒子近距离放射性治疗前列腺癌，但是由于其优势明显，2005 年这个比例上升到 35%[7]，现在则有 60%的患者接受这种手术疗法。前列腺粒子植入一般也是采用经会阴进行粒子植入，相比于活检只是在最后的操作上有所差异。这仅仅会造成手术机构上的细微差异，而手术过程没有差异。下面以传统的经会阴前列腺活检手术为例介绍前列腺微创介入手术技术。

经会阴前列腺活检微创手术步骤如下。

① 患者取膀胱截石位。

② 常规消毒并进行会阴部浸润麻醉。

③ 在会阴中心至肛门中点处偏外 0.5cm 进针，左手食指插入直肠内（或使用超声波）引导穿刺针进入包膜内。

④ 通过超声将穿刺针穿至病变部位，扣动穿刺枪扳机，然后把穿刺针拔出，推出针芯后即见前列腺组织。

传统的由超声引导经会阴前列腺穿刺活检的操作过程相比于粒子植入复杂程度低，但需要手持粒子植入设备通过导向板将粒子一颗一颗地植入靶点，如图 8-1 所示。一次性植入粒子数量为几十到一百个不等，所以手术的以下缺点更为明显。

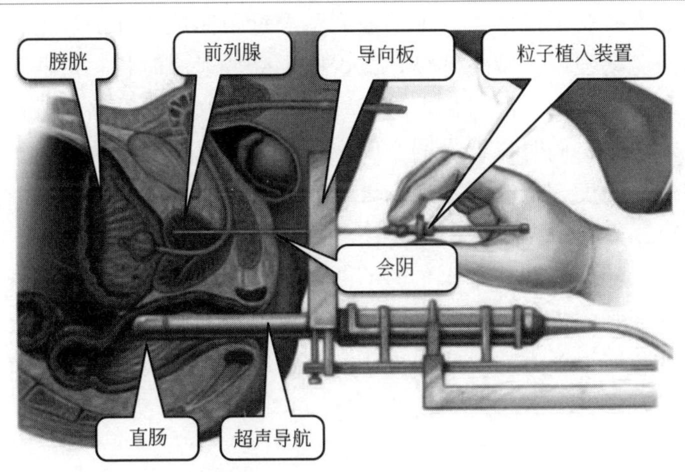

图 8-1　传统经直肠超声引导的前列腺粒子植入

① 定位精度低，以至于导致患者需要承受更多的穿刺活检针数，使其痛苦程度大大增加。

② 灵活性较差，为了保证扎针精度，加入了导向板，同时也限制了活检针的刺入姿态。

③ 由于粒子植入量较大，医生易疲劳，连续工作能力差。

④ 医生在放射粒子环境下工作，对其身体有较大伤害。

⑤ 活检取样的结果受操作者水平的限制。

随着虚拟现实和人机交互技术逐渐发展成熟，机器人技术已经发展到智能机器人时期。医疗机器人的出现，使前列腺癌治疗手术从单纯依靠经验丰富的医生发展到依靠图像和智能控制平台的机器人介入手术治疗。与此同时，人们也想利用机器人辅助系统克服上述人工手术的缺点。国内外已有许多机器人研究所致力于前列腺癌活检和粒子植入手术机器人辅助系统的研发，如目前使用广泛的达芬奇手术机器人进行根治性前列腺切除也已经作为泌尿外科的治疗前列腺癌的手段选择之一。虽然达芬奇手术机器人缺乏触觉反馈系统，但其可放大 6～10 倍的优异的三维影像极大地弥补了这一缺点，并且其 7 自由度机械手足以与人手相媲美，但昂贵的使用费用限制了达芬奇机器人的使用。由于达芬奇手术机器人适用于多种微创手术，因此前列腺手术的空间限制，显得整个结构笨重。为此，很多学者提出了多种专门针对前列癌治疗的小型机器人辅助治疗系统，这些机器人结构紧凑、使用价格低廉，极大地满足了病患的需要。

8.1.2 前列腺微创介入机器人的研究意义

采用机器人系统辅助医生实施的前列腺癌近距离放射性治疗术，可以极大减轻外科医生的劳动强度，减少感染，减少医生受放射的时长。机器人系统对采集到的当期组织图像与术前的目标点进行对比，实时修正进针路径，从而使病灶靶点的识别更加准确；同时机器人的空间定位技术可以实现对执行机构位置的精确控制，其定位准确度、运动稳定性和灵巧性以及长时间连续工作时的耐疲劳能力都远非人力可比。

近几年来，随着科学技术水平的不断发展，学者们针对以上问题设计了多种专用于前列腺穿刺的机器人，可以提高活检样本的利用率；也可以提高前列腺活检的扎针精度和缩短手术的时间；待研究成熟后还能够创造更多的市场价值，造福更多前列腺患者。

8.2 前列腺微创介入机器人的研究现状

2012 年，哈尔滨理工大学的张永德等基于 TRIZ 理论设计了一款由 3-DOF 位置调整模块和 2-DOF 姿态调整模块组成，扎针系统由 1-DOF 进针模块和前端把持机构模块组成的前列腺活检机器人，如图 8-2 所示[8]。

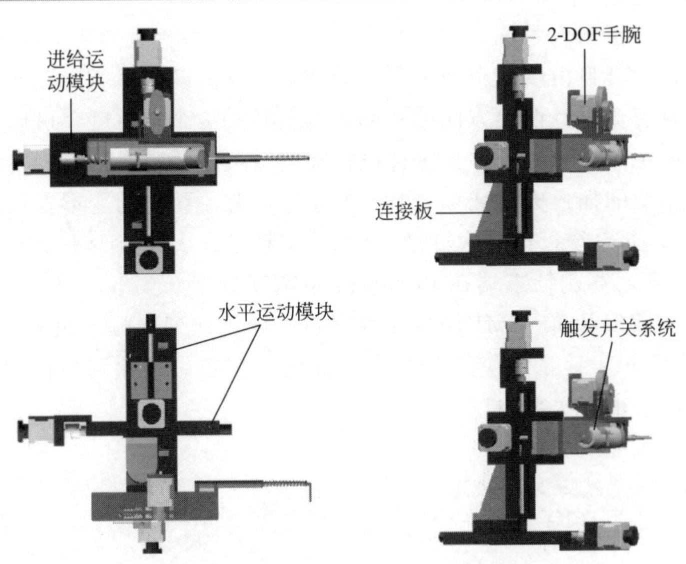

图 8-2 全方位前列腺活检机器人结构

2012 年，美国 Reza Seifabadi 等研制了 MRI 引导的 5 自由度气动模块化前列腺机器人，如图 8-3 所示。该机器人采用前后两个结构相同的三角架固定穿刺平台，三角架可为等腰三角形结构，底边有两个移动副，以实现机器人在 X 轴方向的定位。通过改变底边长度实现活检针在竖直方向上的定位。这种结构在一定程度上补偿了 MRI 环境对材料限制导致的结构刚度下降问题。该机器人穿刺过程采用手动操作也可自动完成，其在 3T 的磁场中使用斜尖 18G 型号穿刺针试验时的平均误差为 2.5mm[9]。

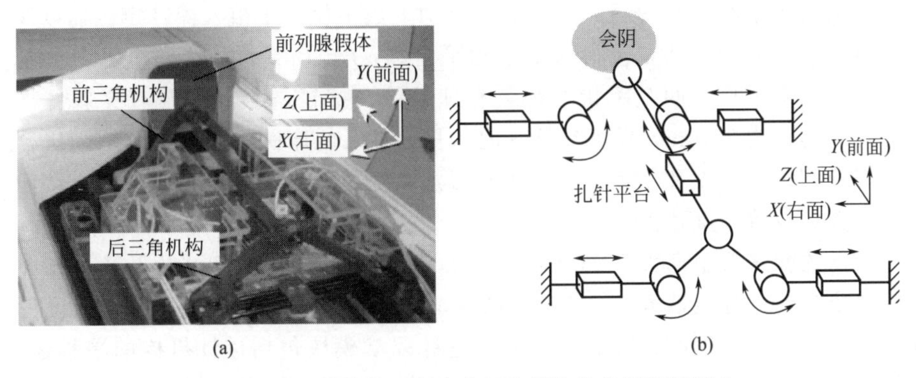

图 8-3 MRI 引导的 5 自由度气动模块化前列腺机器人

2006年，Yu[10] 和 Podder[11] 等研发了 Euclidian 单通道超声图像导航前列腺近距离治疗机器人系统，如图 8-4(a) 所示。该系统包括7自由度手术模块，手术模块中包括2自由度超声探头驱动装置，3自由度的机架，2自由度的进针机构；机架具有 X、Y 两个方向的移动和倾斜转动3个自由度，可以覆盖栅格的所有区域并避免耻弓骨的干涉；进针机构穿刺针可以绕自身轴线旋转，这样可以减少针穿刺组织的插入力，减小对组织的伤害，减小组织的变形，从而提高粒子植入精度[12]，此系统可以一次性植入约35个粒子，大大减少手术时间。该系统获得FDA认证，穿刺针末端在Phantom中精度达到0.5mm。2010年，该团队的Podder[13] 等又研究了MIRAB多通道超声导航前列腺粒子植入机器人系统，如图 8-4(b) 所示，该系统包括2自由度针的适配器，一次可以同时扎入16根针，以减少粒子植入次数和时间。

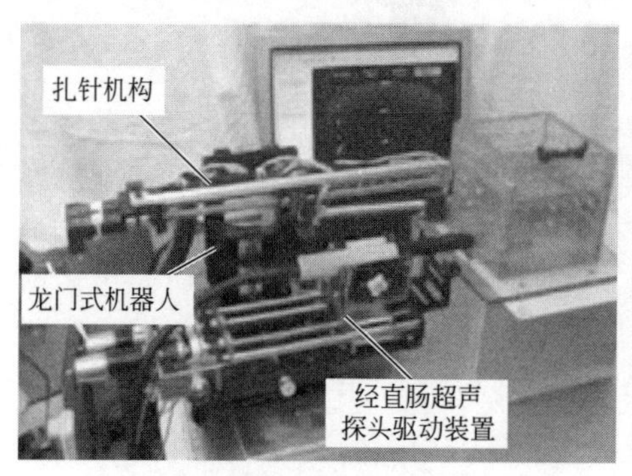

(a) Yu等研发的单通道机器人系统

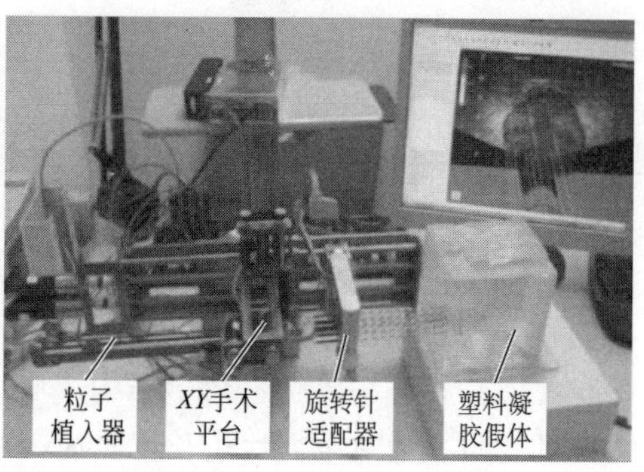

(b) Podder等研发的多通道机器人系统

图 8-4 近距离治疗机器人系统

2007年，Fichtinger[14] 等设计了一个超声导航前列腺粒子植入辅助机器人，该系统包括经直肠的超声图像驱动机构，数字化粒子植入探针定位器以及针调整机器人。针调整装置包括 XY 平动平台和 $\alpha\beta$ 转动平台，这两个平台分别安装2个碳纤维手指，两个手指上都装有球铰链，球铰链之间固定有穿刺针导向套，导向套长为70mm，保证针插入时的稳定性。临床医生通过这个辅助机器人调整好穿刺针的角度和位置，而粒子放置还是需要医生手动执行，在超声图像下评估了针尖放置精度达到1mm。

美国约翰霍普金斯大学 H. Su 等设计了一种新型的 MRI 引导下经直肠介入的6自由度前列腺机器人[15~21]，如图 8-5 所示。该机器人包括3个自由度的平移平台和3个自由度的进针驱动模块，进针驱动模块包括进针机构的平移运动、探针的旋转运动和进针运动。这种独立结构提高了目标的定位精度，减小了组织的变形和损伤。机器人控制器由多个压电电机驱动，提供精度闭环控制，可以使机器人运动和 MR 成像同步。在该机器人系统中，研究者开发了具有光学力扭矩传感器的远程监控触觉系统，将其合并到 3 自由度的进针驱动模块中，克服了针尖本体感应信息的缺失问题，同时提高了定位精度，缩短了操作时间。

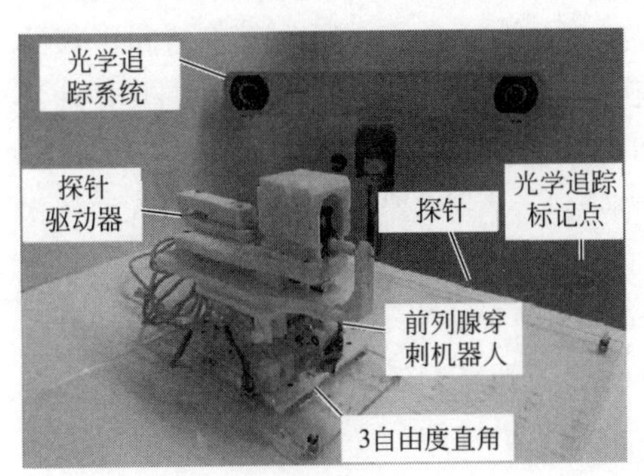

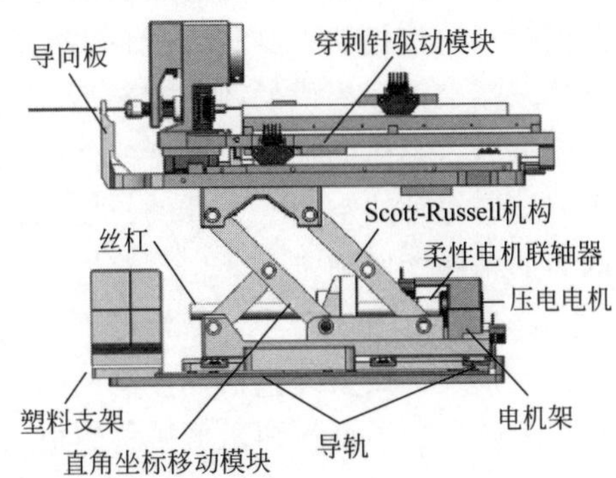

图 8-5 H. Su 等设计的 MRI 引导的前列腺机器人

德国霍夫研究所的 L. Chen 等研制了一个专用的 5 自由度 MRI 引导的前列腺机器人[22]，如图 8-6 所示，该机器人是串联和并联混合系统，由探针引导装置、三角支撑架和底座三部分组成。下部三角支撑架与底座铰链连接，提供探针引导装置的平移运动。上部是一个串行系统，探针把持架的旋转和偏转运动由安装在三角支撑架上的电机 4 和电机 5 控制，同时并行系统被其他三个电机控制。探针外壳制造成锥形，提高了患者舒适感，内部充满掺杂了钆粉的对比剂，使探针引导的位置在 MRI 中很容易被看到，解决了塑料在扫描中没有信号的问题，同时为了安全考虑，通过人工限制机器人输出力，如果探针在任何方向的力超过 500g 时，将自动分离探针引导装置。

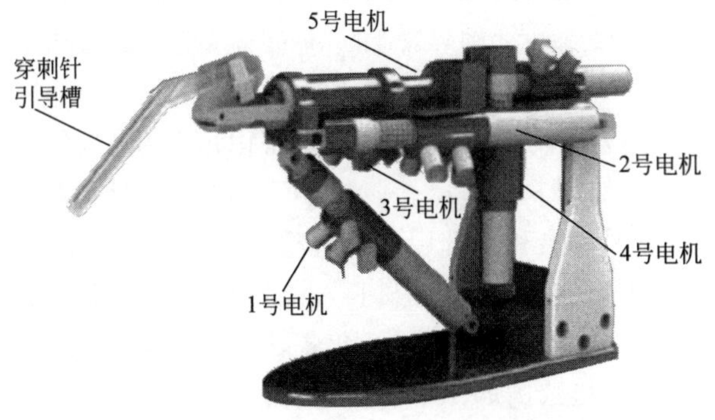

图 8-6 L. Chen 等设计的 MRI 引导的前列腺机器人

美国斯坦福大学的 S. Elayaperumal 等设计了一个 MRI 引导的双并联机构的前列腺机器人[23]，如图 8-7 所示。该机器人有两套双并联移动平台，每套移动平台包含一个双轴，由滑动移动关节连接，形成一个等腰三角形框架。每个主从结构的末端由移动关节连接，移动关节与针插入方向平行，允许 Z 方向的无限制的运动。该机器人具有 5 个自由度，包括 XYZ 三个方向的移动运动和由主从结构末端平衡环提供的两个旋转运动，两个旋转运动可以控制针在 X 和 Y 轴的两个方向。整体的尺寸由患者的两腿之间的距离空间和 MRI 扫描仪的直径尺寸来确定。双轴的空间、支撑的长度和移动平台尺寸由机器人的灵巧度和机构传递的力的精确度所确定。

2011 年，Bax 等[24] 研制了一个超声和穿刺针定位一体的前列腺介入治疗机器人系统，该系统包括经会阴的超声驱动装置和穿刺针驱动装置。穿刺针驱动装置由两个远心平行四边形机构组成，两个远心机构的远心点所在直线安装有可伸缩的针导向套，针导向套上固定穿刺针，医生可以改变两个远心点所在直线姿态，而灵活地改变调整针尖与皮肤穿刺点的姿态。在琼脂前列腺假体模型中，种子放置精度小于 1.6mm，针的轨迹偏差小于 1.2mm。

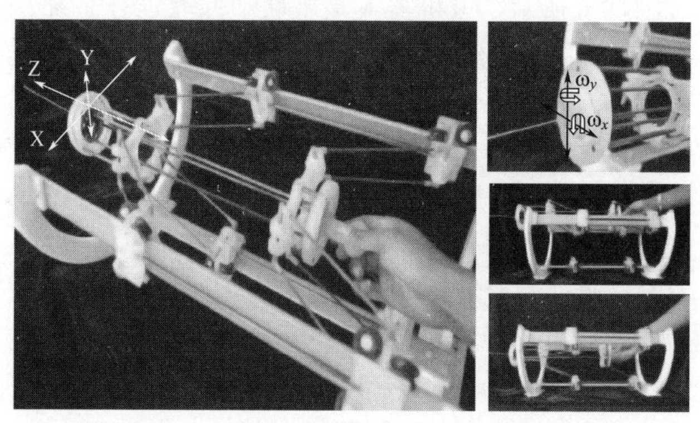

图 8-7 S. Elayaperumal 等设计的 MRI 引导的双并联前列腺机器人

2012 年，天津大学姜杉等设计了一个 6 自由度基于核磁图像导航的前列腺针刺手术机器人[25]，如图 8-8 所示。该机器人包括穿刺层模块、平移层模块以及抬升层模块。其中平移层和抬升层可以调整穿刺针的进针角度，并采用超声波电机驱动，杆件采用工程塑料聚甲醛材料，能满足核磁兼容要求。

上海交通大学的孟纪超[26] 于 2012 年提出了一台磁共振兼容的 6 自由度前列腺穿刺定位机器人。其结构如图 8-9 所示。该机器人采用串并混联机构设计，包括定向、定位、穿刺三个部分。其中，定位装置采用 SCARA 型机器人，具有 5 个自由度；定向装置为一个并联机构，具有 3 个自由度；穿刺装置具有 1 个自由度，由齿轮齿条机构实现。

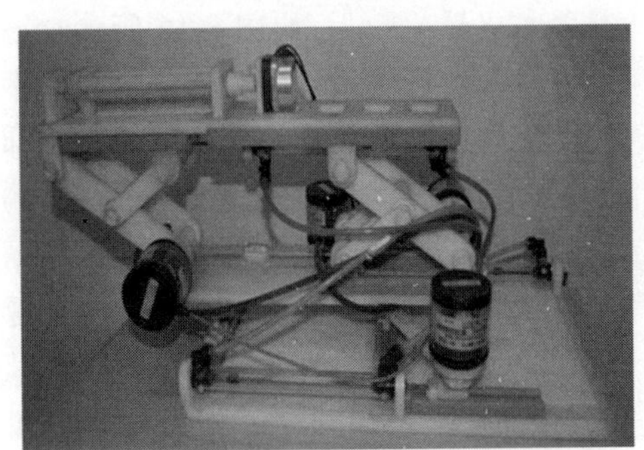

图 8-8 核磁兼容气动针刺手术机器人样机

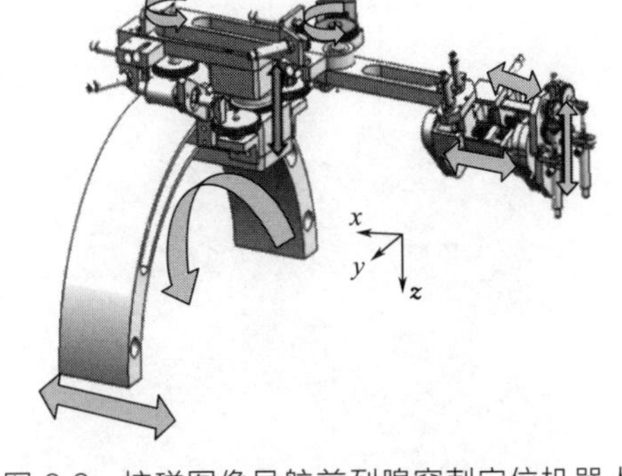

图 8-9 核磁图像导航前列腺穿刺定位机器人

2008 年，哈尔滨理工大学张永德等提出了基于 Motoman 机器人的前列腺活检系统，如图 8-10 所示。该系统设计了一个穿刺扎针机构，开发了机器人辅助系统的运动控制软件，进行了机器人穿刺、定位控制试验。但该机器人属于原理实验系统，采用 Motoman 工业机器人作为操作驱动机构，体积庞大，不宜应用于临床[27]。2012 年，该团队又设计了一种 5 自由度直角坐标式前列腺活检机器人，该机器人定位精度高，但体积比较大，操作不够灵活[28]。

天津大学的杨志永于 2010 年设计了一台 MRI 兼容的前列腺穿刺活检机器人[29～31]，如图 8-11 所示。该机器人由平面移动机构、升降结构和进针机构三个模块组成。其中平面移动机构和升降机构均采用 2 自由度并联机构，进针机构采用螺旋机构。整体结构采用串并混联方式，有效地结合了并联机构高刚度、高负载、低惯性、速度快以及串联机构工作空间大、灵活性高的优点，适用于 MRI 扫描仪内的狭小空间，能较好地满足前列腺穿刺活检手术的要求。

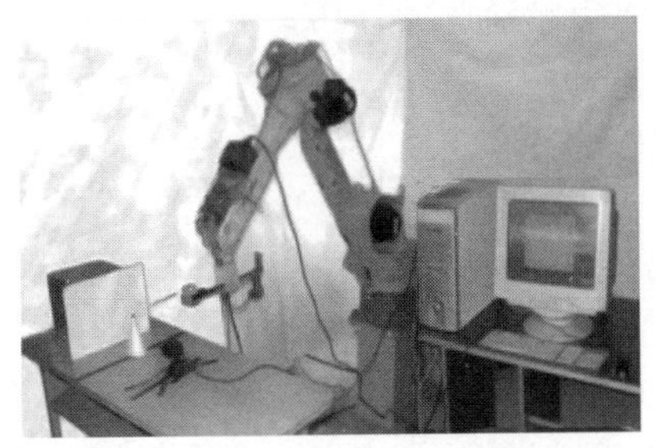

图 8-10 基于 Motoman 机器人的前列腺活检系统

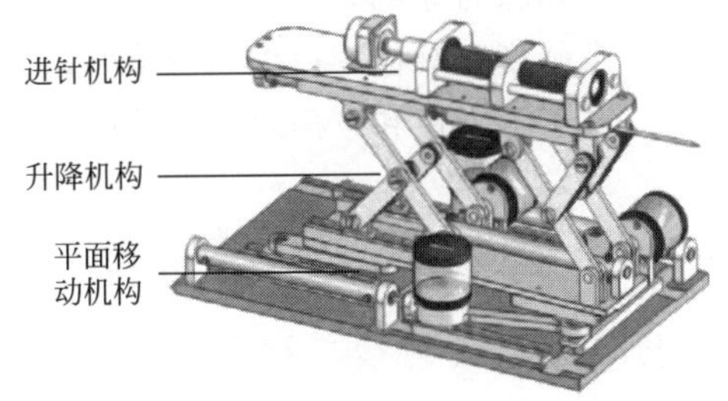

图 8-11 杨志永设计的前列腺穿刺活检机器人

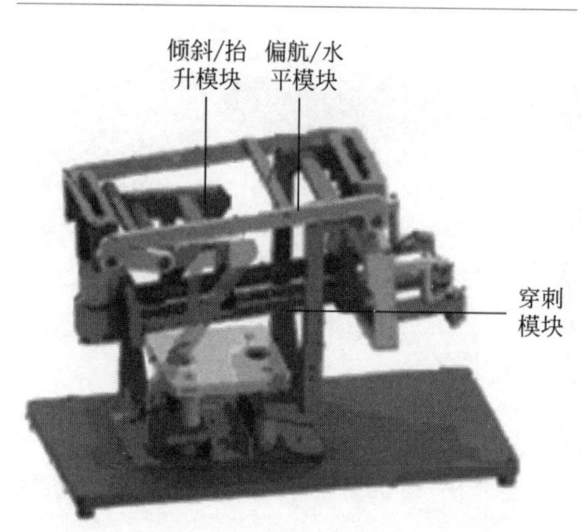

图 8-12 姜杉设计的前列腺穿刺手术机器人

天津大学的姜杉于 2014 年设计了一种新型 MRI 引导的前列腺穿刺手术机器人[32]，如图 8-12 所示，该机器人由倾斜/抬升模块，偏航/水平模块和穿刺模块三个模块组成。俯仰运动和抬升运动由同一平面上并联的两个螺旋副实现。如果两个螺母不同步运动，可以产生倾斜；如果两个螺母同步运动，则可以实现抬升运动。在偏航/水平模块中，当两个螺母不同步运动时可以实现偏航运动，同步运动时可以实现水平运动。穿刺针直接由丝杠螺母副驱动。该机器人工作空间小，由于采用混联形式装配，刚度较好，在核磁兼容性和控制难易程度上占有一定优势。

8.3 前列腺微创介入机器人的关键技术

虽然机器人可以承担高强度、高精度的工作，但机器人的使用引出如下关键问题。

① 前列腺图像的轮廓分割，直接影响前列腺重建精度；

② 符合临床手术要求和特点机器人的构型和末端手术器械，覆盖会阴处操作空间的机器人最优尺寸；

③ 前列腺与穿刺针之间的交互作用，这将影响穿刺的好坏；

④ 高精度穿刺作用机理以及策略；

⑤ 基于重力矩和摩擦力矩补偿的低速高精度控制。

8.3.1 前列腺 MRI 图像的轮廓分割

MRI 相比 X 射线、超声和 CT，具有无电磁辐射伤害，能多方位、多平面、多参数成像，具有优良的软组织分辨能力等优点[33]，不仅可以作为术前诊断依据，而且可以在手术治疗过程中引导医生进行手术操作。但前列腺 MRI 图像显示前列腺外边界模糊，内部灰度分布不均匀，无法为前列腺机器人提供清晰明确的目标靶点及所在区域位置，难以满足高精度引导前列腺机器人手术的需要[34,35]。精准的前列腺图像MRI可为前列腺机器人提供手术目标靶点所在区域的位置，并将手术中的指导信息和修正信息传递给前列腺机器人，前列腺机器人接收信息后能够控制和调整手术针，对其在手术视野中的位置进行精确定位。MRI引导前列腺机器人进行手术治疗是医学和工程学相结合的典范，在前列腺癌治疗上是一个革命性的重大转变。

对于MRI前列腺外轮廓图像分割方法，国内外学者提出了多种多样的方法：S. Klein等在基于多图谱的前列腺MRI自动分割中提出了局部互信息的非刚性配准的方法[36]；M. Mitchell等结合前列腺形状，区域特性和组织间的相对位置关系等先验知识，将遗传算法和水平集相结合，提出了一种前列腺MRI自动分割方法[37]；W. Xiong等为了在不影响分割精度的情况下降低分割时间，提出了一种图切割技术和几何活动形状先验知识的水平集相结合的方法[38]。下面介绍基于距离调整水平集演化（distance regularized level set evolution，DRLSE）分割方法[39]的前列腺MRI两步分割。

DRLSE分割方法源于水平集方法为基础的几何活动轮廓模型，基本思想是在图像区域内定义一个曲线或曲面的形变模型，形变模型在使能量函数递减算法的驱使下产生形变，直到到达目标的边缘。该模型将活动曲线看成两个区域的分界线，活动曲线的运动过程就是分界线的进化过程（寻找目标点的能量函数最小化的过程），轮廓曲线运动过程独立于轮廓曲线的参数，可以自动处理拓扑结构的变化，这提供了一种将曲线（面）演化的问题转换成高一维的水平集演化的隐含方式求解的方法。该方法提出的水平集不同于普通水平集的是所建立的能量函数中融入了距离调整项，水平集在演化过程中引起周围的扩散效应可以维持期望的形状和期望轮廓附近的距离，使水平集保持规则性。待分割的轮廓内含于水平集函数的零水平集中，通过符号距离函数特性来保持水平集函数在演化过程中的光滑性，既不陡峭也不平坦，而且可以不断进行调整，不必重新初始化，也避免了通用水平集方法在不断初始化过程中所引起的数值错误。其最显著的优点是将图像数据、初始轮廓的选取、目标轮廓特征以及知识的约束条件都集成在一个特征提取过程中。

前列腺MRI包括T1（纵向弛豫时间）和T2（横向弛豫时间）图像，在T1横断轴位图像上，正常的前列腺呈近似椭圆形，内部显示为均质中等信号，包膜呈不连续的低信号1～3mm线状影，如图8-13(a)所示，虽然通过T1图像很难区分内部各区的解剖关系，但前列腺包膜外侧是高信号静脉丛，使前列腺与周围组织形成鲜明对比。在T2横断轴位图像上，前列腺内部结构显示清晰，其中，外周带表现为高信号，两侧对称，横断轴位呈月牙形，中间是移行带与中央带及尿道周围腺，单从信号上无法区分这三部分带区，故统称为中央腺，信号低于外周带，横断轴位呈三角形或圆形，如图 8-13(b) 所示。前纤维肌质带（中央腺前部）在 T1 及 T2 均呈低信号。

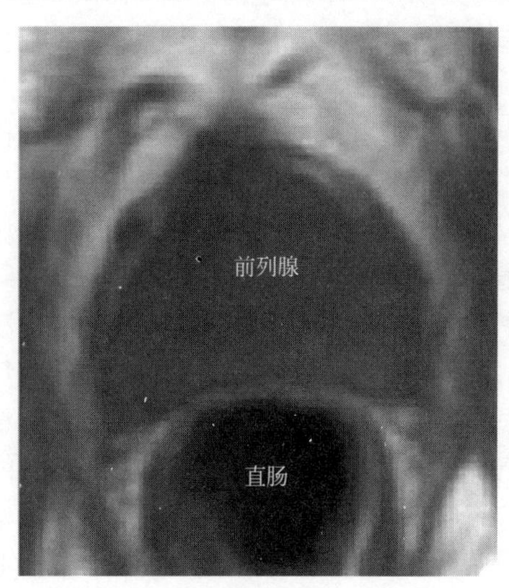

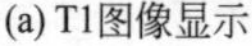
(a) T1图像显示

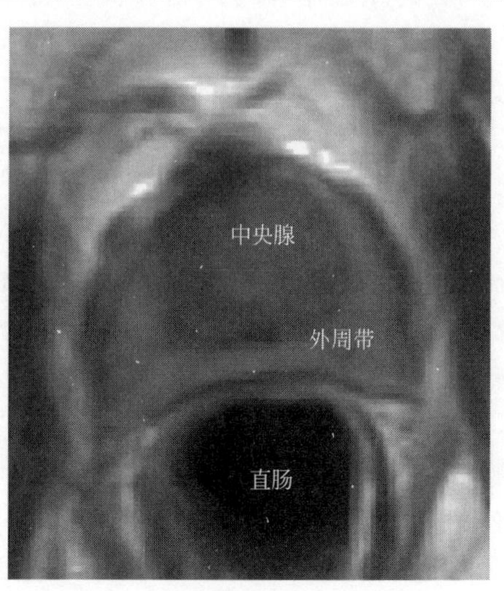

(b) T2图像显示

图 8-13 前列腺解剖结构 MRI 显示

由前列腺 MR T1 和 T2 图像信号显示研究分析可知，由于 T1 图像很难区分内部解剖结构，通过 T1 图像很难实现内部区域的分割，但内外信号对比鲜明，以包膜为界可实现外轮廓的分割。而 T2 图像内部结构显示清晰，外周带与中央腺信号形成明显对比，可实现内区域的分割。但当前列腺未从周围组织环境中分割出来之前，T2 内部清晰的多区域信号灰度值将干扰外轮廓的提取与分割。由此分析，仅仅依靠 T1 或 T2 任何一种图像都难以实现前列腺内外轮廓的全分割。因此，本节提出了基于 MR T1 与 T2 图像相结合的前列腺两步分割法。首先基于 T1 图像进行外轮廓分割，然后结合外轮廓分割的结果，基于 T2 图像实现中央腺和外周带内部区域分割。临床经验表明，前纤维肌质区基本不发生原发性病变；在尿道周围腺和移行带，主要分泌黏液，是良性增生（benign prostate hyperplasia，BPH）的好发部位，中央带很少发生原发性病变，即中央腺是良性增生好发的部位；外周带不分泌黏液而产生大量的酸性磷酸酶，是前列腺癌好发部位，由此将前列腺内部划分为中央腺与外周带两个区域是具有临床指导意义的。前列腺 MRI 两步分割流程如图 8-14 所示。

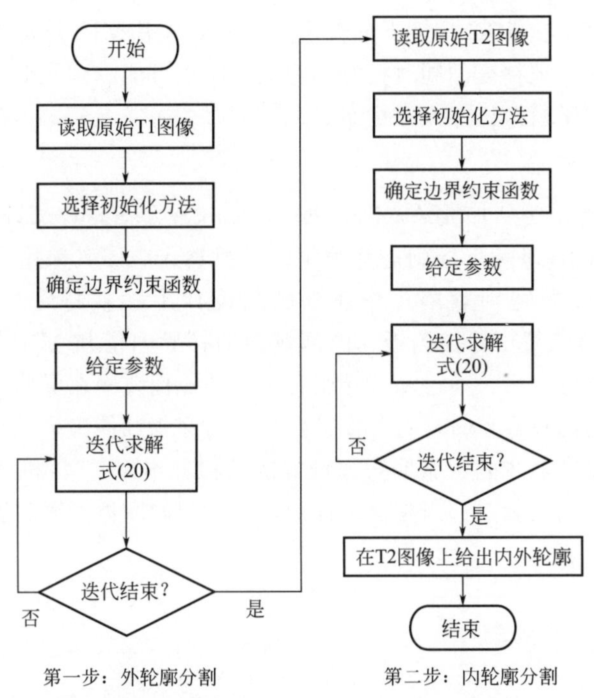

图 8-14 前列腺 MRI 两步分割流程

8.3.2 前列腺微创介入机器人构型

由于前列腺手术的膀胱截石位的特点，可计算出截石位的可操作空间，数据参考了文献[40]，可操作空间左视图和俯视图如图 8-15 所示。

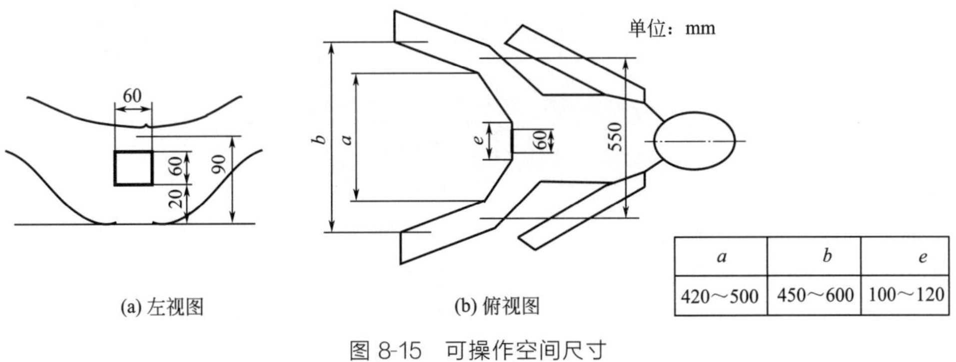

a	b	e
420～500	450～600	100～120

图 8-15 可操作空间尺寸

由操作环境可知，前列腺手术的操作空间非常狭小，这就需要活检机器人结构尽量紧凑一些。在MRI环境下的粒子植入还要考虑MRI环境下的机器人材料的兼容性，并在保证精度的同时把对图像的影响尽可能降到最低。下面介绍几款典型的活检、粒子植入机器人结构。

（1）软轴传动式

如图8-16所示为新加坡Axel Krieger，Robert C. Susil，Cynthia Ménard等设计的一款在MRI环境下穿刺前列腺组织的机器人。因其采用软轴驱动，所以其末端结构设计的特别紧凑。并且该团队设计了一款特殊的末端装置，如图8-17所示，该装置由保护挡板、内部弯曲的针导向槽和MRI成像线圈组成。在机器人进入直肠之后，通过末端穿刺机构上的成像线圈在屏幕上清楚地看到末端执行器。当达到目标点时，打开保护挡板，将穿刺针伸出。但是活检需要快速对活检针进行击发，才能可靠地获得良好的活检样本[41]。该机构由于其使用软轴驱动，所以其结构紧凑。但是由于针的弯曲引起的摩擦，该装置很难用弯曲的通道实现快速针刺。

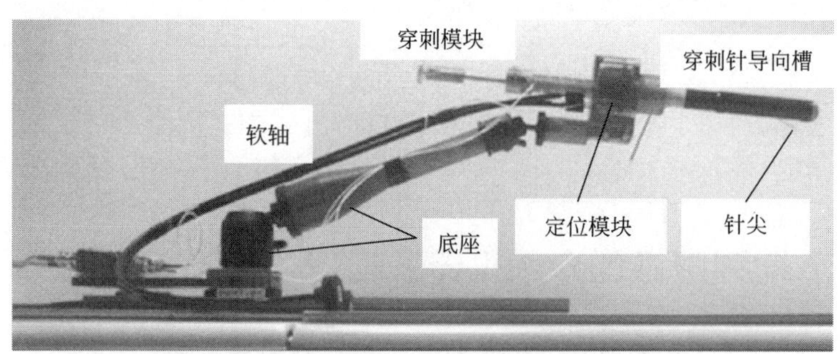

图8-16 与MRI兼容的经直肠前列腺活检机器人

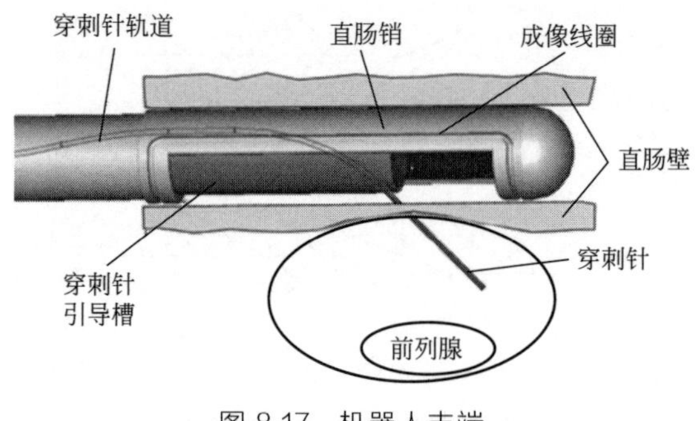

图8-17 机器人末端

(2) 超声电机驱动式

加拿大的A. Goldenberg，J. Trachtenberg，M. Sussman等在2010年设计了一款基于MRI导航的6自由度经会阴前列腺介入医疗机器人，如图8-18所示。该机器人使用套管针为执行机构，进针部分有沿针轴向的直线运动和绕活检针轴线旋转两个自由度，活检针的进针姿态由两个旋转自由度调节。机器人本体有两个自由度，分别为一个横向移动自由度和一个垂直移动自由度[42]。该机器人结构小巧，只有30cm宽，能很好地适应人体结构在前列腺穿刺活检手术时对空间的要求。

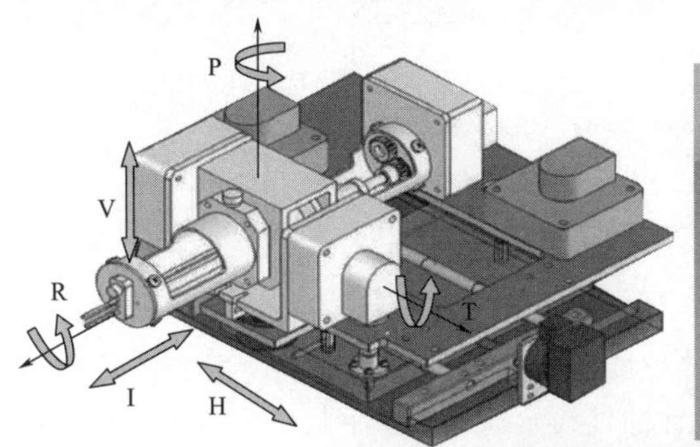

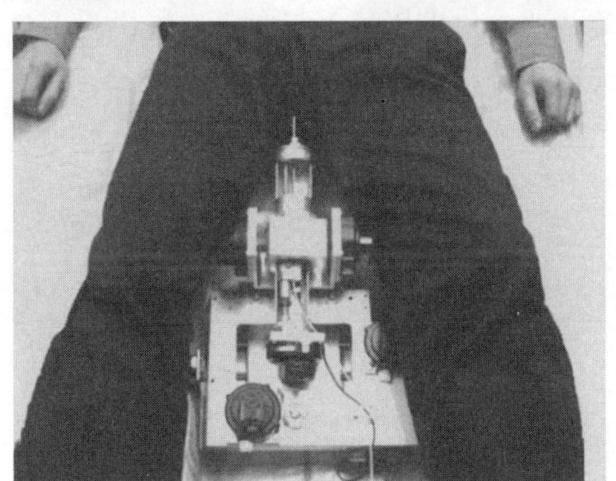

图8-18 MRI导航的6自由度经会阴前列腺介入医疗机器人

(3) 气动式

美国佐治亚大学的Yue Chen等，设计了一台气动式MRI兼容前列腺活检机器人，如图8-19(a)所示。该机器人大部分组件都是使用塑料材料（ABS）3D打印而成，导向杆由黄铜制成。其可在平面内±15°旋转，如图8-19(b)所示。但这个旋转需要将旋转杆手动固定到支撑板上的预定位置来实现。该团队还设计了一款用于驱动该型机器人的气动电机[43]。

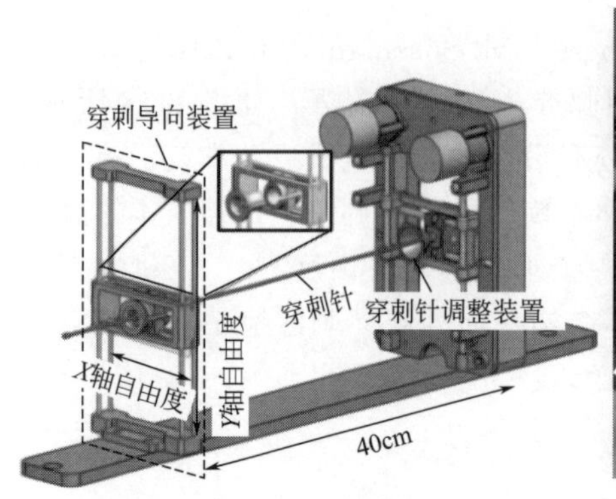

(a) 气动机器人三维模型

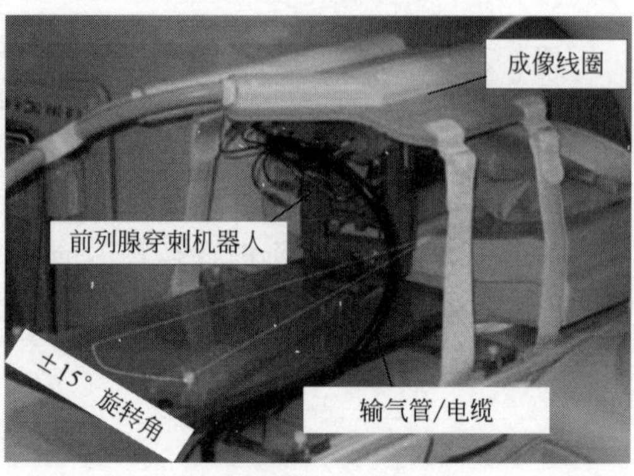

(b) 该机器人可旋转的角度

图 8-19 气动式 MRI 兼容前列腺活检机器人

(4) 悬臂式电机驱动

哈尔滨理工大学张永德等设计了一台悬臂式前列腺粒子植入机器人[44]，如图 8-20 所示。该机器人选择串联开链形式结构，由一个移动副、两个转动副组成，进针采用水平直线运动的方式，针的轴线始终处于水平状态。为此，针搭载平台与大臂的回转关节的连接采用了平行四边形机构。小臂驱动电机亦是通过平行四边形机构形式实现了对小臂的驱动。

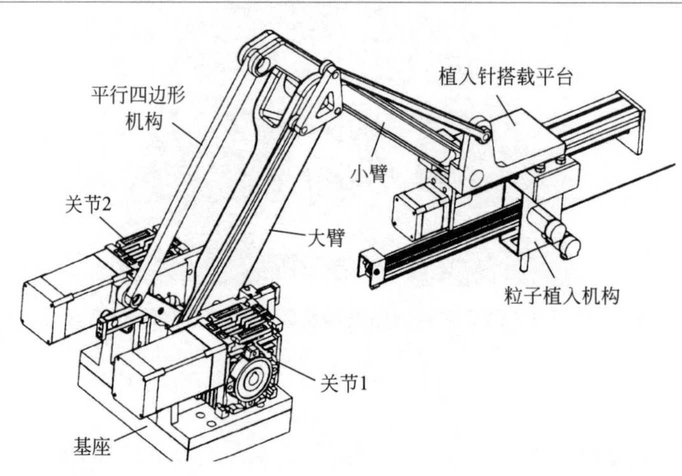

图 8-20 张永德等设计的悬臂式前列腺粒子植入机器人

软轴传动式机构由于其驱动端远离末端执行部件，因此其末端执行部件一般来说做得比较精密，但由于软轴传动的迟滞性，对整个系统的控制提出了很高的要求；超声电机驱动式虽然将普通电机替换成超声电机，从而将对 MRI 成像的影响降到最低，但引入的控制系统的电磁干扰会对 MRI 成像造成影响；气动式驱动虽然对成像没有影响，但泵站会产生噪声，并且空动传动不易控制；悬臂式将整个驱动模块和控制系统远离核磁共振仓对成像几乎没有影响，但这也造成了其体积大的缺点。

8.3.3 前列腺微创介入机器人穿刺特性

针介入前列腺中，前列腺会产生漂移、变形，针尖会产生偏转。很多学者通过改变针尖的几何形状、穿刺针直径、穿刺针弹性模量以及进针速度等或者采用不同的进针策略来减小组织变形和针的偏转，从而提高针尖在组织内的定位精度。

超声图像导航下前列腺的穿刺手术过程如图 8-21 所示，穿刺针和软组织的交互过程中，软组织表现为变形、破裂以及裂纹延伸[45]，每种状态对应着穿刺针所做的功和弹性应变能两种能量的转化，将前列腺穿刺过程力学模型量化为四个阶段，如图 8-22 所示。

① 穿刺前。穿刺针与前列腺组织表面未接触。

② 变形阶段（A 至 B）。穿刺针挤压软组织，穿刺针所做的功以弹性应变能形式存储在软组织试样中，随着穿刺针与软组织的交互力增大，组织所承受的应力也逐渐增大到最大应力处，此过程穿刺力等于硬度力。

③ 穿刺阶段（B 至 D）。分为破裂阶段和裂纹延伸阶段。在破裂阶段（B 至 C），穿刺针与组织之间的交互力瞬间减小，变形阶段所存储的弹性应变能被迅速释放，穿刺针几乎没有运动，对软组织不做功；在裂纹延伸阶段（C 至 D），穿刺针克服摩擦力所做的功等于软组织变形存储的弹性应变能和软组织破裂消耗的不可逆转能量，此过程穿刺力等于切割力与摩擦力的合力。

④ 退针阶段。穿刺针主要克服摩擦力做功，穿刺力等于摩擦力。

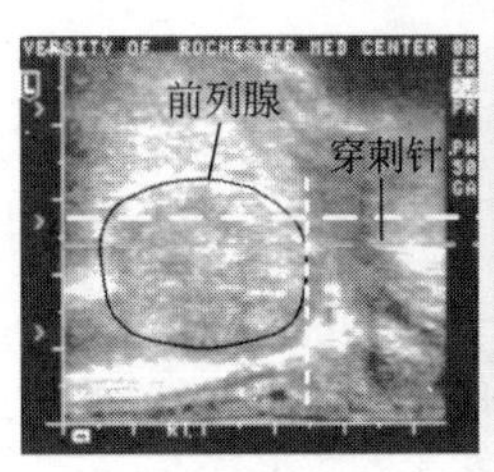

(a) 穿刺前

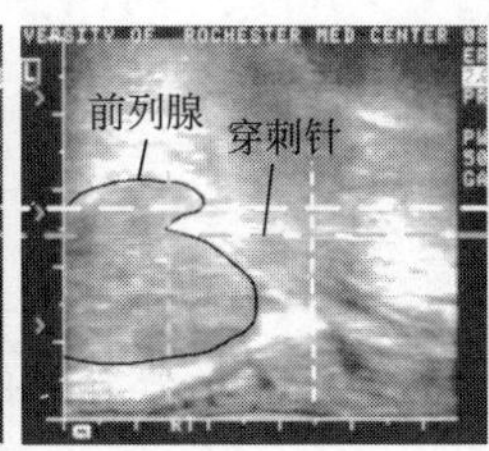

(b) 变形阶段

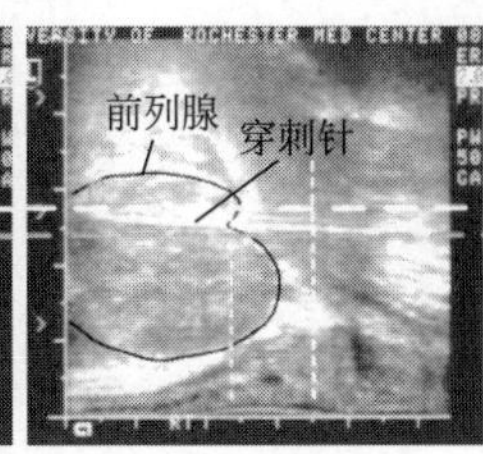

(c) 穿刺阶段

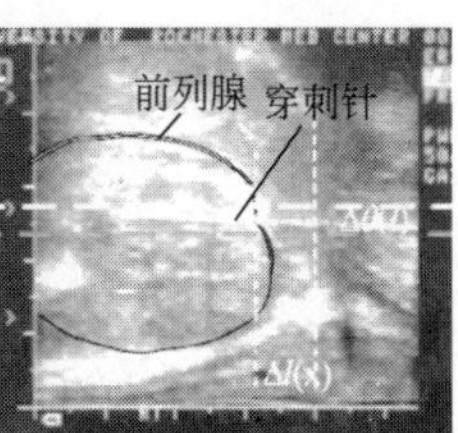

(d) 退针阶段

图 8-21 超声图像导航下前列腺穿刺手术过程

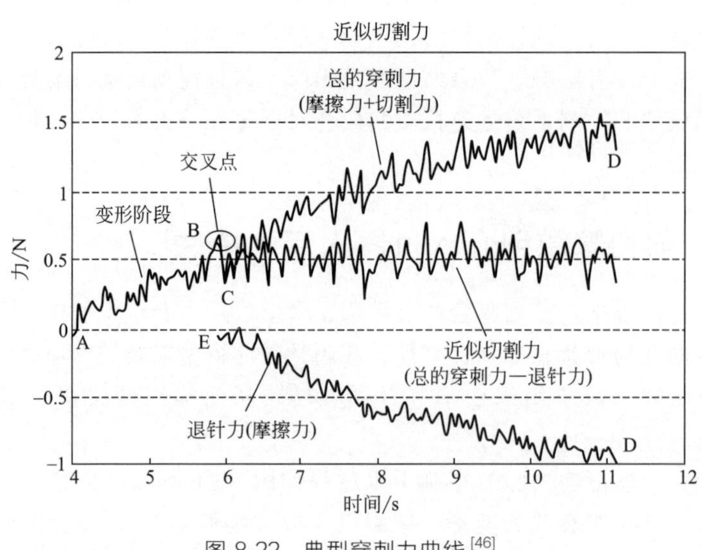

图 8-22 典型穿刺力曲线[46]

8.3.4 前列腺微创介入机器人运动规划

(1) 机器人安全平面操作策略

在粒子植入过程中，考虑到机器人安全操作的问题，一般需要定义一个机器人末端的安全平面，如图 8-23 所示，以安全平面到基座系 $\{o\}$ 水平距离 z_0 为调整参数，并相应地改变机器人运动控制策略。

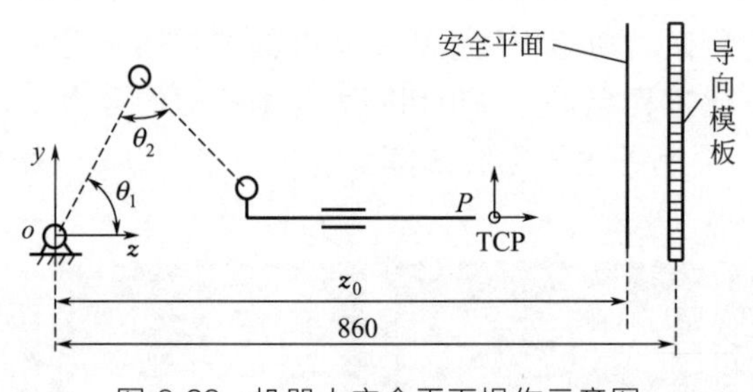

图 8-23 机器人安全平面操作示意图

当给定粒子植入任务后，机器人上电回零到标定零点。将规划粒子植入坐标代入运动学逆解方程中，求出需要跟踪的大、小臂关节角位移量。通过位置闭环跟踪控制机器人到达规划靶点，将实时跟踪大、小臂关节角位移，代入到运动学正解方程计算末端点 z 向距离 z_p。比较 z_p 与 z_0 大小关系，给出如下运动控制策略。

① 如果 z_p 小于 z_0，大、小臂关节和内外针都可以操作，也就是机器人末端只能在安全平面以内操作，且使机器人继续跟踪到目标角位移量。

② 如果大于或等于 z_0，大、小臂关节停止跟踪并通过程序锁定，而内、外针移动继续跟踪到目标位置，也就是机器人末端在超出安全平面以外时，大、小臂锁定，而只能操作内、外针。

③ 在内、外针移动中，还需判断规划坐标（x_i，y_i）是否与上一次相同，如果相同就不用完全拔出外针，然后根据 z_i 坐标调整外针位置并注射粒子。

④ 如果不相同需要将外针拔出退到安全平面以内，同时将新坐标（x_{i+1}，y_{i+1}）代入到运动学逆解方程中，并重复上述过程，直至规划靶点全部植入粒子后结束。

(2) 粒子植入路径规划算法

对于一般男性前列腺肿瘤患者，平均 16 针定位穿刺，植入 73 颗 Pd^{103} 粒子(范围 55～113)[47]。采用机器人实施多目标点定位穿刺，需要对靶点的穿刺路径进行规划，以此减小穿刺时间和能耗，从而提高手术效率。

近年来，随着人们对各类智能算法研究的深入，许多研究人员将这些算法应用于解决路径规划问题，如神经网络、强化学习、模拟退火算法、遗传算法等。表 8-1 为几种典型的智能算法。

表 8-1 几种典型的智能算法

算法	算法思想	算法特点
神经网络	利用神经网络并行计算能力求解优化算法，将路径规划问题的优化过程与神经网络的演化过程对应起来	能够处理非线性的问题，应用广泛，适合并行计算，算法效率高，调参比较复杂
禁忌算法	模仿大脑的记忆功能，能够求解全最优解，使用了禁忌表来记录遇到过的局部极小点，在后续的搜索中将这些点排除在外	可以通过禁忌规则的设置来提高搜索效率和精度，但是结果依赖于初始解，而且计算量较大，不适合大规模的求解
模拟退火	模仿固体物质的退火过程，是一种基于概率的随机算法，能够防止陷入局部最优，从而获得全局最优	只要参数设置合理，几乎都能够达到全局最优，但算法的速度较慢
强化学习	模仿人类的学习过程，通过对感知环境采取各类的试探动作，不同的动作能够获得对应的奖励或者惩罚，然后不断调整行为策略	在机器人领域有着非常广泛的应用，对于学习规则的设置要求较高
遗传算法	模仿自然界优胜劣汰的准则，将一个优化问题优化过程比作物种的进化，不断地进行种群变异、交叉、选择的迭代过程，得到优化问题的解	遗传算法也是一种随机算法，整体效率不够高，且容易发生早熟现象

神经网络对环境的变化具有较强的自适应学习能力，有较好的抗干扰能力，能根据实时信息更新网络，保证预测的实时性，因此神经网络算法更适合作为粒子植入的路径算法。神经网络可以分为四种类型，即前向型、反馈型、随机型和自组织竞争型。前向型网络是诸多网络中广为应用的一种网络，它是一种通过改变神经元非线性变换函数的参数以实现非线性映射，其代表性的模型是多层映射BP网络、径向基网络（RBF网络）。Hopfield神经网络是反馈型网络的代表，它是一个非线性动力学系统，已在联想记忆和优化计算中得到成功应用。在导向模板上进行多目标点定位穿刺，属于静态环境下的全局路径搜索问题，采用连续型Hopfield反馈神经网络搜索遍历靶点的最短路径，可以减少能耗和提高搜索效率[48]。

Hopfield反馈神经网络由相互连接的神经单元、偏置以及连接权值构成，采用微分方程建立连续型（CHNN）神经网络迭代更新方程

$$\begin{cases}\dfrac{\mathrm{d}u_i}{\mathrm{d}t}=\sum\limits_{j=1}^{n}w_{ij}v_j-\dfrac{u_i}{\tau_i}+\theta_i\\ v_i=f(u_i)\end{cases} \tag{8-1}$$

式中，w_{ij} 是神经元 i 与 j 连接权重；u_i、v_i 分别是神经元 i 的输入、输出；θ_i 是神经元阈值；f 是神经元激励 S 型函数。

将粒子植入路径规划问题映射成一个神经网络的动态过程，用换位 $n\times n$ 矩阵表示植入 n 个靶点，矩阵中每一行对应一个靶点，且该行中第 i 个神经元输出为1时，表示该靶点已经被访问。例如有10个靶点需要植入粒子，被访问的路径是 $p_5\rightarrow p_2\rightarrow p_4\rightarrow p_7\rightarrow p_9\rightarrow p_3\rightarrow p_6\rightarrow p_1\rightarrow p_{10}\rightarrow p_8$，则Hopfield神经网络输出的有效解二维矩阵如表8-2所示。

表8-2 10个靶点的访问路径

靶点 \ 次序	1	2	3	4	5	6	7	8	9	10
p_1	0	0	0	0	0	0	0	1	0	0
p_2	0	1	0	0	0	0	0	0	0	0
p_3	0	0	0	0	0	1	0	0	0	0
p_4	0	0	1	0	0	0	0	0	0	0
p_5	1	0	0	0	0	0	0	0	0	0
p_6	0	0	0	0	0	1	0	0	0	0
p_7	0	0	0	1	0	0	0	0	0	0
p_8	0	0	0	0	0	0	0	0	0	1
p_9	0	0	0	0	1	0	0	0	0	0
p_{10}	0	0	0	0	0	0	0	0	1	0

表 8-2 构成了 10×10 的矩阵，该矩阵中每行每列神经元只能有一个元素为 1，其余的全为 0，否则搜索的路径无效。采用 u_{xi}、v_{xi} 表示神经元（x，i）的输入、输出值。假如靶点 x 在第 i 位置上被访问，则 $v_{xi}=1$，否则 $v_{xi}=0$。式(8-1) 的解在状态空间中总是朝着能量 E 减小的方向运动，即神经网络的最终输出向量 $\boldsymbol{V}$ 达到网络的稳定平衡点，也就是能量 E 的最小点[49]。

定义网络的 Lyapunov 能量函数为

$$E=\frac{A}{2}\sum_{x=1}^{n}\left(\sum_{i=1}^{n}v_{xi}-1\right)^{2}+\frac{A}{2}\sum_{i=1}^{n}\left(\sum_{x=1}^{n}v_{xi}-1\right)+\frac{B}{2}\sum_{x=1}^{n}\sum_{y=1}^{n}\sum_{i=1}^{n}v_{xi}d_{xy}v_{y,i+1} \tag{8-2}$$

式中，A、B 是权值；d_{xy} 是靶点 x 与 y 之间的距离。

利用式(8-1) 和式(8-2)，得到 Hopfield 神经网络求解最优路径动态方程

$$\frac{\mathrm{d}u_{xi}}{\mathrm{d}t}=-\frac{\partial E}{\partial v_{xi}}=-A\left(\sum_{i=1}^{n}v_{xi}-1\right)-A\left(\sum_{i=1}^{n}v_{yi}-1\right)-B\sum_{i=1}^{n}d_{xy}v_{y,i+1} \tag{8-3}$$

具体搜索流程如图 8-24 所示，输出结果记为最短粒子植入路径。

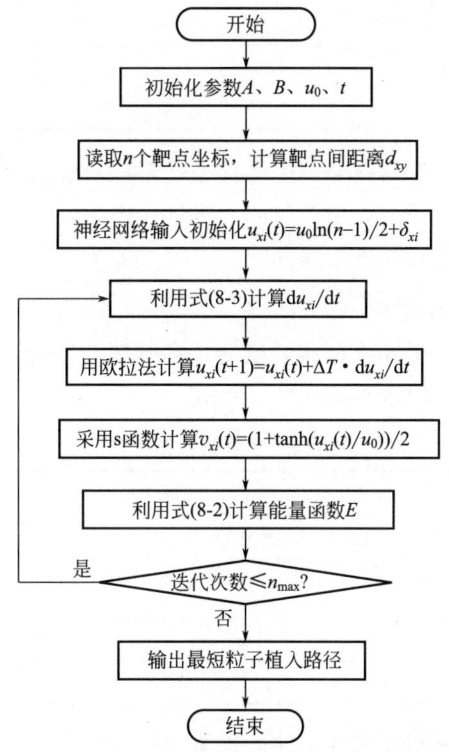

图 8-24 Hopfield 神经网络搜索最短粒子植入路径流程图

8.3.5 前列腺微创介入机器人的精确控制

机器人操控穿刺针在图像导航下实现粒子放置的“精准外科”手术还有许多关键技术需要解决：机器人本体精度和闭环控制对粒子放置位置的影响；针-组织相互作用时，前列腺的位移、变形以及针的偏转对粒子放置精度的影响。文献［50］给出机器人操控穿刺针在MRI图像导航下穿刺针定位精度的误差源以及相应的减小误差方法，如表8-3所示。

表8-3 穿刺针定位精度误差源分类及减小方法

精度	误差源	分类	误差最小化方法
内在的	机器人	机器人末端误差	机器人标定和闭环控制
		机器人基准坐标系注册	临时基准点
	针-组织相互作用	前列腺位移	针旋转，快速插入，扣刺
		前列腺变形	针旋转，快速插入，扣刺
		穿刺针偏转	针偏转模型，操控穿刺针
外在的	患者运动	—	麻醉，误差测量和补偿
	探头导致变形	—	不使用经直肠超声探头
	膀胱充满	—	—

针介入前列腺中，前列腺会产生漂移、变形以及针尖会产生偏转。这和穿刺针的参数如穿刺针的直径、针尖的角度、进针速度，以及插入软组织的深度是分不开的，因此很有必要对其进行探究。

（1）穿刺针最佳参数探究

针对针尖角度、穿刺针直径穿刺速度及穿刺深度进行正交实验，结合临床穿刺手术的要求，各因素的水平如表8-4所示。

表8-4 实验因素及水平

水平	实验因素			
	针尖角度 $\theta/(°)$	穿刺直径 d/mm	穿刺速度 v/(mm/s)	穿刺深度 ε/mm
1	30	0.7	2	30
2	45	0.9	8	40
3	75	1.2	20	50

依据上文确定的影响穿刺针偏转的因素及因素水平，选择正交表 $L_9(4)^3$ 设计穿刺针偏转正交实验方案，如表8-5所示。

表 8-5 实验方案

试验号	实验因素			
	针尖角度 $\theta/(°)$	穿刺针直径 d/mm	穿刺速度 v/(mm/s)	穿刺深度 s/mm
1	1(30)	2(0.9)	1(2)	1(30)
2	1(30)	1(0.7)	2(8)	2(40)
3	1(30)	3(1.2)	3(20)	3(50)
4	2(45)	2(0.9)	2(8)	3(50)
5	2(45)	1(0.7)	3(20)	1(30)
6	3(45)	3(1.2)	1(2)	2(40)
7	3(75)	2(0.9)	1(2)	2(40)
8	3(75)	1(0.7)	3(20)	3(50)
9	3(75)	3(1.2)	2(8)	1(30)

针偏转实验平台如图 8-25 所示，主要由穿刺机构、Arduino 控制器、硅胶假体、标定纸以及穿刺针（18G、20G、22G）组成。按照表 8-5 所示的实验方案进行 9 次穿刺实验，通过控制输入步进电机脉冲的频率、数量以及方向实现 2mm/s、8mm/s、20mm/s 这 3 种进针速度，以及 30mm、40mm、50mm 这 3 种进针距离。

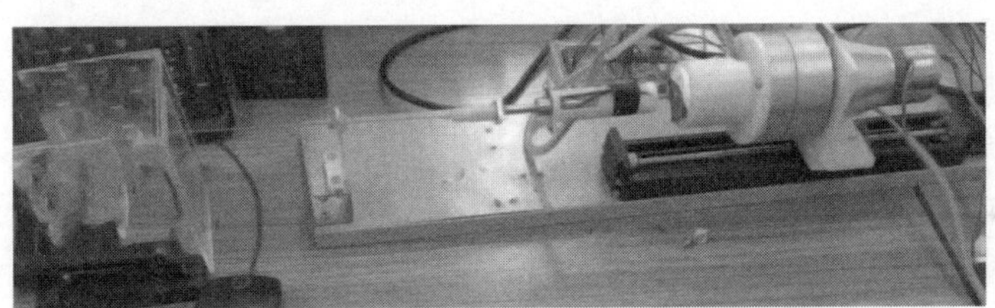

图 8-25 针偏转实验台

9 次穿刺实验结束后采用极差分析法判断各因素对实验结果影响的主次顺序，获得最优水平组合。记录实验结果如表 8-6 所示。

表 8-6 实验结果分析

实验号	实验因素				针尖偏转 Δx/mm
	A	B	C	D	
1	1	2	1	1	3.4
2	1	1	2	2	6.0
3	1	3	3	3	10.7
4	2	2	2	3	13.9

续表

实验号	实验因素				针尖偏转 Δx/mm
	A	B	C	D	
5	2	1	3	2	9.7
6	2	3	1	1	5.9
7	3	2	1	2	10.5
8	3	1	3	3	14.7
9	3	3	2	1	6.7
K1	20.1	30.4	28.2	16	
K2	29.5	27.8	26.7	26.2	
K3	31.7	23.3	26.6	39.3	
k1	6.7	10.1	9.4	5.3	
k2	9.8	9.3	8.9	8.7	
k3	10.6	7.8	8.9	13.1	
极差 R	3.9	2.3	0.5	7.8	
主次顺序	D>A>B>C				
优水平	A_1	B_3	C_3	D_1	
优组合	$A_1B_3C_3D_1$				

从表 8-6 中可以得出以下结论：

① 针尖角度越小，针尖偏转越小。

② 穿刺针的直径越大，针尖偏转越小，但对针尖偏转的影响相对较小。

③ 穿刺速度越快，针尖偏转越小，但也对针尖偏转的影响相对较小。

④ 穿刺深度越深，针尖偏转越大。

⑤ 在影响针尖偏转的主次顺序中，穿刺深度 s 影响最大，针尖角度 θ 次之，穿刺针直径 d 再次，穿刺速度 v 最小。

⑥ 最优的针偏转进针参数组合为 $A_1B_3C_3D_1$，即针尖角度 $\theta=30°$，穿刺速度 $v=20$mm/s，穿刺针直径 $d=1.2$mm，穿刺深度 $s=30$mm 时，可以减小针穿刺过程的偏转，从而提高针尖的定位精度。

(2) 高精度穿刺方法探究

高精度穿刺方法主要是减小穿刺时软组织的变形、穿刺针的偏转，从而提高穿刺针尖的定位精度。上文已经确定了减小穿刺针偏转最优进针参数组合：针尖角度 $\theta=30°$，穿刺速度 $v=20$mm/s，穿刺针直径 $d=1.2$mm，穿刺深度 $s=30$mm。下面进一步研究旋转、振动穿刺方法来提高穿刺的定位精度。

图 8-26 是设计的压电式振动、旋转穿刺装置，其组成包括：进针驱动机构、旋转驱动机构、振动机构以及穿刺机构。

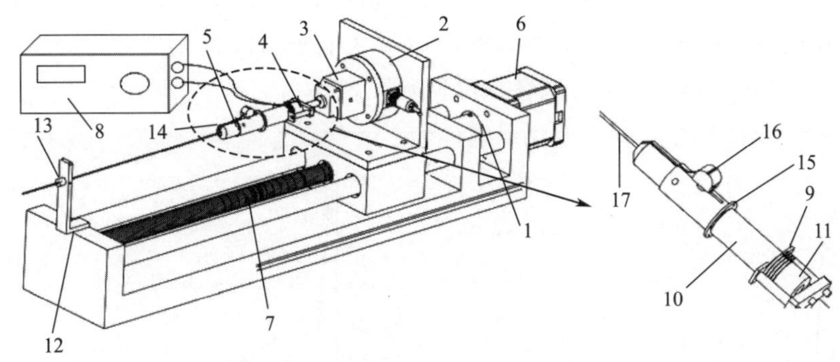

图 8-26 压电式振动、旋转穿刺装置

1—进针驱动机构；2—六维力矩传感器；3—旋转驱动机构；4—振动机构；5—穿刺机构；6—进针电机；7—丝杠；8—振动电源；9—电极片；10—换能器；11—压电堆；12—支撑架；13—导向套；14—小孔；15—穿刺针夹持器；16—弹簧按钮；17—穿刺针

首先考虑旋转进针穿刺，表 8-7 是旋转进针穿刺实验方案：在同一种进针条件下，采用猪肾脏进行 5 种旋转速度（0～2000r/min）下平均穿刺力测试实验和软组织最大缩进量实验；采用硅胶进行 5 种旋转速度（0～2000r/min）下平均针偏转实验，每组实验重复 5 次。

表 8-7 旋转进针穿刺实验方案

实验项目	实验材料	旋转速度/(r/min)	实验次数
穿刺力实验	猪肾脏	0,50,500,1000,2000	5
软组织最大缩进量实验	猪肾脏	0,50,500,1000,2000	5
针偏转实验	硅胶	0,50,500,1000,2000	5

图 8-27、图 8-28 分别是旋转穿刺猪肾脏平均穿刺力曲线和最大缩进量曲线图，图 8-29 是旋转穿刺硅胶模型最大针偏转曲线图。由图可知，给定进针速度 20mm/s，当增加最大旋转速度 2000r/min 后，在穿刺猪肾脏时，平均穿刺力减少了 0.3N±0.1N，软组织的最大缩进量减少了 13mm±0.2mm。而在穿刺硅胶假体时，针偏量减少了 2.4mm±0.1mm。随着旋转速度的提高，平均穿刺力、软组织最大缩进量和针偏转量都

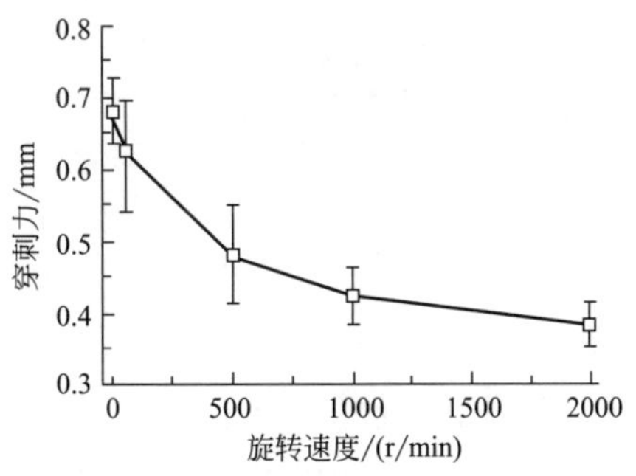

图 8-27 猪肾脏旋转-平均穿刺力曲线

逐渐降低，其中在旋转速度为 50～1000r/min 时，穿刺力降低幅度较为明显，为 87%；在旋转速度为 50r/min 时，软组织最大缩进量降低幅度为 74%；在旋转速度为 50～500r/min 时，针偏转量降低幅度为 57%。

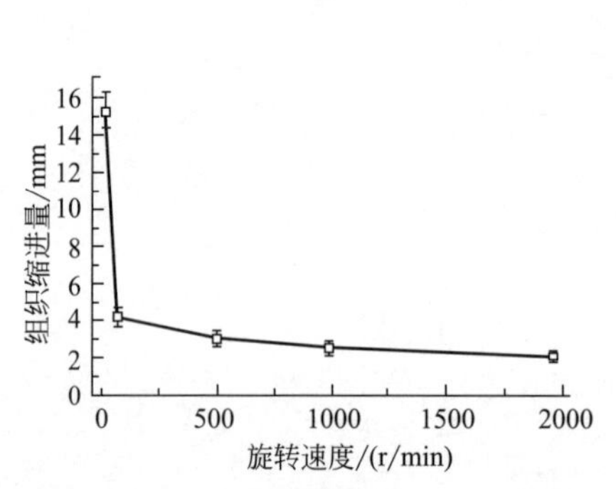

图 8-28 猪肾脏旋转-最大缩进量曲线

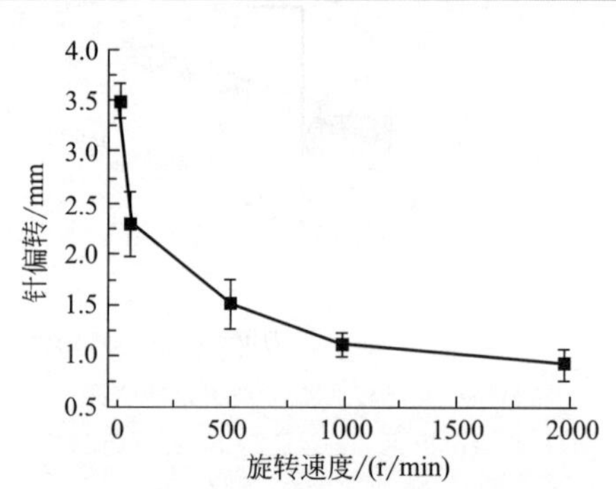

图 8-29 硅胶模型旋转-最大针偏转曲线

从上述实验结果可知，高速旋转穿刺软组织可以减小平均穿刺力，进一步研究旋转速度为 2000r/min，进针速度为 20mm/s 对穿刺过程中硬度力、摩擦力和切割力的影响规律。由图 8-30 穿刺猪肾脏穿刺力作用规律可知，在软组织变形阶段（A—B），增加旋转穿刺后硬度力峰值减小了 0.42N；在插入阶段（C—D），摩擦力和切割力平均减小了 0.1N；在退针阶段（D-E），摩擦力平均减小了 0.03N。

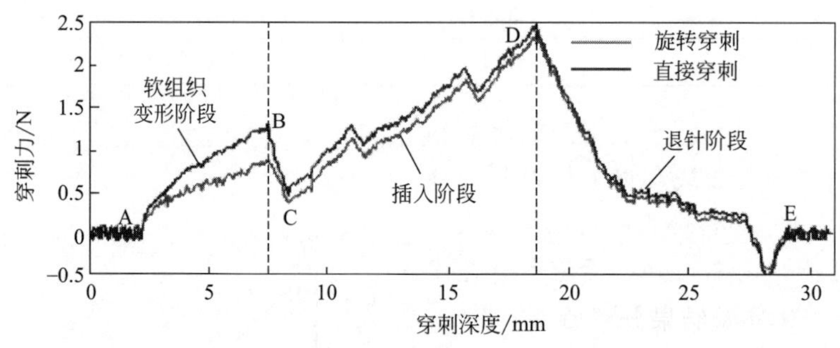

图 8-30 猪肾脏旋转—穿刺力变化曲线

(3) 超声辅助切割组织

超声辅助切割组织技术采用强大振动能量，使刀片与周围组织迅速分开，而不损伤周围的组织，已经常用于切除体表肿瘤[51]，因此将超声切割技术引入到前列腺振动穿刺中是未来发展方向。图 8-31 是振动穿刺原理，压电制动器以振

幅 A(μm)、频率 f(Hz)周期性振动作用在穿刺针(匀速进针速度为 v_0)上。

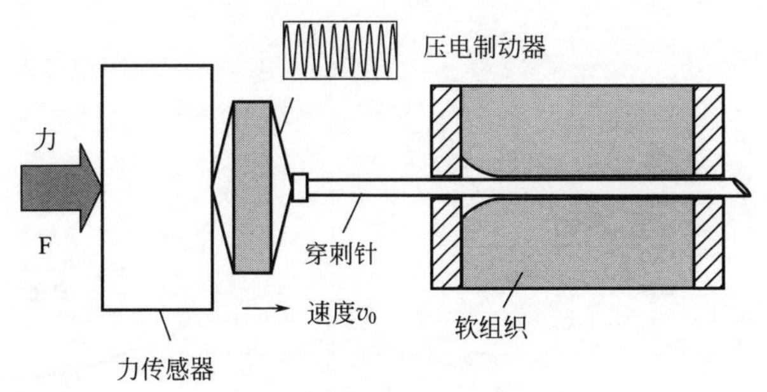

图 8-31 振动穿刺原理

为了测定不同振动频率、振幅组合对切向摩擦力大小作用机制，采用振动电源输入 5 种频率、3 种振幅，采集穿透软组织后力矩传感器数值。实验方案如表 8-8 所示，选择匀速进针速度 v_0=20mm/s，11 组不同频率、振幅组合穿刺实验，每组重复 4 次取切向摩擦力平均值。实验结果显示，在同一较低进针速度下，平均切向摩擦力随着 $A\omega$ 增大而逐渐减小。最优是第 10 组振动穿刺方案，其相对于第 1 组减小了摩擦力 0.2N±0.10N。

表 8-8 振动穿刺猪肾脏实验方案(v_0=2mm/s)

实验方案 频率 f/Hz \ 振幅/μm	10	25	50
100	#1	#2	#3
250	#4	#5	#6
500	#7	#8	
750	#9	#10	
1000	#11		

通过以上实验结果分析，较高振动频率、幅值组合，可以有效减小切向摩擦力。进一步用进针速度 20mm/s、振动频率 750Hz、振幅 25μm 进行有、无振动穿刺猪肾脏两种实验方案，对比分析了振动对整个穿刺过程中硬度力、摩擦力和切割力影响规律，图 8-32 是两种方案完整穿刺力对比曲线。从实验结果可知，在软组织变形阶段(A—B)，增加振动穿刺后硬度力变化较小；在插入阶段(C—D)，摩擦力和切割力平均减小了 0.20N；在退针阶段(D-E)，摩擦力平均减小了 0.15N。在整个穿刺过程中，增加振动后主要减小了插入过程、退针过程的切向摩擦力，另外振动也减小了 0.05N 切割力。

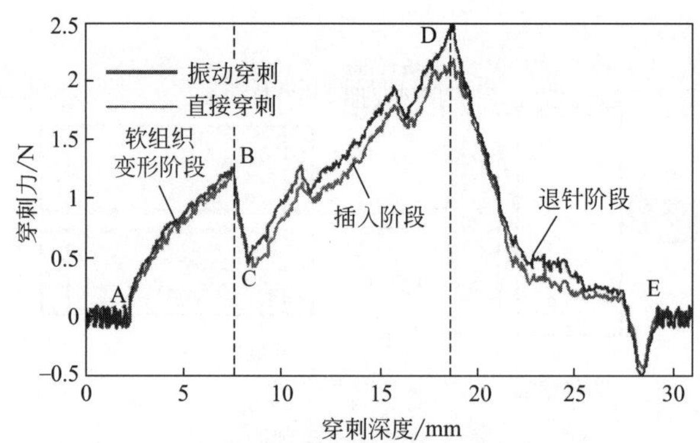

图 8-32 两种穿刺方案的穿刺力对比曲线

通过对旋转和振动穿刺机理的研究，提出如下的软组织高精度进针策略。

① 在前列腺变形阶段，采取快速进针速度 20mm/s＋高速旋转 2000r/min 组合进针策略，这种进针方式可减少穿刺过程的硬度力和软组织的变形。

② 前列腺被摸刺破阶段，在刺破瞬间穿刺力会存在力陡降点，通过一维时间序列穿刺力突变点检测算法找到刺破被摸时的时间点，然后暂停进针 1s，主要是等待软组织恢复一部分变形。

③ 在穿刺针进入前列腺内部阶段，等暂停 1s 结束后，将进针速度减小为 2mm/s，关闭旋转穿刺，开启振动穿刺频率 750Hz、振幅 25μm。这种进针方式减小了针体旋转对软组织重复性创伤，采用较低速度的振动进针也可以减少穿刺过程中的摩擦力，从而减小软组织的变形。

以上进针策略的实现，关键是找到前列腺被摸刺破时的时间点。数据采集卡以时间间隔 Δt[Δt＝进针深度 0.05mm/(进针速度 2mm/s)]，采集时间序列穿刺力数据 f_i，然后将穿刺力数据输入到滑动窗口模型中，如图 8-33 所示。在模型中的当前数据窗口中，采用 while（$\Delta f < \varepsilon$）循环不断搜索当前时刻穿刺力值 f_3 与前两个时刻力值 f_1、f_2 的差值 Δf，只要差值 $\Delta f > \varepsilon$ 搜索结束，记录此时刻 t_ε，然后在此时刻发送消息给机器人控制上位机，控制机器人停止进针。对于穿刺力抖动点的阈值 ε，采用力矩传感器多次测量穿刺同一软组织的力值变化曲线，

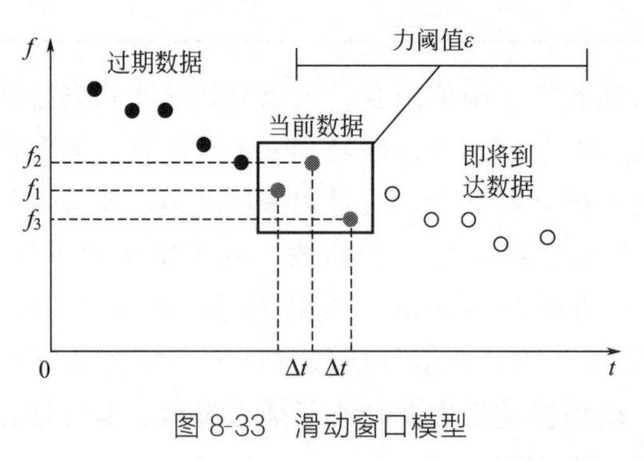

图 8-33 滑动窗口模型

综合计算值与观测值后，得到比较合适的穿刺力抖动点的阈值。

8.4 前列腺微创介入机器人介入实例

一般来说，能实现三维空间定位的常见结构形式主要是直角坐标式（$P_xP_yP_z$）、圆柱坐标式（$R_zP_zP_y$）、球坐标式（$R_zP_xR_x$）以及SCARA型（$R_zR_zP_z$）这4种类型。SCARA型操作灵活性较好，工作空间摆动范围较大。但由于前列腺微创手术患者特殊的截石位，为了改善机器人末端的承载能力、定位精度以及整体刚度，需将SCARA型改进。图8-34为哈尔滨理工大学设计的改进型。

通过运动副、连杆组成平行四边形机构，这个平行四边形机构将 J_2 关节驱动电机的动力及运动传递给小臂，以实现对小臂的驱动。这种改进的布局将小臂关节驱动电机的重量转移到基座上，降低了悬臂的质量，减小了绕大臂驱动关节的转动惯量，提高了机器人末端有效负载比。另外，在前列腺粒子植入过程中，穿刺针必须水平穿过网格导向模板孔，要约束末端平台在运行过程中始终保持水平轨迹，利用平行四边形机构的运动特性，增加一个三角平行架分别和大臂、基座及大臂连杆构成一组平行四边形机构，另外再和小臂、末端平台机构平行连杆构成另一组平行四边形。这两组串联平行四边机构可以使末端在运动过程中始终保持水平轨迹。

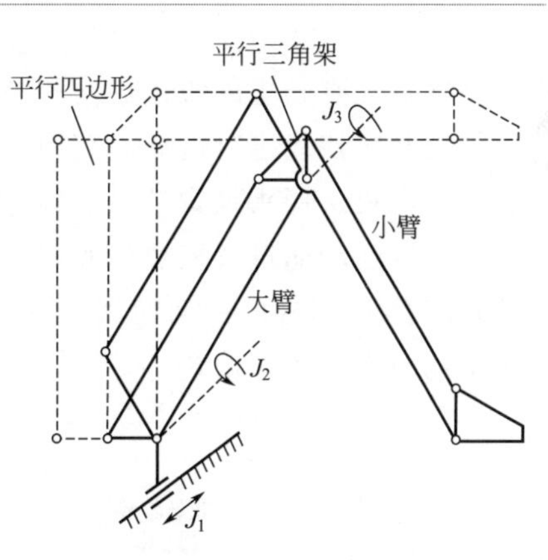

图8-34 构型改进方案

通过优化后，各个杆的长度如表8-9所示。

表8-9 优化后各个杆长

类型	参数	直线轨迹	曲线轨迹
优化大臂、小臂组合	大臂 l_1/mm	300	350
	小臂 l_2/mm	300	250
	能耗 E_o/J	2.57	4.18
	可操作性 w_o	0.315	0.204

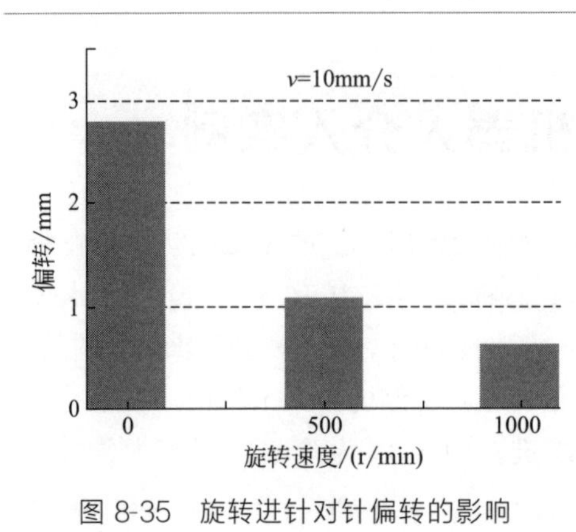

图 8-35 旋转进针对针偏转的影响

一般将放射性粒子植入器设计成独立的 2 自由度结构，文献［52］认为旋转进针能减小穿刺力和针的偏转。因此，采用硅胶模型分析了旋转进针与针偏转的关系，如图 8-35 所示，穿刺针的旋转可以减小针尖的偏转，因此穿刺针增加一个旋转驱动。图 8-36 是设计的 3 自由度电动放射性粒子植入器，主要由穿刺针、实心针、针驱动装置、传动装置、粒子供给装置等组成。

经直肠超声图像驱动机器人（TRUS robot）需要 2 个自由度，分别控制探头在直肠里的线性运动和回转运动，实时采集瘤边界和穿刺针，跟踪病灶点，控制机器人进行送针。超声探头驱动机构如图 8-37 所示，主要由超声探头、驱动电机、探头锁紧装置、U 形橡胶托架及探头支撑架组成。其中，超声探头的线性运动通过丝杠螺母实现，回转运动通过圆柱齿轮副传动完成。探头锁紧装置配合 U 形橡胶托架使用，可以固定超声探头，探头支撑架可以防止超声探头运动时产生姿态偏转。

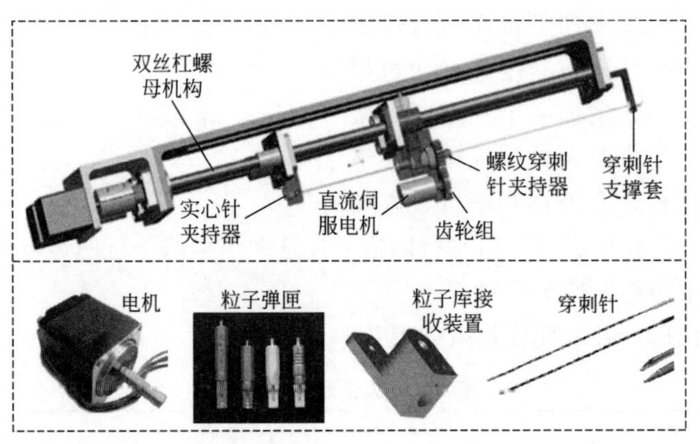

图 8-36 3 自由度电动放射性粒子植入器

图 8-38 所示为 60mm×60mm×1.6mm 网格导向模板，模板孔尺寸为 ϕ1.3mm×1.6mm，网格孔的孔径和穿刺针外径余量为 1.2mm，相邻导向孔之间的中心距为 5mm，为了便于标记，网格导向模板 z 向用 1～21 数字，x 向用 A～T

字母对应每个导向孔中心（x_i,z_i）坐标，适用于 G18 粒子植入专用穿刺针。

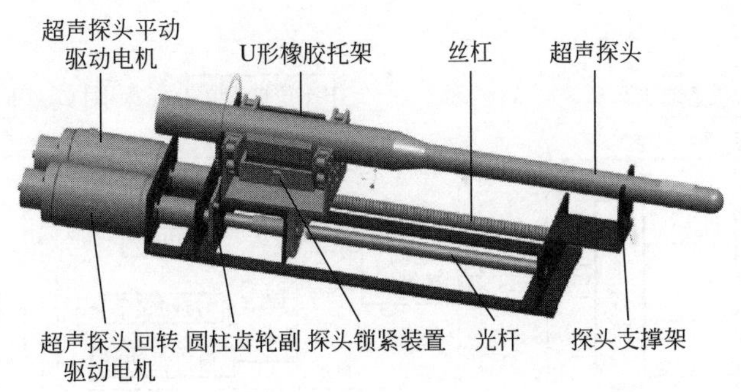

图 8-37　超声探头驱动机构

前列腺粒子植入机器人整体三维模型如图 8-39 所示。

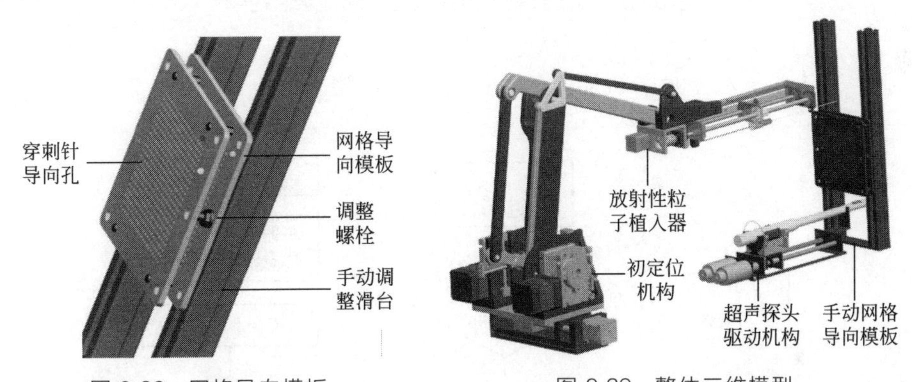

图 8-38　网格导向模板　　图 8-39　整体三维模型

前列腺粒子植入机器人控制系统由医生、上位机系统、下位机系统、粒子植入机器人、超声导航系统和患者目标靶点构成。医生可以通过上位机运动控制软件和手柄操作两种方式，依据规划的关节运动信息传递粒子植入机器人，按照图像导航系统和计量学规划的位置进行粒子种植，进而完成目标靶点的粒子植入分布。最后，医生还可以通过超声图像实时观察粒子植入位置的准确性，再通过上位机实时调整。

以 Windows 7 操作系统的工控机作为开发平台，采用上、下位机联合控制模式构建前列腺粒子植入机器人控制系统的硬件体系，如图 8-40 所示。

上位机系统有两种控制方式：操作手柄控制；上位机运动控制软件控制。操作手柄和上位机运动控制软件通过工控机，将控制命令传递给下位机运动控制卡，下位机系统管理和分配各种指令驱动机器人关节运动。数据采集卡采集机器人关节角位移信息，并实时反馈给上位机系统，上位机根据机器人关节位置闭环控制算法实施调整。

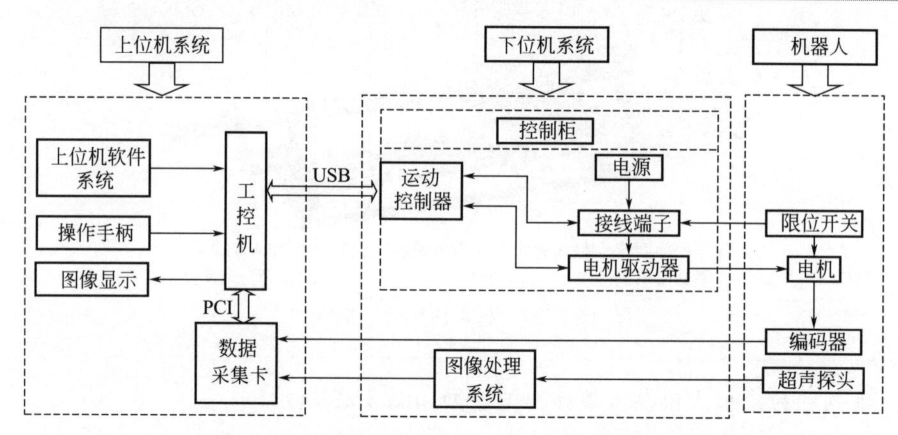

图 8-40　前列腺粒子植入机器人硬件平台构建

图 8-41 为该粒子植入机器人的一般性手术步骤。

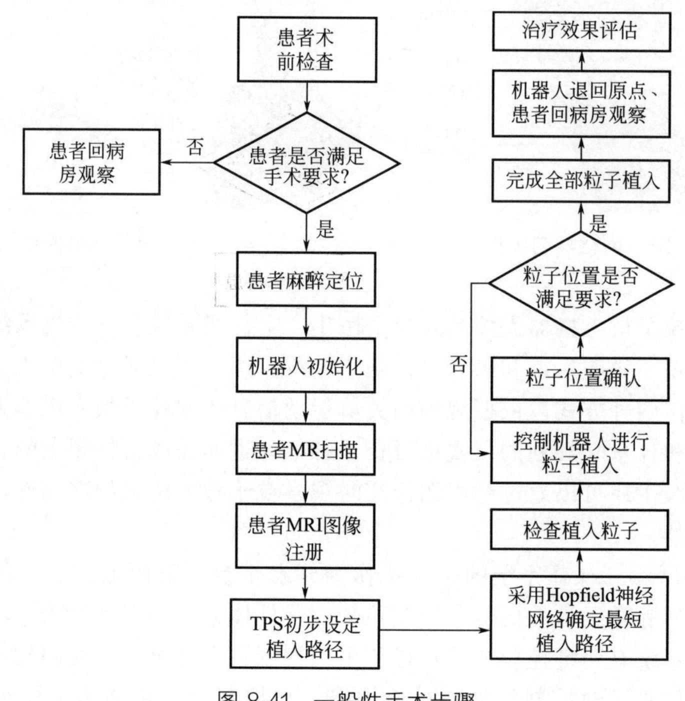

图 8-41　一般性手术步骤

① 植入前准备。血常规，凝血四项，了解有无基础疾病及相关检查结果，体质评价（KPS 评分），手术知情同意书及必要的抢救器材、药物；根据 CT 资料评价肿瘤的大小、形状、部位、血供情况，初步拟定患者的体位及设计进针路线。肿瘤血供丰富者，术前一天应用止血药物。

② 处方剂量与 TPS 的应用。利用放射治疗计划系统（radiotherapy treatment planning system，TPS），输入前列腺 MRI 图像，在系统中勾画出肿瘤轮廓，然后根据处方剂量和肿瘤大小计算出所需粒子数量，并模拟出粒子的空间分布，指导粒子种植，如图 8-42 所示。植入碘 125 粒子的数量和剂量，遵循能有效杀灭肿瘤细胞，最大限度降低正常组织的辐射损伤。在制定计划时，注意重要脏器如膀胱、直肠等的保护，用剂量-体积直方图和等剂量曲线观测重要脏器所接受的剂量。

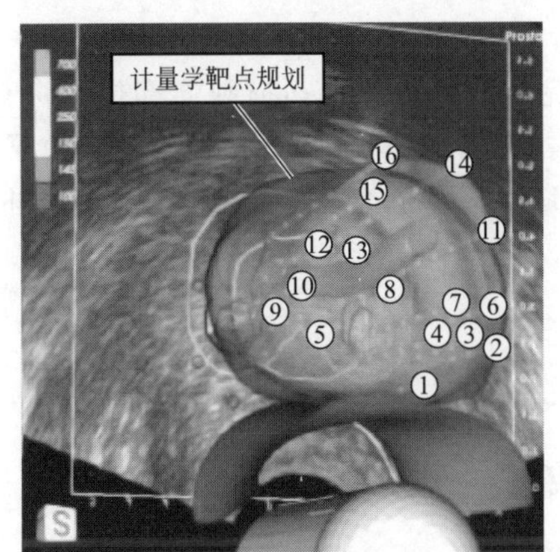

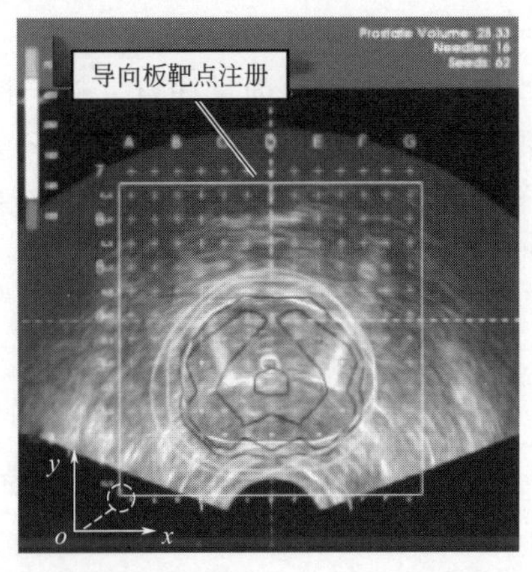

图 8-42 某位前列腺癌患者治疗计划

采用 Hopfield 神经网络搜索的最短植入路径，坐标的连接顺序如图 8-43 所示。

③ 粒子植入。调整机器人回到标定的原点，核对碘 125 放射性粒子数量、表面活性；检查穿刺针、导针是否通畅；根据预先制定的治疗计划确定穿刺点，让患者选择合适的体位进行扫描，常规消毒、铺巾，会阴部浸润麻醉；在监视器上测量进针角度及深度，植入针采用分步进针法到达预定位置，肿瘤较大时也可多针穿刺。植入过程中，一般将植入针预置到肿瘤最深处的边缘，然后边退针边释放粒子，退至最外侧的肿瘤边缘后，再调整进针角度，MRI 扫描确定针位合适后再行粒子植入。重复上述步骤，完成全部粒子植入。植入后密切监测生命体征，植入中出血较多者，常规肌注立止血等；做好粒子使用记录。

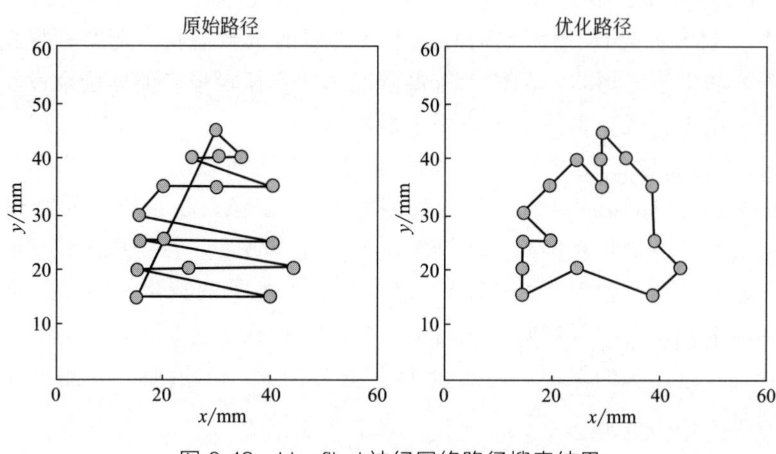

图 8-43　Hopfiled 神经网络路径搜索结果

④ 粒子植入后剂量评定。粒子植入完成后，完整地扫描肿瘤部位，将 CT 图像输入 TPS 计划系统，验证粒子植入与治疗计划符合程度，检查植入粒子后的剂量分布情况，是否出现剂量稀疏的区域，确定是否需要二次植入粒子或补充外照射。

参考文献

[1] 王文营，邵强，杜林栋. 前列腺穿刺活检研究近况[J]. 中华泌尿外科杂志，2006，27（2）：141-143.

[2] Siegel R L，Miller K D，Jemal A. Cancer Statistics，2015[J]. CA：a Cancer Journal for Clinicians，2015，65（1）：5-29.

[3] Chen W Q，Zheng R S，Peter D，et al. Cancer Statistics in China，2015[J]. CA：a Cancer Journal for Clinicians，2016，DOI：10. 3322/caac. 21338.

[4] 汪清，王胜军，毕兴，等. 前列腺活检在前列腺癌诊断及分期中的临床意义[J]. 新疆医科大学学报，2005，28（9）：820-821.

[5] Galfano A，Novara G，Iafrate M. Prostate Biopsy：The Transperineal Approach[J]. EAU-EBU Update Series，2007，5（6）：241-249.

[6] 芦志华，朱才生，朱刚，等. 经会阴和经直肠途径前列腺穿刺活检并发症的比较分析[J]. 临床泌尿外科杂志，2008，23（5）：362- 364.

[7] Incorrect Data Reported in Text and Figure in：Comparison of Conventional-Dose vs High-Dose Conformal Radiation Therapy in Clinically Localized Adenocarcinoma of the Prostate：A Randomized Controlled Trial[J]. Journal of the American Medical Association，2008

(8): 899-900.

[8] 刘峰. 全方位前列腺活检机器人的结构设计及运动仿真[D]. 哈尔滨: 哈尔滨理工大学, 2012.

[9] Reza Seifabadi, Sang-Eun Song, Axel Krieger, et al. Robotic System for MRI-guided Prostate Biopsy: Feasibility of Teleoperated Needle Insertion and Ex Vivo Phantom Study. International Journal of Computer Assisted Radiology and Surgery, 2012, 7(2): 181-190.

[10] Yu Y, Podder T, Zhang Y D, et al. Robotic System for Prostate Brachytherapy [J]. Computer Aided Surgery, 2007, 12(6): 366-370.

[11] Podder T K, et al. Reliability of EUCLIDIAN: An Autonomous Robotic System for Image-guided Prostate Brachytherapy [J]. Medical Physics, 2011, 38(1), 96-106.

[12] Podder T K, et al. Effects of Velocity Modulation During Surgical Needle Insertion[J]. Proceedings of the IEEE International Conference of the Engineering in Medicine and Biology Society, New York, NY, 2005, 6: 5766-5770.

[13] Podder T K, Buzurovic I, Huang K, et al. Multichannel Robotic System for Surgical Procedures[Z]. IASTED Symposium, Washington, DC, 2011.

[14] Fichtinger G, Fiene J, et al. Robotic Assistance for Ultrasound-guided Prostate Brachytherapy [C]. International Conference on Medical Image Computing and Computer-assisted Intervention, Brisbane, Australia, 2007: 119-127.

[15] Su H, Zervas M, Cole G A, et al. Real-time MRI-Guided Needle Placement Robot with Integrated Fiber Optic Force Sensing [C]. 2011 IEEE International Conference on Robotics and Automation, Shanghai, China, 2011: 1583-1588.

[16] Su H, Shang W, Cole G A, et al. Haptic System Design for MRI-Guided Needle Based Prostate Brachytherapy [C]. IEEE Haptics Symposium, Waltham, Massachusetts, USA, 2010: 483-488.

[17] Su H, Cardona D C, Shang W, et al. A MRI-Guided Concentric Tube Continuum Robot with Piezoelectric Actuation: A Feasibility Study [C]. 2012 IEEE International Conference on Robotics and Automation, Saint Paul, Minnesota, USA, 2012, 162(4): 1939-1945.

[18] Patel N A, Van K T, Li G, et al. Closed-Loop Asymmetric-Tip Needle Steering Under Continuous Intraoperative MRI Guidance [J]. Engineering in Medicine & Biology Society, 2015: 4869-4874.

[19] Su H, Shang W, Cole G A, et al. Piezoelectrically Actuated Robotic System for MRI-Guided Prostate Percutaneous Therapy [J]. IEEE/ASME Transactions on Mechatronics. 2015, 20(4): 1920-1932.

[20] Shang W, Su H, Li G, et al. Teleoperation System with Hybrid Pneumatic-Piezoelectric Actuation for MRI-Guided Needle Insertion with Haptic Feedback [C]. 2013 IEEE/RSJ International Conference on Intelligent Robots and Systems, Tokyo, Japan, 2013, (2): 4092-4098.

[21] Su H, Li G, Rucker D C, et al. A Concentric Tube Continuum Robot with Piezoelectric Actuation for MRI-Guided Closed-Loop Targeting [J]. Annals of Biomedical Engineering, 2016: 1-11.

[22] Chen L, Paetz T, Dicken V, et al. De-

sign of a Dedicated Five Degreeof-Freedom Magnetic Resonance Imaging Compatible Robot for Image Guided Prostate Biopsy [J]. Journal of Medical Devices, 2015, 9(1): 0150021-7.

[23] Elayaperumal S, Cutkosky M R, Renaud P, et al. A Passive Parallel Master-Slave Mechanism for Magnetic Resonance Imaging-Guided Interventions [J]. Journal of Medical Devices, 2015, 9(1): 0110081-1100811.

[24] Bax J, Smith D, Bartha L, et al. A Compact Mechatronic System for 3D Ultrasound Guided Prostate Interventions [J]. Medical Physics, 2011, 38 (2): 1055-1069.

[25] 郭杰，姜杉，冯文浩，等. 基于核磁图像导航的前列腺针刺手术机器人[J]. 机器人，2012，34(4)：385-392.

[26] 孟纪超. 核磁共振兼容的手术穿刺定位机器人研制[D]. 上海：上海交通大学，2012.

[27] Zhang Y D, Zhang L, Zhao Y J, et al. Prostate Biopsy System Based on Motomanrobot[C]. The Sino-European Workshop on Intelligent Robots and Systems, Chong Qing, 2008: 2-4.

[28] Zhang Y D, Liu F, Yu Y. Structural Design of Prostate Biopsy Robot Based on TRIZ Theory [J]. Advanced Materials Research, 2012, 538-541: 3176-3181.

[29] 刘岫. 核磁共振环境下微创手术机器人设计与控制的关键技术研究[D]. 天津：天津大学，2010.

[30] 郭杰，姜杉，冯文浩，等. 基于核磁图像导航的前列腺针刺手术机器人[J]. 机器人，2012，34(4)：385-392.

[31] 郭杰. 核磁图像导向手术机器人结构设计与动力学分析[D]. 天津：天津大学，2012.

[32] 姜杉. 核磁图像导航的前列腺针刺手术机器人研究[D]. 天津：天津大学，2014.

[33] 赵丽霞，吴蓉. 前列腺癌影像诊断现状及新进展[J]. 中华临床医师杂志，2013，7(21)：9659-9661.

[34] Litjens G, Toth R, Van D V W, et al. Evaluation of Prostate Segmentation Algorithms for MRI: the Promise 12 Challenge [J]. Medical Image Analysis, 2014, 18(2): 359-373.

[35] Chandra S S, Dowling J A, Shen K K, et al. Patient Specific Prostate Segmentation in 3-D Magnetic Resonance Images [J]. IEEE Transacions on Medical Imaging, 2012, 31(10): 1955-1964.

[36] Klein S, Van U A, Lips I M, et al. Automatic Segmentation of the Prostate in 3d MR Images by Atlas Matching Using Localized Mutual Information [J]. Medical. Physics, 2008, 35 (4): 1407-1417.

[37] Mitchell M, Tanyi J A, Hung A Y. Automatic Segmentation of the Prostate Using a Genetic Algorithm for Prostate Cancer Treatment Planning [C]. 2010 Ninth International Conference on Machine Learning and Applications, 2010: 752-757.

[38] Xiong W, Li A L, Ong S H, et al. Automatic 3D Prostate MR Image Segmentation Using Graph Cuts and Level Sets with Shape Prior [J]. Lecture Notes in Computer Science, 2013, 8294: 211-220.

[39] Li C, Xu C, Gui C, et al. Distance Regularized Level Set Evolution and Its Application to Image Segmentation [J]. IEEE Transactions on Image Processing, 2010, 19(12): 3243-3254.

[40] Yu Y, Podder T, Zhang Y, et al. Robot-Assisted Prostate Brachytherapy [M]// Medical Image Computing and

Computer-Assisted Intervention-MICCAI 2006. Springer Berlin Heidelberg, 2006: 41-9.

[41] Krieger A, Susil R C, Ménard C, et al. Design of a Novel MRI Compatible Manipulator for Image Guided Prostate Interventions [J]. IEEE Trans Biomed Eng, 2005, 52 (2): 306-13.

[42] Goldenberg A, Trachtenberg J, Sussman M, et al. MRI-Guided Robot-Assisted Prostatic Interventions. International Journal of Computer Assisted Radiology and Surgery, 2010, 5 (1): 23-27.

[43] Chen Y, Squires A, Seifabadi R, et al. Robotic System for MRI-guided Focal Laser Ablation in the Prostate [J]. IEEE/ASME Transactions on Mechatronics, 2016, PP (99): 1.

[44] 张永德，梁艺，毕津滔. 前列腺癌粒子植入机器人运动学建模和仿真[J]. 北京航空航天大学学报，2016，42 (4): 662-668.

[45] Gerwen D J, Dankelman J, Dobbelsteen J J. Needle-tissue Interaction Forces-A Survey of Experimental Data [J]. Medical Engineering & Physics, 2012, 34 (6).

[46] Hing J T, Brooks A D, Desai J P. Reality-based Needle Iinsertion Simulation for Haptic Feedback in Prostate Brachytherapy [C]. IEEE International Conference on Robotics and Automation, ICRA, Orlando, Florida, 2006: 619-24.

[47] Kumar R, Le Y, Deweese T, et al. Re-implantation Following Suboptimal Dosimetry in Low-dose-rate Prostate Brachytherapy: Technique for Outpatient Source Insertion Using Local Anesthesia[J]. Journal of Radiation Oncology, 2016, 5 (1): 103-108.

[48] 张华烨. 基于 Hopfield 网络的路径规划并行算法设计与实现[D]. 广州：华南理工大学，2016.

[49] 陈亮. 焊接机器人路径规划问题的算法研究[D]. 武汉：武汉科技大学，2010.

[50] Seifabadi R, Cho N B J, Song S E, et al. Accuracy Study of a Robotic System for MRI-guided Prostate Needle Placement [J]. Medical Robotics and Computer Assisted Surgery, 2013, 9 (3): 305-316.

[51] 邱海江，方孙阳，吴志明，等. 超声刀在开放性甲状腺手术中应用的前瞻性研究[J]. 中国普通外科杂志，2014，23 (5): 639-642.

[52] Zhang Y D, Podder T K, Sherman J, et al. Semi-automated Needling and Seed Delivery Device for Prostate Brachytherapy[C]. Proceedings of the IEEE International Conference on Intelligent Robots and Systems, Beijing, China, 2006: 1279-1284.

第9章

乳腺微创介入机器人

9.1 引言

目前，乳腺癌介入治疗主要基于X射线、CT或超声引导。但X射线具有放射性，随着手术复杂度增加，操作时间会越来越长，这样X射线会给患者及医生身体带来较大伤害。超声因不能提供精确的解剖信息而难以满足复杂手术的安全实施[1]。CT可为医生提供优良的组织解剖信息，但其电离辐射很强，临床上应用较少。因此MRI图像导航手术机器人的应用是未来微创介入手术发展的重要方向，但是MRI具有可操作空间小、磁场高的特点，严重限制了机器人技术在MRI环境下的应用，因此对MRI环境下的治疗机器人的研究具有十分重要的意义。

9.1.1 乳腺微创介入机器人的研究背景

乳腺癌是女性常见恶性肿瘤之一，自20世纪70年代以来，全球乳腺癌发病率一直呈上升趋势[2,3]。2008年全球女性乳腺癌患者约有138万人，其中45.84万人死亡[4,5]。中国每年新发乳腺癌患者约28万人，相对欧美国家，中国女性的发病时间提前了十年，主要集中在45～55岁[6]。虽然全球乳腺癌发病率越来越高，但有资料显示，乳腺癌死亡率却呈现出下降趋势，一是因为乳腺癌发病率的上升导致基数变大，二是因为乳腺癌安全有效的早期诊断及综合治疗方法的大力开展，提高了疗效[7]。临床证明，乳腺癌是治愈率较高的实体肿瘤之一。

乳腺疾病的常规检查方法有红外线乳腺扫描及钼靶X射线摄片。尽管钼靶X射线检查目前仍为诊断乳腺疾病的主要手段，但在某些方面，如对致密型乳腺、乳腺成形术后或手术后瘢痕的评价等，仍存在很大的局限性。MRI具有极高的软组织分辨率，能清楚地区分乳腺皮肤、皮下脂肪、正常腺体与病灶。近10年来，随着磁共振成像检查技术的成熟及软硬件的迅速发展，特别是磁共振灌注成像在乳腺疾病检查中的应用，使乳腺影像学检查具有了更加广阔的前景，MRI诊断乳腺良、恶性疾病的敏感性、特异性大大提高[8]。由于磁共振扫描仪空间限制，扫描完图像后，患者需退出扫描仪才能进行手术，增加了手术时间，很容易因退出过程中的震动或者患者因身体不适引起的身体动作而影响到手术结果的准确性。并且30年来，乳腺癌的治疗模式经历了很多的变化，乳腺癌的治疗手法主要是传统的外科治疗手术，如全乳切除手术、局部扩大切除或保乳术，乳房切除手术对患者产生很大的伤害，如手术瘢痕、上肢淋巴肿胀、神经系统并发症等各种症状[9]。由此，MRI环境下乳腺微创介入机器人应运而生，但由于MRI设备自身的特性，介入机器人还有以下难点。

① MRI设备内部空间十分有限，除去患者体积后，实际留给机器人进行手术的空间非常狭小。

② 磁共振设备及磁共振检查室内存在非常强大的磁场，这使得很多包含有铁磁性材料的医疗器械不能在MRI环境下使用。并且，乳腺组织容易受到胸腔运动而发生变形，影响手术结果。这成为医疗机器人技术在MRI环境下使用的最大障碍。

9.1.2 乳腺微创介入机器人的研究意义

随着科技的发展，越来越多的医疗机器人正步入临床应用，机器人进行手术逐渐被患者所接受。因此，在我国乳腺癌患者迅猛增长的形势下，研究一种操作简单并且准确率高的乳腺微创介入机器人是十分必要的。MRI环境下乳腺介入机器人的应用，可有效弥补医生手工操作的不足，并且其定位准确、可长时间稳定工作的特点，可大大减少医生工作强度，提高手术效率。我国的乳腺治疗技术相对不发达，经验丰富的专业医生也较为缺乏，不能满足日益增长的患者需求。

9.2 乳腺微创介入机器人的研究现状

美国明尼苏达大学的Blake T. Larson等于2004年设计了一台MRI实时引导下的乳腺介入治疗机器人[10]，如图9-1所示。该机器人共5个自由度，以实现定位机构的旋转运动、针俯仰运动、调整针高度的运动、调整压板间距的运动及进针运动。机器人采用超声波电机远程驱动的方式，通过伸缩轴、万向节等将动力传递到机器人中，这种传动方式可以使定位机构绕自身中心轴线作范围为±60°的旋转。机器人使用的材料均是磁兼容的，如缩醛树脂、高密度聚乙烯塑料等。

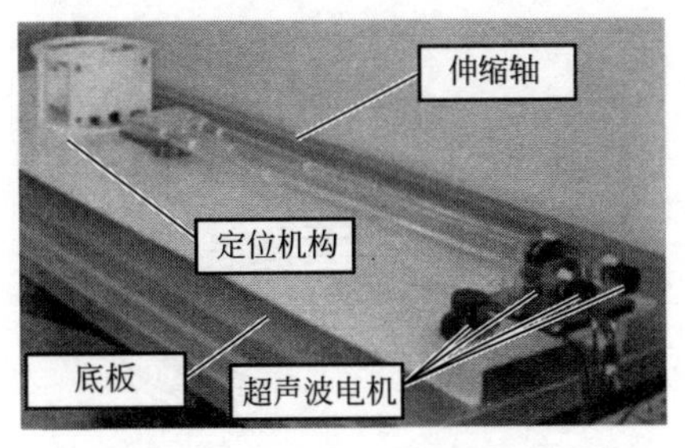

图9-1 乳腺介入治疗机器人

由于结构限制，一次手术时，该机器人只能对一侧乳房进行手术操作。对于两侧乳房均需手术的情况，需人为调整位置后才能继续，增加了手术时间。

美国威斯康星大学的 Matthew Smith 等研制了一个 MRI 导引的、可 360°旋转的乳腺介入系统[11,12]，如图 9-2 所示。该系统含 4 个自由度，包括平台、扎针装置和线圈的旋转运动；扎针装置的升降运动；进针倾斜角及进针深度的调整。此外，该系统采用气囊实现组织固定，减少了患者的不舒适感。此系统最大优势在于旋转关节可进行 360°旋转，这样，系统可沿最短路径，即最大限度地减少组织穿透的轨迹，从上方、下方、内侧、外侧接近病变组织，但需要另外配备专门的成像线圈[13]。

2009 年，Yo Kobayashi 等设计了一个 4 自由度超声图像导航下基于触诊原理的乳腺治疗机器人[14]。如图 9-3 所示，定位装置由 3 个旋转关节来调整位置，扎针模块由直径为 5mm 触诊探头和直径为 1.5mm 的活检针两部分组成，在结构上形成对点定位，探针体积小，灵活性高，在探针末端安装六维力传感器，探针在扎针前按压住病变组织可以减小组织的变形，提高了手术的精度。

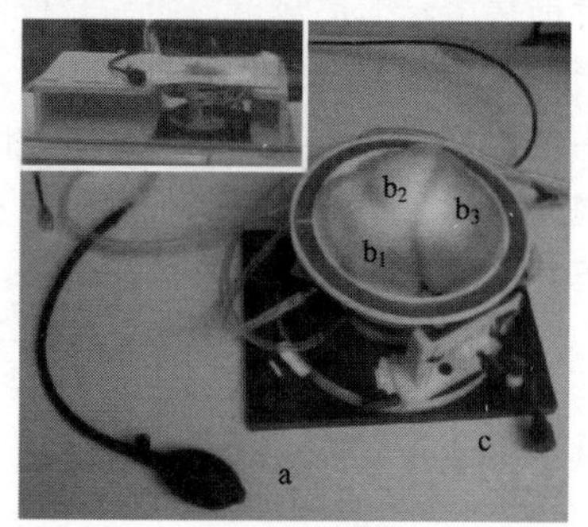

图 9-2 MRI 引导的乳腺介入系统

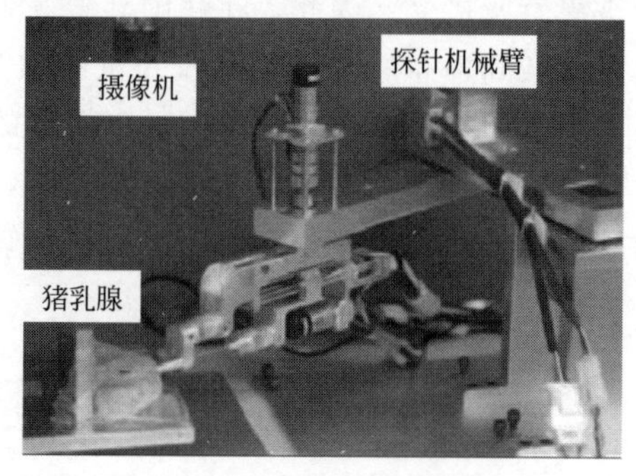

图 9-3 乳腺治疗机器人

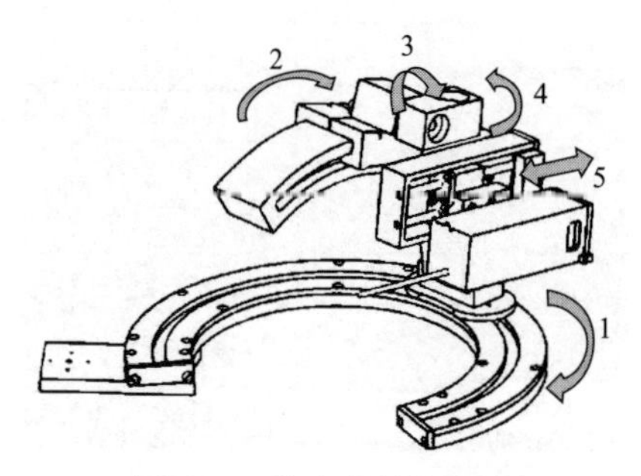

图 9-4 乳腺穿刺持针器

泰国的 Tanaiutchawoot 等提出一种被动式 5 自由度乳腺穿刺持针器，如图 9-4 所示[15]，包括 2 个弧线运动、2 个旋转运动和 1 个进针运动。该系统利用摩擦力实现位置固定，虽然是手动操作，但其结构紧凑，工作空间灵活，不失为一种 MRI 环境下乳腺介入机器人的参考。

Yang 等于 2011 年设计了一台 MRI 环境下乳腺活检机器人[16]，如图 9-5 所示。该机器人共4个自由度，包括一个并联机构和针驱动机构。并联机构由3个气缸驱动，能实现1个移动自由度和2个转动自由度；针驱动机构由压电电机驱动，且电机原理扫描区域，能实现1个移动自由度，即进针运动。

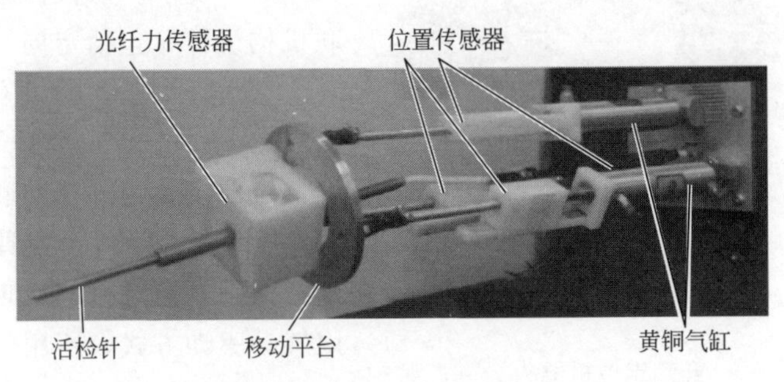

图 9-5 乳腺活检机器人

国内对MRI兼容的乳腺微创介入手术机器人的研究相对较少，但也有一些研究成果。

2010年，张永德等人设计了一台基于MRI的胸腹部活检机器人[17]。该机器人具有6个自由度，包括3自由度的定位装置、2自由度的定向装置和1自由度的扎针模块，该机器人通过一个机械手臂伸入MRI扫描仪中对患者进行手术（图9-6）。

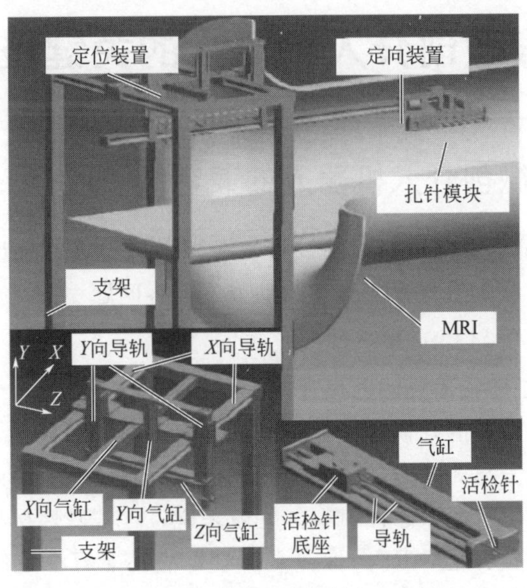

图 9-6 MRI环境下的微创介入机器人

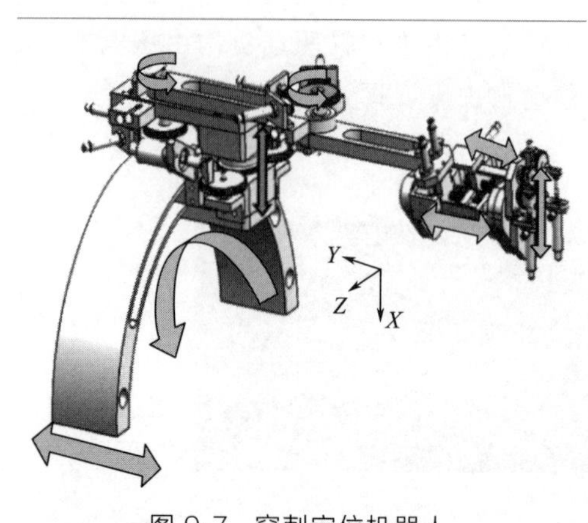

图 9-7 穿刺定位机器人

上海交通大学的孟纪超等于2012年设计了一台磁共振兼容的6自由度穿刺定位机器人[18]，其结构如图9-7所示。该机器人采用串并混联机构设计，包括定向、定位、穿刺3个部分。其中，定位装置采用CSARA型机器人，具有5个自由度；定向装置为一个并联机构，具有3个自由度；穿刺装置具有1个自由度，由齿轮齿条机构实现。机器人运用气动驱动方式，所用气缸材质为能与MRI强磁场兼容的铝铜；其本体则采用抗磁性材料制作，如ABS塑料、尼龙等。

该机器人采用的是串并混联机构设计，结构过于复杂。串联部分采用的是SCARA型机器人，悬臂较长，而其末端负载较大，需支撑并联机构及穿刺装置，对手术精度的影响较大。采用气动驱动方式，但同样存在气缸噪声对图像质量的影响。

9.3 乳腺微创介入机器人的关键技术

9.3.1 乳腺微创介入机器人的兼容性

对于MRI环境下介入机器人的设计，在满足机器人具有足够的自由度的前提下，必须考虑机器人的材料兼容和驱动方式兼容问题。

(1) MRI环境下材料的兼容性

目前临床用MRI扫描仪的磁场强度一般为1.5T或3T，有些甚至高达7T，在强磁场环境下，普通的含铁磁性材料的机器人会由于切割磁力线而产生电磁感应，从而失去控制。与此同时，磁共振图像也会因感应电流的产生而失真，所以机器人的各部件必须选用顺磁性材料。一般来说，含铁磁性材料如铁、钢、铜等属于逆磁性材料，会引起MRI图像失真，难以满足兼容性条件；而铜合金、铝合金、钛合金、非磁性不锈钢、铂、陶瓷、复合材料、工程塑料等属于顺磁性材料，能够满足兼容性要求。为了更加准确地确定机器人的材料，选取部分材料进行了 MRI 兼容性实验，实验材料如图 9-8 所示。

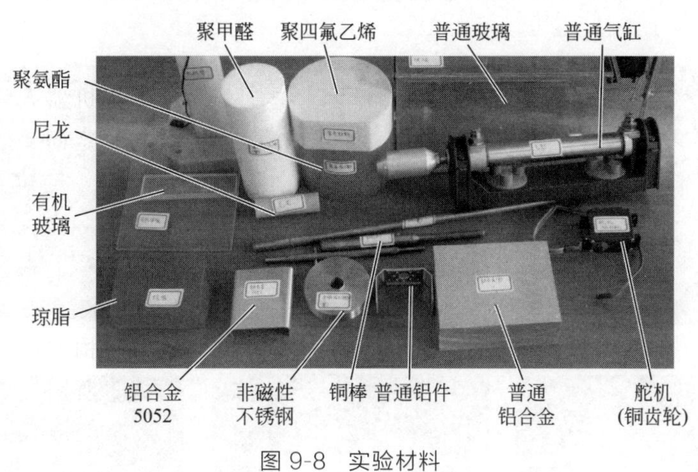

图 9-8 实验材料

兼容性实验过程如下。

① 将水模放入磁共振扫描仪内进行成像，得到的是不失真的水模图像。

② 保持水模的位置不动，在水模附近放入所要测试的材料，进行磁共振成像。观察水模图像的变化，如果没有干扰，则水模图像应该与第一步的一致，如果受到干扰，则水模图像失真。

③ 利用 Matlab 进行图像处理，将放入材料前后的水模的 MRI 图像进行布尔减运算，对失真程度进行分析。

这里将铜、非磁性不锈钢和塑料（尼龙、聚甲醛、聚丙烯、聚氨酯、复合树脂等）放入磁共振扫描仪中进行磁共振成像，通过分析材料放入前后对水模图像的影响进行兼容性分析，如图 9-9 所示。而其他材料如铝合金、气缸、舵机等一靠近 MRI 扫描仪就明显感觉到磁力的作用，所以没有进行成像扫描。

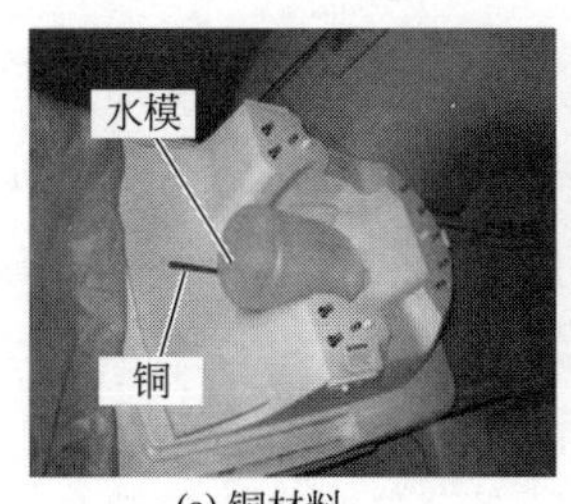

(a) 铜材料

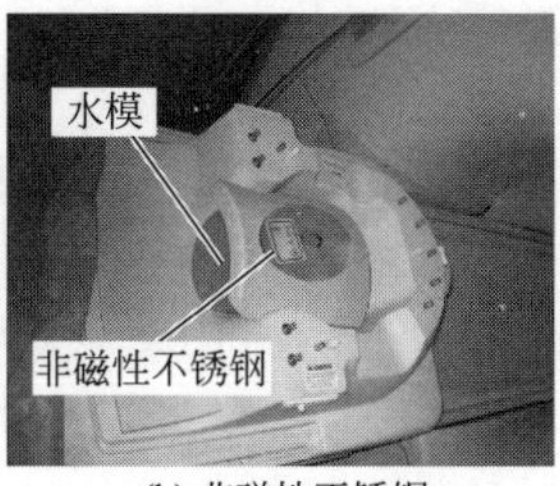

(b) 非磁性不锈钢

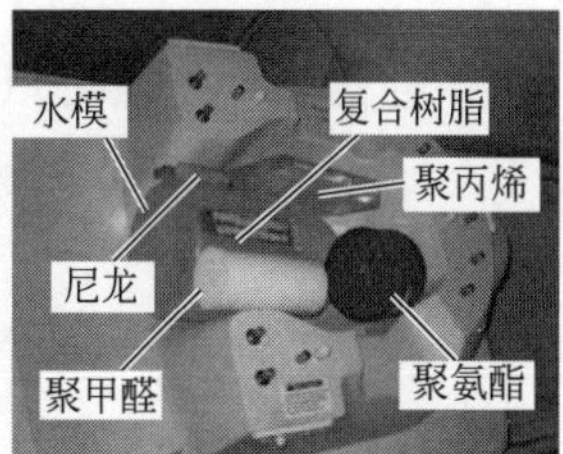

(c) 塑料

图 9-9 兼容性实验

各材料的成像结果如图 9-10 所示，图中从左到右依次为材料放入前水模的图像、材料放入后水模的图像以及材料放入前后水模图像的布尔减运算结果。

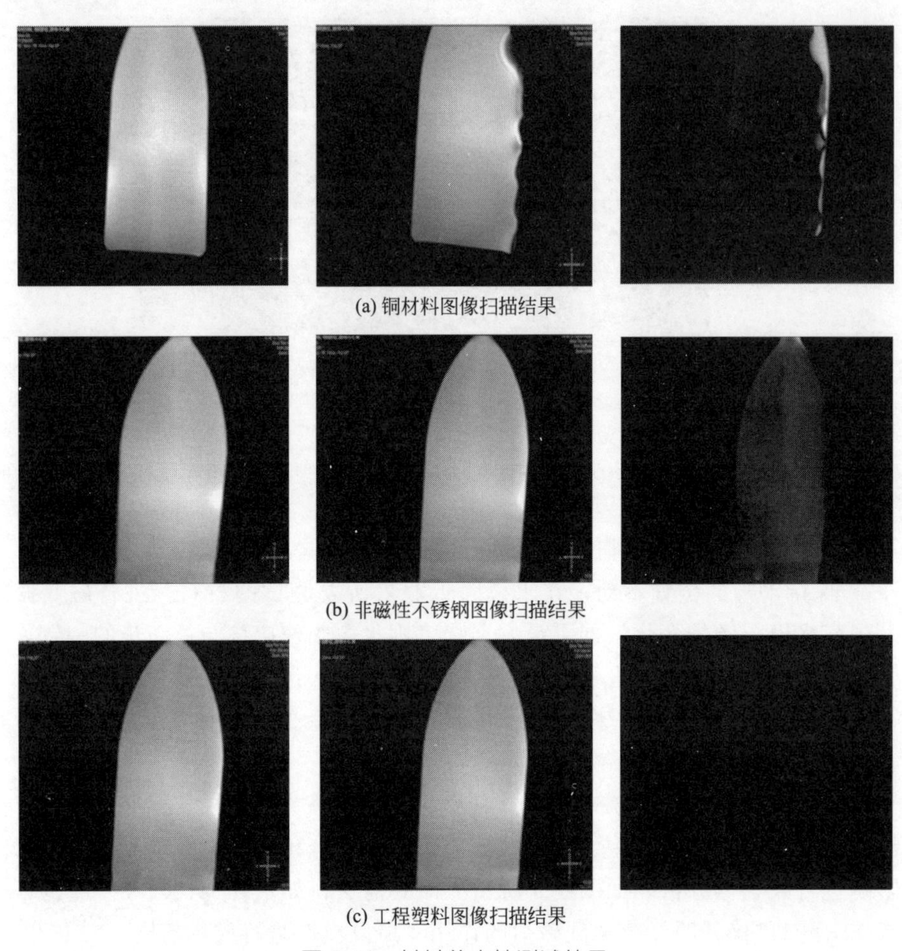

(a) 铜材料图像扫描结果

(b) 非磁性不锈钢图像扫描结果

(c) 工程塑料图像扫描结果

图 9-10 材料兼容性测试结果

从图 9-10(a) 图像可以看出，放入铜材料后，水模图像失真，出现较大面积盲区，所以铜对 MRI 成像质量影响较严重，不适合选为 MRI 环境下机器人的材料。

图 9-10(b) 为放入非磁性不锈钢后的水模成像结果，可见，非磁性不锈钢主要影响水模图像的明暗度，并未产生图像盲区，综合考虑非磁性不锈钢的核磁兼容性及其固有的刚度、强度、力学性能等，如果对其采取某些磁屏蔽措施，则其也可视为一种可选择材料。

图 9-10(c) 为放入尼龙、聚甲醛、聚丙烯、聚氨酯、复合树脂等塑料后的

实验结果，可见，放入工程塑料后，MRI 图像清晰度未受影响，也没有盲区，可视为最理想的兼容性材料。综上所述，设计 MRI 兼容的机器人材料主要选择工程塑料，如尼龙、聚甲醛（POM）等。选材时尽量使所选材料具有类似金属的硬度、强度和刚性。

（2）驱动方式的兼容性

目前磁共振环境下常用的驱动方式主要有液压驱动、气压驱动和超声波电机驱动等。液压及气压驱动，其介质大多是非磁性的，缸体和活塞也可由顺磁性材料制作，而且液压油或气体可置于 MRI 磁场干扰区域外，通过传输管道进行动力传输。其中，气压驱动的工作介质是压缩空气，其具有气源方便易得、清洁度高、成本低和运行速度快等优点。但由于空气具有可压缩性，控制阀具有非线性，使得气压驱动系统成为典型的非线性系统，难以达到较高的控制精度，因此大大限制了气动方式的使用。另外，气压传动噪声较大，为避免噪声对医生及患者情绪产生影响，手术过程中需将气源置于手术室外，使得气路变长，机器人反应时间也随之变长，控制性能变差。相比于气压驱动，液压驱动的输出力矩大，惯性小，运动平稳，控制精度较高，但液压油易泄漏，造成手术环境污染，这在医疗设备中是不允许的。表 9-1 为几种常见驱动方式性能比较。

表 9-1　常见驱动方式性能比较

驱动方式	与 MRI 的干扰	控制信号及精度	输出特性	维护性	成本	其他
气动驱动	噪声辐射较大	速度稳定性差，精度难以保证	响应速度快，比功率高，力保持性好	一般	低	无污染、效率低
液压驱动	噪声辐射较小	位置精度高，运动平滑	输出力矩大，惯性大	一般	高	效率低、易泄漏
超声波电动机	干扰较小	速度控制好，位置精度高	惯性小，响应快，低转速大扭矩，制动力矩大	一般	高	重量轻、效率高
步进电机	电机远离磁场，引起的干扰小	位置和速度控制，精度高	采用传动方法控制，输出力大	易维护	低	效率高

目前，采用顺磁性材料制作超声波电机驱动已用在一些 MRI 环境下机器人，但文献［19］提出植入超声波电机在运行时仍会影响 MRI 图像质量。电机驱动方式结构简单，控制方便，精度易于实现，但在 MRI 环境下，电机驱动方式一般已不适合医疗机器人的驱动。使电机远离 MR 通过软轴或丝传递动力，即可不影响 MRI 成像质量。但这种传递方式会因软轴或丝本身的特性而产生运动的滞后性，对机器人的控制提出了很大挑战。

9.3.2 乳腺微创介入机器人构型

医疗中常用的核磁共振成像设备有封闭式和开放式两种。相对来说，封闭式对机器人的限制更多些，这里以封闭式 MRI 扫描仪为例介绍机器人的构型。对于乳腺介入活检手术，术中患者俯卧于扫描仪内一般直径为 600mm、长为 1.2～2m 的圆柱形空间内。空间的限制造成了机器人构型上的差异。

(1) 悬臂式

苏格兰的 Andreas Melzer 等于 2008 年提出了一款 MRI 引导下的经皮介入手术机器人系统[19]，该系统是该研究团队在 2000 年版本的基础上推出的，其结构如图 9-11 所示。新款机器人采用气动驱动方式替代了旧版的超声波电机驱动方式，整机共 7 个自由度，其中 2 个用于预定位，需要手动调整，其余的 5 个自由度分别控制末端的位置（3 个）和姿态（2 个）。

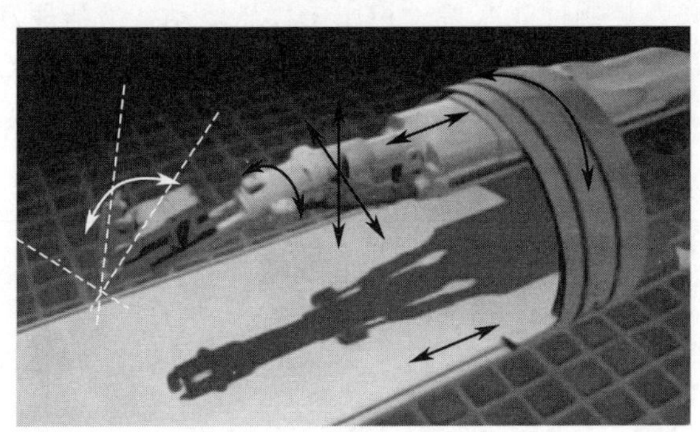

图 9-11 手术机器人结构

(2) 胸腔式

2008 年，法国格勒诺布尔医学院的 Ivan Bricault 和 Nabil Zemiti 等设计了一个 5 自由度的基于 MRI 的乳腺活检机器人[20]。如图 9-12 所示，定位装置具有 2 个自由度，位姿调整机构具有 3 自由度，系统采用气动驱动。定位装置定位在病床边，机器人横跨于人体上，扎针装置定位在人体上，通过定位支架上的 4 个控制器来调节皮带的运动，进而调整扎针模块在人体上的位置，当扎针深度小于 60mm 时，误差在 2mm 以内，基本上可以满足手术要求。

(3) 俯卧手术位直角坐标式

由于人体呼吸会使得胸腔产生浮动，因此采用仰卧位时，乳房会随着胸腔做上下浮动（浮动范围为 1～2mm），影响病灶点的定位。所以乳腺检查一般都采取俯卧位，并且大多采用辅助支撑系统。如图 9-13(a) 所示为 Philips 公司的 1.5T 核磁共振扫描仪所用的俯卧支架简图。但这也对机器人的构型提出了新的要求。图 9-13(b) 显示了俯卧位下机器人的可操作空间，俯卧位体进行活检手术时需要患者俯卧于俯卧支架上，患者身体位于俯卧支架上方，乳腺则位于俯卧支架内，由于支架两侧是 MRI 扫描仪内壁，没有足够的空间放置手术器械，机器人只能在俯卧支架内部进行活检手术。

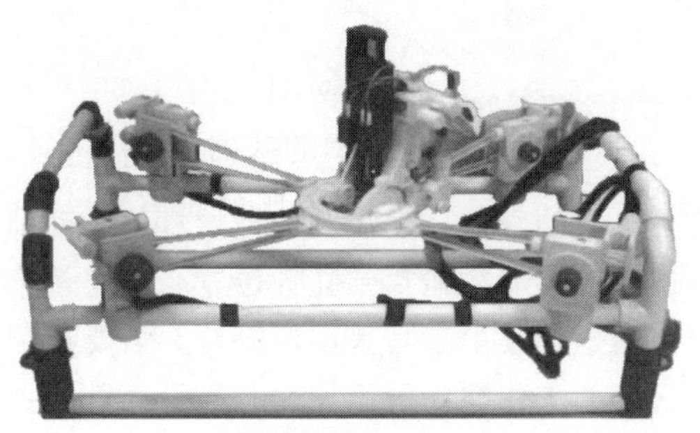

(a) 机器人本体

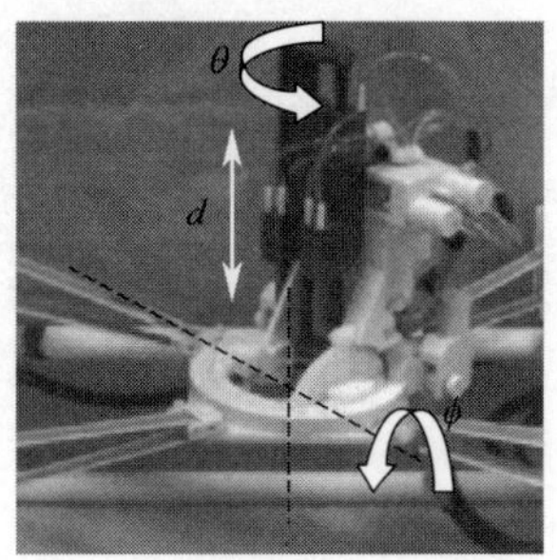

(b) 针夹持机构

图 9-12　胸腹部介入治疗机器人

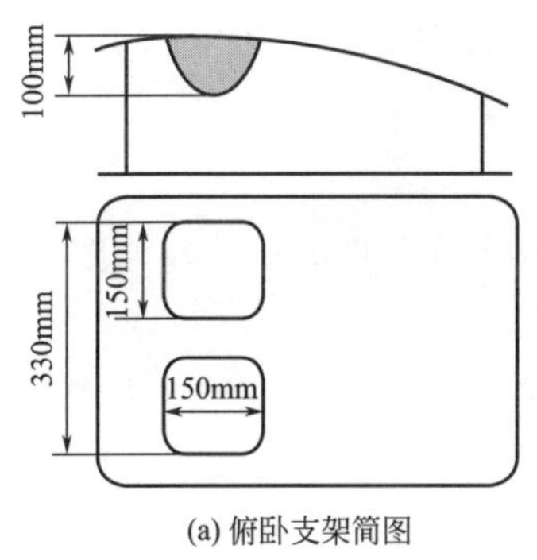

(a) 俯卧支架简图

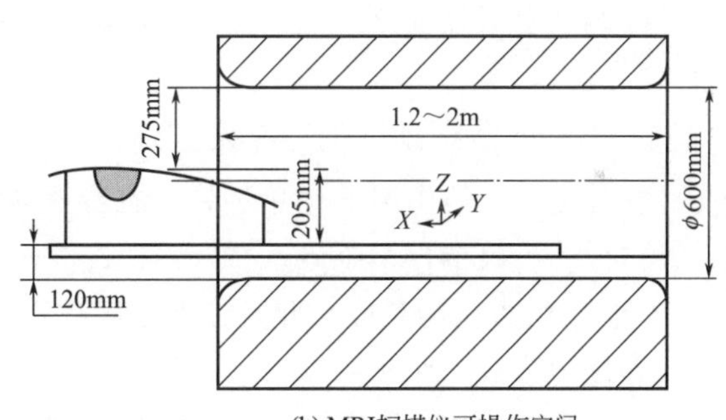

(b) MRI扫描仪可操作空间

图 9-13　俯卧支架

哈尔滨理工大学的张永德等人设计了一款软轴驱动的 MRI 下介入机器人，如图 9-14 所示。该机器人分为定位模块、穿刺模块、乳腺加持模块、活检模块和样本储存模块。定位模块采用改进型直角坐标形式，其三个自由度均为移动自由度。考虑到机器人进行手术时，其运动应尽量平稳，且具有自锁特性，此 3 个移动自由度均采用丝杠螺母副的形式实现。穿刺模块只有一个直线进针自由度。乳腺夹持模块由两块稳定压板组成[21]。

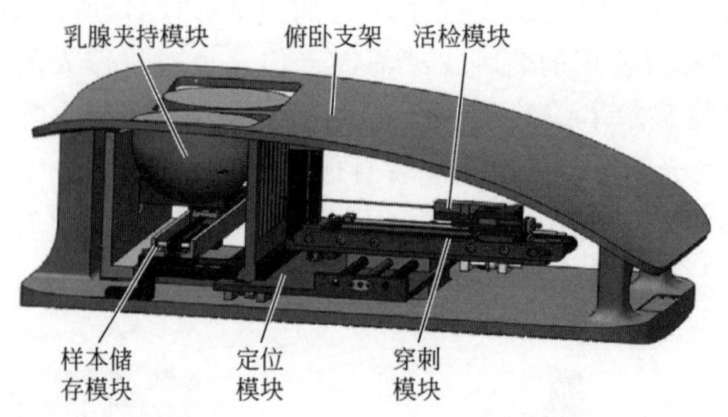

图 9-14 乳腺介入机器人三维模型

胸腔式机器人系统的定位基准是患者的身体，呼吸及其他的意外运动都会使机器人的定位不准确，有时需要经过多次移动才能找到扎针位置，操作效率比较低并且扎针精度不高。俯卧手术位直角坐标式由于其采用俯卧位，需要单独的一个机构夹紧乳腺，这样会使原本就很小的工作空间更显拥挤，并且其乳腺夹持模块采用的栅板会对肿块的采集带来一定的不便。

9.3.3 乳腺微创介入机器人穿刺针—组织作用机理

针穿刺软组织过程分为三个阶段：未刺入组织前、刚刚刺入组织、在组织内运行。

(1) 未刺入组织前针的力学模型

针在外力 F_m 的作用下开始进针，在穿透组织之前，其运动过程如图 9-15 所示，可以分为以下三个阶段。

① 针-组织未接触阶段。此时针尚未接触到组织或刚刚触及组织，其与组织的相互作用力为 0，如图 9-15(a) 所示。

② 针-组织初始接触阶段。此过程中，组织沿针轴方向作用于针一个抵抗力，但此抵抗力小于针的刚度所引起的失稳临界力，只是引起组织表面变形，而针不会产生弯曲，因此可将此过程的针简化成压杆稳定问题，如图 9-15(b) 所示。此时针尖所受的最大力即压杆稳定的最大临界力

$$F_r=\frac{\pi^2 EI}{(0.5l)^2} \tag{9-1}$$

式中，E 为针的弹性模量；I 为针的惯性矩；l 为针的长度。

③ 针-组织接触弯曲阶段。当针继续接触组织，针受到组织的抵抗力越来越大，超过上述最大临界力后，针会发生一定程度的挠曲。但由于针的刚度大于组织的刚度，当针弯曲到一定程度时，针尖的受力会大于组织的抵抗力，从而扎入

组织中，如图 9-15(c) 所示。

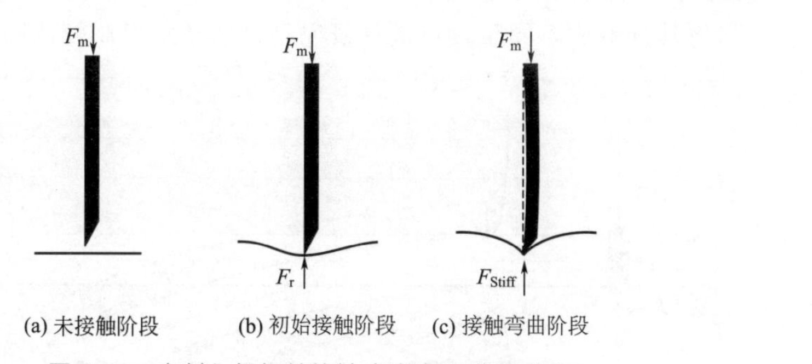

图 9-15 未刺入组织前的针-组织相互作用分析

(2) 刚刚刺入组织时针的力学模型

在接触弯曲基础上继续进针，在刺破组织瞬间，针尖受力会突然下降，表示针已进入组织，此时可假设针处于无挠曲状态，其受力如图 9-16 所示。

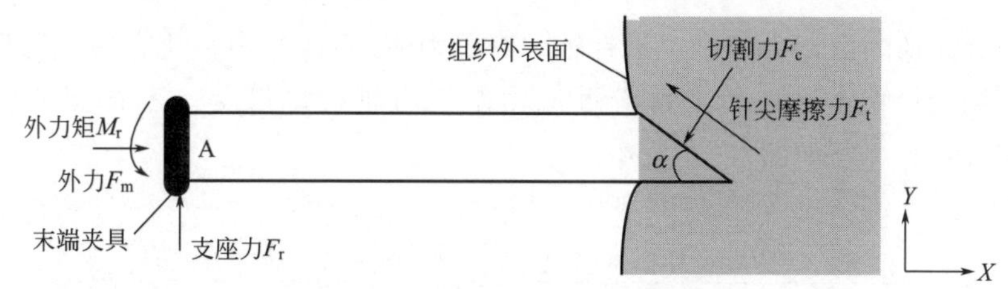

图 9-16 刚刚刺入组织时的受力图

针尖受到垂直针尖斜面的切割力 F_c 和沿针尖斜面方向的摩擦力 F_t，末端夹具给予针的力有支座的支撑力 F_r 及外力 F_m、外力矩 M_r，可得平衡方程式为

$$\begin{cases} F_m - F_t\cos\alpha - F_c\sin\alpha = 0 \\ F_r + F_t\sin\alpha - F_c\cos\alpha = 0 \\ M_r - F_r \times l = 0 \end{cases} \tag{9-2}$$

式中，α 为针尖角度；l 为针体长度。

(3) 针在组织内运行时的力学模型

在外力 F_m 的作用下，带斜尖的针穿透组织外表面，运行于软组织内部，此时针与周围组织相互作用，组织对针产生反作用力，因此此阶段针受力比较复杂，但可将其分解为三部分：沿针轴的一个与组织和针体属性有关的摩擦力 (F_f)，沿针尖斜面的摩擦力 (F_t)，作用在针尖处、与针尖斜面垂直的切割力

(F_c)等。此外，由于针尖的非对称性，在切割力的作用下，针体产生弯曲变形，导致组织给予针体一个夹紧力(F_s)，如图 9-17 所示。不同学者得到不同模型，但将其分解成不同阶段再进行研究是目前学术界比较认同的办法。

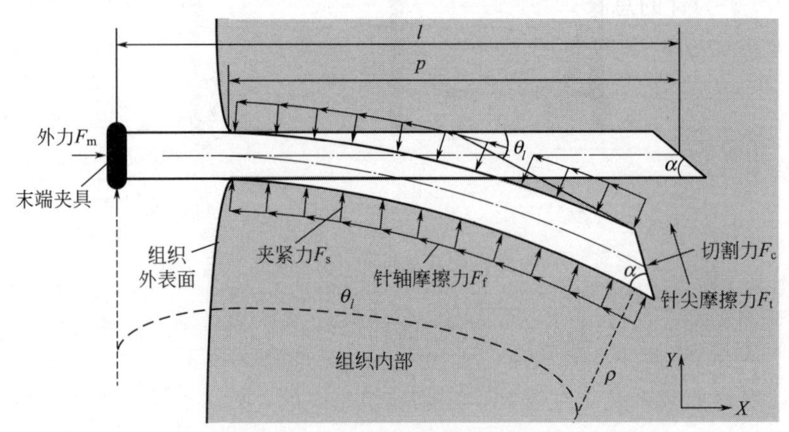

图 9-17　针刺软组织受力分析

① 沿针轴的摩擦力模型。沿针轴的摩擦力 F_f 可采用离散化方法，将位于组织内部的针体等分为 n 份，每份近似为刚性直轴，每份受一个恒定的摩擦力 $f(x)$ 的作用[22]，如图 9-18 所示。

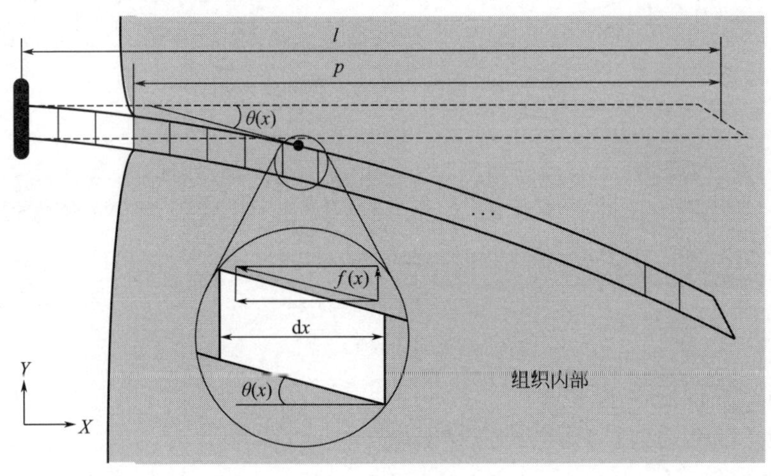

图 9-18　沿针轴的摩擦力

设单位长度上针轴所受摩擦力为 $f(x)$，则沿针轴的摩擦力 F_f 在 X、Y 方向的分量为

$$\begin{cases} F_{fx}=\int_{l-p}^{l} f(x)\cos(\theta(x))\mathrm{d}x \\ F_{fy}=\int_{l-p}^{l} f(x)\sin(\theta(x))\mathrm{d}x \end{cases} \tag{9-3}$$

式中，l 为针的总长；p 为进针深度；$\theta(x)$ 为针的转角，即针上某一点对应的针轴切线与 X 轴的夹角。

② 切割力模型。切割力是指进针过程中组织作用于针尖斜面的反作用力。针尖斜面为椭圆形，为便于分析，首先在针尖斜面建立坐标系“$\eta O\zeta$”，如图 9-19(a) 所示，则此椭圆方程可描述为

$$\frac{(\eta-b/2)^2}{(b/2)^2}+\frac{\zeta^2}{(d/2)^2}=1 \tag{9-4}$$

式中，d 为椭圆短轴长度，等于针轴直径；b 为椭圆的长轴长度，可用针尖角度 α 和针轴直径 d 来表示，即

$$b=d/\sin\alpha \tag{9-5}$$

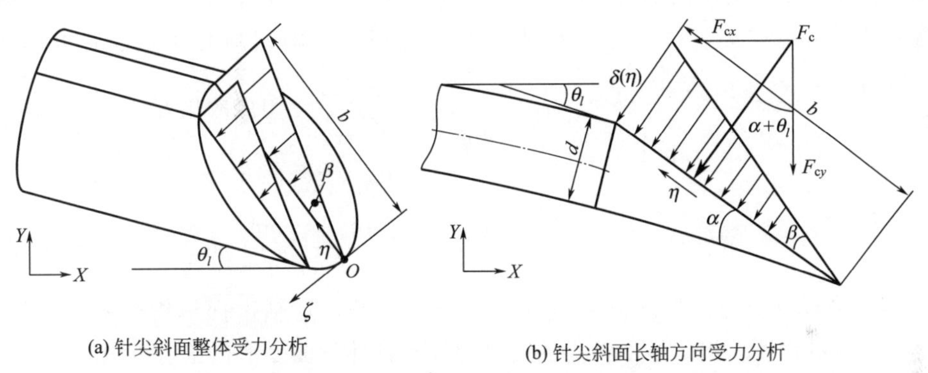

图 9-19 针尖斜面处切割力分析

当斜尖针切割软组织时，针尖将组织劈开并占据组织位置，随着针尖运动，组织产生变形，形成对针尖的反作用力，即切割力。切割力应分布于整个椭圆形斜面上，并与斜面垂直，但此分布力在椭圆形斜面上并非均布力。为此，这里将斜面上的切割力沿短轴方向进行分层，如图 9-19(a) 所示。首先分析过针的轴线并与针尖斜面垂直方向上的力，即过椭圆长轴与斜面垂直方向的力，如图 9-19(b) 所示。此分布力可视为沿针尖斜面呈三角形分布的载荷 $\delta(\eta)$，满足边界条件：

$$\begin{cases} \eta(0)=0 \\ \eta(b)=K_t b\tan\beta \end{cases} \tag{9-6}$$

式中，β 定义为切割角；K_t 为针尖处单位长度上针-组织相互作用刚度。

$\delta(\eta)$ 可表示为

$$\delta(\eta)=K_{t}\eta\tan\beta \tag{9-7}$$

对于整个椭圆形斜面上的切割力，由于斜面 ζ 方向任一点的力可近似于与此点同一 η 坐标对应的长轴上的力，为此，可得整个斜面的切割力合力为

$$F_{c}=\iint_{D}\delta(\eta)\mathrm{d}\eta\mathrm{d}\zeta=2\int_{0}^{b}\mathrm{d}\eta\int_{0}^{\zeta(\eta)}\delta(\eta)\mathrm{d}\zeta \tag{9-8}$$

式中，D 为积分区域，即针尖椭圆形斜面所围成的区域。$\zeta(\eta)$ 根据椭圆方程(9-4) 获得，即

$$\zeta(\eta)=\sqrt{\left(\frac{d}{2}\right)^{2}-\frac{(\eta-b/2)^{2}}{(b/2)^{2}}\left(\frac{d}{2}\right)^{2}} \tag{9-9}$$

将式(9-5) 与式(9-9) 代入式(9-8)，得针尖斜面处切割力为

$$F_{c}=\mathrm{d}K_{t}\tan\beta\int_{0}^{d/\sin\alpha}\eta\sqrt{1-\frac{(\eta-d/2\sin\alpha)^{2}}{(d/2\sin\alpha)^{2}}}\mathrm{d}\eta \tag{9-10}$$

针体运动于组织内部时，由于针尖的非对称形状，使得针体发生偏转，设针尖处转角为 $\theta_{l}=\theta(x)\mid_{x=l}$，如图 9-19(b) 所示，则切割力在 X、Y 方向的分量为

$$F_{cx}=\mathrm{d}K_{t}\tan\beta\int_{0}^{d/\sin\alpha}\eta\sqrt{1-\frac{(\eta-d/2\sin\alpha)^{2}}{(d/2\sin\alpha)^{2}}}\mathrm{d}\eta\cdot\sin(\alpha+\theta_{l}) \tag{9-11}$$

$$F_{cy}=\mathrm{d}K_{t}\tan\beta\int_{0}^{d/\sin\alpha}\eta\sqrt{1-\frac{(\eta-d/2\sin\alpha)^{2}}{(d/2\sin\alpha)^{2}}}\mathrm{d}\eta\cdot\cos(\alpha+\theta_{l}) \tag{9-12}$$

③ 针体夹紧力。针进入组织后，将组织劈开，针轴占据组织位置，而且，针尖的非对称性及组织给予针尖的切割力导致针体弯曲变形，压迫组织，产生组织对针体的夹紧力 F_{s}。同样，视夹紧力为非线性分布的载荷 $s(x)$，则夹紧力 F_{s} 在 X、Y 方向的分量为

$$F_{sx}=\int_{l-p}^{l}s(x)\sin(\theta(x))\mathrm{d}x \tag{9-13}$$

$$F_{sy}=\int_{l-p}^{l}s(x)\cos(\theta(x))\mathrm{d}x \tag{9-14}$$

设针弯曲后，针的挠曲线函数（即位移函数）为 $v(x)$，针轴上某点对应的单位长度上针-组织相互作用刚度为 $K_{s}(x)$，则有

$$s(x)=K_{s}(x)v(x)/\cos(\theta(x)) \tag{9-15}$$

转角 $\theta(x)$ 满足

$$\tan\theta(x)=\frac{\mathrm{d}v(x)}{\mathrm{d}x} \tag{9-16}$$

代入式(9-13) 及式(9-14)，得

$$\begin{cases} F_{sx} = \int_{l-p}^{l} K_s(x)v(x)\tan(\theta(x))\mathrm{d}x = \int_{l-p}^{l} K_s(x)v(x)\mathrm{d}(v(x)) \\ F_{sy} = \int_{l-p}^{l} K_s(x)v(x)\mathrm{d}x \end{cases} \tag{9-17}$$

9.3.4 乳腺微创介入机器人路径规划

运动学分析与路径优化是靶向穿刺控制的基础，是实现合理、精确穿刺目标靶点的依据。特别是在有障碍环境下，如何合理绕过障碍物，根据针穿刺机构及穿刺针自身的特性实现最优穿刺，使穿刺路径最短、最精确、最安全，一直是穿刺领域中研究的热点和重点。

对于乳腺介入手术，机器人工作时，首先要根据图像扫描结果获得病灶点的位置，即目标靶点。而后根据目标靶点的位置进行机器人路径规划，求得最佳入针点位姿及针尖方向，进而通过机器人运动学逆问题分析求得各关节的运动量。但是各关节运动的先后顺序需要事先进行规划。

从上述流程可以看出，若要实现机器人的运动规划，首先，要进行机器人运动学分析，获得末端针尖位置与各关节变量的关系。其次，由于针穿刺软组织过程中产生偏转，而针尖方向不同，针的偏转方向就不同，因此入针点也不同。同时，穿刺过程中要求避开主乳管和血管，因此需要进行绕障碍入针点规划。

乳腺介入机器人的靶点穿刺的路径优化主要受两方面因素制约：一是受穿刺机构运动学的制约；二是受穿刺过程中针的偏转运动的制约。对于穿刺机构的运动学，由于受狭小空间的限制，所设计的穿刺机构的穿刺位置与穿刺方向存在着耦合，所以穿刺机构不可能实现任意位置和任意角度的穿刺；在穿刺过程中，穿刺针会发生偏转，也受针和组织特性的限制，即针在组织内不可以随意偏转，特定的针在特定的组织内的偏转符合针偏转模型。

所以，在路径规划时首先要考虑以上两方面因素的限制。这就需要考虑机器人具体的构型，进行机器人正问题、逆问题分析，并对穿刺针的穿刺路径进行分析、建模，最后进行路径规划。路径优化的过程是根据图像信息中确定的疑似病灶点的位置，依据针偏转模型和机器人运动学逆运算算出一系列能够实现理论路径的穿刺机构的关节角度和位置，再根据路径的评价标准，选出最优路径，即通过机器人各个关节的动作来补偿穿刺针穿刺时所带来的偏转。

9.3.5 乳腺微创介入机器人的精确控制

手术机器人的基本控制原理是，首先使用 CT 或者 MRI 在术前扫描人体部位，得到对应的影像数据，建立一个患者的图像空间，再根据患者自身的影像学数据在导航系统坐标下创建一个真实的物理空间，然后通过定位两个空间中相对应的人工标记物，进行点对点空间配准，建立两个空间之间的坐标转换关系。根据图像中器械的位置来定位和引导实际空间中的手术操作。

这个过程中会产生很多误差，这些误差分为系统误差和非系统误差，如图 9-20 所示。

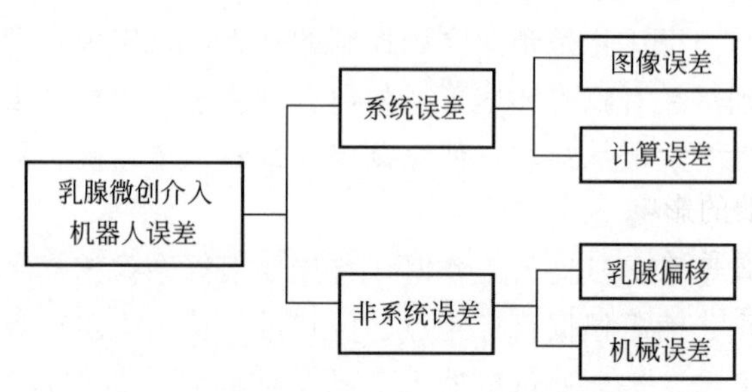

图 9-20 乳腺微创介入机器人误差的组成

(1) 图像误差

医学图像是影像设备对人体信息的一种离散采样，在影像设备采样过程中必然会造成一定的信息丢失，造成图像和真实患者间的不一致，在手术导航过程中必然会影响真实人体的穿刺精度。为了减小采样过程所造成的信息丢失，需要尽量使用大的采样频率，也就是要使用尽量提高的图像分辨率或者尽量较少的图像像素间距。临床常用的 CT 和 MRI 设备在进行头部扫描时，断层内像素间距以及断层间距均可达 1mm 以下，能够满足手术导航系统的精度要求。在临床实践中，医生可以根据病灶的特点来决定采用多大的层间距或者图像的大小。

(2) 计算误差

由于现实空间中的信号都是连续信号，而计算机的计算过程是数字信号，两者必然会有一定的精度偏差，其中包括图像像素信息误差，配准过程中的线性变换矩阵和单值分解算法的精度所导致的误差，导航过程中真实人体空间坐标变换到图像空间中的计算误差。换言之，这一误差主要是计算机在空间变换以及坐标计算中产生的误差，这类误差的控制主要需要控制相关算法的精度，采用精度更高的数值类型来进行计算。总的来说，这类误差相对较小，在目前的软硬件条件下可以忽略不计。

(3) 乳腺偏移

穿刺针刺入组织时，乳腺组织随之产生形变；在用固定板固定乳腺时也会产生目标点的偏移；患者呼吸及心跳等运动方式导致的体内形变误差，尤其是呼吸运动所产生的误差是非常难以控制和解决的，因为常规手术中患者的呼吸运动是自主且无法控制的，而且因呼吸运动而导致的患者肿瘤的位移变化也是随机不可预测的。人体呼吸运动过程中肺部的运动位移如表 9-2 所示。

表 9-2 肺部呼吸运动平均位移[23] mm

位置和方向	上中叶	下叶
侧向	2.7±0.39	3.7±0.86
胸背	3.13±0.46	3.96±1.25
头脚	4.25±1.26	10.17±2.71

解决呼吸运动的影响需要通过多种方式综合作用来减少运动形变所产生的误差，这里主要介绍通过体外形变控制和体内形变控制来提高导航精度、降低手术误差的方法。现阶段常规的乳腺穿刺前，医生会对患者进行呼吸训练，在扫描和导航穿刺的时候会尽量保证患者的呼吸在同一个相位，医生在操作过程中也会根据患者的呼吸状况调整穿刺进针的速度和时间，但是这种方法存在很大的不确定性。目前常规的用于减少呼吸运动的方法包括运动包含法、压迫式浅呼吸法、屏气法和呼吸门控法[24]，但这些方法均存在不足。实时跟踪法是目前处理呼吸运动的最佳方法，目前主要的辅助设备是 X 射线和超声，但 X 射线需要持续照射，伤害大，甚至需要植入有创性的标记物。

（4）机械误差

由于机械本身造成的误差，如零件的制造误差、安装误差和定位误差，以及驱动元件造成的传动误差，如电机造成的丢步、软轴传动的迟滞性而产生的误差等。要消除这部分误差不是一个简单的问题，需要进行详细研究。

9.4 乳腺微创介入机器人介入实例

下面以哈尔滨理工大学设计的乳腺微创介入机器人为例（图 9-14），介绍乳腺介入机器人的设计方案。

（1）结构方案设计

常用的机器人结构形式主要有直角坐标式、圆柱坐标式、极坐标式、关节坐标式等，每种结构形式都有其特点。乳腺介入机器人用于人体手术，要求其运动平稳、直观，有足够的精度，且工作稳定可靠。直角坐标式机器人具有结构简单、精度高、控制方便、有较好的运动直观性等特点，能够满足医疗方面的要求。因此，选择直角坐标结构形式作为机器人定位机构。

考虑到乳腺组织无骨质障碍等特点，为尽量减小机器人的占用空间，降低机器人的复杂程度，机器人只需确定末端执行器位置即可，而不再研究实现姿态控制的定向机构。除了定位机构外，还需一个穿刺机构将末端执行器送入组织。因此，设计的机器人构型如图 9-21 所示。

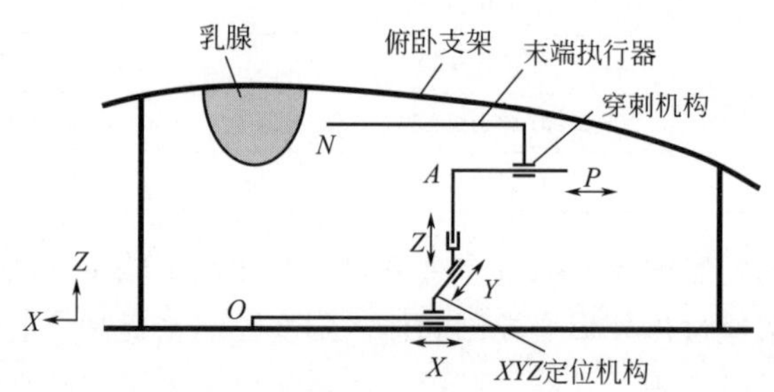

图 9-21 机器人构型

该方案的 X、Y、Z 方向位置控制均采用丝杠螺母滑台，在 Z 向滑台上方设置穿刺机构，通过 X、Y、Z 滑台的位置控制，实现末端执行器的定位，但该构型 Z 向滑台与俯卧支架之间产生干涉。采用从直线部分过渡到曲线部分的方式解决这一问题，即将机器人末端在 X-Z 面内的轨迹由原来的直线变为弧线，采用如图 9-22 所示的改进型直角坐标形式。这样，机器人末端点 N（手术针的针尖点）在 X-Z 面内的运动空间由矩形空间变为扇环形空间，如图 9-23 所示。在图 9-23 中，在相同面积（矩形 $ABCD$）下，直角坐标式 Z 方向尺寸为 CD 长，而采用改进型直角坐标式时，Z 方向尺寸减小为 $C'D'$，且工作空间扩展为 $A'B'C'D'$。故采用改进型直角坐标式结构，可以在保证 Z 方向工作空间的前提下减小 Z 方向尺寸。

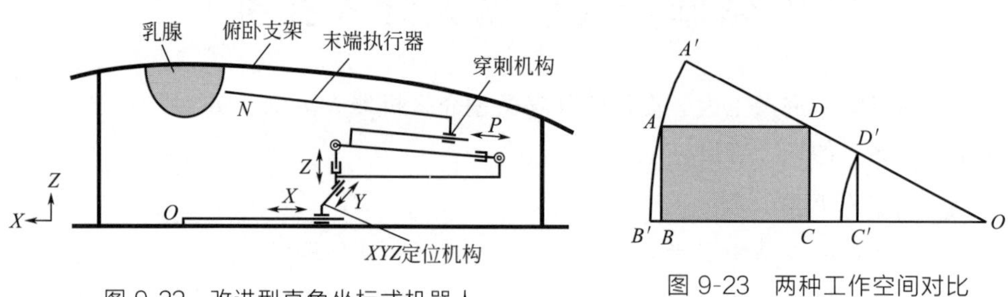

图 9-22 改进型直角坐标式机器人

图 9-23 两种工作空间对比

为了解决电机对 MRI 成像影响问题，提出基于软轴驱动的改进式直角坐标机器人，机器人结构方案如图 9-24 所示。

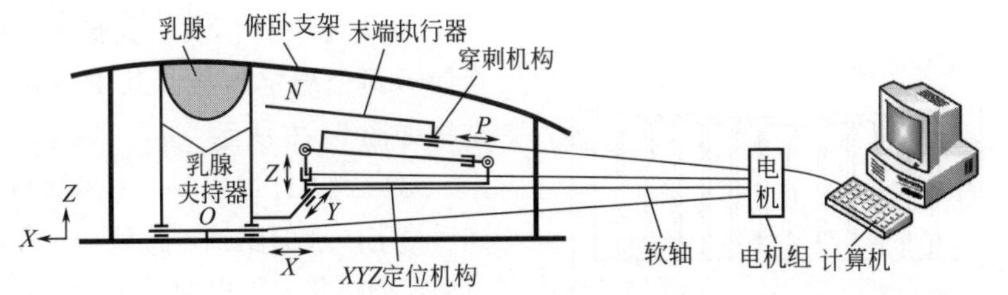

图 9-24 乳腺介入机器人结构方案

（2）具体结构设计

① 定位模块设计。根据上文提出的构型方案，乳腺介入机器人定位模块采用改进型直角坐标形式，3 个自由度均为移动自由度。考虑到机器人进行手术时，其运动应尽量平稳，且具有自锁特性，此 3 个移动自由度均采用丝杠螺母副的形式实现，因此，定位模块分为 X 向滑台、Y 向滑台、Z 向滑台。各滑台丝杠采用传动效率较高且具有自锁特性的梯形丝杠，其中 X 向滑台由一左右旋螺纹丝杠驱动，用于实现乳腺夹持器的开合运动，其他滑台则是右旋丝杠。

② 穿刺模块设计。穿刺模块的功能是实现末端执行器的穿刺运动，为了适应 MRI 的狭小空间，这里对机器人机构进行简化，穿刺模块只设计 1 个移动自由度，即进针运动。为使机器人结构紧凑，将 Z 向滑台与穿刺滑台耦合到一起，其结构如图 9-25 所示。

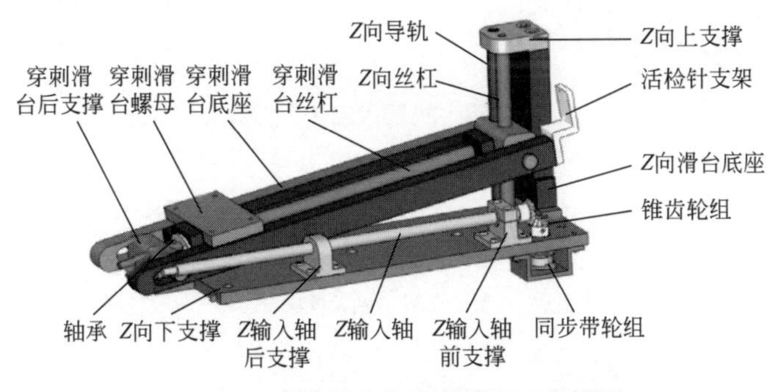

图 9-25 Z 向滑台与穿刺滑台三维模型

图中 Z 向滑台的导轨采用单个圆导轨方式。由于俯卧支架下 Z 方向的空间有限，利用一组锥齿轮传动和一组同步带传动将动力传递到尺寸空间较大的 X 方向。作为除末端执行器外的最上层滑台，穿刺滑台相对于 X、Y 向滑台负载最小。使用 Z 向滑台底座上的凹槽作为导轨，滑台底座与 Z 向螺母连接，当 Z 向滑台运动时，穿刺滑台就随着 Z 向螺母作出相应的俯仰动作。

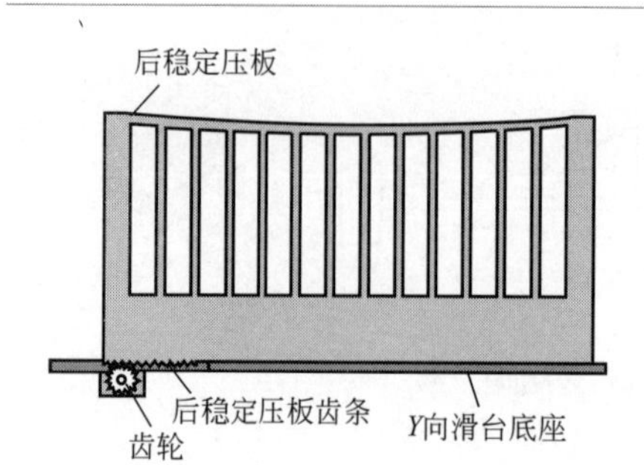

图 9-26 后稳定压板调整机构

③ 乳腺夹持模块。乳腺夹持模块包括前后两个稳定压板。其中后稳定压板结构如图 9-26 所示。

考虑到进针过程中，手术针可能会受到后稳定压板的阻挡，将后稳定压板设计成镂空栅格状，可以使手术针穿过栅格到达病灶位置。尽管如此，压板上的栅格框也会成为进针方向上的障碍。因此，选择增加一个沿 Y 向的自由度，当栅格框阻碍进针方向时，将栅格错开一个距离，该错开动作由后稳定压板的位置调整机构实现，该机构通过齿轮齿条实现。

综上所述，定位模块、穿刺模块及乳腺夹持模块共 5 个自由度，包括定位模块 X、Y、Z 方向的 3 个移动自由度，穿刺模块的进针运动（P）和乳腺夹持模块中后稳定压板的移动（C），如图 9-27 所示。

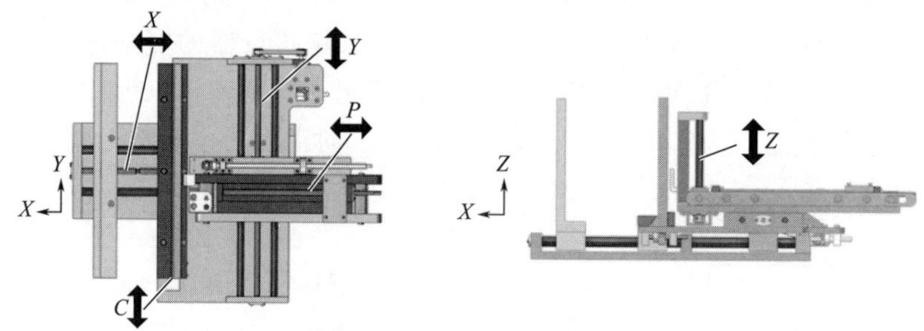

图 9-27 机器人自由度分布

所设计的机器人共 7 个自由度，其三维模型如图 9-28 所示。

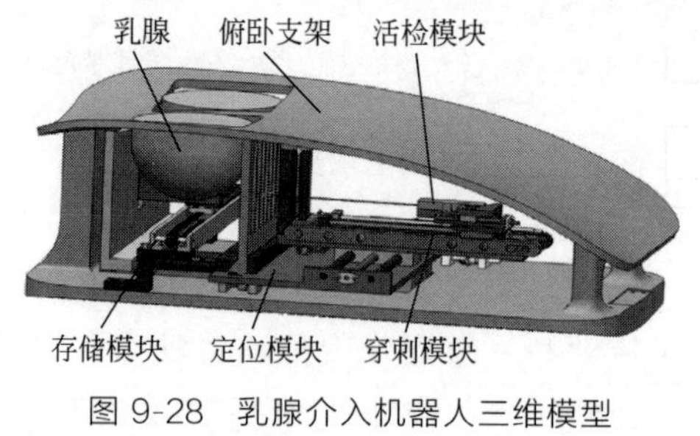

图 9-28 乳腺介入机器人三维模型

该机器人的手术规划流程如图 9-29 所示。可以看出，在稳定乳房形态后，根据图像结果，得到病灶点的位置，需判断乳腺夹持器是否会遮挡入针点，而这一步骤首先要根据路径规划结果，得到入针点坐标。乳腺夹持器栅格尺寸已知，其初始位置也已知，可以计算出每个栅格的尺寸坐标，只需比较入针点坐标是否在该方向栅格范围内，即可判断出乳腺夹持器是否妨碍穿刺运动。

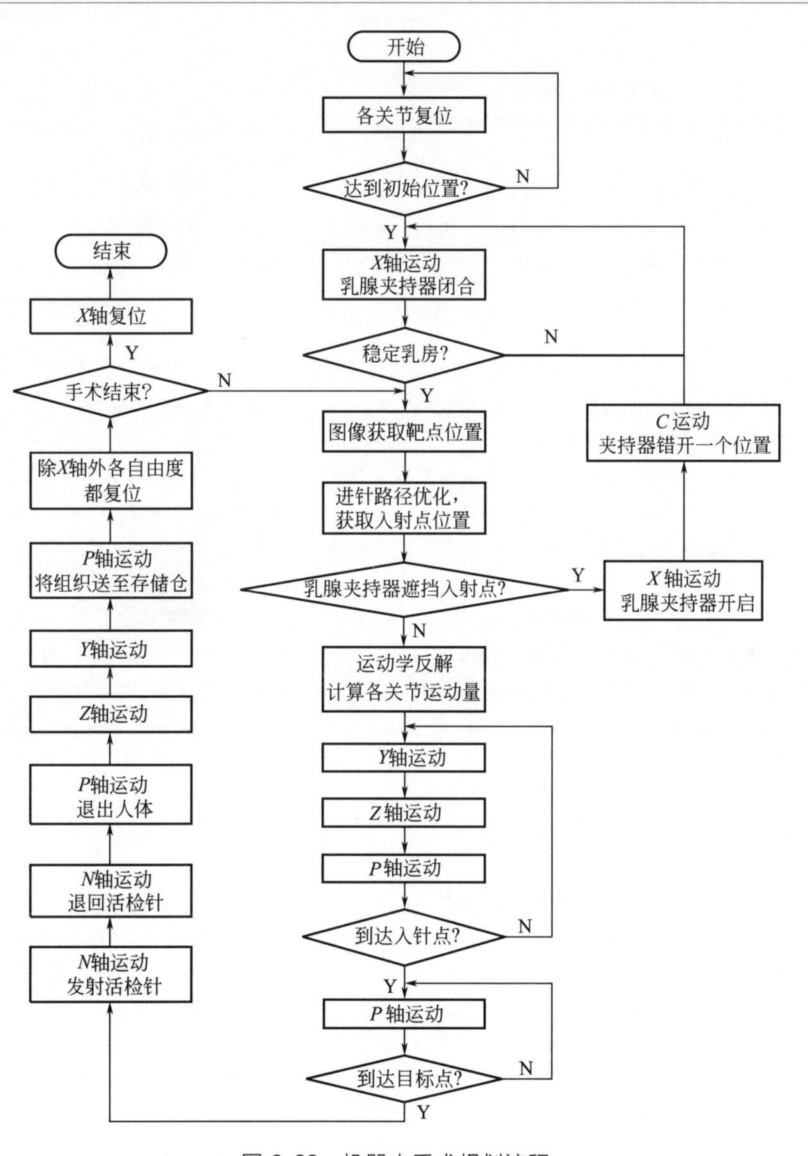

图 9-29 机器人手术规划流程

参考文献

[1] 尹茵，甘洁. 乳腺癌的 MRI 应用进展[J]. 中国中西医结合影像学杂志，2013，11（2）：215-218.

[2] World Health Statistics（2012）. http：//apps. who. int/iris/bitstream/10665/44844/1/9789241564441_eng. pdf? ua= 1.

[3] 张保宁. 乳腺癌手术的乳房修复与重建[J]. 癌症进展，2013，11（5）：389-391.

[4] Jemal A，Bray F，Center M M，et al. Global Cancer Statistics [J]. CA CANCER J CLIN，2011：61：69-90.

[5] World Health Statistics（2008）. http：//www. who. int/gho/publications/world_health_statistics/EN_WHS08_Full. pdf? ua= 1.

[6] 乳腺癌已经跃居中国女性肿瘤首位[J]. 中国肿瘤临床与康复，2017，24（09）：1119.

[7] 方琼英，吴琼，张秀玲，等. 乳腺癌的流行现状分析[J]. 中国社会医学杂志，2012，29（5）：333-335.

[8] 杨亮. MRI 乳腺检查技术的临床应用价值[J]. 现代医用影像学，2015，24（05）：787-788.

[9] 张震康. 30 年乳腺癌治疗趋势的变化[J]. 中国普外基础与临床杂志，2009，16（11）：911-917.

[10] Larson B T，Tsekos N V，Erdman A G. Arobotic Device for Minimally Invasive Breast Interventions with Real-time MRI Guidance [C]. Third IEEE Symposium on Bioinformatics and Bioengineering，Minneapolis，MN，2003：190-197.

[11] Smith M，Zhai X，Harter R，et al. A Novel MR-Guided Interventional Device for 3D Circumferential Access to Breast Tissue [J]. Medical Physics，2008，35（8）：3779-3786.

[12] Smith M，Zhai X，Harter R，et al. Novel Circumferential Immobilization of Breast Tissue Displacement during MR-Guided Procedures：Initial Results[C]. Proc. Intl. Soc. Mag. Reson. Med. 16，2008：1212.

[13] Zhai X，Kurpad K，Smith M，et al. Breast Coil for Real Time MRI Guided Interventional Device[C]. Proc. Intl. Soc. Mag. Reson. Med. 15（2007）：445.

[14] Kobayashi Y，Suzuki M，Kato A，et al. Enhanced Targeting in Breast Tissue Using A Robotic Tissue Preloading-Based Needle Insertion System [J]. IEEE Transaction on Robotics，2012，28（3）：710-712.

[15] Tanaiutchawoot N，Wiratkapan C，Treepong B，et al. On the Design of A Biopsy Needle-holding Robot for A Novel Breast Biopsy Robotic Navigation System[C]. The 4th Annual IEEE International Conference on Cyber Technology in Automation，Control and Intelligent Systems，Hong Kong，China，2014：480-484.

[16] Bo Yang，U-Xuan Tan，Alan McMillan，et al. Design and Implementation of a Pneumatically-Actuated Robot for

Breast Biopsy under Continuous MRI [C]. 2011 IEEE International Conference on Robotics and Automation，Shanghai，2011：674-679.

[17] 耿利威. MRI 环境下的介入机器人设计及运动仿真 [D]. 哈尔滨：哈尔滨理工大学，2010.

[18] 孟纪超，谢叻，神祥龙. 核磁共振环境下六自由度穿刺定位机器人的研制[J]. 上海交通大学学报，2012，46(9)：1436-1439.

[19] Melzer A，Gutmann B，Remmele T，et al. INNOMOTION for Percutaneous Image-Guided Interventions[J]. IEEE Engineering in Medicine and Biology Magazine，2008，27(3)：66-73.

[20] Bricault I，Zemiti N，Jouniaux E，et al. Light Puncture Robot for CT and MRI Interventions [J]. Engineering in Medicine and Biology Magazine，IEEE，2008，27(3)：42-50.

[21] 陈耀. 基于 TRIZ 理论的 MRI 下乳腺介入机器人结构设计及仿真[D]. 哈尔滨：哈尔滨理工大学，2014.

[22] Roesthuis R J，Veen Y R，Jahya A，et al. Mechanics of Needle-Tissue Interaction. 2011 IEEE/RSJ International Conference on Intelligent Robots and Systems，San Francisco，USA，2011：2557-2563.

[23] 李振环. 呼吸与肺部肿瘤位移关系的研究[D]. 武汉：华中科技大学，2011.

[24] 欧阳斌. 基于体外信号的呼吸运动跟踪模型的研究[D]. 广州：南方医科大学，2012.

第10章

骨科机器人

10.1 引言

骨科机器人是推动精准、微创手术发展和普及的核心智能化装备。骨科机器人技术是集医学、生物力学、机械学、机械力学、材料学、计算机学、机器人学等多学科为一体的新型交叉研究领域，能够从视觉、触觉和听觉上为医生决策和操作提供充分的支持，扩展医生的操作技能，有效提高手术诊断与评估、靶点定位、精密操作和手术的质量[1]。按照目前骨科手术机器人的技术特点和使用模式分类，主要分为半主动式、主动式和被动式；按应用部位分类，可分为关节外科、整骨科、脊柱外科和创伤骨科[2]。骨科机器人技术研究日益凸显医学与信息科学等相关工程学科广泛交叉、深度融合的发展态势，是医疗领域“新技术革命”的典型代表，具有高度的战略性、成长性和带动性。

10.1.1 骨科机器人的研究背景

智能创新源于人类发展需求的强大推动，经济社会发展、人口老龄化加剧、交通运输规模日益膨胀等多种因素交叉影响，使得骨科疾患日益增多，已成为影响人类生活的常见病和多发病，日趋成为严重影响人类生命和健康的突出问题。骨科疾患中的大部分疾病（骨盆髋臼骨折、股骨颈骨折、脊柱退行性病变、脊柱畸形等）需要手术治疗。骨骼及肌肉系统是人体最重要、最复杂的运动系统，三维解剖结构复杂且毗邻重要的神经血管组织。传统骨科手术受制于医生经验和术中影像设备，存在手术风险高、内植物植入精度低、复杂术式难普及、智能设备匮乏等不足，这些会带来骨科手术创伤大、并发症多等问题。随着生活质量的逐渐提高，作为“发达社会疾病”的骨科疾病已成为严重影响人类生命和健康的突出问题，对其治愈的需求日趋迫切。这要求人们必须在骨科手术治疗领域的一些基本科学技术问题上取得进展，如何提高骨科手术水平已越来越多地受到各国政府和医学领域的高度重视[3]。

骨科学领域的进步往往依赖于科学技术的进步，并受到科学技术发展水平的限制。在不同时期，外科医生都在追求最精确、最微创的解决方法，最大限度地消除病患的疼痛，并且最大地保留患者患处的生理功能，但是这一愿景都会受制于同时代科学技术的发展水平。最初骨外科手术以截肢等毁坏性手术为主，随着19世纪无菌技术和麻醉技术的进步，20世纪X射线和抗生素的发现和使用、输血技术的发展、生物医学和材料学的进步，使得骨科技术逐渐发展到以矫正畸形、切除病灶同时保留肢体功能为主，如关节置换技术和内固定技术等。如今，精准、微创治疗是21世纪骨科手术发展的主旋律[4]，已成为骨科临床治疗的发展趋势。微创手术通过合理的手术规划、准确的手术定位与操作、最小的手术创伤，为骨科治疗提供最有效的方案，为患者提供最佳的治疗效果。但此类手术对医疗设备、医生的手术经验和技巧等要求较高，传统的透视方法无法提供有效的术中影像支持，同时由于医生存在易疲劳、操作精度低等生理极限问题，限制手术精度及安全性的进一步提高，如何找到有效的工具或设备帮助医生提高手术的安全性及精确性成为研究的热点。

10.1.2 骨科机器人的研究意义

我国普通民众骨科疾病发病率日益增高。据相关报道，2013年我国至少有2亿人患有关节骨科疾病，我国老年人口中，55%患有关节病、56%患有骨质疏松症，全国人口中有7%～10%患有颈腰椎病，60～70岁年龄段达50%。另外，骨科伤病已是和平时期部队非战斗减员的重要原因，据调查，2012～2014年某医院收治的驻训官兵中外科疾病占61.5%，且骨科所占比例最大，80%的伤病都需要紧急的手术治疗[5]。

在骨科手术时，传统手术的核心难点在于施术者视野及操作的局限性，手术损伤不可避免，且因施术难度和危险大，不少患者选择保守治疗，致使病情加重。在微创手术治疗中需反复照射，大剂量的辐射对医护工作者也造成了伤害。骨科机器人可为施术者提供良好的视野以及手术辅助功能，能有效提升精度，规划手术，减少损伤，提高成功率，减少患者术后并发症。如Putzer等在研究中指出，回收软组织时，半自动机械臂系统明显比人类助手更可靠，且骨组织的刚性良好，机器人治疗的安全性可得到保障。运用骨科机器人治疗具有恢复快、创伤小的特点，因而骨科机器人在医学中前景可观，是骨科发展的重要方向。

10.2 骨科机器人的研究现状

10.2.1 关节外科骨科机器人

对于骨关节的假体植入手术，假体对线、位置、关节线的精确性都是关节外科手术成功的关键。在传统手术中，假体摆放位置主要由医师主观判断，其主观经验成为误差的主要来源。这一问题催生了骨科机器人的关节外科骨科机器人。关节外科骨科机器人的研究最早始于1992年[6]，其内容是在髋关节置换术中运用机器人规划路线，确定位置。如今随着科技的发展，应用于关节外科方面的骨科机器人研究已逐渐完备，下面简述国内外几种典型的关节外科骨科机器人。

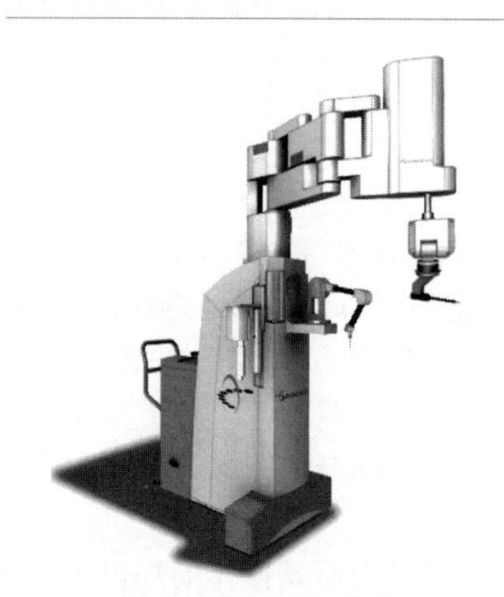

图10-1 THINK外科公司的Robodoc系统

第1台机器人操作的骨科手术由Robodoc机器人系统完成（图10-1），在其引导下进行了全髋关节置换术[7]。Robodoc机器人系统主要用于全髋关节成形术、全膝关节成形术。就全髋关节成形术而言，相对于传统手术操作，在X射线下显示术后假体位置更佳，肢体不等长减少，肺栓塞发生率降低，假体应力遮挡下降[8]。此外，在全膝关节成形术中，97%的患者假体排列与理想力线偏差为0°，由此可见，其远期整体效果优于传统手术方式[9]。手术机器人的使用还极大缩短了骨科医师外科操作的学习曲线，使许多没有较多手术经验的低年资医师也能精准微创地完成手术。

Bell等证实，在膝关节单髁置换中，MAKOPlasty（图10-2）辅助植入物对位的精度高于传统手术技术，其植入目标位置误差不超过2°的比例高于对照组[10]。此外，也有研究显示，在全髋关节成形术中，MAKOplasty系统较传统术式更具优越性。机器人放置髋臼所在部位位于Lewinnek安全区概率（100%）高于传统放置方法（80%），放置位于Callanan安全区概率（92%）高于传统放置方法（62%），可有效保证髋臼假体的稳定性及其使用寿命[11,12]。

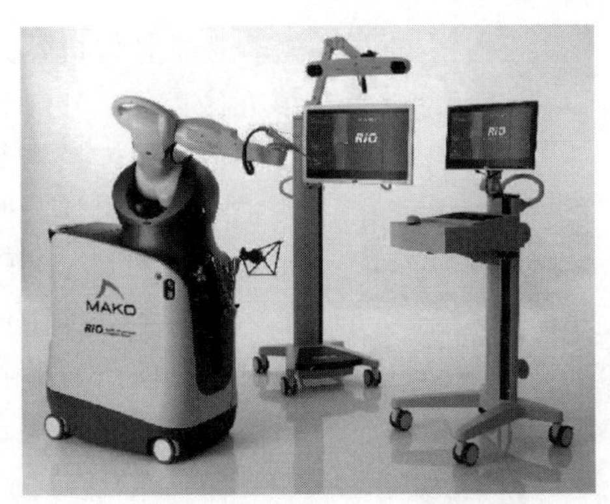

图 10-2　Pine Creek 医疗中心提供的 MAKOPlasty®

iBlock（图 10-3）与 Navio（图 10-4）两款机器人都主要用于膝关节置换术，且术前都不需要 CT 扫描。iBlock 为保证手术精确，可直接固定在患者腿部。Navio 为手持式机器人，利用红外影像进行术中定位。实验性单髁膝关节置换术时，骨科机器人置换的术后角度误差为 1.46°，而人工置换为 3.2°，骨科机器人置换的平移误差为 0.61mm[13]。

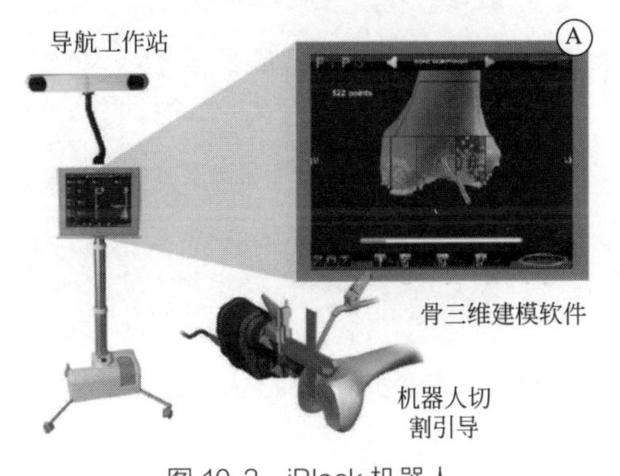

图 10-3　iBlock 机器人

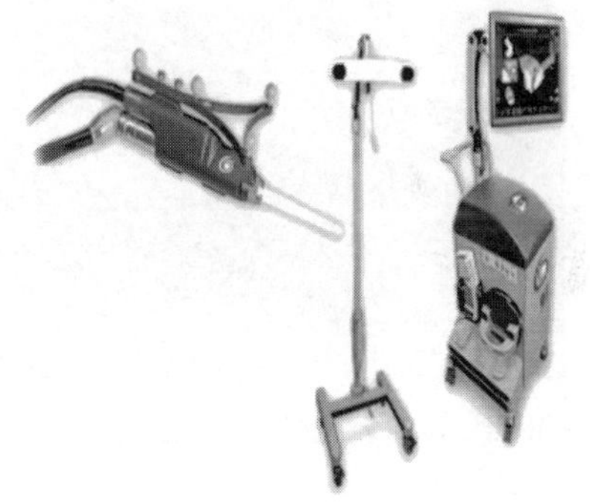

图 10-4　Navio 机器人

10.2.2 整骨骨科机器人

整骨骨科机器人是运用中国传统中医的整复骨骼的方法，对患者骨组织进行修复治疗。它结合了现代 X 射线影像技术和计算机处理技术，对患处进行特征分析，得出整复数据，然后通过对整骨机器人机械系统发送命令来完成治疗。整骨骨科机器人能减少患者辐射量，加快康复时间，缓解水肿，降低软组织萎缩和骨质疏松等骨折并发症的发病率。

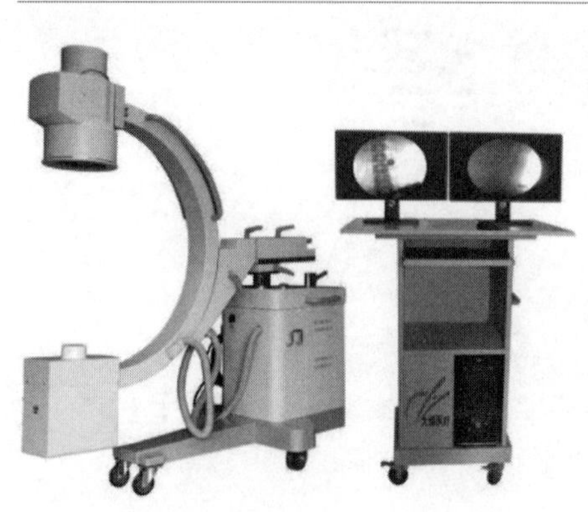
图 10-5　C 形臂 X 射线摄像机

整骨骨科机器人的前身是由哈尔滨第五医院于 1997 年研制的计算机模拟智能整骨机。经过数年后，该院先后与哈尔滨工业大学、哈尔滨工程大学、黑龙江大学联合，研制了 6 自由度机械手，完善了三维图像导航系统，提升了骨折整复网络控制技术，且在临床上运用该机器人完成上百例手术，成功率达 100%。2014 年其成果“博斯 JZC 型摇控整骨机器人系统”已进入市场，并利用 3 年时间创建骨折库，进而开发出新一代全智能机型[14]。北京积水潭医院等单位曾做过计算机导航下长骨干骨折的相关研究并研发出骨折复位机器人，其研究项目涵盖股骨骨折、骨盆骨折、胫骨骨折等（图 10-5～图 10-7）。

图 10-6　骨折复位机器人（适用骨盆骨折）

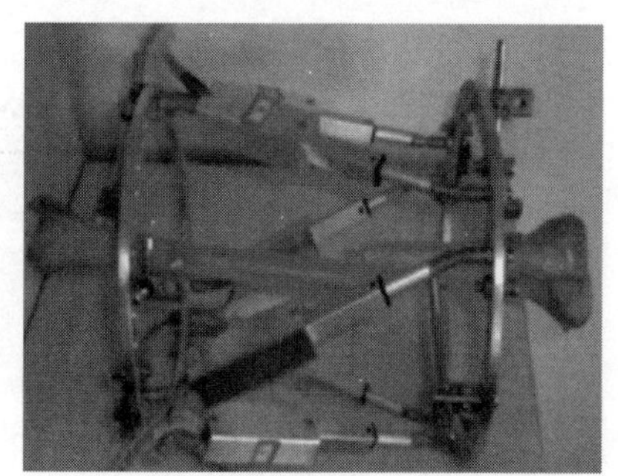
图 10-7　骨折复位机器人（适用股骨骨折）

10.2.3　脊柱外科骨科机器人

对于脊柱外科手术来说，由于脊柱邻近重要的神经和血管，特别是对骨骼终板的磨削要求较高[15]，且患者存在个体差异，因而要求手术精确、安全、稳定，十分依赖医师的经验。脊柱外科多为微创手术，对医护人员来说存在操作疲劳、辐射过多等问题，因各地医疗水平的差距，只有少数医院可开展此类手术。脊柱外科骨科机器人的整体发展一直较慢，但是因为相关病症的发病率居高不下，故相关研究一直没有间断。

1992年，Foley首次在椎弓根螺钉固定术的定位中运用Stealthstation导航系统，使脊柱外科骨科机器人的实际应用向前迈进了一步。同年，Sautot等[16]也发表了相关论文。国外有关脊柱外科骨科机器人的研究较集中，主要分为Spine Assist和达芬奇手术机器人两种，目前二者都已应用于临床。

运用Spine Assist系统，2006年Sukovich等[17]进行微创经皮内固定术(图10-8)，成功率达93%，且明显减少了医师的射线损伤。2009年，Ioannis等[18]采用该系统进行了微创经皮后路腰椎融合术，成功率达93%。2010年Devito等[19]通过术后评估664例椎弓根螺钉的位置情况，发现运用该系统辅助螺钉植入，其准确性明显高于传统手术，并降低了术后并发症发病率。2011年，Kantelhardt[20]将传统手术与运用该系统辅助手术进行比较，分析了114个病例资料和CT数据，结果显示机器人手术的平均射线暴露时间为34s，而传统手术为77s，机器人手术优势很大，且机器人手术在患者对镇痛药物的需求量以及手术成功率方面也有优势。

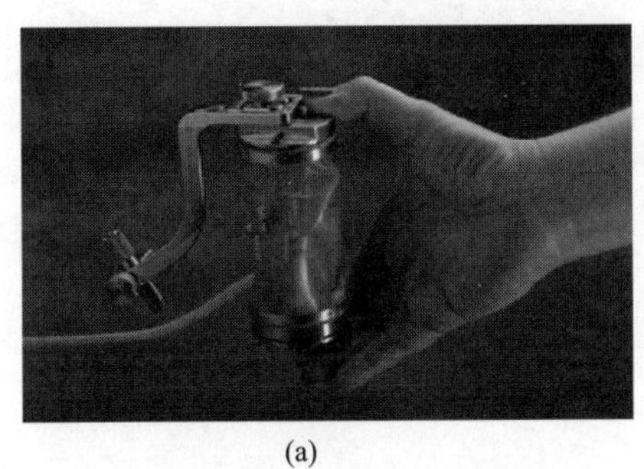
(a)

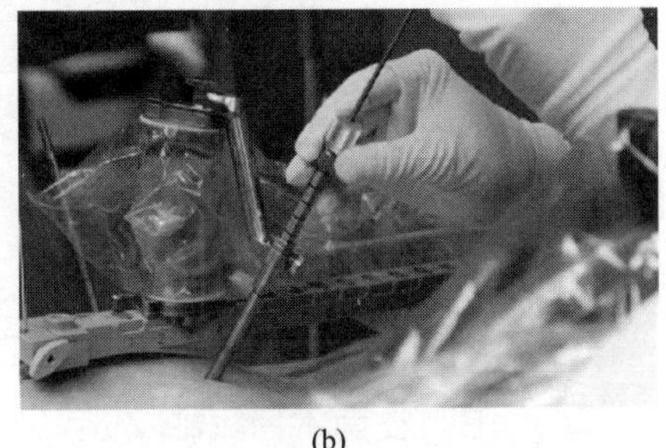
(b)

图10-8 Spine Assist系统及其手术过程

达芬奇手术机器人系统（图10-9）是现今发展最好的腹腔镜手术机器人，而它也能完成脊柱外科的手术操作。2009年，Ponnusamy等[21]应用该系统，在猪胸腰椎上进行了后路非螺钉置入手术，并认为该方法可减小医师因手部疲劳而造成的失误。2010年，Kim等[22]通过该系统在猪标本上进行了腹部后腰椎前路减压融合术，指出该手术具有视野好、出血少等特点。2011年，Yang等[23]通过该系统在猪标本上进行了前路腰椎融合术，除手术上存在因

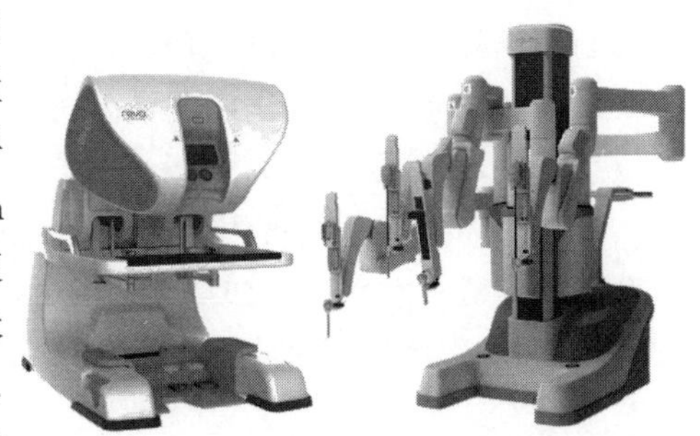
图10-9 达芬奇手术机器人

机械臂碰撞而导致的并发症，其余术后状态良好，证实了其安全性。

2011 年，第三军医大学新桥医院周跃教授[24] 牵头，同中国科学院沈阳自动化研究所共同研制了遥控型微创 6 自由度脊柱外科机器人（图 10-10）。该机器人主要运用于椎弓根螺钉植入，安装了无颤锁定系统，末端可装备加载六维力矩传感器的气动骨钻，使施术者能通过手柄感知骨钻的受力，并同步集成了术野图像。2014 年，该机器人顺利完成了第一例临床手术，患者恢复快，反应良好。

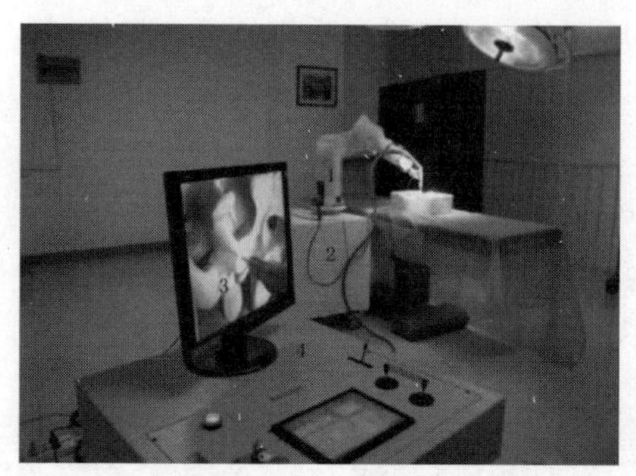

图 10-10 遥控型脊柱微创手术机器人系统

1—机械臂； 2—机械臂基图座； 3—视觉监视系统； 4—医师控制台

10.2.4 创伤骨科机器人

在创伤骨科中，随着损伤的日益严重以及微创手术的运用，一方面骨折变得更复杂，复位和内固定的精确性越发重要，另一方面又需尽量保护患处周围血运和软组织完整。因此，更加需要闭合复位，微创固定。这使术中射线照射不可避免，尤其在髓内钉植入术方面[25]，由此促进了带有射线照射模块和图像处理模块的创伤骨科机器人系统的研制，使其成为一项热门课题。

最早在 1990 年，美国枢法模公司研制了首台专用于骨科治疗的手术规划与定位系统 Stealth Station，并投入临床使用。在带锁髓内钉治疗长骨骨折的手术中，ION 手术导航系统使用效果良好。近 20 年，国际上已经出现了一些机器人辅助髓内钉植入术系统，如耶路撒冷希伯来大学开发的 MARS 系统、英国赫尔大学研制的计算机辅助骨科系统、德国 VR 中心研制出的医用机器人“罗马”等[26]。

在国内，相关研究也在开展中。2005 年，哈尔滨工业大学开发了一套数字化骨折治疗试验平台[27]。同年，北京航空航天大学联合北京积水潭医院也研发了骨创伤机器人系统。2012 年，北京航空航天大学 Kuang 等提出使机器人的操作主动与被动结合，使机器人具有了一定的纠错能力。2014 年，“骨创伤智能化微创手术关键技术装备研究及应用示范”项目在北京积水潭医院由多名专家验收（图 10-11）。2015 年，韩巍等[28] 新开发了长骨骨折机器人，认为该系统能达到手术要求，学习曲线短，没有手术经验的工程师也能很好地完成手术。

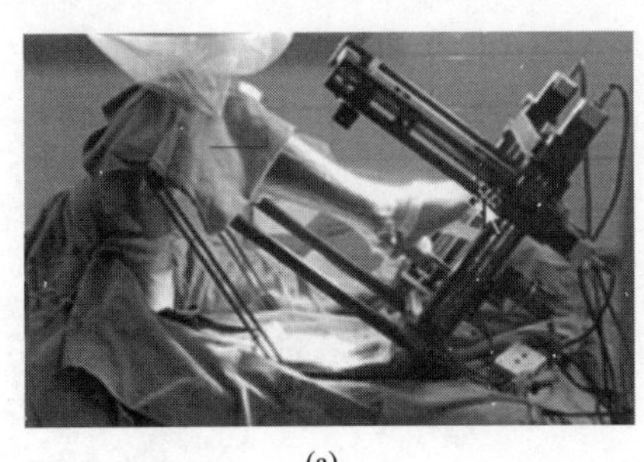
(a)

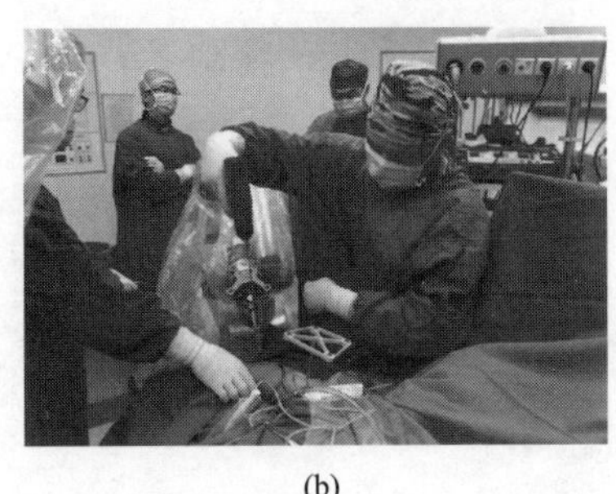
(b)

图 10-11　北京积水潭医院开发的骨科机器人

10.3 骨科机器人的关键技术

机器人进入医疗领域以来，随着技术水平的提高，由机器人辅助的外科手术逐渐成为生物医学及机器人学科研究的热点。由于机器人辅助的外科手术具有更小的创伤、更短的康复时间、更精确的操作等优点，因此在许多类型手术中都得到了应用。

随着在更为复杂的手术中如神经外科、骨科和心脏外科等引入机器人，对医生的参与程度、操作安全性和精度等都提出了更高的要求。在外科手术机器人中仍有许多问题需要进一步完善，如机器人结构、计算机辅助导航以及协同控制，从而进一步提高医生与外科机器人的交互性能，提高医生操作时的安全性、精度和临场感，减少操作时的精神压力等。

10.3.1 骨科机器人的机械系统

骨科机器人的机械臂是手术的核心执行模块，目前仍需提高其相关性能，更人性化、更小巧、更灵活的机械臂才能满足手术需求，而且要有足够的可靠性和安全保障措施。北京天智航科技股份有限公司研制出中国第一台完全自主知识产权的骨科手术机器人产品（图 10-12），2010 年获得国内首个骨科手术机器人Ⅲ类器械注册证，填补了国内空白。2012 年，第 2 代骨科机器人产品成功研制并获得国家医疗器械注册证，2015 年成功研制第 3 代骨科手术机器人，并于 2016 年成功获得国家医疗器械注册证[3]。

在结构上，骨科机器人的机械臂需要保持运动精确平稳，这有利于增强元件使用寿命，更利于骨科机器人的普及。进一步发展骨科机器人的限制来自其对特殊元件的需求，减小其复杂化，研发单一手术机器人将有利于其发展[29]。图 10-13 为 RIO 骨科手术机械臂。

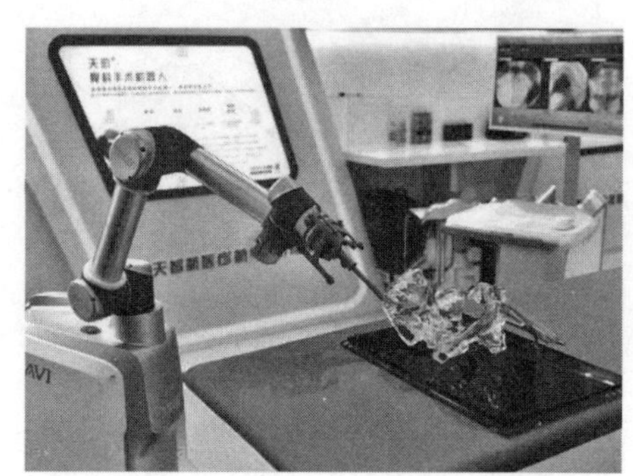

图 10-12　国产“天玑”骨科手术机器人

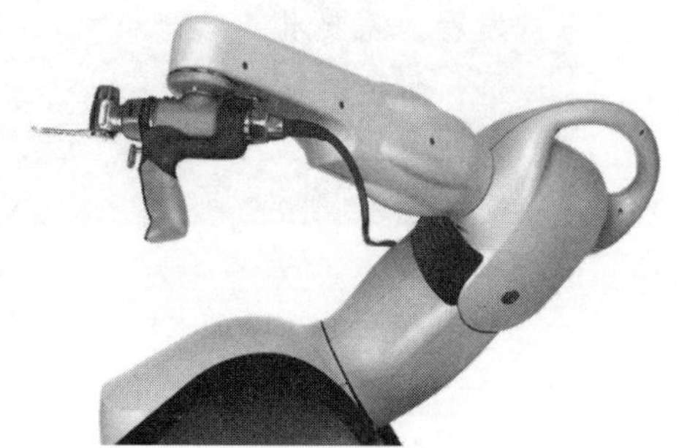

图 10-13　RIO 骨科手术机械臂

对于机械臂的末端反馈仍需要进一步提升，目前具有视觉、力觉、触觉、滑觉的四模态执行机构是该领域的前沿技术。对机械臂末端手术器械仍需进一步改进，不能局限于人手的特殊性，多个机械臂甚至可实现由多名医师同时进行手术。通过对机械系统的改良，我们可以预见传统微创手术甚至可以更“微”，对患者的二次伤害可以更小。

10.3.2　骨科机器人的计算机辅助导航系统

骨科机器人的核心技术之一是计算机辅助导航技术，导航就像人眼一样，为机器人的运行提供精确参考。计算机辅助导航技术是 20 世纪 80 年代提出的新技术，利用计算机强大的数据处理能力，将医学图像采集设备（X 射线/CT/MRI/超声/PET 等）获取的患者数据进行分析处理，供医生进行术前或者术中手术规划。同时借助外部的空间坐标跟踪设备，将手术器械或机器人与患者手术目标区域进行实时空间坐标测量，获取两者的相对位置关系，从而指导医生进行精确、快速、安全的定位和内植物植入。早期基于医学图像的导航技术受成像技术原理、成像设备精度、成像现实可行性条件等诸多因素的影响，发展较为缓慢。随着成像设备的不断进步，医学图像已经从二维向三维演变，实现了患者医学信息的可视化、虚拟化，从而可指导医生完成术前评估、仿真规划、术中实时监控、术后跟踪等全程可控性操作，减少了医生的人为失误。计算机辅助导航技术有不同的分类方法：按照与人的交互性和自动化程度，可以分为被动导航、交互式导航、全自动导航；按照医学图像成像方法的不同，主要经历了CT导航、X射线透视导航、无图像导航、超声导航、激光导航等几个阶段[5]。

(1) 基于CT的导航

基于CT的骨科导航手术出现于20世纪90年代早期，得益于早期的立体定位手术的发展。需要术前进行手术部位的CT扫描，与患者术中的解剖标志进行配准，以进行复杂的二维、三维手术规划。为了将术中手术器械的运动进行可视化，需要建立手术目标和术前CT数据的转换矩阵以进行配准。早期的配准方法依赖于骨表面结构和图像空间中对应特征区域的识别技术。最常用的为成对点的表面配准，其中成对点可基于解剖标志或基于外部标记点。因此，需要进行必要的术前规划，如图像交互标记点的确定、分割、距离计算等。另外，目前基于CT导航的商业化系统，有一基本的技术前提，即假设手术对象和虚拟图像目标均为刚体。这就需要对每一个刚体分别进行配准，例如每一个腰椎节段的椎体。为了补偿运动假象，在配准过程和手术过程中，必须对每一个手术对象给予参照物，因此在术中，动态参考物必须牢固地固定于手术对象上。目前，很多研究致力于使用术中成像设备，例如利用C形臂、超声来提取解剖特征与术前断层图像进行图像融合，从而不需要直接接触手术解剖部位，为微创手术提供了极大的便利。

CT导航在骨科的应用最早开始于腰椎椎弓根螺钉植入手术，有很多学者对其易用性、可行性进行了深入研究。随后，出现了各种各样的商业化CT导航系统，并可应用于脊柱不同节段的椎弓根螺钉植入。由于在脊柱领域的成功应用，该技术向骨科其他领域拓展。全髋关节置换术是比较早的应用例子，不仅注重置入手术的可靠性和精确性，也注重手术规划。很快，人们开始将CT导航用于全膝关节置换，指导手术规划和假体植入。

早期的CT导航，CT数据来源于手术室之外的CT室，这无法消除固有的术前图像与术中手术对象的实时图像之间的配准误差。因而，西门子等公司将CT设备整合在手术室内，可允许医生随时进行CT扫描，大大增强了配准精度。德国BrainLab公司还研制了小型化、可移动式的术中CT设备Airo（图10-14）。但术中CT设备较为昂贵，只有较大规模的医院才能装备，从而限制了其使用的广泛性[4]。

（2）2D 透视导航

移动式 C 形臂 X 射线机的出现，为 2D 透视导航提供了最重要的基础。目前，移动式 C 形臂 X 射线机几乎成为骨科手术室的标准装备。随着对术前 CT 图像和术中透视图像两者配准的深入研究，人们开始摆脱 CT 的限制，直接将 2D 透视图像用于导航过程。2D 透视导航的目的是获得 2D 透视图像和手术对象之间坐标关系的转换矩阵。第一步需要获得 C 形臂 X 射线机和手术对象之间的空间转换矩阵，通常采用光学相机跟踪系统来实现。第二步需要获得 2D 透视图像和 C 形臂 X 射线机之间空间坐标转换矩阵，通常把 C 形臂 X 射线机的圆锥形 X 射线透视模拟为光学相机系统来进行计算。完成以上两步后，即可获得 2D 透视图像和手术对象之间坐标关系的转换矩阵。

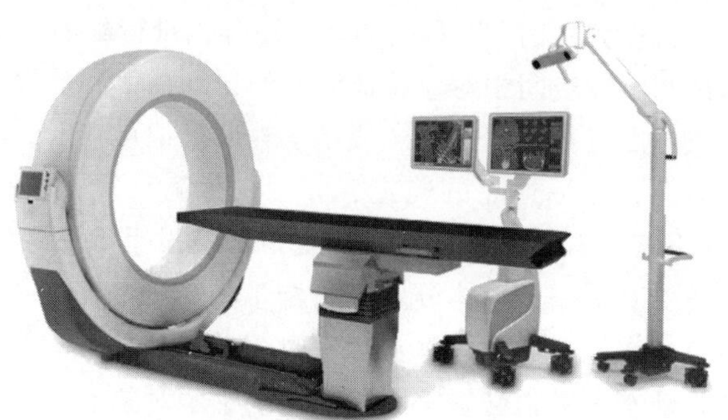

图 10-14 德国 BrainLab 公司术中 CT 设备 Airo

2D 透视导航的优点在于系统搭建方便，术中可按需随时采集图像。但是其存在透视图像的畸变问题，主要来源于 C 形臂 X 射线发射器和接收器之间锥形透视引起的图像变形。为减小配准误差，必须对这种畸变进行校正补偿。有两种常用的校正方法：一种为单平面的校正板，易于安装在 C 形臂 X 射线机上，但是校正过程耗时、复杂；另一种为双平面校正笼，校正效果好，但因体积大，会占用手术操作的空间。实际手术中，首先获得 1 张或多张透视图像，输入计算机导航软件中进行配准，可进行相应的缩放、平移、旋转、标记等操作，同时可以借助多张 2D 透视图像配准重建成类似 3D 的图像（图 10-15）。在光学相机跟踪系统的辅助下，可为医生提供手术对象的实时虚拟可视化。这种由多张 2D 图像配准而得到的重建图像，与传统的使用多个 C 形臂 X 射线机持续透视的效果相当，但大大减少了医患的辐射暴露。目前已经诞生了多种透视导航模块，用于关节置换和骨科重建手术[4]。

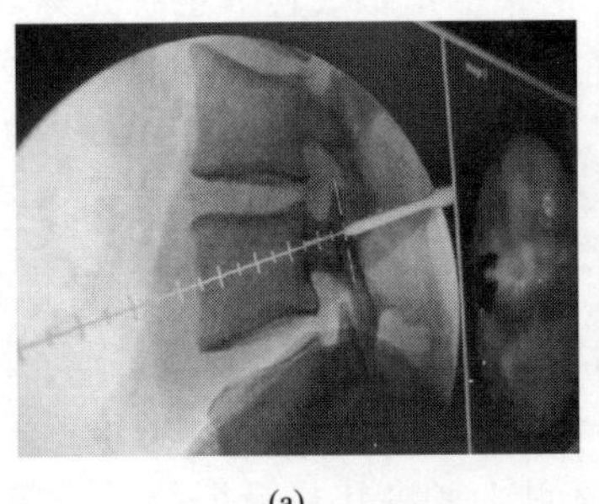
(a)

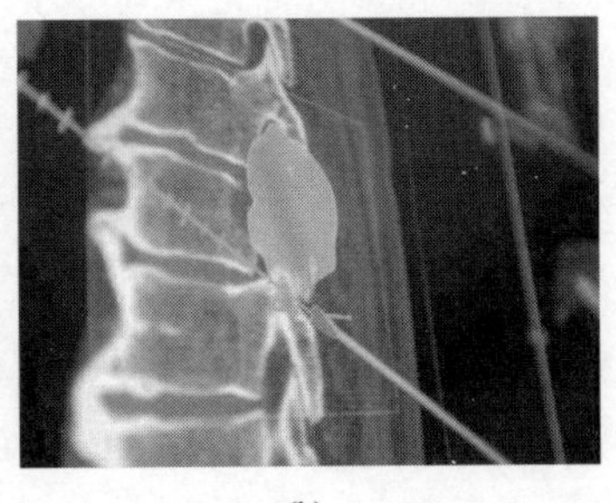
(b)

图 10-15 X射线曝光下脊柱导航

(3) 3D透视导航

世界上第一台可进行术中3D重建的C形臂是西门子公司1999年推出的SIREMOBIL Iso-C 3D，后改进为Arcadis Orbic 3D（图10-16）。其外观与传统C形臂X射线机类似，但中央X射线束与C形臂X射线机旋转中心之间没有传统C形臂X射线机的固有偏差，故为等中心透视，可围绕手术目标进行精确的绕轨道旋转，最大旋转角度为190°，这为后期的精确3D重建提供了基础。随着C形臂X射线机的旋转，可以获得50～200张2D透视图像，采用锥形光束重建算法，可进行高解析度3D重建。由于采取了步进电机驱动C形臂X射线机旋转，使得操作具有可重复性，便于后期随时、随地进行图像校正。该系统输出图像为DICOM格式，可轻松导入商业导航系统中进行3D-CT导航过程。据研究，该3D透视导航系统的精度如下：最大误差为1.18mm，平均为0.47mm，标准差为0.21mm。需要注意的是，手术对象在手术过程中应尽量静止，以减少误差来源，目前人们正在研究如何通过运动补偿来减少这种误差。在临床使用中，Iso-C 3D总体精度上不如现代的CT设备，尤其是在扫描大面积躯干时。其多用于上肢、下肢、脊柱部分节段或金属假体的3D扫描重建，可满足大部分关节置换、骨科重建手术的实际需求。

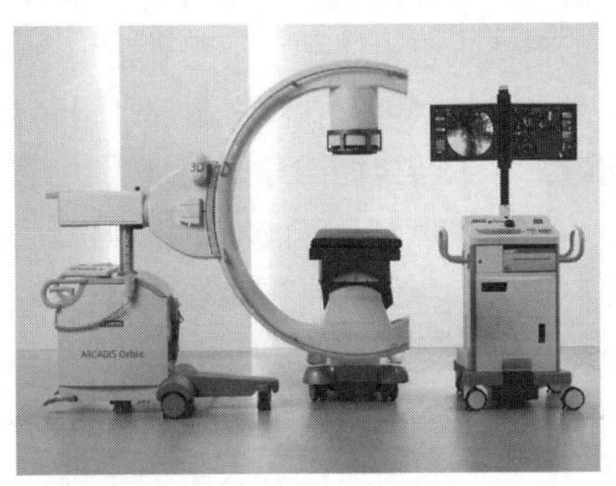

图 10-16 西门子公司 Arcadis Orbic 3D

(4) 无图像导航

无图像导航是指无需依赖术前或者术中透视图像，而是通过光电跟踪系统确定不同的解剖结构和参考标记来建立手术对象的虚拟表达。也有人称之为基于医生所定义解剖结构的计算机辅助导航。通过末端定位装置，如取点器，可确定解剖标记点并直接对其进行术中数字化显示。它最早是用于前交叉韧带移植物的手术规划、植入。1995 年，法国 Dessenne 等[30] 研制出计算机辅助前交叉韧带重建导航系统，并在尸体和患者身上进行了验证，但由于只能重建出骨骼的局部，误差较大。后来人们提出了骨骼形变技术[31]，通过采集大量高精度骨骼体数据或者尸体骨 3D 表面扫描数据，建立特定骨骼的统计学模型。术中，采集相应区域骨骼的离散点云数据，然后通过形状预测法来将其与骨骼统计学模型进行配准。通常可以获得较为精确、真实的虚拟骨骼形态。无透视导航可以辅助医生确定特定关节运动的旋转中心，这已经在全膝关节置换中成功应用，可以确定髋关节、膝关节、踝关节的旋转中心。后来无图像导航在全髋关节置换、胫骨高位截骨术中获得成功应用。由于无图像导航技术的微创性，使其可以与传统的 2D、3D、CT 导航混合使用。大量全膝关节置换的临床研究结果表明，无图像导航下的假体植入精度优于传统技术。

其他导航类型，如电磁导航、超声导航等也获得了深入研究。相比传统光学导航，电磁导航完全不受视野、视线限制，尤其适用于微创、经皮植入骨科手术。但缺点也很明显，会受到附近电磁场、含铁材料的干扰而降低导航精度，尤其是在手术室内存在众多金属、电子设备的情况下，但人们在不断努力解决这一问题，并不断地提高导航精度[32]。超声导航具有无创、无辐射、实时跟踪的优势，通过超声自身回波测距原理得到骨表面点云轮廓，通过光学示踪器实时捕获超声探头自身位置，再通过数学算法、配准技术获得骨点云轮廓与术前图像（X 射线、CT、MRI 等）的实时配准[33]。但在骨科机器人导航方面由于受到超声自身特性，如声速、传播距离、软组织变形因素的影响，目前尚未在临床得到广泛推广。但目前已经有大量的基础、临床实验对超声配准进行了深入研究[34]，相信在不久的将来一定会大放异彩。

10.3.3 骨科机器人的人机协同系统

协同控制的关键是解决人-机器人交互（human-robot interaction，HRI）问题，因此 HRI 一直是作为手术智能工具使用的外科机器人研究的核心内容。国内外学者提出了各种不同的 HRI 方式——被动式（passive）、主动式（active）、半主动式（semi-active）来满足复杂临床应用环境的需求。从实际的研发和临床应用结果来看，半主动式中的机器人在骨科等领域受到最广泛的关注，在这种交互模式下，人和机器人能够共享工作空间，提高医生的参与度，是医疗机器人的一个重要发展方向。为了保障半主动操作过程中的安全性，有研究者提出采用虚拟夹具的方法，根据手术需求，限定医生操作机器人自由移动范围。目前，基于协同控制和虚拟夹具技术的人机协同交互方法成为骨科手术研究的一个热点。

（1）主动式

主动式骨科机器人操作原理是在规划好手术路径后，连接机器人本体设备，随后机器人便可自行进行工作。术中无需医师进行操作，但需要医师全程监控，以便在出现意外时及时干预。其主要代表如下。

由 CUREXO 科技公司提供的 ORTHODOC 技术结合 ROBODOC 辅助手术机器人组成的 ROBODOC 手术系统（图 10-17）。ORTHODOC 术前计划工作站为外科医生提供 3D 信息和简单的点击控制。ORTHODOC 将个体患者关节的 CT 扫描转换为三维虚拟骨骼图像，外科医生可以操作以观察骨骼和关节特征，从而开始手术前计划。ORTHODOC 可在患者没有风险的情况下进行模拟手术，并为医生提供几种可选手术方案。医生选出最佳方案后由 ROBODOC 机器人实施假体置换手术。这套手术系统被应用在临床手术，并有各类文章进行介绍[35,36]。

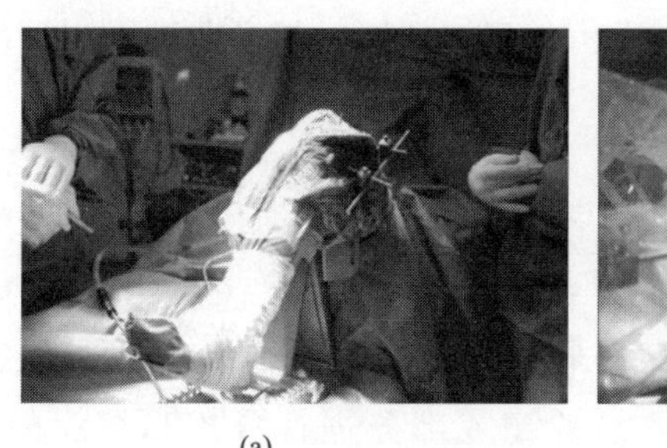

(a)

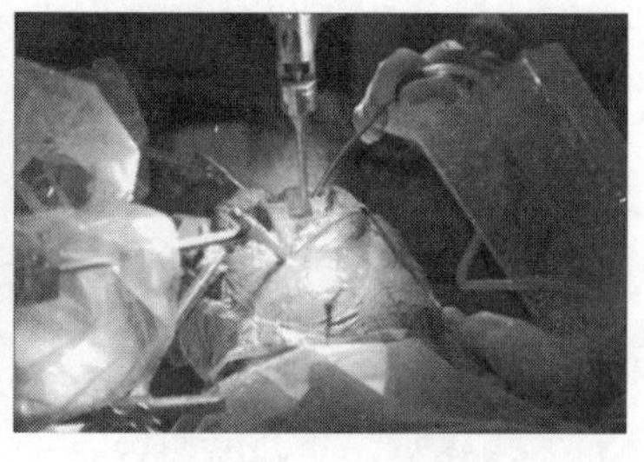

(b)

图 10-17 ROBODOC 被应用在临床手术

（2）被动式

被动式骨科机器人是通过红外线追踪影像导航方式，采用被动式光电导航手术系统辅助徒手操作手术，可应用于任何术中借助导航图像定位的骨科手术，但只能完成特定的定位操作步骤，故临床应用较为局限。其主要代表如下。

德国 Brainlab 应用在骨科手术中为臀部、膝部、肩部、足部和踝部 X 射线提供 KingMark 和 VoyantMark 校准装置（图 10-18）。Brainlab 软件引导手术治疗膝关节、髋关节和创伤手术，允许外科医生在切开任何切口之前计划和模拟矫形结果，并在术中对手术情况做出反应。使用该软件来验证在每个操作步骤之后所做的事情，外科医生可以纠正在手术期间的任何未对准情况，因此可以减少重复手术的可能性，同时改善新关节的整体功能。

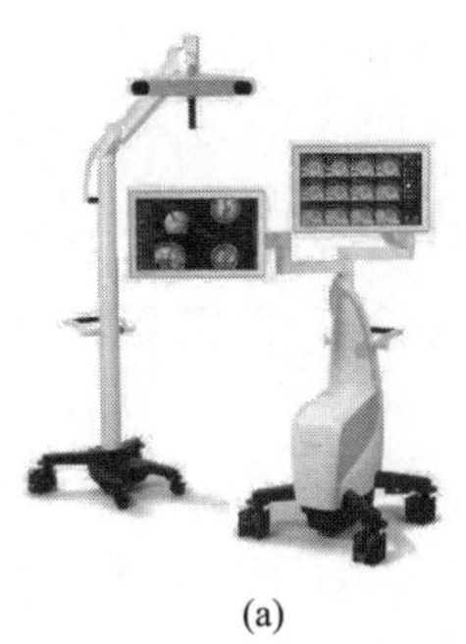
(a)

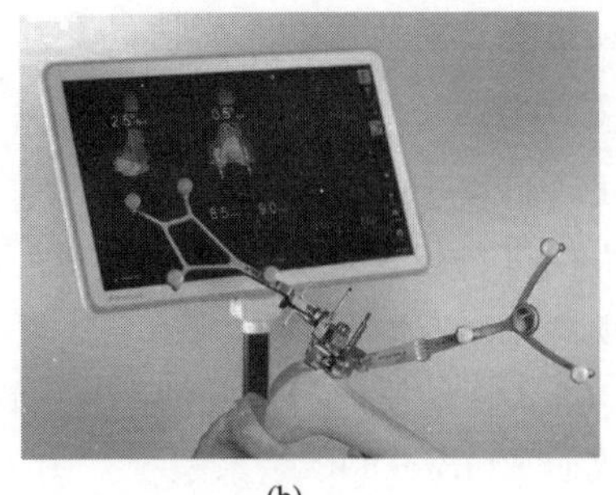
(b)

图 10-18 Brainlab 手术导航系统

（3）半主动式

半主动式骨科机器人的主要特点为依靠力学反馈进行工作，主要操作步骤如下：首先在术前对患者手术区域的 CT 图像进行 3D 重建，然后在计算机上进行手术路径规划，继而在术中通过光电设备进行导航，在操作过程中需要医师全程进行手扶操作，若偏离手术路径则引发力学反馈从而对机械臂进行制动，避免不必要的损伤。其主要代表如下。

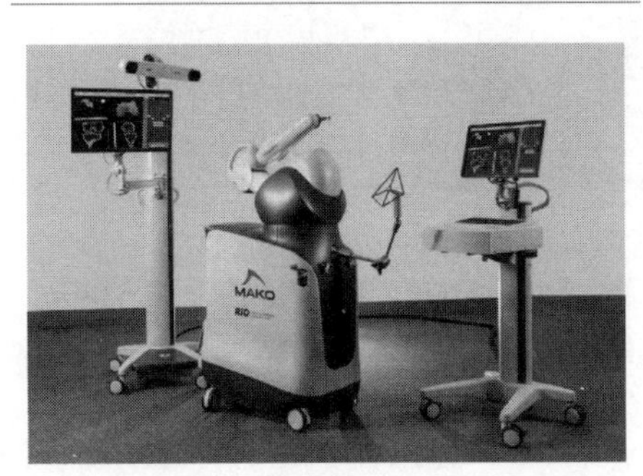

图 10-19 RIO™ 交互式骨科机器人

美国 MAKO Surgical 公司推出的 RIO™ 交互式骨科机器人旨在辅助外科医生手术（图 10-19），手术过程可以在膝关节的内侧、髌骨关节（顶部）或两个组成部分进行骨骼和组织的置换术，为早期至中期骨关节炎（OA）患者提供更安全的保障，这是一种比全膝关节置换术更少侵入性治疗的最佳选择。

为了实现人机协同交互和虚拟夹具辅助操作，必须有相应的协同控制医疗机器人，并且有开放的控制系统，这样才能够对控制系统进行进一步的开发，在控制系统中集成人机交互和虚拟夹具辅助算法。但是一般的机器人并不具备良好的开放性，且其不能满足人机交互的高实时性要求。因此，开发和设计一款具备开放性和良好人机协同交互能力的骨科手术机器人，促使医疗机器人快速面向临床大规模推广，具有重要的意义。

不仅如此，医生手术操作过程中，提高医生和机器人之间的交互性能，可以使操作更加符合医生的习惯，从而提高交互的真实感和沉浸感；并且基于虚拟夹具引导、定位及限制运动将有利于提高医生操作的水平和安全性，降低医生在手术过程中的精神压力。因此，人机协同控制研究对于骨科手术机器人领域有着实际意义。

10.4 骨科机器人实施实例

1986 年，IBM 的 Thomas J. Watson 研究中心和加州大学戴维斯分校的研究人员开始协作开发全髋关节置换术（THA）的创新系统。1992 年，ROBODOC 系统（Curexo Technology，Fremont，CA）协作外科医生进行 THA 手术，这是第一个用于整形外科手术的机器人系统，促使了骨科医疗领域朝着三维图像导航、术前计划和计算机辅助引导机器人手术的方向快速发展，该手术系统在 1994 年实现商业化，用于全膝关节置换、全髋关节修复及置换手术。随后，Curexo Technology Corporation 于 2014 年 9 月更名为 THINK Surgical Inc.（Fremont，CA），将 ROBODOC 更名为 TSolution-One，同年获美国 FDA 许可用于医疗手术，到目前为止该系统已在全球应用数千次。

（1）系统组成

TSolution-One 使用串联技术：TPLAN 用于术前规划的 3D 计划工作站；TCAT 用于计算机辅助工具，执行手术前计划。

TPLAN 3D 计划工作站是一个用于术前规划的计算机系统，具有 3D 建模和简单的点击控制。当 TPLAN 将患者髋关节的 CT 扫描转换为股骨的三维表面模型时，术前计划开始。外科医生选择合适的植入物并借助解剖学标志将其沿骨骼轴放置。该系统为美国和欧盟提供了一个开放的合法销售植入物库。外科医生可以操纵植入物以实现患者解剖结构的最佳配合和对准。TPLAN 使外科医生能够探索多种手术方案，而不会给患者带来风险或花费宝贵的手术时间。其技术参数如图 10-20 所示。

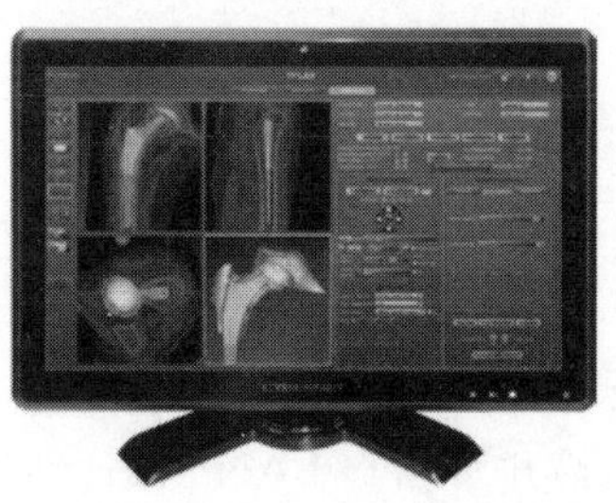

操作系统：Linux
硬盘容量：≥1TB
内存：≥16GB
显卡：Intel 4000或者等同
光驱：DVD-RW
电源：100~240VAC，50~60Hz，120W
输入设备：键盘
显示器：≥24in(60.9cm)
分辨率：1920×1080
尺寸：23.5in×14.8in×2.1in(59.7cm×37.6cm×5.3cm)
质量：6.5kg

图 10-20 TPLAN 技术参数

TCAT 计算机辅助工具使用由外科医生在 3D 计划工作站（图 10-21）制备骨腔和关节表面时创建手术前计划。在 OR 中进行 TCAT，然后进行患者定位、手术切口和固定。骨骼配准过程中，外科医生使用数字化仪收集点并定位患者解剖结构的准确位置，以便精确地进行手术。在外科医生的直接控制下并使用受控的轻微压力，TCAT 按照计划规定的精确度以亚毫米精度铣削骨骼。已经开发了专门的钻头和其他硬件以精确地制备骨头，以实现假体植入物的最佳配合。如果发生骨骼运动，骨骼运动监测系统将停止系统。然后，登记系统允许外科医生快速恢复骨骼位置并恢复手术而不会损失精确度。TCAT 用于髋关节植入物的腔体和用于膝盖植入物的股骨和胫骨表面的平面。其技术参数如图 10-22 所示。

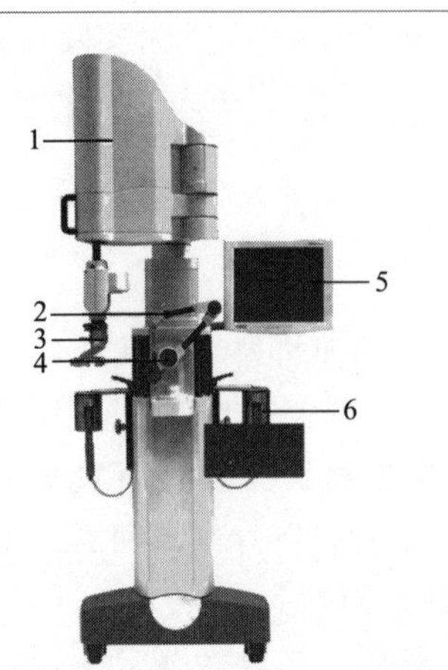

图 10-21　TCAT 的结构组成

1—TCAT Arm；　2—数字化仪；　3—耦合器；
4—切削刀具；　5—监视器；　6—骨骼运动监视器

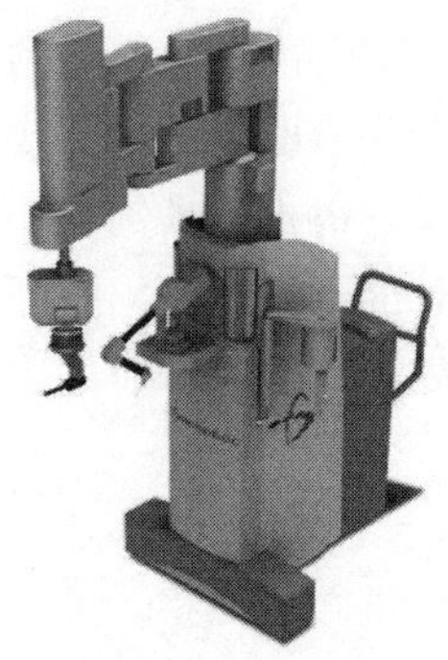

电源：100~240VAC，50~60Hz，1200W
TCAT臂长(半径)：36.5in(92.6cm)
TCAT臂和基座质量：500kg
TCAT臂和基座尺寸：
长度：51.7in(131.3cm)
宽度：31.4in(79.6cm)
高度(最小)：81.7in(207.5cm)
高度(最大)：97.7in(248.2cm)
TCAT臂和基座组成：TCAT机械臂/基座/力传感器/骨运动监视器/19in显示器等

图 10-22　TCAT 技术参数

(2) 使用流程

TSolution-One 系统使用流程如图 10-23 所示。

步骤 1：术前计划从患者关节的详细 CT 扫描开始。TPLAN 3D 计划工作站将 CT 数据转换为三维虚拟骨骼图像。

步骤 2：外科医生使用 TPLAN 3D 计划工作站查看和操作患者骨骼及关节

解剖结构的3D模型，选择理想的种植体，并确定最佳放置和对齐方式。

步骤3：TCAT计算机辅助工具使用患者的个性化计划，以亚毫米精度铣削和准备骨骼。

图10-23 TSolution-One系统使用流程

（3）独特的优势

作为一种经过验证的临床系统，在比较TSolution-One与传统关节置换手术时，研究表明改善了贴合性、填充性和对齐性。TSolution-One的优势：个性化的手术前计划、外科医生可选择种植体、完整的机器人解决方案、开放式平台手术系统、亚毫米尺寸精度、依照术前计划精确地执行手术、高精度智能工具技术和精确铣削、实现最佳的非光学配准技术、精确的计算机辅助重构骨腔和关节表面。

（4）临床表现

2017年，Ming Han Lincoln Liow等[36]使用TSolution-One进行手术实验。使用TSolution-One系统进行机器人辅助TKA的指征与传统TKA类似。理想患者应大于60岁，体重指数（BMI）<$25kg/m^2$，终末期骨关节炎，轻度至中度冠状畸形，固定屈曲畸形小于15°，患肢神经血管状态完整。对照包括严重冠状畸形大于15°的肥胖患者，固定屈曲畸形大于15°，炎性关节病和韧带松弛。

进行术前放射摄影（前后位、侧位、天际线、长腿薄膜）和受影响下肢的计算机断层扫描（CT）。精细切割（<3mm）CT扫描对于术前“虚拟手术”至关重要。将CT图像导入TPLAN3D计划工作站，用于基于图像的术前计划（图10-24）。TSolution-One是一个“开放式”平台，允许外科医生根据所需植入物的类型/大小选择虚拟股骨和胫骨植入物。根据假体制造商的仪器指南，将虚拟植入物与表面模型匹配，以获得后胫骨斜度的180°虚拟HKA轴。股骨假体旋转平行于经髁髁轴。轴向平面中的胫骨组件旋转基于后十字插入点和标记胫骨结节的内侧1/3宽度的点。“虚拟手术”所花费的时间约为15～20min。

随后，将术前制定的手术方案上传到TCAT机器人辅助工具实施手术，手术过程在无菌环境下进行。使用大腿止血带，并使用定制脚架和腿部支撑装置固定大腿（图 10-25），然后安装固定销、导航仪器以及骨科移动监视器。实施解剖前，需要对工作区进行检查。一切准备就绪后，患者通过股骨远端和胫骨近端的两个横向稳定销刚性连接到 TCAT，后者连接到与 TCAT 相连的特殊固定框架（图 10-26）。外科医生将识别股骨（图 10-27）和胫骨（图 10-28）上的解剖标志，并将这些标志数据化。完成后，TCAT 将使术前 TPLAN 3D 图像计划与术中定位相匹配，从而在三维空间中为股骨和胫骨制定铣削工作空间。

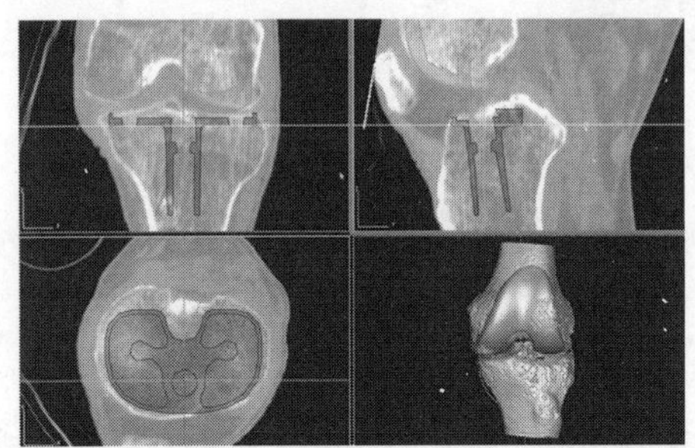

图 10-24　使用 TPLAN 3D 工作站进行虚拟手术

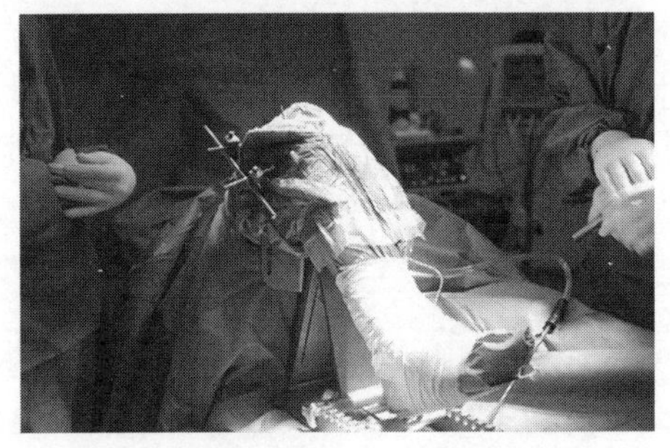

图 10-25　定制的脚和大腿支架

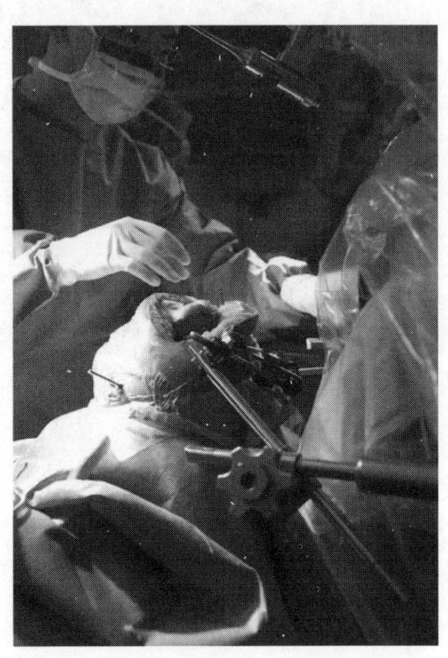

图 10-26　患者与 TCAT 刚性固定

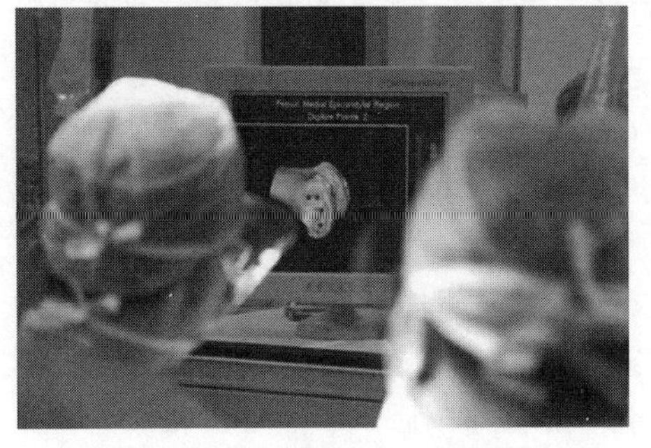

图 10-27　股骨标记的数字化

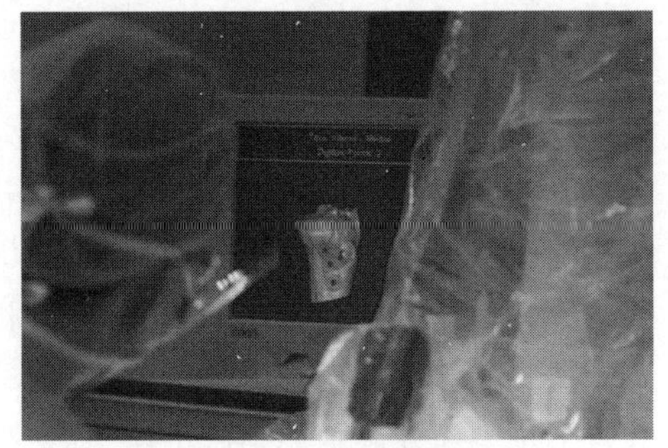

图 10-28　胫骨标记的数字化

外科医生开启 TCAT 机器人辅助工具，通过机器人铣刀完成所有股骨和胫骨切割（图 10-29）。外科医生通过手动操控安全按钮保持对铣刀的控制。通过恒定的水灌溉来冷却和去除研磨碎屑来辅助该过程。一旦铣削过程完成，就进行软组织平衡以及预定股骨和胫骨组件的实验。最终组件被黏合，并评估稳定性、髌骨跟踪和运动范围。髌骨可以根据软骨磨损的程度选择性地重新做表面。如果没有禁忌证，则给予滑膜内和肌肉内镇痛注射。伤口闭合通过分层闭合以常规方式进行。术后，所有患者均接受标准的机械和药物血栓形成。按照综合护理途径进行康复治疗。

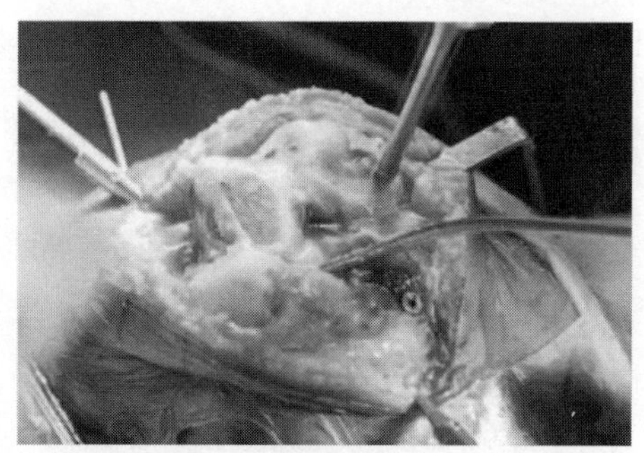

图 10-29　TCAT 在股骨上手术

参考文献

[1] 田伟. 骨科机器人研究进展[J]. 骨科临床与研究杂志，2016，1(1)：55-56.

[2] 郭硕. 骨科手术机器人研究进展[J]. 武警医学，2018，29(10)：987-989.

[3] 韩晓光，刘亚军，范明星，等. 骨科手术机器人技术发展及临床应用[J]. 科技导报，2017，35(10)：19-25.

[4] 赵燕鹏. 骨科机器人及导航技术研究进展[J]. 中国矫形外科杂志，2016，24(3)：242-246.

[5] 邵泽宇，徐文峰，廖晓玲，等. 骨科机器人的发展应用及前景[J]. 军事医学，2016，40(12)：1003-1008.

[6] 任宇. 机器人外科手术系统结构与人机交互的研究[D]. 上海：上海交通大学，2007.

[7] 张军良，周幸，吴苏稼. 手术机器人系统在骨科的应用[J]. 中国矫形外科杂志，2015，23(22)：2079-2082.

[8] Sugano N. Computer-Assisted Orthopaedic Surgery and Robotic Surgery in Total Hip Arthroplasty[J]. Clinics in Orthopedic Surgery，2013，5(1)：1-9.

[9] Netravali N A，Shen F，Park Y，et al. A Perspective on Robotic Assistance for Knee Arthroplasty [J]. Adv Orthop，2013，2013(2，supplement)：970703.

[10] Bell S W，Anthony I，Jones B，et al. Improved Accuracy of Component Positioning with Robotic-Assisted Unicompartmental Knee Arthroplasty[J]. Journal of Bone & Joint Surgery American Volume，2016，98(8)：627.

[11] Domb B G，El Bitar Y F，Sadik A Y，et al. Comparison of Robotic-assisted and Conventional Acetabular Cup Placement in THA：a Matched-pair Controlled Study[J]. Clinical Orthopaedics & Related Research®，2014，472(1)：

329-336.

[12] Callanan M C, Jarrett B, Bragdon C R, et al. The John Charnley Award: Risk Factors for Cup Malpositioning: Quality Improvement Through a Joint Registry at a Tertiary Hospital[J]. Clinical Orthopaedics and Related Research®, 2011, 469(2): 319-329.

[13] Smith J R, Riches P E, Rowe P J. Accuracy of a Freehand Sculpting Tool for Unicondylar Knee Replacement[J]. International Journal of Medical Robotics & Computer Assisted Surgery, 2014, 10(2): 162-169.

[14] 刘思久，裴超，赵昌华，等. 六自由度整骨机械手的计算机控制系统[J]. 智能机器人，2007，(1): 31-34.

[15] 褚晓东. 机器人系统在脊柱外科的应用[J]. 医学综述，2014，20(8): 1448-1450.

[16] Sautot P, Cinquin P, Lavallee S, et al. Computer Assisted Spine Surgery: A First Step Toward Clinical, Application in Orthopaedics[C]// International Conference of the IEEE Engineering in Medicine & Biology Society. IEEE, 1992.

[17] Sukovich W, Brink-Danan S, Hardenbrook M. Miniature Robotic Guidance for Pedicle Screw Placement in Posterior Spinal Fusion: Early Clinical Experience with the SpineAssist? [J]. The International Journal of Medical Robotics + Computer Assisted Surgery: MRCAS, 2006, 2(2): 114-122.

[18] Ioannis P, George K, Martin E, et al. Percutaneous Placement of Pedicle Screws in the Lumbar Spine Using a Bone Mounted Miniature Robotic System: First Experiences and Accuracy of Screw Placement[J]. Spine, 2009, 34(4): 392-398.

[19] Devito D P, Kaplan L, Dietl R, et al. Clinical Acceptance and Accuracy Assessment of Spinal Implants Guided with SpineAssist Surgical Robot: Retrospective Study. [J]. Spine, 2010, 35(24): 2109.

[20] Kantelhardt S R. Perioperative Course and Accuracy of Screw Positioning in Conventional, Open Robotic-guided and Percutaneous Robotic-guided, Pedicle Screw Placement[J]. European Spine Journal, 2011, 20(6): 860-868.

[21] Ponnusamy, Karthikeyan, Chewning, et al. Robotic Approaches to the Posterior Spine[J]. Spine, 2009, 34(19): 2104-2109.

[22] Kim M J, Ha Y, Yang M S, et al. Robot-assisted Anterior Lumbar Interbody Fusion (ALIF) Using Retroperitoneal Approach[J]. Acta Neurochirurgica, 2010, 152(4): 675-679.

[23] Yang M S, Yoon D H, Kim K N, et al. Robot-assisted Anterior Lumbar Interbody Fusion in a Swine Modelin Vivo Test of the Da Vinci Surgical-assisted Spinal Surgery System[J]. Spine, 2011, 36(2): E139.

[24] 张鹤，韩建达，周跃. 脊柱微创手术机器人系统辅助打孔的实验研究[J]. 中华创伤骨科杂志，2011，13(12): 1166-1169.

[25] 曾田勇. 骨科机器人导航定位系统辅助股骨颈骨折空心螺钉内固定术的应用[J]. 中国医疗设备，2015，30(8): 111-113.

[26] 倪自强，王田苗，刘达. 医疗机器人技术发展综述[J]. 机械工程学报，2015，51(13): 45-52.

[27] 张剑. 骨外科手术机器人图像导航技术研究[D]. 哈尔滨: 哈尔滨工业大学，2005.

[28] 韩巍，王军强，林鸿，等. 主从式长骨骨折复位机器人的实验研究[J]. 北京生物医学工程，2015，34(1): 12-17.

[29] Ng A, Tam P. Current Status of Robot-assisted Surgery[J]. Hong Kong Academy of Medicine, 2014, 20 (3): 241-50.

[30] Dessenne V, Stéphane Lavallée, Rémi Julliard, et al. Computer Assisted Knee Anterior Cruciate Ligament Reconstruction: First Clinical Tests[M]// Computer Vision, Virtual Reality and Robotics in Medicine. Springer Berlin Heidelberg, 1995.

[31] Fleute M, Lavallée S, Julliard R. Incorporating a Statistically Based Shape Model into a System for Computer-assisted Anterior Cruciate Ligament Surgery [J]. Medical Image Analysis, 1999, 3 (3): 209-222.

[32] Nagpal S, Abolmaesumi P, Rasoulian A, et al. A multi-vertebrae CT to US Registration of the Lumbar Spine in Clinical Data[J]. International Journal of Computer Assisted Radiology & Surgery, 2015, 10 (9): 1371-1381.

[33] Fast and Accurate Data Extraction for Near Real-Time Registration of 3-D Ultrasound and Computed Tomography in Orthopedic Surgery[J]. Ultrasound in Medicine & Biology, 2015, 41 (12): 3194-3204.

[34] Netravali N A, Martin Börner, Bargar W L. The Use of ROBODOC in Total Hip and Knee Arthroplasty[M]// Computer-Assisted Musculoskeletal Surgery. Springer International Publishing, 2016.

[35] Liow M H L, Chin P L, Tay K J D, et al. Early Experiences with Robot-assisted Total Knee Arthroplasty Using the DigiMatch™ ROBODOC® Surgical System [J]. Singapore Med J, 2014, 55 (10): 529-534

[36] Liow M H L, Chin P L, Pang H N, et al. THINK Surgical TSolution-One®, (Robodoc) Total Knee Arthroplasty[J]. SICOT-J, 2017, 3: 63.

第11章

康复机器人

11.1 引言

我国人口老龄化加快，肢体残疾患者人数不断增多，而我国康复专业的技术人员最新统计共 4 万人左右，其中 40%是康复医师，35%是康复治疗师。所以当前我国肢体残障患者人数众多，而康复医师缺口较大，康复医疗设备短缺，特别是技术含量高的智能康复设备严重短缺。鉴于目前紧迫的人口老龄化现状，“十二五”期间我国卫生部出台了一系列的政策，全面加强康复医疗能力建设，将康复医学发展和康复医疗服务体系建设纳入公立医院改革的总体目标。机器人在稳定性、重复性方面有先天的优势，此外，传统疗法的训练过程建立在定性观察的基础上，缺乏具有准确性、可控性和定量的数据，而康复机器人在制定科学的训练计划、提高训练效率等方面具有巨大潜力和优越性。

11.1.1 康复机器人的研究背景

康复医学与医疗医学、保健医学、预防医学及临床医学已经并列成为 21 世纪现代医学的四大分支。进入 21 世纪以来，康复医学快速发展，2015 年我国提出实现全国残疾人“人人享有康复服务”的目标和“健康中国 2020 战略”，这为我国康复医学事业的发展带来了许多发展契机和创新性的理念。我国残疾人的数量已经高达 8000 万人以上，其中有近 5000 万人需要康复治疗。与此同时，我国有高达 1.44 亿的 60 岁以上老年人，其中由于机体老化、患病等原因，需要医疗康复服务的人数预计 7000 多万人。此外，我国还有 2 亿多人的慢性病患者，需要康复理疗的超过 1000 万人。除此之外，每年还有 100 多万人因工伤、交通事故等特别原因导致肢体功能缺失，其中绝大多数患者需要康复治疗[1~5]。面对当前康复需求的现状，传统的治疗方式方法已经达不到现有的康复需求，体现在以下几点：需要康复治疗的人数已经远远超过康复医师数量的能力范围；现有康复治疗手段规范性要求不高，效果难以进行客观评定；康复训练过程是耗时长、大强度劳动且具有往复性；康复治疗技术手段单一，不能满足多样化的康复需求。

由于康复科学技术的发展和人们对康复医学的重新认识，当前各康复理疗机构迫切需要对原有康复理疗室和功能室进行现代化的技术改造，建立全新的康复理疗室。康复机器人的应用在康复医学中的优势有：辅助康复理疗工作，减轻治疗师工作强度、工作压力；进行客观准确的数据治疗采集，规范康复训练、治疗模式；康复机器人设备能够实时控制治疗强度，进而有效评价康复效果；有利于康复训练的规律性研究，在康复医学领域具有一定的研究价值。

因此智能康复设备的出现与发展既是一种医疗需求，也是一种社会需求[6,7]。同时，康复机器人的研究与发展是一门综合多领域的研究产品，康复机器人的发展能够在满足医学理疗需求的基础上，促进多领域的创新发展。

11.1.2 康复机器人的研究意义

对于各种原因引起的肢体残障患者来说，其生存质量的高低取决于肢体功能恢复的程度。患者经过急性期的手术和药物治疗后，其运动功能的恢复主要依赖于各种康复运动疗法[8]。如何运用现代先进康复治疗技术，改善患者肢体运动功能，使患者在尽快摆脱病残折磨的同时，恢复其自主生活的能力，一直是康复工作者研究和实践的重点。然而，下肢瘫痪者人数众多，康复医师相对匮乏，传统疗法自动化水平低、效率差，进口康复设备价格又太高，所以研制人性化的智能康复机器人是提高肢体残障者生活质量、减轻肢体残障者家庭负担，体现以人为本，关注残障群体、构建和谐社会的一项重要而紧迫的任务，具有非常明显的经济效益和社会效益[9]。

11.2 康复机器人的研究现状

机器人产品服务于残疾人始于 20 世纪 60 年代，由于技术水平的限制和价格太高的影响，直至 20 世纪 80 年代才真正步入产品研究阶段，主要分布在北美、英国等地 5 个工业区的 56 个研究中心[10～12]。20 世纪 90 年代后，康复机器人的研究进入全面发展时期。英国、美国、日本、加拿大等国家处于世界领先地位。

11.2.1 上肢康复机器人研究现状

第一台商业化的上肢康复机器人是 1987 年英国 Mike Topping 公司研制的 Handy[13]，如图 11-1 所示，限于当时的科技水平，其控制系统比较简单。现在的 Handy 以 PC104 技术为基础，可以辅助患者完成日常生活所需的活动。其后的机器人引入了越来越多的反馈，其控制也逐渐复杂。反馈的物理量包括角度、速度、力、力矩等。部分设备还引入了功能性电刺激（functional electrical stimulation，FES）。

图 11-2 是日本长崎大学研制的一种助力机械臂。该机械臂是针对肌肉萎缩及 ALS（amyotrophic lateral sclerosis，肌萎缩性脊髓侧索硬化）患者而设计的。它能在垂直方向根据使用者用力情况产生支撑力支撑使用者的手臂，而在水平方向上对使用者无任何限制。这套设备拥有以下几种工作模式。

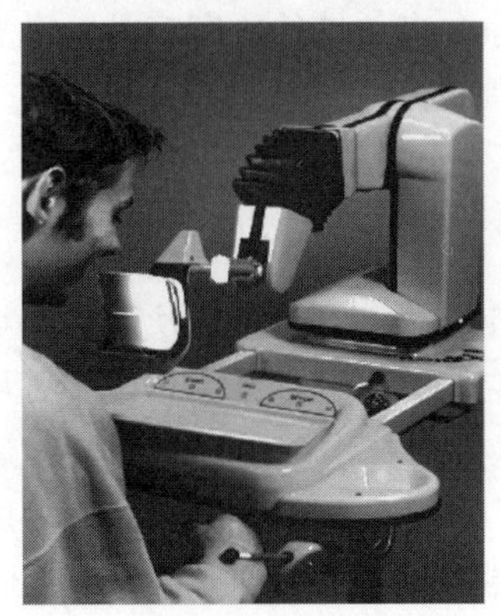

图 11-1 英国 Handy

图 11-2 助力机械臂（长崎大学）

① 助力模式。这种模态下，系统支撑使患者手臂的力量保持恒定。

② 肌肉活动控制模式。利用肌肉硬度传感器测量使用者肌肉活动状态来自动控制支撑臂。

③ 按钮控制模式。使用者通过按钮来控制，使支撑臂上升或下降。研究者利用这套设备对一个大脑受损患者和一个 ALS 患者进行试验研究，患者均通过这套机械臂实现了相关运动。

2010 年，日本松下电器公司研制了一套专门为偏瘫患者而设计的康复辅助设备[14]。该设备重约 4 磅，有 8 个由空气驱动的人工肌肉。这套类似于衣服的设备在患者健康手臂的肘部和腕部装有传感器，从而控制患者偏瘫侧的手臂动作。这套设备也是通过采集使用者正常手臂的运动信息来实现对偏瘫侧的手臂进行控制。

2000 年，美国加州大学与芝加哥康复研究所研制了可实现上肢运动的 3-DOF 康复机器人 ARM Guide（assisted rehabilitation and measurement guide），如图 11-3 所示。该机器人具有一个主动 DOF，通过电机驱动直线导轨来带动大臂实现屈伸等运动。

英国的南安普顿大学研制了著名的 5-DOF 的 SAIL 上肢康复机器人，无驱动，在两肩、肘转动关节装有扭簧弹性辅助支撑系统，将虚拟现实（VR）技术与电信号刺激臂部肌肉技术相结合，完成对肩、肘、腕部训练，取得了不错的康复疗效。

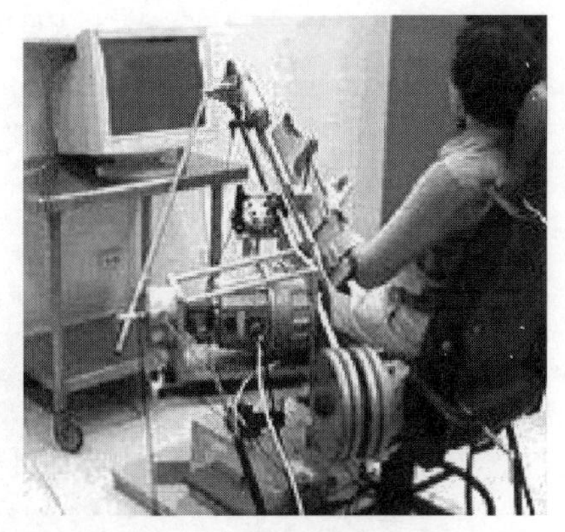
图 11-3 ARM Guide 康复机器人

美国亚利桑那大学的 He 等研发了基于人工气动肌肉（PM）驱动的 4-DOF（图 11-4）、5-DOF 上肢康复机器人 RUPERT（robotic upper extremity repetitive trainer）。4-DOF 包括肩关节屈/伸、肘屈/伸、前臂转动、腕内/外摆动，主要完成肩、肘、腕运动。5-DOF 增加了大臂的旋内/外功能，增大了工作空间。人工气动肌肉驱动的主要优点是动作方式、工作特性等与人的肌肉功能相似，整个机器人系统运动特征与人手臂相似，具有其他驱动方式没有的柔顺性。

图 11-5 所示为瑞士苏黎世联邦理工大学的 T. Nef 等研制的 ARMin 上肢康复机器人[15]。该机器人有 6 个自由度，采用不完全外骨骼结构，安装多个位置和力传感器，可以实时检测关节角度变化和力的大小以保证患者安全。此外，ARMin 康复机器人还具有 4 种控制模式：指定运动治疗模式、预记录轨迹模式、主动模式、示教模式。

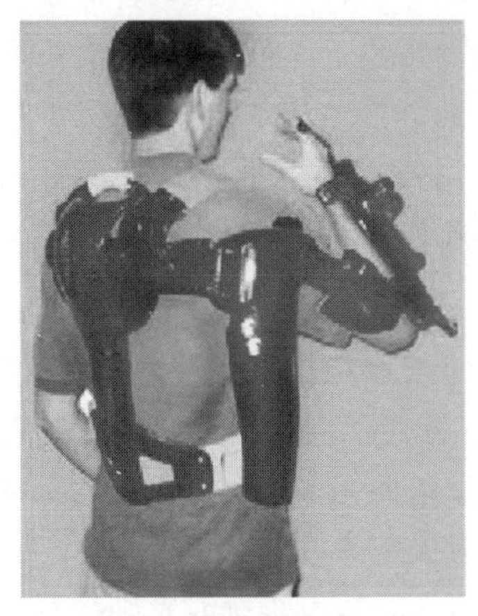
图 11-4 4-DOF 上肢康复机器人 RUPERT

图 11-5 ARMin 上肢康复机器人

(3) 上肢康复机器人

美国斯坦福大学研制了基于 PUMA500/560 工业机器人的上肢康复机器人系统 MIME (mirror im-age motion enabler)，如图 11-6 所示，可以辅助患者完成上肢患侧与健侧的镜像运动。该系统采集健侧上肢运动的轨迹，镜像到患侧，并通过工业机器人辅助患侧进行运动。该设备已开始用于患者的临床康复治疗。

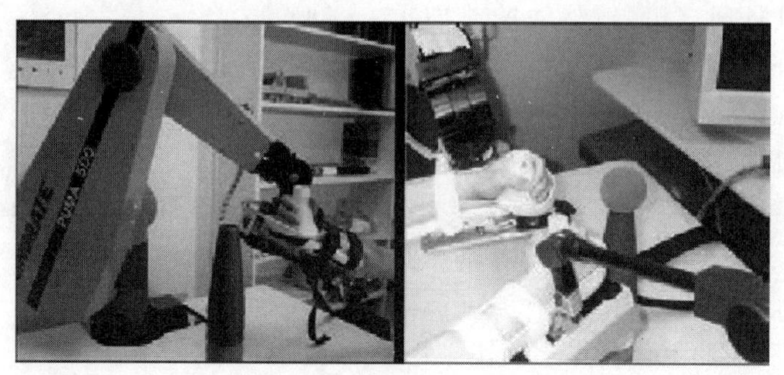

图 11-6 MIME 康复机器人

11.2.2 下肢康复机器人发展状况

(1) 单自由度下肢康复机器人

早期的康复设备结构和功能都比较简单，后来逐渐发展为具有不同智能化程度的产品。具有代表性的是蹬车康复器和下肢屈伸康复器。其操作简单、适应性强、价格低，至今仍在广泛应用。代表性产品有美国的 NUSTEP 智能康复训练器（图 11-7）、德国的 THERA-Vital 智能康复训练器、以色列的 APT 系列智能康复训练器、意大利的 Fisiotek 下肢被动运动训练器（图 11-8）[16]。图 11-9 所示为德国研制的 FES 脚蹬车[17]，通过低频电流依次刺激下肢肌肉产生关节收缩，以重建患者下肢的运动功能，从而促进脊髓损伤的局部组织修复。

(2) 可穿戴型下肢康复机器人

图 11-10 所示为日本安川电机公司研制的下肢康复机器人 TEMLX2type D[18]。这套设备主要针对处于急性期的下肢疾病患者，主要目的是使患者尽快恢复部分肢体功能，甚至恢复行走能力。这套设备拥有多重安全保护，带动患者下肢匀速运动或在一定角度内运动。特别是针对关节炎、膝关节造型术、十字韧带术后患者，由于术后患者关节韧带十分脆弱，所以康复训练时特别注意施加于这些部位上的力/力矩不能太大，否则会再次造成严重创伤。针对此问题，TEMXL2type D 特别设计了一种套具加以保护，并且严格控制机械臂在康复训

练时施加的力量。

图 11-7 NUSTEP 智能康复训练器

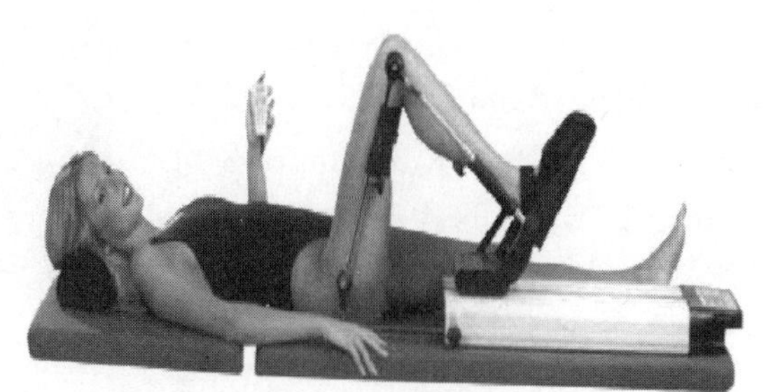

图 11-8 Fisiotek 下肢被动运动训练器

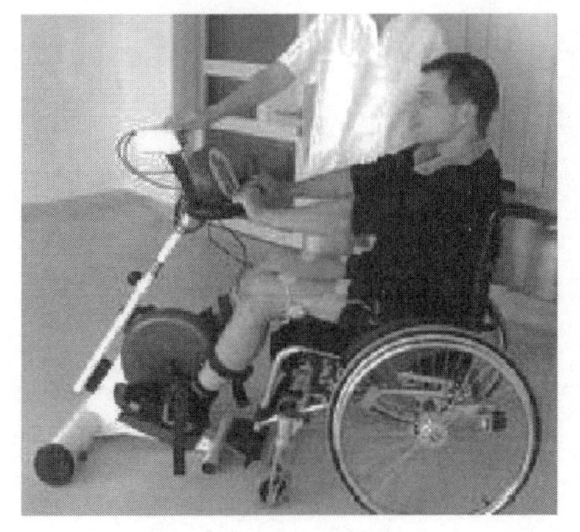

图 11-9 FES 脚蹬车

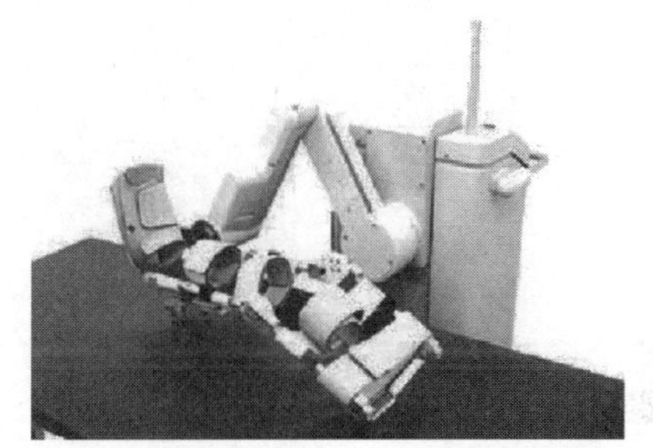

图 11-10 TEMLX2type D 下肢康复机器人

图 11-11 所示为日本三重大学研制一种下肢康复机器人[19]。这种康复机器人能实现对使用者下肢的等力收缩。这套设备没有采用 SEMG 信号，而是利用最小化肌肉疲劳度优化方法来预估分配到各肌肉的收缩张力。经过实验研究，发现预估肌肉收缩张力与肌肉运动势能的波形曲线吻合得很好。这套设备充分考虑大加速度可能带来的肌肉损伤问题，并在设计的控制器中加入加速度调节环节。研究者对下肢肌肉骨骼进行了建模，并采用了两种最小化肌肉疲劳强度方法来预估肌肉收缩强度：第一种方法是 Crowninshield 等提出的相关约束条件下，通过最小化目标函数计算出肌肉收缩强度是所有肌肉应力三次方和的立方根[20]；第二种方法是利用 Hase 等提出的基于肌肉优化模型计算得到的肌肉收缩强度计算

公式[21]。

(3) 外骨骼型康复机器人

外骨骼型康复机器人的研究较有代表性的包括日本筑波大学研制的 Robot Suit HAL（图 11-12）[22]、美国 Berkeley Bionics 公司研制的 eLEGS[23]、新西兰 Rex Bionics 公司研制的 REX[24]。这类康复机器人主要用于患者后期的步态康复。如图 11-13 所示为美国研制的一种带有步行台的穿戴式康复机器人 RGR Trainer[25]。

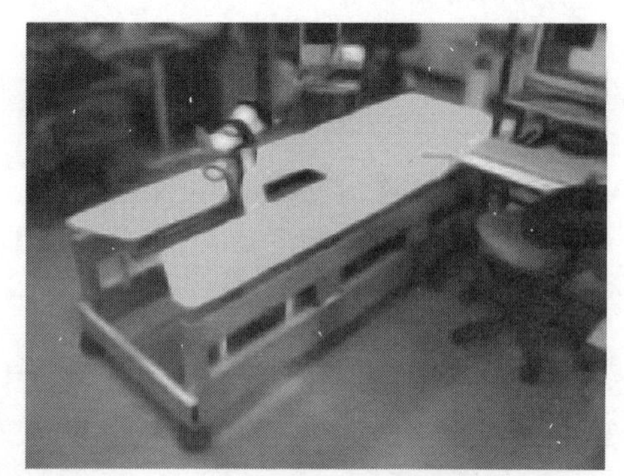

图 11-11 三重大学下肢康复机器人

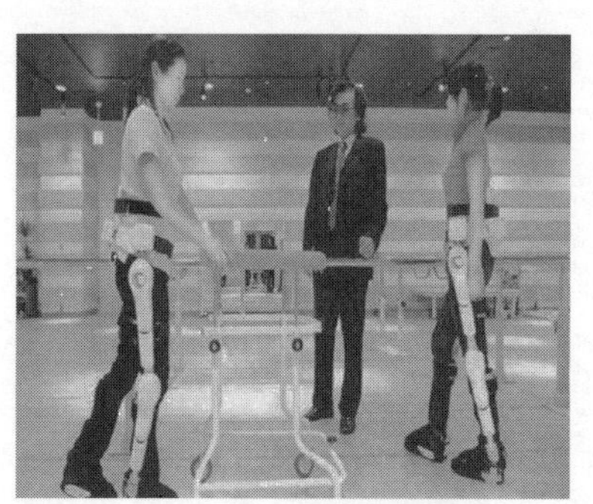

图 11-12 Robot Suit HAL 康复机器人

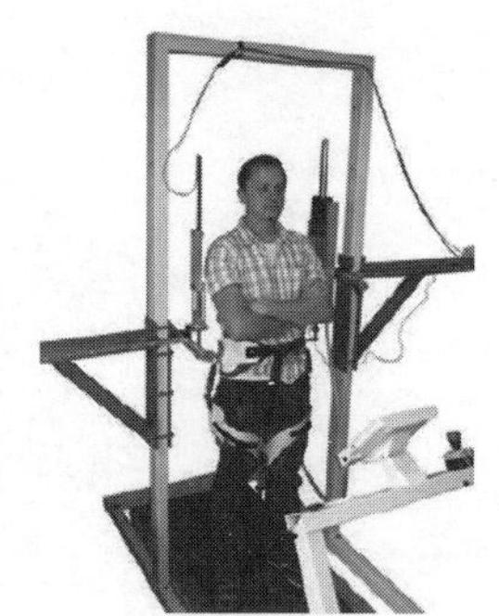

图 11-13 RGR Trainer 康复机器人

11.2.3 我国康复机器人发展状况

我国康复机器人的研究起步较晚，但也取得了一系列卓有成效的研究结果。哈尔滨工业大学的姜洪源等[26] 将 FES 和脚踏车结合进行了研究，如图 11-14 所示。清华大学从 2000 年即开始了康复的研究并取得了一系列可喜的成果[27]。图 11-15 所示为清华大学季林红教授等研制的上肢康复机器人[28,29]，该机器人机械臂采用平面连杆机构辅助患者进行多关节、大幅度的复合康复训练。依据偏瘫康复理论和实际临床康复训练方法，康复机器人可以实现患肢被动、主动、助力和阻抗四种基本训练模式。上海大学对悬挂式下肢康复机器人进行了研究[30]。浙江大学、中科院合肥智能所和中国科技大学对穿戴式下肢康复训练机器人进行了研究[31,32]。哈尔滨工程大学张立勋等研制了坐/卧式下肢康复机器人[33]。燕山大学边辉等研制了基于2-RRR/UPRR和4-UP(Pe)S/PS并联机构的踝关节康复机器人[34,35]。其他进行下肢康复机器人研究的单位还有中科院自动化研究所、上海交通大学、天津大学、华南理工大学、北京工业大学等。

图11-14 哈尔滨工业大学FES和脚踏车结合研究

图11-15 清华大学的康复机器人

哈尔滨工业大学设计了一种5-DOF外骨骼式上肢康复机器人系统，如图11-16所示，可以实现双臂互换训练。5-DOF运动为肩部屈/伸、旋内/外、肘屈/伸、腕关节屈/伸及外展/内收运动，肩肘处的驱动器是3个Panasonic AC伺服电机，腕处为2个MaxonDC伺服电机，采用基于SEMG的控制方法，可完成肩、肘、腕康复训练。华中科技大学对基于人工气动肌肉（PM）驱动的2-DOF手腕康复机器人、4-DOF手臂康复机器人、9-DOF（8-DOF主动、1-DOF被动）上肢康复机器人进行了系统研究。

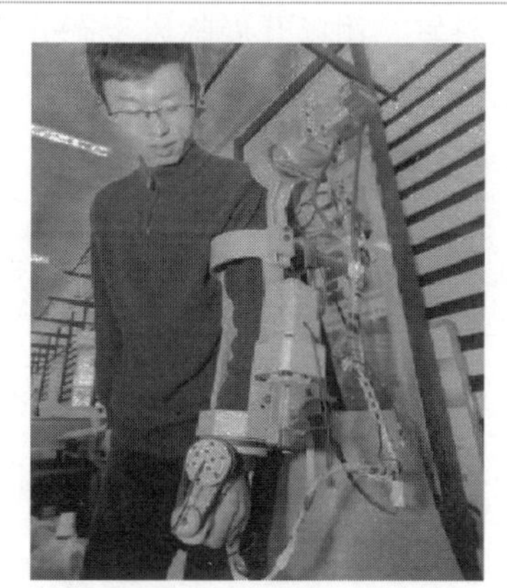

图11-16 哈尔滨工业大学的5-DOF康复机器人

广州一康医疗设备实业有限公司2010年生产了一种无驱动的患者主动训练型上肢康复机械系统——肢体智能反馈训练系统A2。该系统是一种混联式6-DOF肩、肘、腕组合康复系统，通过虚拟现实技术，增设多种训练的虚拟趣味游戏来辅助完成单关节（1维）、多关节（2维）及复杂空间（3维）的被动康复训练，并具有自动识别、记录、分析、评价患者康复训练效果的功能，如图11-17所示。中国科学院沈阳自动化所机器人学国家重点实验室探讨了基于SEMG方法的机器人关节连续运动控制问题，设计了简单上肢康复机器人样机。此外，上海交通大学研究了一种用于患者主动训练的6-DOF无驱动外骨骼式上肢康复机器人，可实现肩部屈/伸、旋内/外、大臂转动、肘屈/伸、腕关节屈/伸及外展/内收运动，且具有简单弹性重力支撑装置。东北大学、北京工业大学等也对上肢康复机器人系统进行了探讨。

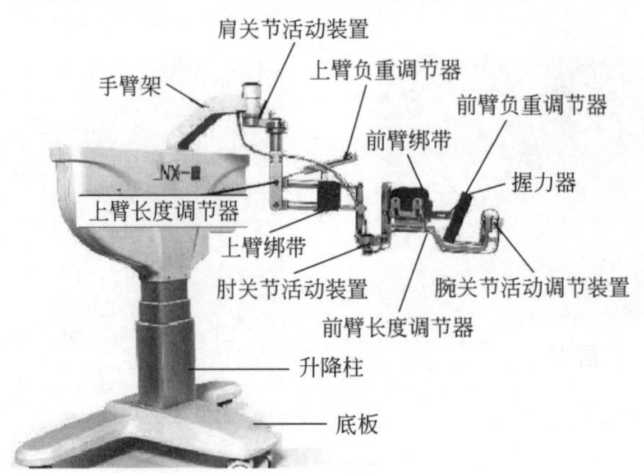

图 11-17 肢体智能反馈训练系统 A2

璟和机器人公司成立于 2012 年，总部位于上海，专业研发康复训练机器人。目前，该公司已推出多体位智能康复机器人系统（型号：Flexbot，见图 11-18），适用于各级医疗机构的康复医学科、骨科、神经内科、脑外科、老干部科等相关临床科室，用以开展临床步态分析，具有机器人步态训练、虚拟行走互动训练、步态分析和康复评定等功能。

图 11-18 Flexbot 系统

大艾成立于 2016 年，总部位于北京，是国内康复机器人软硬件产品研发、生产、销售和服务的一体化提供商，产品包括 AiLegs 系列、AiWalker 系列、步态检测分析系统、动态足底压力检测分析系统和智能病案收集系统。图 11-9 为其双足型下肢外骨骼康复训练机器人。

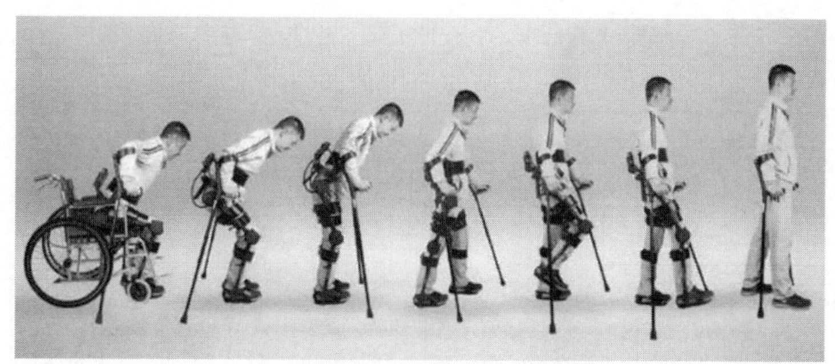

图 11-19 大艾双足型下肢外骨骼康复训练机器人

安阳神方成立于 2010 年，总部位于河南，主要从事肢体功能康复及评估设备的研制，主要产品为系列化、单元化的上肢康复机器人和下肢康复机器人。其中，上肢康复机器人主要有 3 自由度上肢康复机器人、4 自由度上肢康复机器人、6 自由度上肢康复机器人等 9 种型号；下肢康复机器人有坐卧式下肢康复机器人，适用对象是脑中风、手术、外伤引起的肢体运动功能障碍患者的康复治疗训练及评估。图 11-20 为其智能 6 自由度上肢康复机器人。

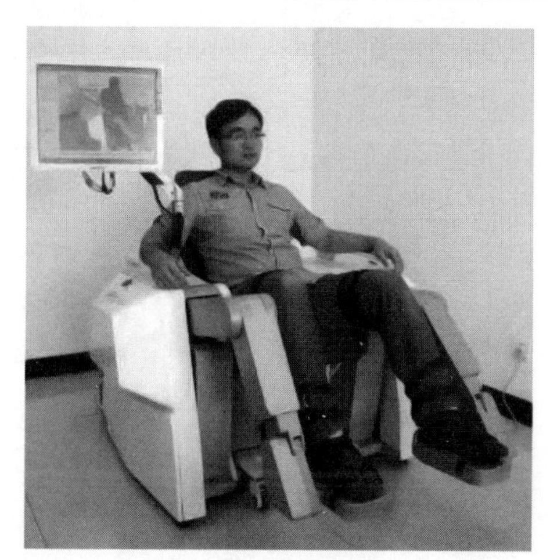

图 11-20 安阳神方的智能 6 自由度上肢康复机器人

11.3 康复机器人关键技术

11.3.1 康复机器人系统设计分析

肢体康复机器人的结构设计仍然是当前的一大困难，其中驱动机构的类型选择、设计及安装位置和电子测量控制元件的设计是关键环节。其思想是基于神经的可塑性，以完成某任务为目标，让患者通过大量重复的训练，使大脑皮质重组，通过深刻的体验来学习和存储正确的运动模式。实践已经证明该康复训练方法具有较好的效果。反馈性的训练方式使得功能性运动治疗成为可能，也是机电系统要实现的设计目标。设计应遵循的原则如图 11-21 所示。

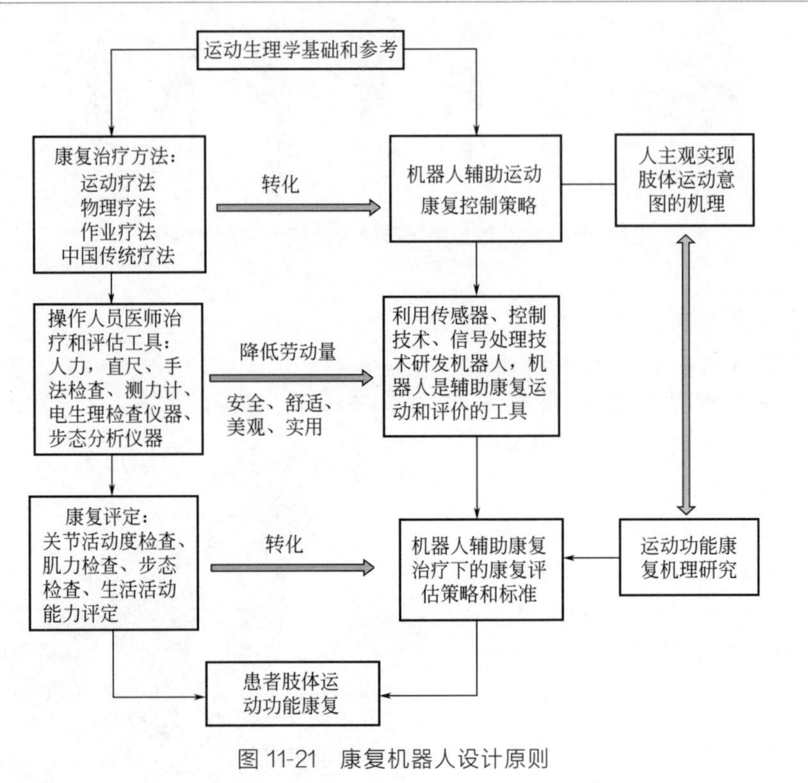

图 11-21 康复机器人设计原则

康复机器人设计除了考虑人体运动的生理特性和与医师的治疗方式结合外，还要考虑以下几点。

① 结构设计要精巧，制作的外观在视觉上要让患者和医师能够易于接受。

② 结构上要和人体肢体充分相似，包括自由度的分配和关节结构的设计。

③ 驱动装置的布置和结构设计要求小巧灵活，动力裕量足。

④ 传感器应选择与感觉相似的触觉和力传感器，布置要满足控制的要求。

⑤ 可以数字化分析人的动作，然后控制机械臂来实现，达到预期的控制效果。

⑥ 安全性、可靠性要求高，避免对患者的二次伤害。

现有康复机器人的结构大概可以分为 3 类：端部结构、外骨骼结构、混合型结构。端部结构一般是患者肢体与机器人接触于某一点，例如 MIT-Manus、

ARM-Trainer 等，该类结构设计简单，应用方便，但是对于特定关节的针对性控制训练方面则有明显的不足。外骨骼结构与患者肢体接触部位多，例如 ARM Guide、Lokomat，可以分别对患者单关节或多关节训练，但有些学者认为该机构本身限制了患者活动自由度。混合型结构在运动控制上综合了上述两种机构的优点，但其设计的工作量很大，成本较高。综合现有研究状况可知，对比上肢康复机器人的发展，现有的下肢康复设备以被动训练为主，缺乏目标导向训练设计，而恢复患者下肢的行走能力是康复治疗的首要目标。

康复机器人在设计中应具备如下功能。

① 控制策略应能智能化地根据人机耦合力的大小而做出对应的调整。

② 应结合生物信息反馈（肌力疲劳度，心跳、呼吸的频率，功能性电刺激 FES）控制机器人运动，以提高康复效果。

③ 实时采集记录运动训练参数并和评估功能相结合。实时检测患者的运动状态并自动调节系统控制参数，实现最佳控制。同时为医护人员提供准确的医疗数据。

④ 应有神经控制参与康复训练。只是简单的轨迹牵引控制与临床训练要求不符，而且可能造成异常的运动模式。

⑤ 与虚拟现实技术、肌电信号（electromyography，EMG）、脑电信号（electroencephalography，EEG）相结合，能全面促进中枢神经的重组和代偿。

⑥ 应有被动、主动、助力三种运动模式。患者的病情差别较大，不同的康复期要对应不同的运动模式。同时要能准确实现医师设计的不同的康复方案，并提供必要的运动参数和人机耦合力参数。

11.3.2 康复机器人控制策略

康复机器人的运动控制与传统的工业机器人不同，应与患者的病情和康复理论相适应。现有的康复运动控制策略经历了从基本的力控制、力场控制到现在的生物电信号控制。

力控制是广泛应用的一种方法，即通过各种力/力矩传感器检测机器人施加的力或人机耦合力的大小，并按照某种控制目标进行控制。鉴于病患部位和康复方法的不同，力控制策略涵盖了经典控制理论和现代控制理论。PID 控制结构简单，实用性强，MIME 和 ARM Guide 等都曾用于辅助患者康复训练。针对多关节运动控制的非线性，为了改善机器人末端位置和力的动态关系，Krebstt 等首次提出将阻抗控制应用于 MIT-Manus 的控制。其对扰动的鲁棒性增强，但轨迹追踪能力却变差了。Lokomat 把患者下肢步态的运动自由度和受限方向的运动控制纳入了力/位混合控制的控制内，该方法理论上既可以控制患者步态又可以控制人机耦合力，但是需要运算性能极高的计算机系统，否则实时性会变差。基于患者病情多变的复杂性（肌肉痉挛、肌张力变化）和模型参数的不确定性，Takahashi 等用 H2 及最优控制设计了腕关节训练系统，Wege 等基于 Lyapunov 稳定性方法设计了滑模位置控制器，在适应患者病情变化方面都取得了一定的效果，但实时性要求严格的情况下其稳定性和精度不理想。成功应用智能控制理论进行康复训练的有：Ju 等用模糊 PID 控制策略应用于被动的轨迹控制，Erol 等用神经网络技术对 PID 参数进行调整，Ahn 等将模糊神经网络应用于肘关节康复控制。模糊控制的固有矛盾在于模糊规则库的大小所带来的控制准确性和实时性的兼顾。神经网络控制的关键在于隐含层及隐含神经元数量的“合理性”和“泛化能力”。力场控制的思想是：在被动训练过程和主动训练过程中把机器人末端所需的辅助力的矢量和阻力的矢量分别设定为位置和速度的矢量函数，从而转换为力的控制。胡宇川等应用该策略进行了上肢偏瘫患者的康复。Patton 等设计了 PID 阻尼力场用于下肢的阻抗训练。其难点在于个性化的力场的设计及控制个性化的力场的设计策略的选择。

阻抗控制不同于力位混合控制，阻抗控制方法注重实现康复机器人的主动柔顺，避免机构与肢体之间的过度对抗，从而为患者创造一个安全、舒适、自然的触觉接口，避免患肢再次损伤。除此之外，阻抗控制还有一个优势：它的实现不依赖于外界环境运动约束的先验知识。因此，在机器人与患者之间相互作用力的控制问题上，阻抗控制有更为广泛的应用。在机器人控制领域，阻抗控制的概念最先由 Hogan 提出，是阻尼控制和刚性控制的推广。从实现方式上而言，阻抗控制分为两类，即基于力矩的阻抗控制方法和基于位置的阻抗控制方法。第一种方法基于前向的阻抗方程，但通常在控制结构中并不存在该方程的显式表达，阻抗方程的实现隐含于控制结构中。第二种方法则是基于逆向的阻抗方程，它也称为导纳控制，通常采用典型的双闭环控制结构——外环实现力控制，内环实现位置控制；其中，逆向的阻抗方程在力控制外环中得以显式实现。相对而言，针对既有的机器人位置伺服系统，基于位置的阻抗控制方式更加容易实现，而且该算法在使用上更加成熟，性能也更加稳定。

Duschau-Wicke 等以阻抗控制方法为基础，实现了患者主动参与式的机器人步态训练策略。在该方案中，利用阻抗控制方法，在理想的空间路径周围建立了具备主动柔顺特性的虚拟墙，这样就形成了一条以理想路径为中心的隧道，以将下肢保持在其内部。在隧道内部时，下肢的运动轨迹是自由的，此时，在运动方向上会额外提供一个可调节的支撑力矩，帮助患者更加轻松地沿着预定路径进行运动，同时降低机器人的运动惯性对训练造成的影响。一旦下肢处于隧道外部，虚拟墙壁将对其施加一个柔顺力，以调整腿部的位置和姿态。该方案还提供了一个可选的控制模块，利用一个沿着运动路径移动的柔性窗，来限制下肢运动的时间自由性。此外，在训练过程中，参考路径和实际运动轨迹将实时地显示在屏幕上，为患者提供视觉反馈。用实验对该路径控制策略进行了评价，有10名健康人和15名非完全脊髓损伤患者参与，运动反馈数据的时空特征显示，参与者可以主动地改变步态训练的轨迹，但是潜在的运动空间范围由控制参数定义，而不受主动力矩的影响；根据表面肌电信号显示，相对于被动式步态训练，该策略调动了患者的参与积极性，但是主动的肌肉活动会随着支撑力矩的增加而减少。

Hussein等针对下肢康复机器人Gait TrainerGT I提出了一种自适应阻抗控制方法，用于实现步态训练。该控制方法的特征是，它根据速度误差，设置了一个尺寸可调的柔顺偏离窗口，依据患者足部和设备脚踏板之间相互作用力，可以在窗口内调整步态训练的速度，允许实际的速度在一定程度上偏离理疗师设置的参考值。为验证方法的可行性，对其进行了仿真研究。Tsoi等针对一款踝关节康复机器人提出了一种可变式阻抗控制，在该方法中，依据不同状态下踝关节的柔顺度，对控制器的阻抗参数比例地进行调整，仿真结果显示，该控制方法实现了被动式运动训练过程中的主动柔顺性。Cao等对辅助起立式下肢康复机器人采用了阻抗控制方法，其目的是帮助患者能够以正常舒适的姿态，安全有效地完成站立训练，同时，确保机器人系统可以根据患者的主动运动意图适时地调整患者的位置。

基于生物医学信号的控制策略，SEMG（surface electromyography，表面肌电信号）信号属于生物电信号，人们对SEMG信号的研究开始于1783年，并发现了其与肌肉功能的状态有着密切的直接关系。1950年，DISAA/S（Denmark）公司设计出一种三通道的SEMG检测仪，此后人们在医疗康复领域就开始了SEMG信号的应用研究。1976年，SEMG检测进入了数字化时代。SEMG的特征提取被认为模式判别的关键步骤，研究者尝试采用的SEMG特征提取方法包括均方根值RMS、倒谱系数、自回归（autoregression，AR）模型、时域统计量、多元AR模型、小波方法、非线性动力学等。这些信号处理方法分别从时域、频域和时频联合分布等角度来分析SEMG信号。Hudigns等提出了基于时域统计量的SEMG信号特征，它包括绝对值平均、过零点数、绝对值平均斜率、斜率符号变化率和波形长度。Englehart等应用多种时频分析方法分析SEMG信号特征。因维数灾难（the curse of dimensionality）而引入特征约减的方法，其结果表明PCA法（principal component analysis，主成分分析）具有比较好的识别效果，但时域统计量的计算量比较小，所以在实际应用中具有一定优势。随着多通道SEMG信号采集技术的成熟与应用，以及高维数SEMG信号特征方法的使用，信息（维数）约减技术成为近年来SEMG信号分类研究中的一个重点。Huang等采用前向顺序正反馈选择（straightforward sequential feedforward selection）算法来确定具有最佳分类效果的SEMG信号通道组合，D. Peleg等提出使用遗传算法选择 SEMG 信号特征，Sherif 等采用随机选择算法选择 SEMG 信号特征，Chu 等进一步扩展了 PCA 投影方法，提出了基于 PCA 法和 SOM 的线性与非线性方法相结合的特征降维算法，其分类效果优于 PCA 法。SEMG 信号应用于康复领域的代表有：2005 年美国 Michigan State University 设计的功能性假肢，如图 11-22 所示。该假肢的踝膝关节均为气动肌肉驱动，脚底安置有压力传感器，靠力信号判断患者的行走姿态。

2009 年，香港理工大学针对脑中风患者设计了 Poly Jbot 康复机器人，该机器人采用连续的 SEMG 信号并结合各关节的力矩和位置信号进行控制，如图 11-23 所示。该装置还设计了虚拟现实系统以提高患者的训练兴趣及康复效果。

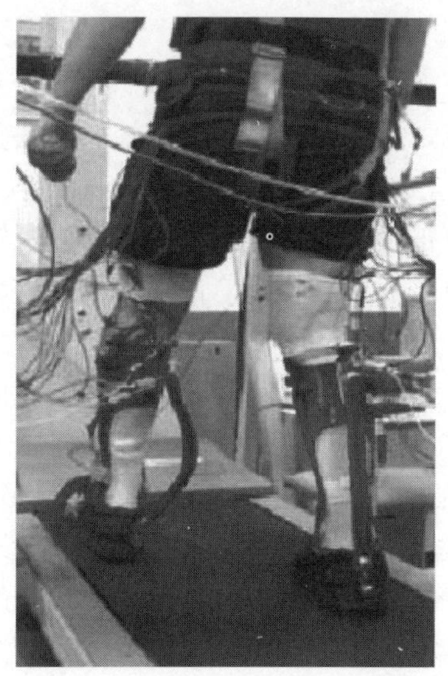

图 11-22 Michigan State University 假肢

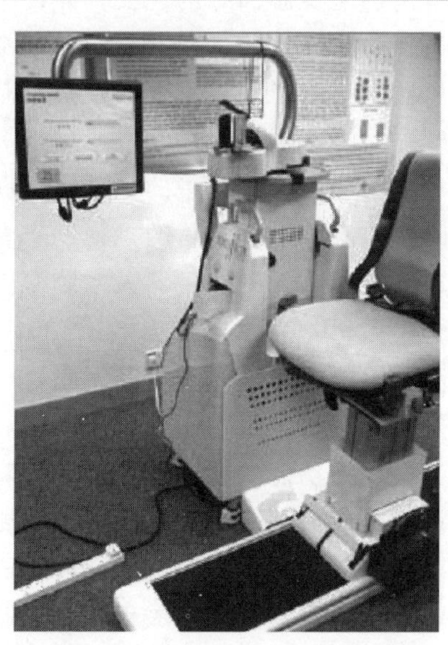

图 11-23 Poly Jbot 康复机器人

2007 年，德国研制了 SEMG 控制的下肢外骨骼机器人，该机器人主体采用橡胶材料以降低重量。另外，膝关节安装有位置传感器、力矩传感器、加速度传感器，脚底安装有力传感器。通过采集股中间肌和半膜肌的 SEMG 信号来建立 SEMG 信号电压和膝关节扭矩之间的线性关系，从而驱动膝关节的电机丝杠进行动力传递。

2006 年，荷兰内梅亨大学 Helena 等设计了膝关节康复机器人。其 SEMG 信号的采集采用了大面积阵列式电极，利用其采集的信号结果来控制膝关节运动。大量的 SEMG 信号能更好地反映肌肉的运动特性。日本筑波大学研制的康复机器人 HAL 也采用人体下肢的 SEMG 信号作为人体运动意图的识别来控制机器人运动。同时，该机器人也使用了 FES 来刺激肌肉增加肌力。

目前 SEMG 信号用于控制康复设备可以分为两类：阈值控制（数字控制方式）和比例控制。结论表明比例控制的方式在反映人的主观运动意图和跟随性方面更有优势。

11.3.3 康复机器人运动轨迹规划方法

康复训练机器人带动患者进行训练时，需要给机器人事先输入稳定的运动数据，在训练过程中，还需要根据患者的实际平衡能力和协调运动情况，进行在线姿态调整，这也是康复训练机器人要解决的主要问题之一。这与仿人机器人有类似之处，不同之处在于，康复训练机器人的操作对象是真实的人，机器人的工作空间就是人的运动空间，所以康复训练机器人的运动规划首先必须考虑患者的安全，在满足人体运动约束和生理约束的前提下，辅助患者进行接近人体的自然协调稳定的运动。综合目前关于仿人机器人的规划方法，在离线规划方面，大体可概括为如下几种方法。

① 基于人体运动捕获数据，根据测量或者利用图像等手段捕获的人体步态运动数据来描述步态运动，并用来驱动机器人，这是最直接的步态生成方法。Lokmat 利用测量得到的正常人的矢状面内的髋膝关节运动来驱动外骨骼机器人的相应关节。PAM 通过记录正常人的步态运动再经过示教再现的方式生成机器人步态运动。Chia-YuWang 根据检测到的人的关节角和关节力矩数据，用关于关节角的 7 次多项式拟合关节力矩，获得人体运动动力学模型，并据此以最小能量为优化目标函数，提出了基于 B 样条步态轨迹曲线的机器人动态运动规划方法。该方法直接，但是生成的步态较单一，对环境、人体差异等方面的适用性较差。

② 基于简化的动力学模型的方法。人体的步态运动是在人的大脑神经支配下完成的具有高度平衡能力和协调性的精妙的运动形式，人们迄今仍不能完全掌握其运动机理。但是基于各种简化动力学模型生成人类步行运动的方法普遍应用在仿人机器人和双足机器人的步态规划中，比较有代表性的是倒立摆模型。二维倒立摆模型首先由 Hemami 等提出，在实际应用中逐步发展成三维即多级倒立摆。H. Miura 设计了具有倒立摆特性的双足机器人，用状态反馈控制双足机器人“Meltran Ⅱ”的质心沿约束线运动，使得其水平动力学方程近似为线性倒立摆模型。倒立摆模型本质是把人的质心等同于摆的集中质量，把人的踝关节等同于倒立摆支点，通过控制踝关节力矩和支点位置保持倒立摆平衡实现所需要的质心运动。该法适于给定质心参考运动轨迹，来生成双足运动参考轨迹，在此基础上结合其他控制方法对轨迹进行平衡和能量方面的修正，基于简化的人体动力学方法规划得到的步态运动并不一定优于基于测量数据的步

态规划结果。

③ 基于模糊逻辑、神经网络和遗传算法等的智能方法。由于人或者类人机器人自由度多，动力学具有高度非线性、强耦合和高阶等特点，通常得不到通用解析解，实现动态稳定步行的轨迹不易获得。除了采用简化模型的办法外，采用现代智能控制方法如模糊逻辑算法或神经网络算法，利用其强大的自学习和自适应能力，可避免复杂的人体正逆动力学计算，可用于步态合成、步态控制以及步态参数优化等方面。麻永亮等提出用模糊策略规划期望ZMP轨迹。杨灿军等在其开发的增力用穿戴式人体外骨骼机器人中，以检测的左右脚足底压力作为输入，利用模糊自适应神经网络算法模拟人体动力学，输出膝关节角和踝关节角来合成步态驱动机器人运动。A. W. Salatian等提出使用“SD-2”爬坡法的强化学习方法。J. G. Juang用时间反传学习算法分别训练前馈网和模糊神经网络，给予给定的参考轨迹，进行两足机器人的步态合成。A. L. Kun等用CMAC神经网络进行左右、前后平衡的自适应控制，使两足机器人“TOddler”实现从21cm/min到72cm/min范围的平面变速行走。但是步态运动的不确定性等因素导致合理的模糊规则建立十分复杂，实际效果很难保证，而神经网络方法对不同的步态需要重新训练样本，加之目前的神经网络方法在结构及计算方面还有许多待解决的问题，使得这种方法离实用还有很大距离。

在基于零力矩点（zero moment point，ZMP）的步态规划中，常常需要结合几何约束或能量约束，针对某种优化目标，通过优化算法来寻求最佳步态。遗传算法是模拟生物在自然环境中的遗传和进化过程而形成的一种自适应全局优化概率搜索算法。用遗传算法规划步态一般先假设某个关节的运动曲线，再用多次函数插值实现问题的参数化，最后利用遗传算法，根据稳定性条件或其他寻优条件确定问题的各个参数，达到步态规划的目的。Cheng等采用6个插值点来确定关节的轨迹，利用遗传算法来优化插值点及插值参数，实现机器人动态行走。Capi等以能量消耗最低为优化目标，利用遗传算法实现了一个有滑移关节的仿人机器人的平滑行走。

④ 基于仿生原理的中枢模式发生器（CPG）方法。生物学研究普遍认为动物的节律运动是低级神经中枢的自激行为，是由位于脊髓或胸腹神经节中的CPG控制的。CPG是由中间神经元构成的局部振荡网络，通过神经元之间的相互抑制实现自激振荡，产生具有稳定的相位互锁关系的周期信号，控制动物身体的相关部位进行节律运动。CPG在人体中的存在性已经被证明。作为一种运动控制机制，CPG适合作为机器人运动的底层控制器。CPG的工程可通过微分方程、神经网络等来模拟，Matsuoka等提出了基于漏极分器的神经元振荡器模型，实践证明这种模型具有很好的仿生特性。姜山等将CPG方法用于5连杆两足机器人的运动控制，构造了CPG结构，并给出了CPG参数优化方法。王斐斐等利

用 Matsuoka 振荡器设计了 5 连杆步行机器人的 CPG 网络控制器，能产生频率与振幅可调的稳定、可靠的周期信号。W. A. A. Henry 等研究了猫和人采用减重踏车训练中与感官输入信号的关系，其研究结果对下肢康复机器人设计有积极的指导作用。S. Jezernik 等在 Lolomate 的控制中引入了 CPG 策略，在 CPG 建模、仿真及实验研究方面做了大量工作。

11.4 康复机器人的典型实例

目前专注医疗康复训练机器人研究的公司越来越多，全球最早实现商业化的康复机器人公司是瑞士 Hocoma、ReWalkRobotics 等。已与 DIH 蝶和科技合并的瑞士 Hocoma 公司，作为全球康复机器人第一品牌，致力于与欧美多所高校及科研机构合作研发高端康复治疗与训练产品，其医疗康复机器人在人体工程学、电子传感器、计算机软硬件和人工智能等众多方面具备国际领先的技术水平，临床应用非常广泛，是全球产销量最大的康复机器人公司。下面介绍该公司在全球畅销的三款康复机器人。

① Lokomat 康复机器人。是基于脑功能重塑理论、通过提供最符合人体生理特征的步态训练模式并实时提供反馈与评估的外骨骼下肢康复机器人（图 11-24），对中风、脊髓损伤、创伤性脑损伤、多发性硬化症等神经系统疾病患者训练有良好的康复效果。目前，Lokomat 几乎垄断高端康复机器人市场，全球范围内装机数量高达 600 余台，已发表的相关文献数量也多于其他同类机器人文献数量。

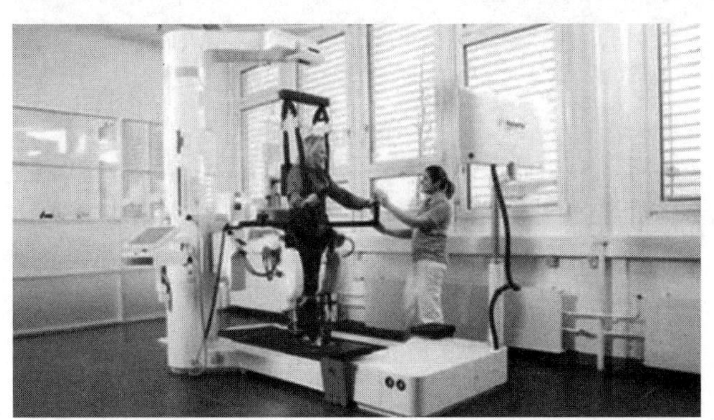

图 11-24 Lokomat 康复机器人

② Armeo 康复机器人。专为中风、外伤性脑损伤、神经障碍后手部及上肢

损伤患者设计的上肢康复机器人（图 11-25），支持从肩膀到手指的完整的运动链治疗。该产品涵盖了连续性康复的全过程，能够根据患者的情况自动提供协助，即使是症状严重的早期患者和儿童，也能用此产品进行高强度的早期康复治疗。

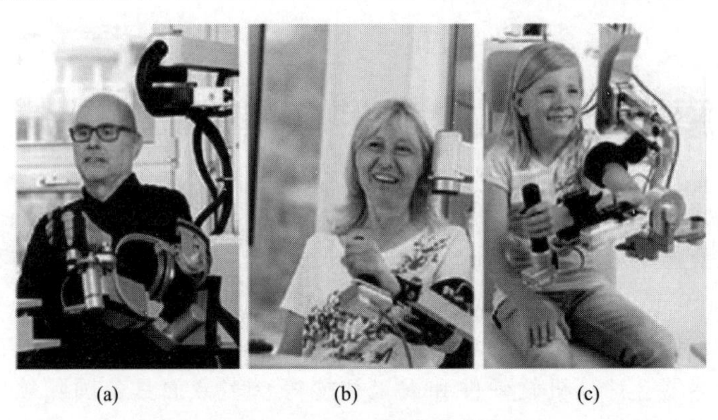

(a) (b) (c)

图 11-25 Armeo 康复机器人

③ Erigo 康复机器人。Erigo 是卧式踏步训练机器人系统，用于急性期手术后及长期卧床患者进行早期神经康复训练（图 11-26），可最大程度保留患者下肢肌肉维度和关节活动范围，降低由于长期卧床而导致的诸多不良影响。

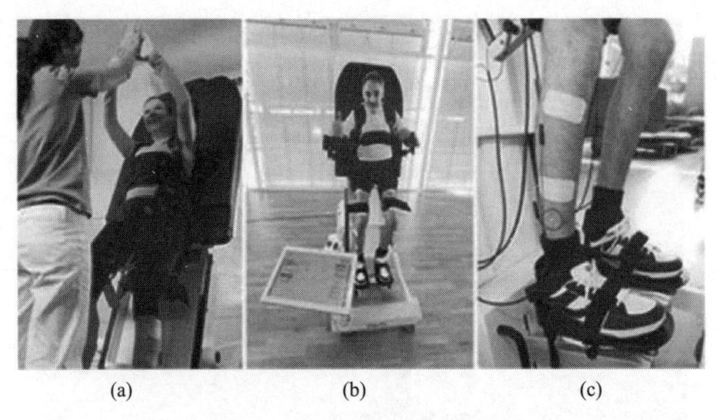

(a) (b) (c)

图 11-26 Erigo 康复机器人

2016 年 3 月，我国国家卫计委联合 5 部门印发《关于新增部分医疗康复项目纳入基本医疗保障支付范围的通知》，在原已纳入支付范围的 9 项医疗康复项目基础上，将“康复综合评定”等 20 项新增康复项目纳入医保支付范围。预计国内未来 3～5 年内会出现成规模的医疗或护理机器人企业。

广州一康成立于 2000 年，总部位于广州，产品主要分为 MINATO、运动康复、物理治疗和康复评定四个系列，包括 A1-下肢智能反馈训练系统（图 11-27）、A2-上肢智能反馈训练系统、A3-步态训练与评估系统、A4-手功能训练与评估系统等。广州一康的产品已经在市场上销售，主要是上、下肢智能反馈训练系统，通过实时模拟人体手指与手腕运动规律开发而成，具有手指屈肌肌力信号与伸肌肌力信号评估功能，既可以训练手部，也可以训练腕部。

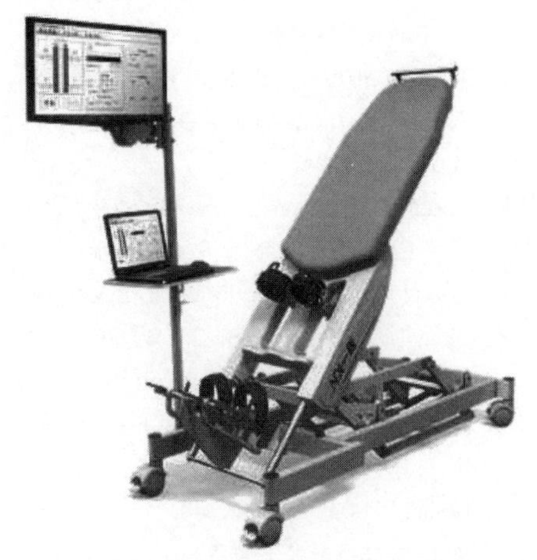

图 11-27　广州一康的 A1-下肢智能反馈训练系统（标准版）

参考文献

[1] 戴红，关骅，王宁华. 康复医学[M]. 北京：北京大学医学出版社，2009.

[2] Jiang Jingang，Huo Biao，Ma Xuefeng，et al. Recent Patents on Exoskeletal Rehabilitation Robot for Upper Limb [J]. Recent Patents on Mechanical Engineering，2017，10（3）：173-181.

[3] Jiang Jingang，Huo Biao，Han Yingshuai，et al. Recent Patents on End Traction Upper Limb Rehabilitation Robot [J]. Recent Patents on Mechanical Engineering，2017，10（2）：102-110.

[4] Jiang Jingang，Ma Xuefeng，Huo Biao，et al. Recent Advances on Lower Limb Exoskeleton Rehabilitation Robot [J]. Recent Patents on Engineering，2017，11（3）：194-207.

[5] Jiang Jingang，Ma Xuefeng，Huo Biao，et al. Recent Advances on Horizontal Lower Limb Rehabilitation Robot [J]. Recent Patents on Mechanical Engineering，2017，10（2）：88-101.

[6] 张济川，金德闻. 新技术在康复工程中的应用和展望[J]. 中国康复医学杂志，2003，18（6）：352-354.

[7] 徐国政，宋爱国，李会军. 康复机器人系统结构及控制技术[J]. 中国组织工程研究与临床康复，2009，13（4）：717-720.

[8] 张通. 中国脑卒中康复治疗指南（2011 完全版）[J]. 中国康复理论与实践，2012，4

（6）：55-76.

[9] 杜宁. 基于 3-RRC 并联机构的上肢康复机器人设计[D]. 秦皇岛：燕山大学，2012.

[10] 杜志江，孙传杰，陈艳宁. 康复机器人研究现状[J]. 中国康复医学杂志，2003，18（5）：293-294.

[11] Krebs H，Dipietro L，Levy-Tzedek S，et al. A Paradigm Shift for Rehabilitation Robotics[J]. Engineering in Medicine and Biology Magazine，2008，27（4）：61-70.

[12] Hillman M. Rehabilitation Robotics from Past to Present：a Historical Perspective [J]. Advances in Rehabilitation Robotics，2004，306：25-44.

[13] 刘洪涛. 截瘫患者下肢康复机器人设计与实验研究[D]. 秦皇岛：燕山大学，2010.

[14] 日本松下机器人[EB/OL]. http：//discovery. 0756. 1a/viewnews-13341-page-1. html，2010-8-17/2014-2-15.

[15] Riener R，Frey M，Bernhardt M，et al. Human-Centered Rehabilitation Robotics [C]//9th IEEE Transaction International Conference on Rehabilitation Robotics. Chicago：IEEE Computer Society，2005：12-16.

[16] Deaconescu T，Deaconescu A. Pneumatic Muscle Actuated Isokinetic Equipment for the Rehabilitation of Patients with Disabilities of the Bearing Joints [C]//International Multi-Conference of Engineers and Computer Scientists. Hongkong： published by IAENG，2009，（2）：1823-1827.

[17] Perkins T A，Donaldson N N，Hatcher N A，et al. Control of Leg-Powered Paraplegic Cycling Using Stimulation of the Lumbo-Sacral Anterior Spinal Nerve Roots [J]. IEEE Transaction on Neural Systems and Rehabilitation Engineering，2002，10（3）：158-164.

[18] Hidenori T. Development of Portab. Le Therapeutic Exercise Machine TEMLX2 Influences of Passive Motion for Lower Extremities on Regional Celebral Blood Volume[J]. Proceedings of the Symposium on Biological and Physiological Engineering，2006，（21）：29-31.

[19] Noboru，Okuyama，Satoshi，et al. Development of a Biofeedback-Based Robotic Manipulator for Supporting Human Lower Limb Rehabilitation[C]//International Symposium on Robotics. japan：Mie university，2005，（36）：93.

[20] Crowninshield R D，Brand R A. A Physiologically Based Criterion of Muscle Force Prediction in Locomotion [J]. Journal of Biomechanics，1981，14（11）：793-801.

[21] Hase K，Yamazaki N. Development of Three-Dimensional Musculoskeletal Model for Various Motion Analyses [J]. Journal of JSME，Series C，Dynamics，Control，Robotics，Design and Manufacturing. 1997，40（1）：25-32.

[22] Yano H，Kasai K. Sharing sense of Walking with Locomotion Interfaces [J]. International Journal of Human Computer Interaction，2005，17（4）：447-462.

[23] Naditz A. Medical Connectivity-New Frontiers：Telehealth Innovations of 2010 [J]. Telemedicine and e-Health，2010，6（10）：986-992.

[24] Cudby K. Liberty Autonomy Independence [J]. Engineering Insight，2011，12（1）：8-14.

[25] Pietrusinski M，Cajigas I，Mizikacioglu Y，et al. Gait Rehabilitation Therapy Using Robot Generated Force Fields[C] // 2010 IEEE Haptics Symposium. Waltham，USA：Cagatay Basodogan，2010：401-407.

[26] 姜洪源，马长波，陆念力，等. 功能性电刺

激脚踏车训练系统建模及仿真分析[J]. 系统仿真学报，2010，22（10）：2459-2463.

[27] 程方，王人成，贾晓红，等. 减重步行康复训练机器人研究进展[J]. 中国康复医学杂志，2008，23（4）：366-368.

[28] Zhang Y B，Wang Z X，Ji L H，et al. The Clinical Application of the Upper Extremity Compound Movements Rehabilitation Training Robot[C]//IEEE International Conference on Rehabilitation Robotics. Chicago：IEEE ICORR，2005：91-93.

[29] 张秀峰，季林红，王景新. 辅助上肢运动康复机器人技术研究[J]. 清华大学学报，2006，46（11）：1864-1867.

[30] 方彬，沈林勇，李荫湘，等. 步行康复训练机器人协调控制的研究[J]. 机电工程，2010，27（5）：106-110.

[31] Yang C J，Niu B，Zhang J F，et al. Adaptive Neuro-Fuzzy Control based Development of a Wearable Exoskeleton Leg for Human Walking Power Augmentation [C]//IEEE ASME，International Conference on Advanced Intelligent Mechatronics. Monterey：IEEE ASME，2005：467-472.

[32] 孙建，余永，葛运建，等. 基于接触力信息的可穿戴型下肢助力机器人传感系统研究[J]. 中国科学技术大学学报，2008，38（12）：432-1438.

[33] 孙洪颖，张立勋，王岚. 卧式下肢康复机器人动力学建模及控制研究[J]. 高技术通讯，2010，20（7）：733-738.

[34] 边辉，刘艳辉，梁志成，等. 并联2-RRR/UPRR踝关节康复机器人机构及其运动学[J]. 机器人，2010，32（1）：6-12.

[35] 边辉，赵铁石，田行斌，等. 生物融合式康复机构及其应用[J]. 机器人，2010，32（4）：470-476.

第12章

全口义齿排牙机器人

12.1 引言

牙齿除了具有常规的咀嚼功能之外，对语言、发音、面部形态等方面也起着重要的作用。人类天然牙齿的寿命平均为65年，所以正常人一般在65岁左右就会损失部分或全部牙齿，需要进行人工义齿修复。无牙颌是指人类的所有牙齿全部缺失，此时需要进行全口义齿修复来保证正常牙齿功能。我国目前从义齿的制作到牙模的排列几乎每一个加工环节都是手工操作，效率精度都很低，治疗周期长，不能满足患者快速修复的要求。随着机器人技术的研究逐渐从工业领域转向医疗、家庭等服务领域，将机器人应用于口腔修复也逐渐变为热点研究领域。

12.1.1 全口义齿排牙机器人的研究背景

随着经济的快速发展、社会的进步，人们对口腔健康的关注日益增强。1998年的《全国第二次口腔健康流行病调查报告》中指出：35～44岁和65～74岁人群牙列缺损率分别是10.47%和35.94%，牙列缺失率分别是36.4%和77.8%[1]。2008年《全国第三次口腔健康流行病调查报告》中指出，65～75岁年龄组牙齿患病率增加，严重程度有所加重。牙齿是咀嚼食物的工具，也是语言功能和面部美观的保证。严重的无牙颌患者，不仅会非常疼痛、面部严重变形、影响语言表达，而且会使咀嚼功能降低甚至丧失，进食困难，进而极大程度地缩短老年人的寿命[2,3]。排牙是指全口义齿制作的过程：将事先选好的成品假

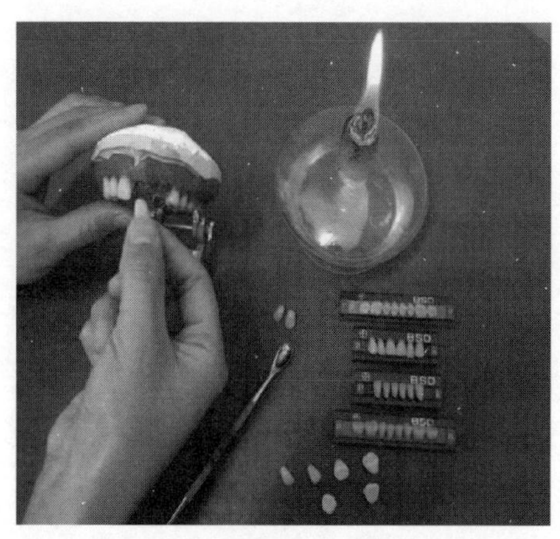

图12-1 传统的排牙方式

牙，按一定的顺序摆放到蜡基上。传统的全口义齿制作必须依靠牙科医生和技师紧密的合作，依照患者的颌骨形状纯手工完成，如图 12-1 所示。随着无牙颌患者的数量逐渐增多，传统的方式已经不能满足需求，严重地限制了口腔医学的发展应用，并且阻碍医疗质量的提高，使得口腔修复医学的发展水平低于其他科学技术。

12.1.2 全口义齿排牙机器人的研究意义

口腔修复学是以视觉效果的评价和手工操作为基础，以经验积累和归纳总结为发展方式，以形象思维和形式逻辑为思维方式的科学[4,5]。这导致在临床操作过程中存在很大的不确定性和限制性，使得它在临床操作过程中缺乏精确性和一致性。现代高科技对口腔医学理论及技术的渗透为口腔医学临床医疗工作提供了一种全新的工作方式和医疗环境，同时也提高了口腔医学的理论及实践的科学性。口腔修复中，传统的全口义齿制作方法大都是纯人工完成。只有资深的牙科医生与技术娴熟的技师合作，才能制作出咬合效果好、返修次数少、患者佩戴舒适的全口义齿。然而在实际生活当中，具备这样技术的医生和技师数量很少，而能实现这种搭配的更是凤毛麟角。将机器人技术引入到全口义齿排牙中去，在获得更精确的操作的同时，还能避免在传统方式中因医生的困乏、疾病、情绪烦躁等个人因素造成的误差，改变当前依靠个人经验和手工设计制作全口义齿的落后局面，使全口义齿的设计与制作既能符合患者生理功能及美观要求，同时又能达到规范化、标准化、自动化和工业化水平，进一步提高制作效率和质量，具有重要的实际意义和广阔的应用前景。

12.2 全口义齿排牙机器人的研究现状

机器人和计算机技术的发展极大地推动和促进了现代口腔医学的进步。现如今，将计算机和机器人技术应用到口腔修复学实践中的研究如火如荼地进行，主要集中于采用 CAD/CAM 系统制作全口义齿修复体上。多操作机机器人作为其中的一种将会越来越多地解放医生，让医生能将精力集中于对患者的治疗上。

12.2.1 全口义齿排牙机器人的国外研究现状

Vienna 大学的 W. Birkfellner 等开发了模块化的用于口腔修复义齿种植的计算机辅助外科软件系统[6,7]。

1993 年 7 月至今，日本的 Waseda 大学的 H. Takanobu 等基于人头骨模型研制出了一系列咀嚼机器人机构[8,9]，图 12-2 所示为该系列咀嚼机器人。人类口腔的咀嚼规律可以通过本系列机器人定量和动态地获取，在此基础上，他们还研制了嘴部开合训练康复机器人[10]。

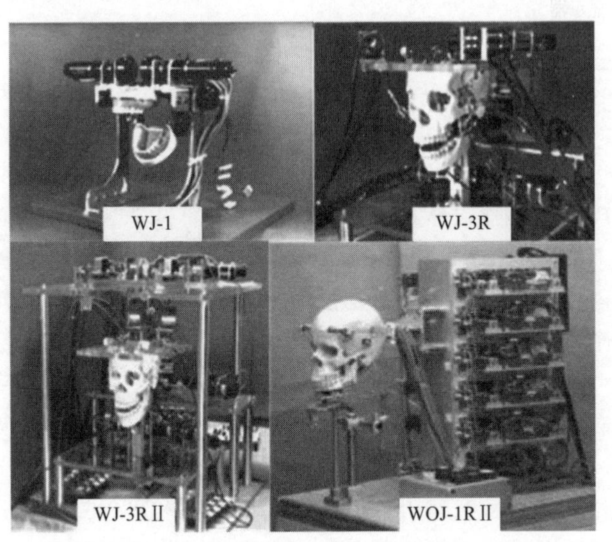

图 12-2 WJ 和 WOJ 系列的口腔咀嚼机器人

美国 Kentucky 大学 L. Wang 等研制出一种机器人测试系统，该机器人系统如图 12-3 所示。该机器人系统实现了模拟人类上下牙咬合过程中牙齿咬合面接触力的测量，进而可以对义齿设计和植入操作进行评估，对于评价义齿种植工序设计的合理性具有重要的现实意义[11]。

日本鹿儿岛大学的川细直嗣等通过放大散牙、借助 VMS-250R 非接触式三维激光测试仪得到解剖形态的人工牙，并对获取的数据进行重建研究，然后利用数控磨床来磨削获得了全口义齿[12]。

日本大阪大学的前田芳等开发了全口义齿系统 OSAKA VNIVERSEY。首先按正中咬合关系在口内整体取出上下颌印模，对印模进行扫描得到无牙颌及软组织的表面数据，在工作站上进行三维重建并转换到三维光造型系统完成光固化树脂的全口义齿造型加工[13]。

美国 Missouri 大学的 S. M. Schmitt、刘清滨等对 RP 技术在牙科领域的应用做了详细的综述，包括 CAD 模型的重建、数据获得、处理、通信、RP 原理[14]，并举例说明了 RP 技术在单颗牙及义齿种植时的应用情况。但鲜见其在全口义齿领域的应用。

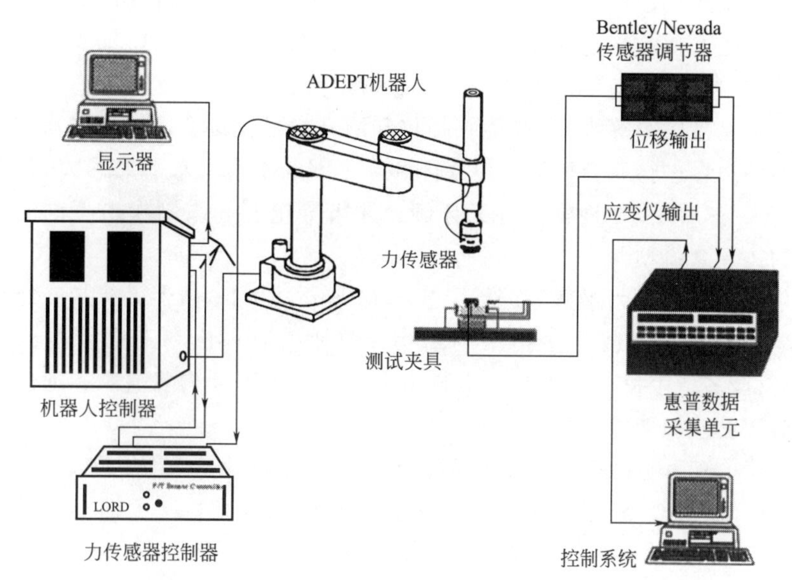

图 12-3　用于测量义齿种植后咀嚼力的测力系统

12.2.2　全口义齿排牙机器人的国内研究现状

我国在机器人义齿排列中应用的研究开展较晚，发展也相对缓慢。国内学者开展了全口义齿排牙的数学化和定量化描述、设计制作的研究。

北京大学口腔医学院吕培军和北京理工大学机器人研究中心的张永德(现就职于哈尔滨理工大学)、赵占芳等学者合作研发了全口义齿人工牙排列的试验系统[15,16]，如图 12-4 所示。该系统通过图形技术生成无牙颌患者口腔软组织和硬组织的计算机模型，患者无牙颌骨形态的几何参数通过他们开发的三维激光扫描测量系统得到，最后利用专家系统完成全口义齿人工牙列的设计。他们研发出了可调式排牙器，即一种单颗塑料人工牙与最终要完成的人工牙列的过渡转换装置，采用 CRS-450 6 自由度机器人实现义齿任意抓取位姿的调整和定位，并将

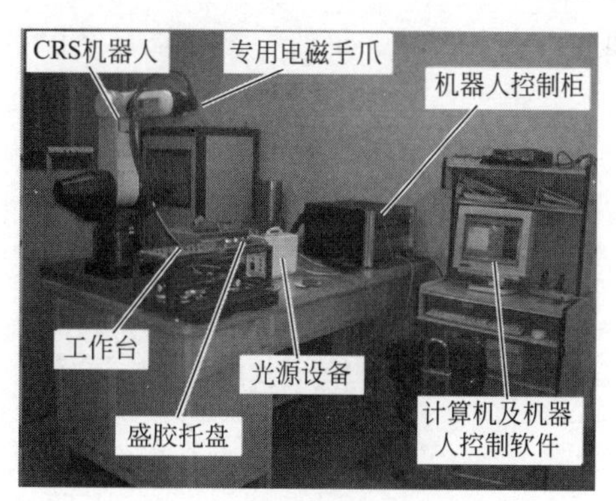

图 12-4　单操作机全口义齿排列机器人系统

义齿种入可调式排牙器。

第四军医大学的高勃等利用 RP 技术，通过激光烧结钛粉，加工出全钛基托和单颗牙[17~21]。但是其研究重点依然是单颗牙。

孙玉春、吕培军等将 3D 断面扫描仪和激光扫描仪结合，对于义齿表面、无牙颌模型和边界进行联合扫描，建立牙和牙之间的垂直、水平关系的 3D 图像数据库[22,23]。然后用 CAD 软件将无牙颌、牙齿等组合起来制作出不同的满足患者要求的铸牙盒模型。

哈尔滨理工大学张永德等进行了基于 Motoman UP6 机器人操控三指灵巧手实现排牙的研究，对排牙多指手的结构、散牙抓取理论和工作空间分析的研究[24,25]。该多指手每个手指有 3 个自由度，因为人工牙形状复杂，通过多指手实际上难以精确抓取人工牙。

本着简单实用的目的，张永德等基于 TRIZ 理论设计了一种小型专门用于排牙的直角坐标机器人。利用 Pro/E 进行了虚拟样机的设计，基于动力学分析软件 ADAMS 进行了运动仿真分析[26~30]。同团队的姜金刚等研究了该机器人的结构及抓取 V 形块的过程，按照最短行程的标准提出了基于遗传算法的路径规划[31]。同时，姜金刚提出通过牙弓曲线可大大减少多操作机排牙机器人的自由度，并对牙弓曲线规划进行了研究[32~35]。为解决多操作机排牙机器人电机控制的问题，姜金刚还提出了一种新型的控制电机脉冲方法，并进行了相关实验[36,37]。

12.3 全口义齿排牙机器人关键技术

全口义齿排牙机器人系统是一套以机器人操作代替传统手工操作的全口义齿制作系统，并最终应用于临床实际全口义齿制作中。排牙机器人的排牙步骤：首先获取每颗牙的三维信息，然后对排牙规则进行数字化表达后，通过患者的牙弓曲线进行排牙计算和三维模拟排牙，当三维模拟排牙效果满意后，再通过牙弓曲线发生器控制点完成排牙。

12.3.1 义齿模型的三维重建

无论采用什么样的技术来制作义齿，对牙齿的三维建模都非常重要。牙齿的三维模型对机器人结构的设计、排牙结果有着极为重要的意义。义齿的三维重建一般分为如下几个步骤：首先对义齿进行三维重建获得点云模型；其次，为节省义齿三维建模时间，对义齿点云数据进行搜索算法，然后为义齿点云数据进行法向量估计；最后对义齿模型进行孔洞修补，完成义齿的三维模型。下面对上述步骤中具体使用的技术进行介绍。

(1) 义齿三维重建技术

目前义齿三维重建技术主要有三大类：隐式曲面算法、Delaunay 三角化算法和区域增长算法。

① 隐式曲面算法。隐式曲面算法是使用隐函数拟合数据点，在零等值面上提取三角网格的方法，主要方法有水平集法、移动最小二乘法、使用径向基函数（radial basis function，RBF）的变分隐式曲面法以及泊松域（poisson fields）法等。这些方法都要求点云数据具有准确的法向量，但实际上很难有达到此要求的样本点。

② Delaunay 三角化算法。Delaunay 三角化算法具有严格的数学理论基础，能够精确地重建物体表面模型，但其计算量大，而且对含有噪声和尖锐特征的模型处理能力较差，重建效果不好。

③ 区域增长算法。区域增长算法是从一个初始点或者初始三角面片出发，不断向周边扩散增长直到包围给定的曲面。该类方法思想简单、实现容易、效率高，但很难处理复杂拓扑模型。

(2) 义齿点云数据的 k 最邻近搜索算法

在逆向工程中，点与点之间的拓扑关系通常用点的 k 最邻近点来表示。对于义齿海量散乱点云，原始的数据点之间没有相应的、显式的几何拓扑关系，任何点的搜寻都必须在点云集合的全局范围内进行。在几兆、几十兆无序测点数据集合中遍历搜寻，是造成义齿三维几何建模速度慢的主要原因。所以，建立测量点云之间的几何拓扑（空间位置）关系，减小数据的搜索范围，是提高义齿散乱点云几何构建速度的关键。对于义齿散乱数据点云，通常采用 Voronoi 图搜索和空间划分搜索 k 最邻近点搜索算法以及空间划分的 k 最邻近搜索算法。

① Voronoi 图搜索和空间划分搜索 k 最邻近点搜索算法。1973 年，Knuth 提出邮局问题即 k 最邻近搜索问题。k 最邻近搜索是在给定数据集中查找距离最近的一个或几个点，以确定义齿点云数据之间的相邻关系。上述方法总体上构造义齿三维点云的 Voronoi 图的系统资源耗费高，单纯为查询某些样本点的 k 最邻近点集合而构造整个点云，对系统资源的浪费是巨大的。

② 空间划分的 k 最邻近搜索算法。由于海量三维点云数据整体处理速度慢，所以空间划分的方式是将点云数据按照其空间位置划分到子立方体中处理，而每个子立方体中点云数据量不大，容易确定数据点间的拓扑关系，但没有充分考虑到子立方体的划分与空间数据点密度的关系，如果不同密度的点云数据划分的子立方体边长接近，子立方体内包含的点数是不同的，查找近邻 k 的速度就会受到影响。

总体上，采用空间划分进行 k 最邻近搜索的效率明显优于基于 Voronoi 图的搜索，但如何处理子立方体边缘点云的 k 最邻近搜索是空间划分的重点问题。

随着测量设备的迅速发展，已经能够高效率、高精度地采集义齿的外形数据，采集的这些义齿海量数据点云缺少明显的拓扑关系，因此需要建立数据点间邻域关系的数据结构。

(3) 义齿点云数据的法向量估算技术

由三维扫描仪获取的义齿点云数据通常是无序的、没有固定结构并且缺少方向信息。点云数据的法向量方向在曲面重建中起着关键作用，没有法向量的点云数据重建后还是一个平面图，如图 12-5(a) 所示，而点云数据中含有法向量建立的图像才是三维的模型，如图 12-5(b) 所示。因此法向量是进行局部曲面重建的第一步，用来识别曲面的内/外侧，从而形成模型的拓扑形状。虽然法向量可以通过三维激光扫描仪得到的深度图像而获得，但扫描过程中不可避免的噪声、振动等因素使得到的法向量不准确甚至有缺失，很难满足曲面重建的要求，有必要对法向量重新进行估值。

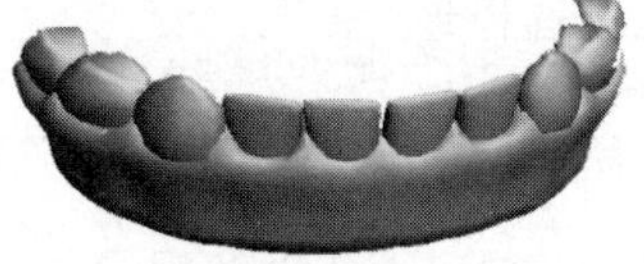

(a) 无法向量效果　　(b) 有法向量效果

图 12-5　三维重建效果比较

法向量是点云数据与其 k 最邻近点形成的空间平面的垂线，通常此垂线所指的方向为模型的外侧。也就是说，法向量估算需要含有两方面内容，一是估算法向量的所在直线，二是估算该直线所指的方向。法向量准确程度决定曲面拟合精度。已有的多数曲面重建算法都依赖法向量的准确程度。然而由于扫描设备的噪声或模型本身的遮挡等原因，点云数据的法向量不准确甚至不完整。因而有必要在曲面重建前对法向量重新估值。

大多数无法向量的估计方法都依靠主成分分析（principal component analysis，PCA），PCA 方法在曲面的边缘等一些特殊区域位置法向估算误差很大，其会在曲面边缘处的拐点、两个曲面之间的数据点、数据点分布不均匀的位置等都存在法向量估算误差。但总体上，每种算法都在某些模型上能够实现较好的法向量估值而忽略其他情况。

(4) 义齿模型的孔洞修补技术

孔洞在义齿三维重建中是非常普通且不可避免的问题，使用 3D 扫描仪获得的义齿模型数据多数是不完整的，因为义齿或牙颌的一些深度部分用扫描仪无法测量。另外，扫描过程中义齿模型的误差，位置摆放是否合理等问题，即使采用多角度扫描然后数据拼合，都有可能造成扫描数据不完整，所以重建后的义齿模型在没有数据的地方会出现孔洞。近年来，孔洞的修补一直是重建三维模型的一个重要问题，许多学者提出三维重建中数据修补的方法。大多数方法都是假设丢失的数据连同几何信息都不存在，这样在修补时此信息主要是从周围模型的形状中提取。这些孔洞修补技术可大致划分两类：基于体绘制的方法和基于面绘制的方法。

基于体绘制的算法中，模型或采样的数据通常包含在容积的网格中，在重建整个形状的同时填充所有的孔洞。主要有分割-归并法、加密算法、Shell 三角化算法和两步法。这类方法通常使用常规的网格或者自适应的方式网格，由于这类方法基本都是移动立方体方法构建的，因而具有鲁棒性，能够处理小的孔洞以及高分辨率的模型，即使对一些几何形状再次划分形成的网格，也能够修补相应的孔洞，但不能有选择地进行管理，不能完全按照用户的想法进行个性修改。

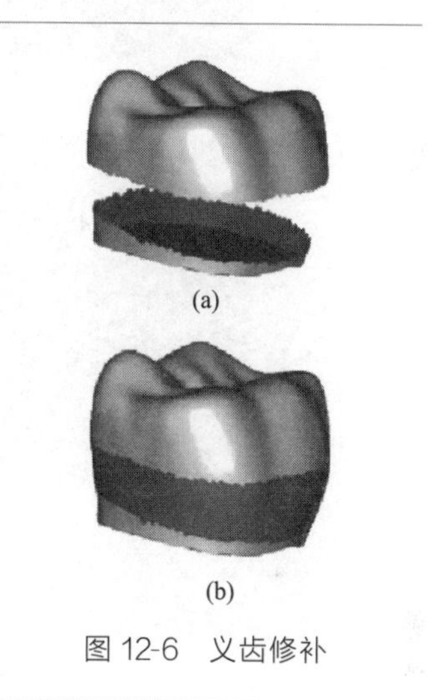

图 12-6 义齿修补

基于面绘制的算法是从模型的几何分析中推导信息。通过对模型的分析并在孔洞周围寻找与孔洞边界类似的曲面，然后使用已经存在的曲面去修补孔洞。算法可以得到很好的修补效果，而且可以选择某个孔洞修补，比较方便。但是，孔洞边界的棱越多，算法的复杂程度也就越高。

总体上，现有的孔洞修补算法只能实现在牙冠等较光滑曲面的修补，如图 12-6 所示的义齿模型中曲率变化大且不规律的区域修补是目前较难解决的问题。

12.3.2 全口义齿排牙规则的数字化表达

获取牙齿三维模型后即可对人工牙建立坐标系，这对机器人排牙来说也是至关重要的一环。

(1) 中门牙

例如左上中门牙，定性化排牙的原理是保持近中接触点和颌堤中线一致，保证其在中线的两边，切缘落在颌平面上，唇面与颌堤唇面弧度和坡度一致（唇舌向接近垂直或颈部微向舌侧倾斜），颈部微向远中倾斜，冠的旋转度与颌堤一致[38]。

使切缘落在颌平面上，这样就能够确定切牙轴倾度，并可确定近远中邻面外形高点的位置，位置不受转矩角的影响。创建切缘线 l，提取两外形高点在 l 上的投影点获得 A 和 B 点，A、B 为该牙近远中定位标志点，如图 12-7(a) 所示。

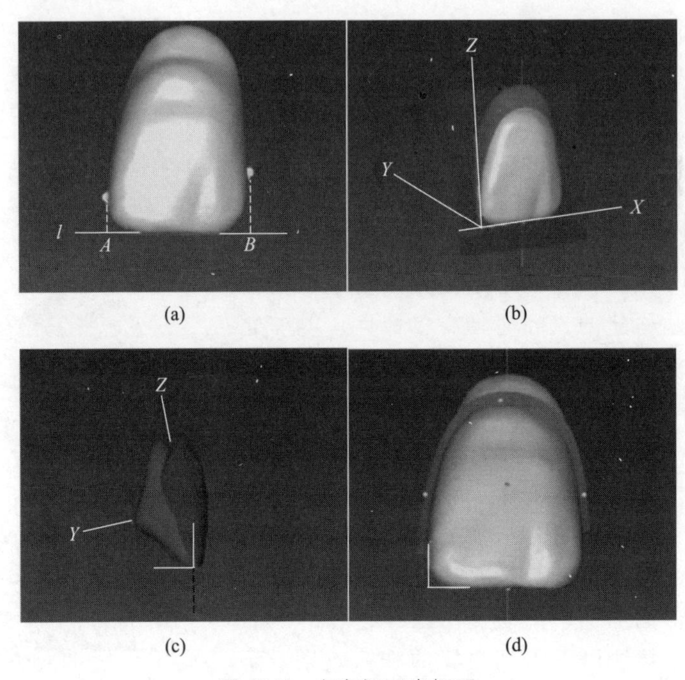

(a) (b) (c) (d)

图 12-7 上左门牙坐标系

A、B 两点和唇面颈缘中点可以构造出“冠状观测面”。用 A、B 两点的中点、唇面颈缘中点创建“切牙观测长轴”。以国人上中门牙转矩角统计学测量值为参考[38]，以直线 l 为旋转轴，人工牙、长轴及冠状观测面绕直线 l 做唇舌向旋转。以 A 为原点、l 为 X 轴、旋转前冠状观测面为 XZ 平面创建“定位坐标系”，如图 12-7(b) 所示。

以唇面中发育嵴中点在旋转后冠状观测面上的投影点为原点，X 轴方向与定位坐标系 X 轴一致，以旋转后冠状观测面作为 XZ 平面创建“姿态坐标系”，如图 12-7(c) 所示。

在姿态坐标系下，分别构造与 X 轴平行的切向旋转轴和颈向旋转轴以及与 Z 轴平行的近远中向旋转轴的定位标志点。从人工牙唇面上获得“龈-牙交界线”，运用“凸缘曲面”（flange surface）工具沿该线创建边缘龈曲面。曲面与“龈-牙交界线”所在人工牙面成 135°角，其宽度为 0.5mm[38]，选取门牙唇面中发育嵴中点作为丰满度标志点，如图 12-7(d) 所示。

（2）尖牙

以上尖牙为例，排牙的要求为牙冠的两个邻面面向中线的一面与上侧切牙远中面紧密接触，颌平面与牙尖顶相接触，颈部向唇侧稍微突出并且略倾斜向远中，其倾斜度不能超出上中切牙和侧切牙之间的距离，保证颌堤唇面弧度与冠的旋转度一样[38]。

创建通过牙尖顶点、唇面颈缘中点的冠状观测面，要求近远中牙尖嵴近龈侧端点与观测面的投影距离值之和最小。连接牙尖顶点与唇面颈缘中点得到的线为尖牙观测长轴。矢状观测面经过长轴与冠状观测面垂直，进而经过牙尖顶点创建与冠状、矢状面均垂直的颌平面，如图 12-8(a) 所示。

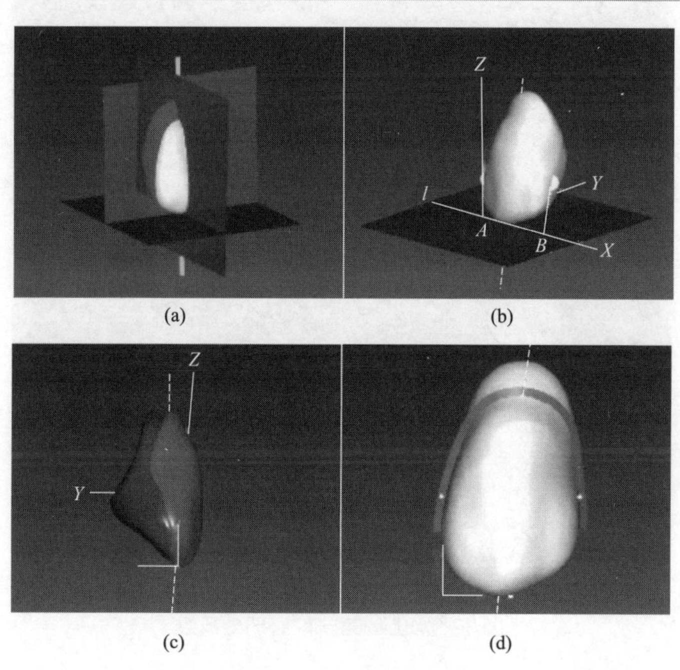

图 12-8 上尖牙坐标系

在冠状面上创建经过牙尖顶点与长轴垂直的近远中向直线 l。参考国人上颌尖牙轴倾度、转矩角统计学测量值[38] 对人工牙、尖牙观测长轴和冠状观测面进行近远中向、唇舌向旋转。在直线 l 上提取 A 和 B 两点并创建定位坐标系，方法同切牙，如图 12-8(b) 所示。

利用尖牙唇面中发育嵴中点在旋转后冠状面上的投影点为原点创建姿态坐标系，方法同切牙，如图 12-8(c) 所示。各旋转轴定位标志点、边缘龈和丰满度标志点创建方法同切牙，如图 12-8(d) 所示。

(3) 上颌前磨牙

以上颌第一前磨牙为例，其排牙原则为近中邻面与上尖牙远中邻面接触，近中窝对向下后牙牙槽嵴顶连线，离开颌平面 1mm，颊尖与颌平面接触，颈部微向远中和颊侧倾斜[38]。

用颌面近远中边缘嵴中点、盖嵴部中心点创建前磨牙冠状观测平面。用近远中边缘嵴中点连线的中点和盖嵴部中心点创建“前磨牙观测长轴”。经过该长轴创建与冠状面垂直的矢状观测面，进而经过颊尖顶点创建与冠状、矢状面均垂直的颌平面，如图 12-9(a) 所示。

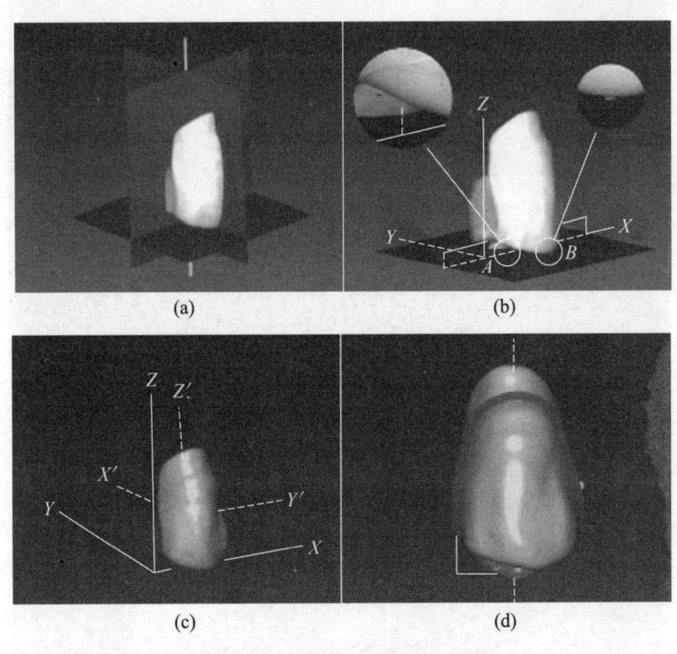

图 12-9 上颌第一前磨牙坐标系

参考国人上颌第一前磨牙轴倾度统计学测量值[38] 对人工牙进行近远中向旋转，根据排牙原则中近中窝、颊尖与颌平面的垂直距离关系对人工牙进行颊舌向旋转。在颌平面上创建近远中边缘嵴中点连线的投影线 l，在直线 l 上提取 A 和 B 两点，如图 12-9(b) 所示。

以 A 为坐标原点、l 为 X 轴、颌平面为 XY 平面创建定位坐标系。以颊面中发育嵴中点在旋转后冠状面上的投影点为坐标原点，X 轴与定位坐标系 X 轴方向一致，以旋转后冠状观测面为 XZ 平面创建姿态坐标系，如图 12-9(c) 所示，各旋转轴定位标志点和边缘龈创建方法同切牙，如图 12-9(d) 所示。

(4) 上颌磨牙

以上颌第一磨牙为例，其排牙原则为近中邻面与第二前磨牙远中邻面接触，两个舌尖均对向下后牙槽嵴顶连线，近舌尖接触牙合平面，远舌尖、近颊尖离开牙合平面 1mm，远颊尖离开颌平面 1.5mm，颈部微向腭侧和近中倾斜[38]。

冠状观测平面、“磨牙观测长轴”和矢状观测面创建方法同前磨牙，经过近中舌尖顶点创建与冠状面、矢状面均垂直的牙合平面，如图 12-10(a) 所示。

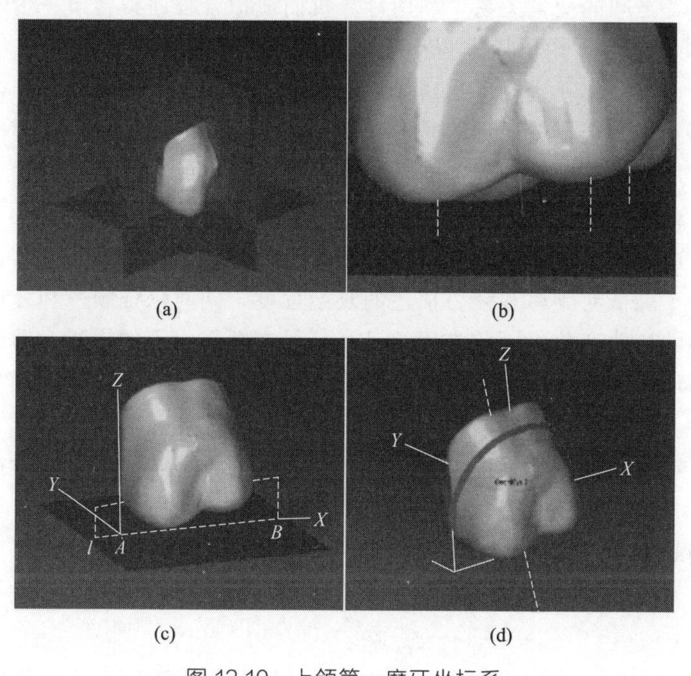

(a) (b) (c) (d)

图 12-10 上颌第一磨牙坐标系

依据排牙原则中的要求，既各牙尖顶点与颌平面的垂直距离对人工牙空间姿态进行调整。定位坐标系建立方法同前磨牙，如图 12-10(b) 所示。

以颊面中心点在旋转后冠状面上的投影点为坐标原点，X 轴与定位坐标系 X 轴方向一致，以旋转后冠状观测面为 XZ 平面创建姿态坐标系，如图 12-10(c) 所示，各旋转轴定位标志点和边缘龈创建方法同切牙，如图 12-10(d) 所示。

(5) 下颌后牙

为达到最良好的使用效果，需要下后牙与上后牙的接触面积最大[38]。为保证正中颌时上、下颌后牙间具有最大面积的尖窝交错关系，其近、远中定位标志点设在颌面近远中边缘嵴与中央沟的交点上，并在颊尖顶创建第三个定位标志点，利用不共面的这三点定位下颌后牙，并获得与上后牙之间的适当颌关系。

12.3.3 全口义齿牙弓曲线

颌弓和牙弓的几何形态是口腔修复学研究的重要内容，也是全口义齿制作实现定量化的理论基础。颌弓、牙弓的几何形态引起了很多国内外的口腔修复学者专家的研究。国外通常采用的是 Beta 方程模型，该模型是单纯的数学推理，通过在所建立的数学模型的局部上连续取值，进而可以算出牙弓弧长、牙弓深度和牙弓宽度三者之间的变量关系，利用计算机曲线拟合程序拟合出一个通用的数学方程，即 Beta 方程，由于该方程比较烦琐所以很少在国内应用。北京大学口腔医学院吕培军等很早就进行了全口义齿的数学表达等方面的研究工作，经过多方面的研究得到了一个比较适用的弓形数学模型，这个模型包括能够近似描述颌弓和牙弓平面形态的幂函数方程、无牙颌弓和人工牙列的形态适配方程、上下牙弓咬合匹配方程等定量描述关系式[39]。

实际上由于颌弓和牙弓的几何形态十分不规则，因此很难用数学表达式准确地描述。为了降低对颌弓和牙弓描述的复杂程度，同时保证颌弓和牙弓在垂直方向上有较小的弯曲变化，因此先用颌弓和牙弓在颌平面上的投影，即利用颌弓和牙弓的平面形态来近似地描述颌弓和牙弓。其后在排牙时适当地补偿其在垂直方向的变化量。称平面形态的颌弓和牙弓为颌弓曲线和牙弓曲线。由于无牙颌弓和人工牙列（牙弓）的数学描述特性极其相似，因此都能够用以下数学模型表描述

$$y=\alpha x^{\beta},x\geqslant 0 \tag{12-1}$$

式中，α、β 是弓形特征参数。由以下拟合公式计算

$$\begin{cases}\beta=\sigma(S/W-\mu L/W)^{\tau}\\ \alpha=L/W^{\beta}\end{cases} \tag{12-2}$$

式中，S、W、L 分别表示半侧颌弓及半侧牙弓的弧长、弓宽和弓长；σ、μ 和 τ 为拟合常数，$\sigma=10.889$，$\mu=0.88$，$\tau=3$。

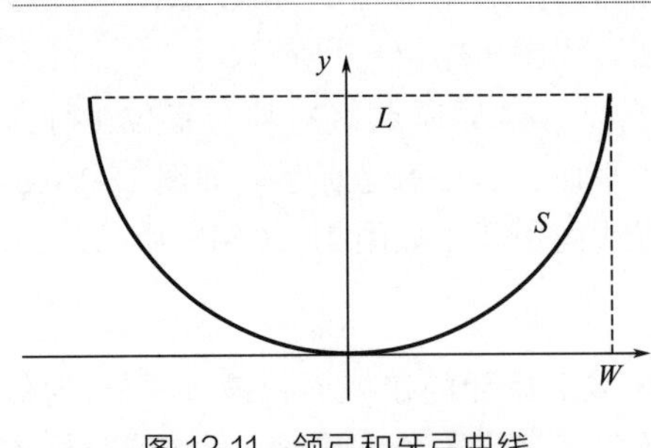

图 12-11 颌弓和牙弓曲线

由式(12-2) 和图 12-11 可以看出弓形特征参数与患者的颌弓参数 S、W、L 是密切相关的。实际上，上下颌弓形状是因人而异的，而且两侧的颌弓形状通常是不对称的，与之对应的牙弓也是如此。所以，要各自描述上下颌弓曲线和上下牙弓曲线，而且分为左右两侧描述（对于曲线的第四象限部分，可以镜像到第一象限处理），也就是说每条曲

线左右两侧的弓形特征参数是不相同的。对于颌弓曲线而言，患者无牙颌弓的有关参数 S、W、L 是由口腔修复医生直接测出的，利用这几个参数就能够计算出 β 值，从而得出用来描述颌弓曲线的所有参数。

然而在实际应用中，弓曲线更为重要，在实际中是以牙弓曲线为排牙依据的。因此就提出了怎样利用颌弓参数计算牙弓参数的问题，也就是如何去匹配人工牙列和无牙颌弓的形态问题。下牙弓参数和上下颌弓参数之间的匹配关系如下

$$\begin{cases} S_{下牙}=b_{01}+b_{11}S_{下颌}+b_{21}S_{上颌} \\ W_{下牙}=b_{02}+b_{12}W_{下颌}+b_{22}W_{上颌} \\ L_{下牙}=b_{03}+b_{13}L_{下颌}+b_{23}L_{上颌} \end{cases} \tag{12-3}$$

式中，$b_{ij}(i=0,1,2;\ j=1,2,3)$ 为统计回归系数，取值如表 12-1 所示。$S_{下颌}$、$W_{下颌}$、$L_{下颌}$ 分别代表下颌半侧颌弓及半侧牙弓的弧长、弓宽和弓长；$S_{上颌}$、$W_{上颌}$、$L_{上颌}$ 分别代表上颌半侧颌弓及半侧牙弓的弧长、弓宽和弓长。

表 12-1 形态适配方程的统计回归系数

系数	b_{01}	b_{02}	b_{03}	b_{11}	b_{12}	b_{13}	b_{21}	b_{22}	b_{23}
取值	28.3	15.2	16.4	0.33	0.39	0.42	0.16	0.06	0.22

上下人工牙列（上下牙弓曲线）的咬合匹配方程为

$$\begin{cases} S_{上牙}=S_{下牙}+d_1 \\ W_{上牙}=W_{下牙}+d_2 \\ L_{上牙}=L_{下牙}+d_3 \end{cases} \tag{12-4}$$

式中，d_1、d_2、d_3 为附加参数。其单位为毫米（mm），取值为 $d_1=3$、$d_2=2$、$d_3=2$。

牙弓的弧长、牙弓的宽度和牙长等参数可以由式(12-3）和式(12-4）计算出，对应的弓形参数可以由式(12-2）计算出，对应颌弓的牙弓曲线方程可以利用式(12-1）算得。因此，可以利用数学语言把原来只能定性处理的牙弓与颌弓的匹配关系定量地描述出来，也就得到了用来定量排牙所需的牙弓控制方程。

根据这些数学模型以及患者的上下无牙颌弓的形状、大小和正中颌关系的平面投影，就可以为患者匹配出一副合适的人工牙列二维形状曲线，再结合已成熟的排牙方案，可以最终确定出各个散牙在全口义齿中的位姿。

下面介绍人工牙在牙弓曲线上的位置计算，通过计算即可在三维环境下对全口义齿进行观察和修改。全口义齿排牙时，各散牙需沿牙弓曲线紧密排列在一起且互不干涉。可以使用牙宽迭代的方法先计算出各人工牙在牙弓曲线上对应弦的位置，进而依据排牙要求和专家排牙经验，对该位置进行调整。

如图 12-12 所示，(x_i, y_i) $(i=1,\cdots,7$，编号从牙弓曲线中心线开始，半侧牙列共有 7 颗牙，相对应的有 7 条和 8 个端点）为人工牙（散牙描述坐标系原点）在牙弓曲线上的位置坐标，S 为半侧牙弓弧长，W 和 L 分别为半侧牙弓的宽度和长度。这样，依据数学知识可得，从牙弓曲线描述坐标系原点 (x_0, y_0) 开始，可以用下面的方法计算人工牙在牙弓曲线上对应弦的位置。

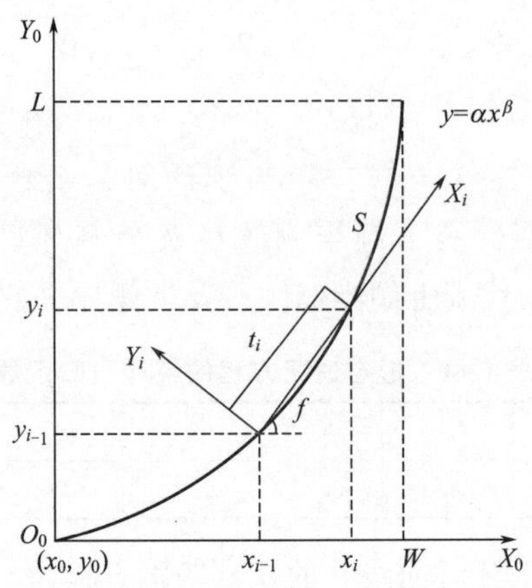

图 12-12 人工牙在牙弓曲线上的位置

$$\begin{cases} x_0=0, y_0=0 \\ (y_i-y_{i-1})^2+(x_i-x_{i-1})^2-t_i^2=0 \\ y_i=\alpha x_i^\beta, y_{i-1}=\alpha x_{i-1}^\beta \\ (i=0,1,\cdots,7) \end{cases} \tag{12-5}$$

式中，t_i $(i=1,\cdots,7)$为各散牙的宽度，各型号牙的宽度已知。

令

$$F(x_i)=(\alpha x_i^\beta-\alpha x_{i-1}^\beta)^2+(x_i-x_{i-1})^2-t_i^2(x_i, y_i) \tag{12-6}$$

于是，求人工牙在牙弓曲线上的位置坐标转换为求取方程 $F(x_i)=0$ $(i=0, 1,\cdots,7)$的解 x_i $(i=0,1,\cdots,7)$。用牛顿迭代法求解，有

$$\begin{cases} x_{i,n+1}=x_{i,n}-\dfrac{F(x_{i,n})}{\dot{F}(x_{i,n})}, i=0,1,\cdots,7 \\ \dot{F}(x_i)=2\alpha^2\beta(x_i^{2\beta-1}-x_{i-1}^\beta x_i^{\beta-1})+2x_i \end{cases} \tag{12-7}$$

式中，n 为迭代次数。α 和 β 则由式(12-2) 计算，求出 x_i 后，再由式(12-5) 就可计算出 y_i，从而得到人工牙在牙弓曲线上的位置坐标(x_i, y_i) $(i=0,1,\cdots,7)$。

12.3.4 全口义齿排牙机器人机械结构

全口义齿排牙机器人按照操作机械手的多少可以分为两大类：单操作机全口义齿排牙机器人和多操作机全口义齿排牙机器人。

(1) 单操作机全口义齿排牙机器人机械结构

单操作机排牙机器人一般采用串联机械臂进行操作，只是根据对牙套处理的不同，末端的执行机构会有所不同。下面以张永德设计的单操作排牙机器人(图 12-4) 为例，介绍单操作机排牙机器人的结构。

该机器人采用 CRS-450 6 自由度机械臂，末端执行机构抓取和放置定位过渡块，如图 12-13 所示，因此必须设计和制作出适合抓取定位过渡块操作的专用手爪。

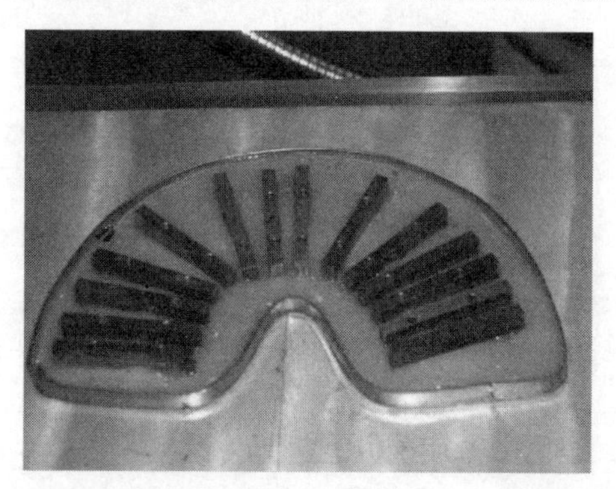

图 12-13 盛有光固化胶及过渡定位块的托盘

定位过渡块的材料采用 Q235 普通碳素钢，尺寸是 40mm×8mm×4mm，两个定位销孔的直径是 ϕ3mm。孔距是 19mm。考虑到定位过渡块的质量很小，采用电磁吸力应该比较容易地实现抓取，而电磁手爪又易于控制，其体积相对也小，故采用了电磁手爪的方式。

图 12-14 所示是自制的电磁手爪结构图。手爪的一端和机器人的腕部末端相连接，另一端是电磁手爪定位销。两个电磁手爪定位销的直径与定位过渡块上的销孔直径的公称尺寸相同，采用间隙配合，中心距相同。抓取操作时，手爪上的定位销首先插入定位过渡块上的销孔内，实现精确的抓取位置和姿态，然后使电磁线圈工作吸住定位过渡块，保证抓取的稳定性。为了获得较小的手爪轴向尺寸，电磁线圈采用了大直径小厚度结构。

(2) 多操作机全口义齿排牙机器人机械结构

多操作机排牙机器人是对排牙过程中的 14 颗人工牙的位姿用 14 个独立的机器人操作手实现。每个操作机有 6 个自由度、结构相同，可以很好地实现空间任意的位姿，每个步进电机驱动控制一个关节，该策略无需机器人手爪直接抓取人工牙，排牙过程中不存在人工牙依次固定等问题，因而提高了系统的精度。通过电机驱动弹性可变形材料上的控制点位置形成不同的牙弓曲线，在弹性材料上安装 14 个操作机，操作机滑动在上面。每个操作机只需具有 3 个转动的自由度即可调整牙齿的姿态。机器人系统驱动电机的数量由 84 个减到 50 个，同时降低了控制难度。

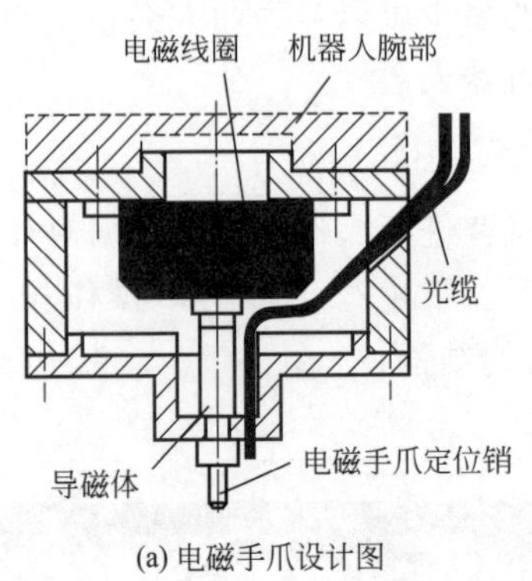

(a) 电磁手爪设计图

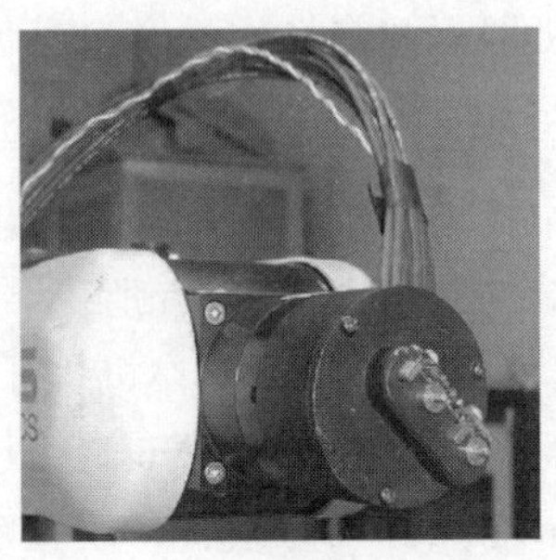

(b) 实物图

图 12-14 电磁手爪的结构

图 12-15 所示为本书研究的多操作机排牙机器人结构，滑台机构见图 12-16，牙弓曲线发生器见图 12-17。牙弓曲线发生器、操作手臂（14 个）、牙弓曲线发生器机构以及传动结构等部分组成了排牙机器人的机械结构。牙弓曲线发生器上载有 14 个按其间轨道移动的操作机；各操作机利用中介物牙套支撑每粒散牙，它可以实现每颗牙齿的 2 个转动、1 个移动共 3 个自由度的控制，从而调整牙齿的任意空间位姿。由步进电机驱动的钢丝软轴连接两个平行竖直放置的螺栓杆，螺栓杆运动的同时相对于滑动板上下移动，当两个螺栓杆的转动相同时，与散牙共轭的牙套随着转动架上下移动，这就实现了散牙的一个移动自由度；当两个螺栓杆的转动不同时，转动架带着牙套旋转，实现一个唇舌向转动自由度。由步进电机驱动的软轴连接转动螺柱，这样转动架就带着牙套旋转，实现了一个近远中向转动自由度。该操作机可以实现 3 个自由度的运动，且巧妙简单又可实现减速自锁。牙弓曲线发生器的五点（1 个定点，4 个动点）驱动控制由牙弓曲线发生器机构完成，使其成形曲线与患者口腔的理想牙弓曲线吻合，它负责的是每粒牙齿的平面内的两个自由度；14 个与操作机对应的电机以牙弓曲线形状排列在操作机的轴线上。

通过对结构的分析可知，该机器人的特点是运动范围小、承受载荷小、精度要求高、电机数目繁多，并且需要协调控制。

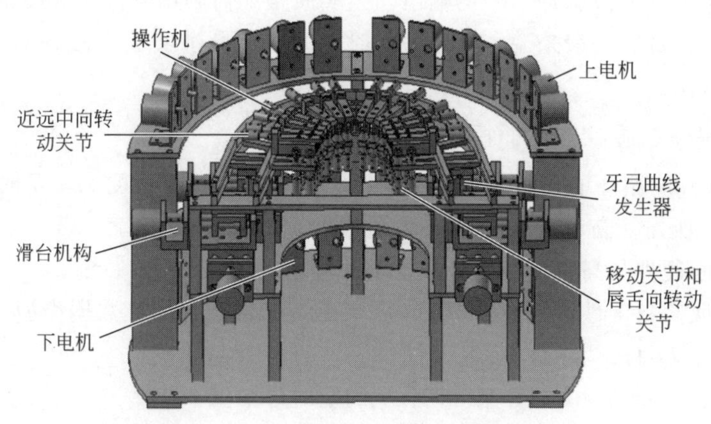

图 12-15　多操作机排牙机器人的结构

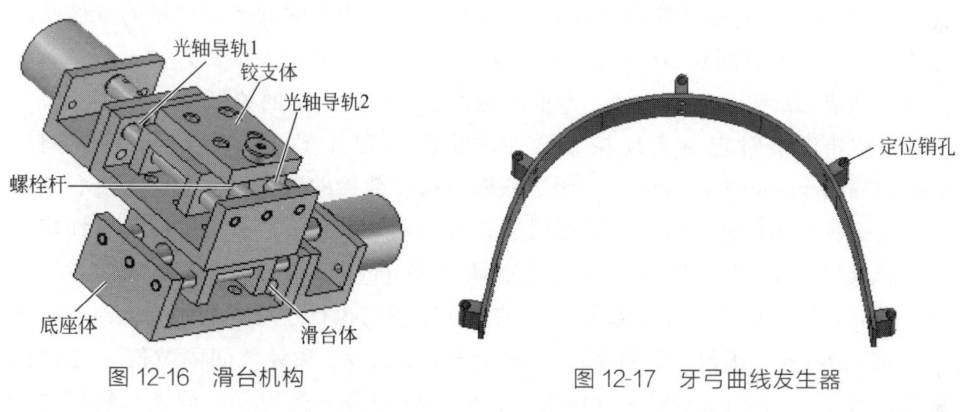

图 12-16　滑台机构

图 12-17　牙弓曲线发生器

12.3.5　全口义齿排牙机器人的精确运动控制

相对于多操作机全口义齿排牙机器人来说，单操作机全口义齿排牙机器人运动控制比较简单，且其一般为成套机器人，精度高。但多操作机排牙机器人系统需要控制的步进电机数量多达 50 个，为了协调精确地控制多操作机全口义齿排牙机器人，就必须对驱动其运动的步进电机进行精确的速度和位置控制。下面以多操作机全口义齿机器人为例介绍全口义齿排牙机器人的精确运动。

由于采用了开关量的接口卡配合光电隔离板与 PC 机结合作为多操作机排牙机器人的控制系统，所以在控制的过程中只能采用软件编程法来实现定时。脉冲发送的精确性和稳定性影响电机运行的稳定性，因此软件定时是否精确对全口义齿排牙机器人的精确运动控制起到至关重要的作用。也就是要利用软件定时技术实现精确频率的方波脉冲信号的输出，其实质是如何利用软件实现高精度和高稳定性的定时计数。一般来说，其分为实时定时控制脉冲实验方法和 CPU 时间戳定时控制方法。

（1）高解析度实时定时控制脉冲实现方法

利用 while 循环语句实现时间的延迟的方法，是高解析度实时定时软件实现方法的核心所在。高解析度实时定时的定时算法如下。

① 判断硬件与高精度性能计数器的兼容情况。

② 获取高精度性能计数器频率 f，f 是一个大数，属于数据类型 LARGE _ INTEGER，以 Hz 为单位。

③ 通过 $\Delta n=f\times t$ 计算某一时段 t 的定时计数值。

④ 获得高精度性能计数器的数值 n_1，n_1 为对时间要求严格的事件尚未开始的数值。

⑤ 重复获取高精度性能计数器的数值 n_2，n_2 为对时间要求严格的事件开始后的数值，至定时间隔 Δt ［可以利用频率 f 计算出计算差，$\Delta n=(n_2-n_1)=f\times t$，或者 $\Delta t=(n_2-n_1)/f$］为止，发送定时时间到达的消息。

高解析度实时定时实现控制脉冲输出的流程如图 12-18 所示。首先调用 QueryPerformanceFrequency() 函数获取系统计数器的频率 f，根据此频率 f 和步进电机脉冲半周期 t 得到高精度性能计数器的计数值 n。为获取高精度性能计数器的数值 n_1，在 while 语句执行之前调用 QueryPerformanceCounter() 函数。为获取高精度性能计数器的数值 n_2，在 while 语句执行过程中调用 QueryPerformanceCounter() 函数。计算系统当前计数值 n_2、n_1 和计数间隔数值 n 之间的关系，当 $n_2\geqslant(n_1+n)$ 时循环结束，并向 I/O 口发送高电平。同理，利用这样的循环向 I/O 口发送低电平，便可输出连续的方波脉冲。

（2）CPU 时间戳定时控制脉冲实现方法

在 Intel Pentium 以上等级的 CPU 中，记录其上电后的时钟周期数的部件中有一种记录格式为 64 位无符号整型数的，叫做“时间戳”（Time Stamp）的部件。此时间戳的量的获取是通过 CPU 提供的 RDTSC（Read Time Stamp Counter）机器指令实现的，此指令同时将时间戳的量存入 EDX：EAX 寄存器对内。Win32 平台中，这条指令理论上可以如一般的汇编函数被调用，因为在 Win32 平台中 C++语言保存函数返回值的寄存器就是 EDX：EAX 寄存器。但是由于 C++的内嵌汇编器不能直接使用 RDTSC，所以需利用伪指令 _ emit 将 0X0F、0X31 形式的机器码直接嵌入此指令。采用 CPU 时间戳进行了微秒定时的定时函数研究，关键部分如下。

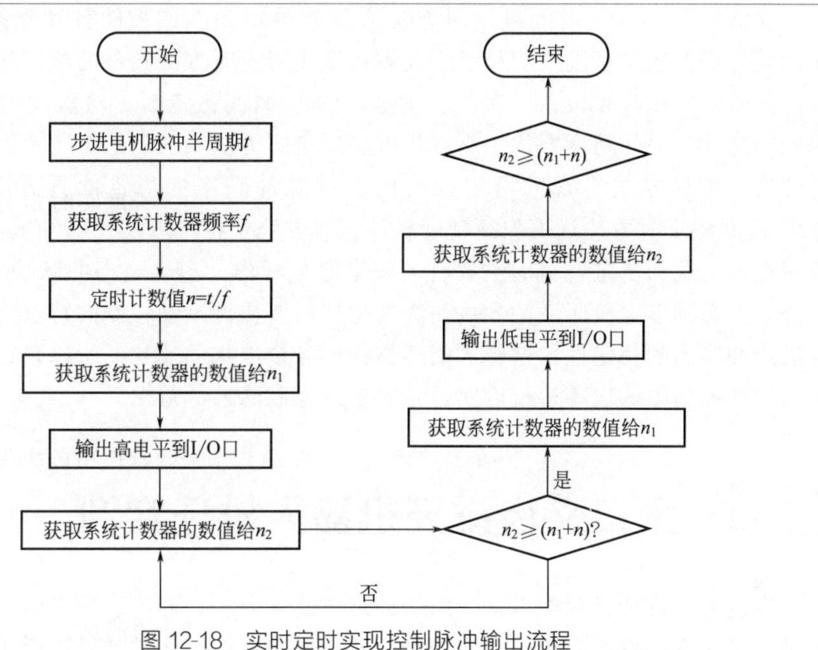

图 12-18　实时定时实现控制脉冲输出流程

```
CpuDelayUs(_int64Us)//Us 参数单位:微秒
{
    _int64iCounter,iStopcounter,
    _asm_emit 0x0F;//asm rdtsc 的伪指令
    _asm_emit 0x31;
    _asm mov DWORD PTR iCounter,EAX;
    _asm mov DWORDPTR(iCOUNTER＋4),EDX;
    iStopCounter＋Us* _CPU_FREQ;//_CPU_FREQ 为 CPU 的主频
    while(iStopCounter-iCounter＞0)
    {
      _asm_emit 0x0F;
      _asm_emit 0x31;
      _asm mov DWORD PTR iCounter,EAX;
      _asm mov DWORDPTR(icounter＋4),EDX;
    }
}
```

在 CPU 时间戳实现微秒定时的定时函数中，计算机的主频也是采用 CPU 时间戳来获得的。根据 CPU 时间戳定时函数实现的定时时间间隔，不断地向 I/O 口循环输出高低电平，即可得到步进电机的控制脉冲。

在低频段，CPU 时间戳定时方法实现的给定频率的控制脉冲频率的效果，无论是稳定性还是精度均明显优于高解析度实时定时方法实现的给定频率的控制脉冲的效果；在高频段，二者各有优劣，CPU 时间戳定时方法实现的给定频率的控制脉冲频率的精度要优于高解析度实时定时方法实现的给定频率的控制脉冲的精度，两种方法实现的给定频率的控制脉冲频率的稳定性具有明显差别，CPU 时间戳定时方法远不如高精度软件定时方法。在选取实现脉冲输出的时候，要根据外负载和步进电机的空载启动频率综合考虑，选取适当的脉冲实现方式。另外，考虑到多电机驱动的牙弓曲线发生器需要协调运动控制的特点，需要优先考虑脉冲输出的稳定性，这样才能严格控制各个电机的速比。所以，在排牙机器人的运动控制中选取高解析度实时定时实现控制脉冲的输出。

12.4 全口义齿排牙机器人排牙实例

在机器人排牙过程中对排牙的前处理还是一致的，即通过患者的牙模建立患者的牙弓曲线，进行三维排牙和三维调整，而其后的具体排牙过程由于两种机器人的结构不同而有些细微差别，因此以下首先介绍排牙前处理步骤，然后分两种不同的机械结构介绍排牙的整个步骤。

以某一男性患者为例说明全口义齿排牙机器人系统排牙的具体步骤。该患者牙槽嵴吸收严重，其无牙颌石膏模型如图 12-19 所示。通过测量可以得到患者的无牙颌弓参数。

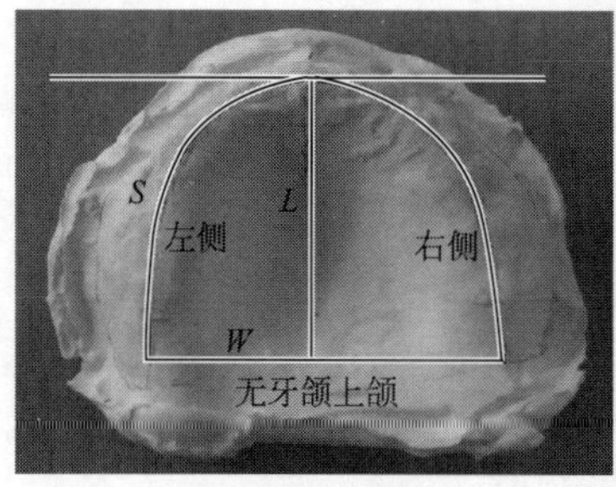

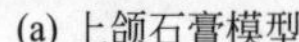
(a) 上颌石膏模型

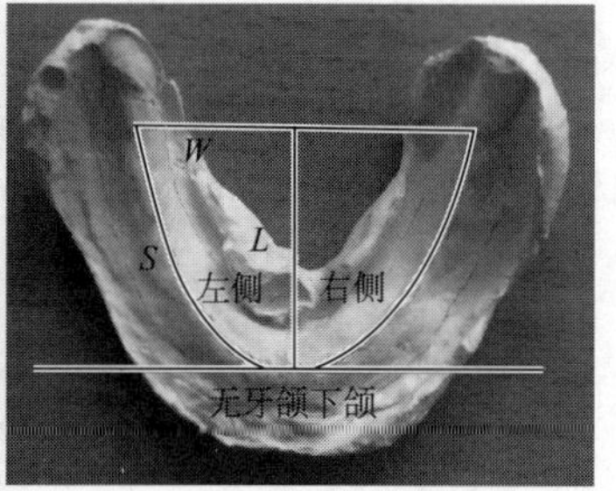

(b) 下颌石膏模型

图 12-19　多次全口义齿经历患者的无牙颌石膏模型

相应的牙弓参数根据患者的无牙颌弓参数计算而得出，由此就可以得到患者的颌弓和牙弓曲线以及牙弓曲线发生器机构控制点曲线。这些计算和图形的绘制都可以在多操作机排牙机器人控制软件中实现。医生可以根据颌弓和牙弓的显示效果，对曲线的参数进行适当的调整，上下颌弓曲线及上下牙弓曲线如图 12-20 所示。由于颌弓和牙弓曲线采用的是比较成熟的幂函数形式的数学模型，其参数也是统计计算的经验值，所以，该曲线的显示效果一般情况下是很理想的，是可以满足患者需求的。只有少数非常不规则的无牙颌，需要进行微量的调整。

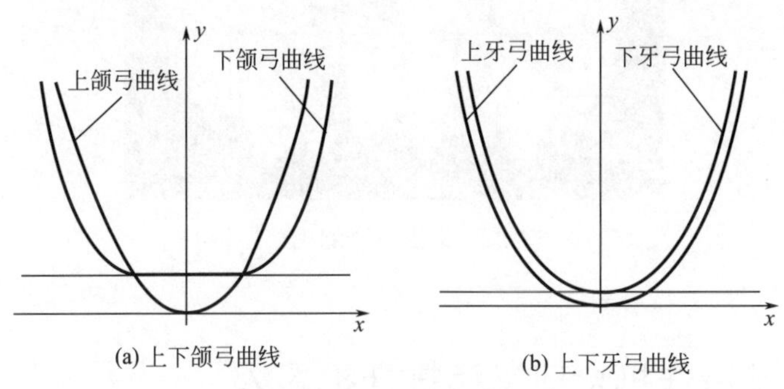

图 12-20　多次全口义齿经历患者的颌弓和牙弓曲线

牙弓和颌弓的显示结果被医生认可后，即进行排牙计算和三维模拟排牙的显示。排牙软件系统为患者所选择的牙型号是 23 号。其三维模拟排牙上下咬合牙列正面观如图 12-21 所示。

排牙软件所排列的牙列采用了口腔专家的排牙经验，对于大多数的患者来说，该软件具有普遍性，相当于经验丰富的口腔医生在给每位患者排牙。但是同样对于少数特殊的患者来说，可能这种排牙经验值并不理想。此时，可以根据患者的实际情况和医生自己的个人治疗倾向，对牙的位置和姿态做一些适当的调整。义齿位姿的调整显示如图 12-22 所示。该软件提供了非常方便的人机交互操作，医生可以直接对每一个牙进行调整，而且可以直观地进行观察。

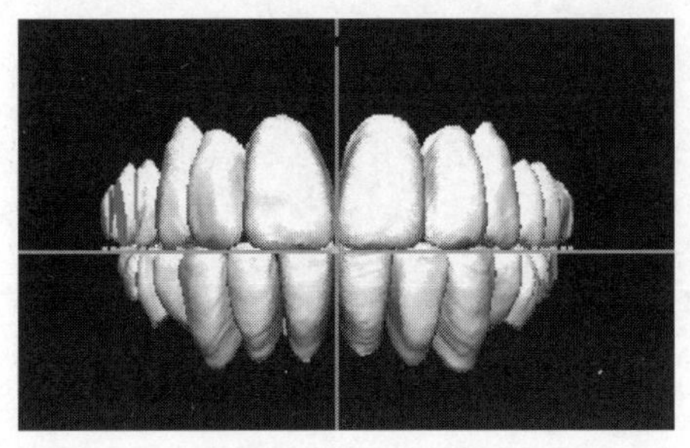

图 12-21　三维模拟排牙上下咬合牙列正面观

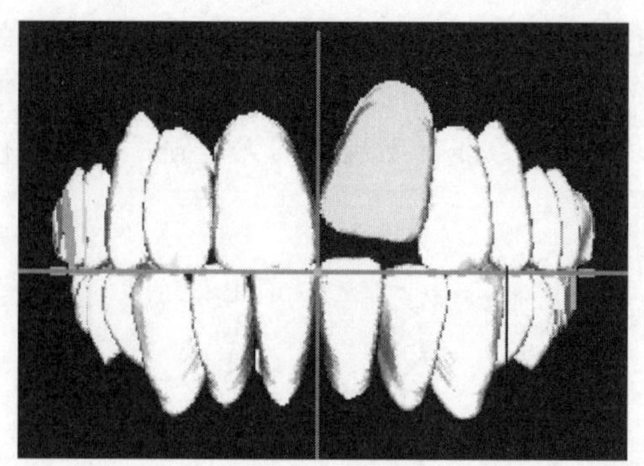

图 12-22 义齿位姿的调整显示

12.4.1 单操作机全口义齿排牙机器人

全口义齿机器人制作系统的硬件部分包括：一台微机、一台机器人及其控制柜、一个自制的电磁手爪、非接触式牙颌模型三维激光扫描仪、一对排牙器、28个排牙过渡块、塑料人工牙、一台改造后的光固化光源及一条自制的光缆、机器人的GPIO控制接口、两个开关控制电路卡、光固化树脂若干、盛胶托盘等。图 12-23 表示出了其中的部分硬件。有别于单操作机器人，实际操作时，手爪放置定位过渡块到计算出的位置和姿态后，需要对该定位过渡块周围的光敏胶进行局部照射，使其局部变硬并将该定位过渡块固定。

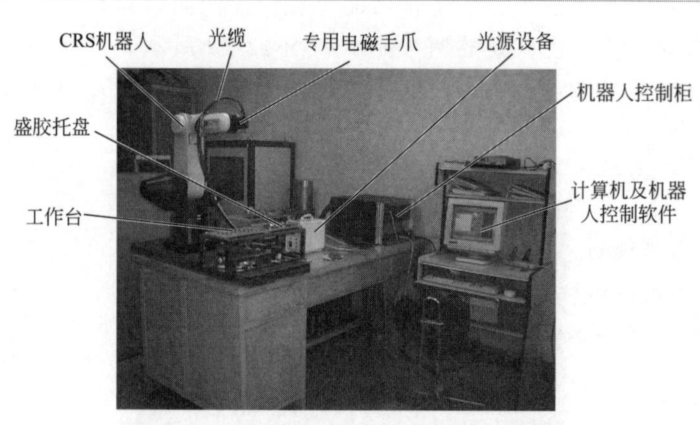

图 12-23 全口义齿机器人制作系统的硬件组成

当三维显示的排牙效果被医生接受后，三维交互式排牙软件即开始进行从牙到排定过渡块的一系列坐标变换计算，直到生成排牙过渡块的位姿参数值。这些值再传递给机器人控制程序，由机器人进行实际排定过渡块的操作。图 12-24 是机器人正在进行排牙操作的工作图片。机器人完成定位过渡块的排放后，再将排牙器插入该定位过渡块的相应销孔中，即获得了与牙形状共轭的牙模的列。接下来只需要将人工牙插入这些牙模中，就获得了该牙列。经过浇蜡固化，冷却后从排牙器中取出，就得到了一副独立的牙列，如图 12-25 所示。

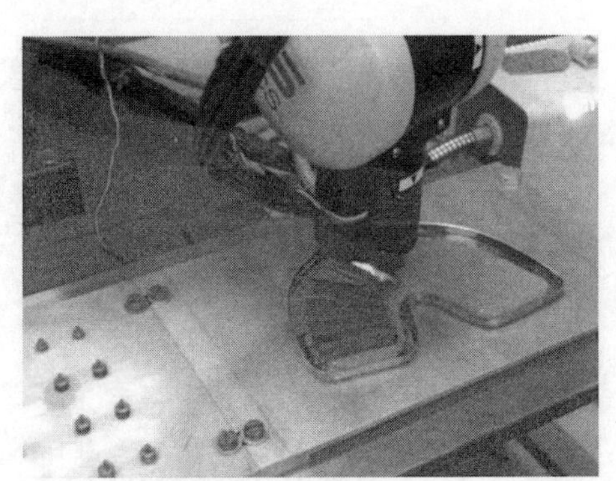
图 12-24 机器人进行排牙操作的工作图片

图 12-25 获得的患者牙列

12.4.2 多操作机全口义齿排牙机器人

下面以多操作机全口义齿排牙机器人为例，叙述排牙机器人进行排牙时的具体步骤。图 12-26 所示为多操作机排牙机器人实验系统，主要包括电源、光电隔离板、计算机、多操作机排牙机器人、多电机驱动的牙弓曲线发生器和运动控制软件。

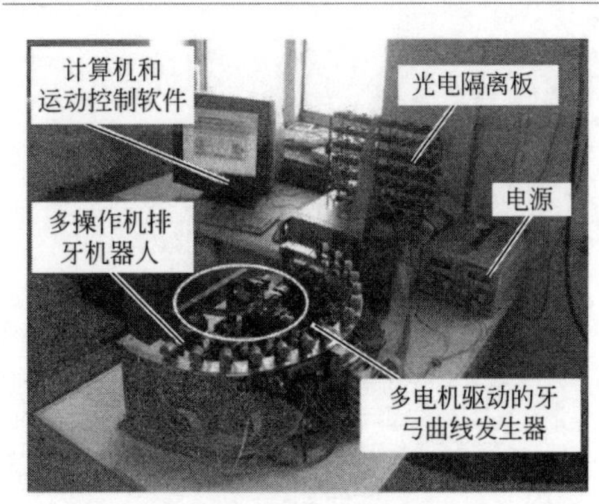

图 12-26 多操作机排牙机器人实验系统

当三维显示的排牙效果被医生接受后，根据计算出的牙弓曲线发生器机构控制点轨迹规划文件，对牙弓曲线发生器机构进行运动控制。这样就得到了运动后的牙弓曲线发生器机构控制点的坐标，对这些坐标进行曲线拟合就可以得到运动后的牙弓曲线发生器机构控制点拟合曲线。然后分别对唇舌向关节和近远中向关节进行运动参数的计算和规划，并驱动各相应关节实现既定目标的运动。根据多操作机排牙机器人控制软件计算出的单个操作机在牙弓曲线发生器上的位置，通过人手工辅助按照牙弓曲线发生器上的标尺实现该关节的移动。多操作机排牙机器人完成各关节的运动后，根据定位销孔位置安放牙套，并把散牙放入牙套的相应位置，就获得了该患者的牙列。多操作机排牙机器人实现排牙操作的工作过程如图 12-27 所示。

经过浇注石蜡固化，冷却后从排牙器中取出，就得到了一副独立的牙列。机器人排列完成的上下牙列分离状态如图 12-28 所示。

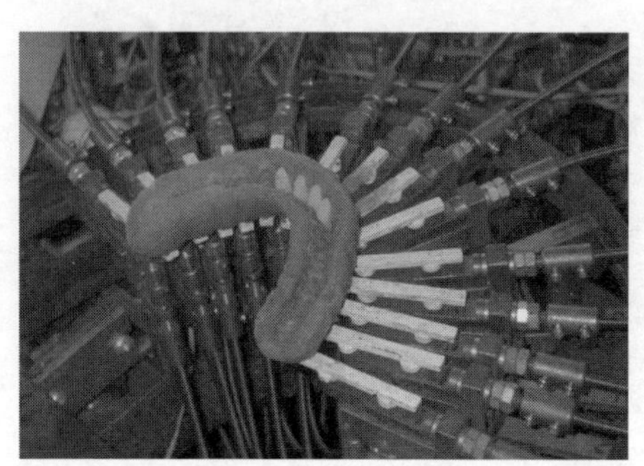

图 12-27　多操作机排牙机器人进行排牙

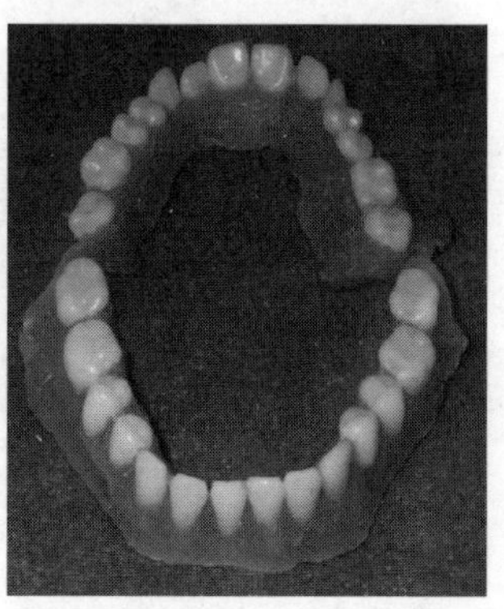

图 12-28　多操作机器人制作的牙列

参考文献

[1] 齐小秋. 第三次全国口腔健康流行病学调查报告[R]. 北京：人民卫生出版社，2008.

[2] 张永德，赵占芳. 机器人在全口义齿制作中的应用研究[J]. 机器人，2001，23（2）：156-160.

[3] Zhang Yongde，Zhao Zhanfang，Lv Peijun. Robotic System Approach for Complete Denture Manufacturing [J]. IEEE/ASME Transactions on Mechatronics，2002，7（3）：392-396.

[4] 吕培军. 数学与计算机技术在口腔医学中的应用[M]. 北京：中国科学技术出版社，2001.

[5] 张永德，姜金刚，赵燕江，等. 多操作机排牙机器人的下位机控制系统设计[J]. 电子技术应用，2007，33（11）：125-128.

[6] Birkfellner W，Huber K，Larson A. Modular Software System for Computer-aided Surgery and its First Application in Oral Implantology[J]. IEEE Transactions

on Medical Imaging, 2000, 19 (6): 616-620.

[7] Figl M, Ede C, Birkfellner W. Design and Automatic Calibration of a Head Mounted Operating Binocular for Augmented Reality Applications in Computer-aided Surgery[C]. Proceedings of the SPIE/The International Society for Optical Engineering, 2005, 5744 (1): 726-730.

[8] Takanobu H, Yajima T, Nakazawa M. Quantification of Masticatory Efficiency with a Mastication Robot[C]. Proceedings of the 1998 IEEE International Conferenceon Robotics and Automation, 1998, Leuven, Belgium, (5): 1635-1640.

[9] Takanobu H, Maruyama T, Takanishi F. Universal Dental Robot-6-DOF Mouth Opening and Closing Training Robot[C]. WY-5-CISM-IFTOMM Symposium on Theory and Practice of Robots and Manipulators, 2000, (4): 33-34.

[10] Takanobu H, Takahashi F, Yokota K, et al. Dental Patient Robot-operation in Mouth and Reproduction of Patient Reaction[J]. Research Reports of Kogakuin University, 2007, (103): 43-49.

[11] Wang L, Sadler J P, Breeding L C. In Vitro Study of Implant Tooth Supported Connections Using a Robot Test System[J]. Journal of Biomechanical Engineering, Transactions of the ASME, 1999, 121 (3): 290-297.

[12] Ishiguro T, Takanobu H, Ohtsuki K, et al. Dental Patient Robot: High Performance Interface for Patient Robot Automation [J]. Research Reports of Kogakuin University, 2010, (108): 7-12.

[13] Inoue T, Yu F, Nasu T. Development of a Clinical Jaw Movement Training Robot for Intermaxillary Traction Therapy[C]. Proceedings of 2004 IEEE International Conference on Robotics and Automation, 2004, (3): 2492-2497.

[14] Liu Qingbin, Leu M C, Schmitt S M. Rapid Prototyping in Dentistry: Technology and Application[J]. International Journal of Advanced Manufacturing Technology, 2006, 29 (3-4): 317-335.

[15] 吕培军，王勇，李国珍，等. 机器人辅助全口义齿排牙系统的初步研究[J]. 中华口腔医学杂志，2001，36 (2): 139-142.

[16] Zhang Yongde, Zhao Zhanfang, Lu Jilian. Robotic Manufacturing System for Complete Dentures[C]. The International Conference on Robotics and Automation (IEEE ICRA2001), Seoul, Korea, 2001: 2261-2266.

[17] 吴江，高勃，谭华，等. 激光快速成型技术制造全口义齿钛基托[J]. 中国激光，2006，33 (8): 1139-1342.

[18] 王晓波，高勃，孙应明，等. 激光立体成行技术制备纯钛全冠的初步研究[J]. 实用口腔医学杂志，2009，25 (3): 315-318.

[19] 吴江，赵湘辉，沈丽娟，等. 激光扫描测量全口义齿钛基托适合性的可行性研究[J]. 临床口腔医学杂志，2009，25 (6): 343-345.

[20] Gao Bo, Wu Jiang, Zhao Xianghui, et al. Fabricating Titanium Denture Base Plate by Laser Rapid Forming[J]. Rapid Prototyping Journal, 2009, 15 (2): 133-136.

[21] Wu Jiang, Gao Bo, Tan Hua, et al. A Feasibility Study on Laser Rapid Forming of a Complete Titanium Denture Base Plate [J]. Laser in Medical Science, 2010, 25 (3): 309-315.

[22] Sun YuChun, Lv Peijun, Wang Yong.

Study on CAD&RP for Removable Complete Denture [J]. Computer Methods and Programs in Biomedicine. 2009, 93(3): 266-272.

[23] 韩景芸，孙玉春. 全口义齿数字化设计系统[J]. 北京工业大学学报，2009，35(5)：587-591.

[24] Zhao Yanjiang，Zhang Yongde，Shao Junpeng. Optimal Design and Workspace Analysis of Tooth-Arrangement Three-fingered Dexterous Hand [J]. Journal of Chongqing University of Posts and Telecommunications (Natural Science Edition)，2009，21(2)：228-234.

[25] 赵燕江，张永德，姜金刚，等. 基于Matlab的机器人工作空间求解方法[J]. 机械科学与技术，2009，28(12)：1657-1661.

[26] Zhang Yong de，Jiang Jingang，Lv Pei jun，et al. Coordinated Control and Experimentation of the Dental Arch Generator of the Tooth-arrangement Robot[J]. The International Journal of Medical Robotics and Computer Assisted Surgery，2010，6(4)：473-482.

[27] Wang Haiying，Zhang Liyong，Zhang Yongde. Optimize Design Dexterity of Tooth-arrangement Three-Fingered Hands[C]. 3rd International Conference on Mechatronics and Information Technology：Control Systems and Robotics，2005：6042-6045.

[28] Wang Haiying，Zhang Liyong，Zhang Yongde. Study on Simulation System of Tooth Arrangement Robot Based on Simmechanics [C]. 6th International Symposium on Test and Measurement，2005：7360-7363.

[29] Zhang Yongde，Jiang Jingang，Liang Ting. Structural Design of a Cartesian Coordinate Tooth-Arrangement Robot [C]. EMEIT 2011：2011 International Conference on Electronic & Mechanical Engineering and Information Technology. Harbin，China，2011，2：1099-1102.

[30] Zhang Yongde，Liang Ting，Jiang Jingang . Structural Design of Tooth-arrangement Robot Based on TRIZ Theory[J]. Canadian Journal on Mechanical Sciences and Engineering. 2011，2(4)：61-67.

[31] 张永德，姜金刚，唐伟，等. 基于遗传算法的直角坐标式排牙机器人路径规划[J]. 哈尔滨理工大学学报，2013，18(1)：32-36.

[32] Jiang Jingang，He Tianhua，Dai Ye，et al. Control Point Optimization and Simulation of Dental Arch Generator[J]. 2014，494-495：1364-1367.

[33] 姜金刚，张永德. 牙弓曲线发生器运动规划及仿真[J]. 哈尔滨理工大学学报，2013，18(1)：22-26.

[34] Jiang Jingang，Zhang Yongde. Motion Planning and Synchronized Control of the Dental Arch Generator of the Tooth-arrangement Robot [J] . International Journal of Medical Robotics and Computer Assisted Surgery，2013，9(1)：94-102.

[35] Zhang Yongde，Gu Jun tao，Jiang Jingang，et al. Motion Control Point Optimization of Dental Arch Generator [J]. International Journal of u- and e-Service，Science and Technology，2013，6(5)：49-56.

[36] Zhang Yongde，Jiang Jingang，Liang Ting，et al. Kinematics Modeling and Experimentation of Multi-manipulator Tooth-arrangement Robot for Full Denture Manufacturing [J]. Journal of Medical Systems，2011，35(6)：1421-1429.

[37] Zhang Yongde，Jiang Jingang，Lv Peijun，et al. Study on the Multi-manipulator Tooth-Arrangement Robot for Complete Denture Manufacturing[J]. Industrial Robot-An International Journal，2011，38(1)：20-26.
[38] 马轩祥. 口腔修复学[M]. 北京：人民卫生出版社，2005.
[39] 张永德. 机器人化全口义齿排牙技术[M]. 哈尔滨：哈尔滨工业大学出版社，2007.

第13章

正畸弓丝弯制机器人

13.1 引言

随着我国社会的发展和人民生活水平的不断提高，人们越来越注重口腔健康的问题；健康、整齐的牙齿不仅能给人以良好的第一印象，更能提高咀嚼功能、保护口腔健康。通常，在进行牙齿矫正过程中，矫正弓丝的弯制是基于医生手工操作的，该过程不仅效率低，而且劳动强度大；医生需要边弯制弓丝边与口腔模型相比对，不断调整弯曲角度使其成形。弓丝在反复弯折的情况下很容易发生断裂，利用机器人的位姿精确控制能力克服手工弯制弓丝的缺点，提高正畸弓丝的弯制精度和效率，因此正畸弓丝弯制机器人的研制逐渐成为医疗机器人研究领域内的热点。

13.1.1 正畸弓丝弯制机器人的研究背景

错颌畸形是一种非常普遍的口腔疾病，主要表现形式为牙齿排列不齐、上下牙弓间的牙颌关系异常、颌骨大小形态位置异常等。错颌畸形不仅影响口腔健康和口腔功能，而且影响容貌外观；更甚者有可能造成因咀嚼功能降低而引起消化不良及胃肠疾病。我国是一个错颌畸形疾病高发的国家。据相关部门统计，目前我国儿童及青少年错颌畸形患病率达 67.82%[1]。固定矫治技术是治疗错颌畸形有效且常用的治疗方法，治疗过程如图 13-1 所示。

据统计，目前美国接受正畸治疗的人数已经占到其总人口数目的 70%[2]，这也强力推动了美国口腔正畸科学的发展，使其无论是在医学理论还是医疗器械、制造业等方面都走在了世界的前列。随着我国社会经济的快速发展，人民物质生活水平的提高，越来越多的人，尤其是广大青少年，开始注重牙齿的美观，口腔正畸的市场潜力巨大。这在带来市场机遇的同时也带来了诸如如何降低正畸过程中由于设备加工时间过长导致的治疗时间长、医生操作劳动强度大、费用高等问题。如何将机器人引入口腔正畸领域，发挥其工作效率高、加工精度好、工作时间长等优点将是一个非常值得研究的课题。

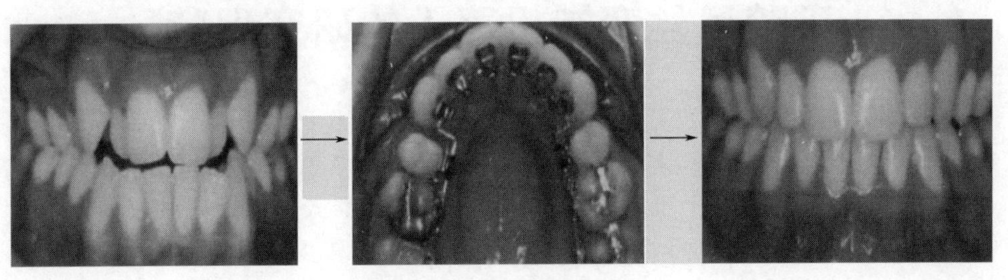

图 13-1 牙齿矫治过程

13.1.2 正畸弓丝弯制机器人的研究意义

口腔正畸学自从其发展以来，一直都是一门以手工操作、定性研究为主的学科。固定矫治是目前正畸临床应用最广泛、矫治效果最可靠的矫治技术。畸形牙齿在矫治弓丝形状记忆性功能产生的持续生物力的作用下趋于平整，恢复正常咬合。这种方法的治疗效果明显、安全易行。但是目前矫正弓丝的弯制完全依靠手工来完成，而目前我国的牙科医生和技师却只占总人口的 0.012%[3]，如果完全通过手工方法弯制弓丝，其效率远远满足不了人民的需求。同时，正畸弓丝材料都具有超弹性，弯制过程中会产生很大的回弹，操作者必须通过不断反复调整弯曲角度才能成形；而多次的反复弯曲很容易使正畸弓丝产生疲劳断裂。此外，对于不同患者，其所需要的弓丝宽度、高度、外展弯以及位置都不同，而且需要的“闭隙曲”形状也都不尽相同，也就是说，每个患者需要的成形矫正弓丝的形状都不一样。所以矫正弓丝的“个性化”很强。这些限制条件都使得手工弯制弓丝非常困难，而且耗时长、精度低。如何快速、精确地完成个性化正畸弓丝的弯制是亟待解决的难题。

利用机器人的位姿精确控制能力和刚性保持能力克服手工弯制弓丝过程中角度成形准确性差和弓丝易产生不必要的扭转的缺点，结合弓丝的成形规划，利用机器人实现对弯曲位置、弯曲角度和弯曲保持时间的控制，就可以实现正畸弓丝的弯制。利用机器人系统来实现正畸弓丝的弯制，不但可以获得更精确的操作，同时还能克服手工操作不确定性高、效率低、精度差和操作强度大的缺点。这将改变靠手工技师弯制正畸弓丝的落后方式，使正畸弓丝的弯制进入到既能满足错颌畸形患者个体生理功能及美观的要求，又能达到规范化、自动化、工业化的水平，从而极大地提高其弯制效率和精度，推动口腔正畸医学的发展。

13.2 正畸弓丝弯制机器人的研究现状

随着科技的发展，机器人代替人从事各种手工操作已经进入了生活中的很多领域，如工业机器人、军用机器人、服务机器人等，医疗机器人的发展也越来越多地受到各个国家的关注和支持[4]。但对于采用机器人弯制正畸弓丝，与之直接相关的国内外研究均处于初级阶段，研究成果都比较少。相对而言，国外的研究要早于国内。

国外方面，1966 年，Taylor 等提出一种数控弯曲机结构，该机构的一端是一个卡盘，卡盘能沿着工件的方向前进和后退；机构的另一端是一个可移动夹具和固定夹具。工作时，固定夹具夹紧工件，移动夹具绕着回转中心旋转，带动工件弯曲成形。这种机构不能自动旋转工件，必须通过手动旋转工件才可以在不同平面内弯曲工件；工件不能自动装载，而且当弯曲成三维形状工件时需要的工作空间大，工件易与设备发生干涉[5]。

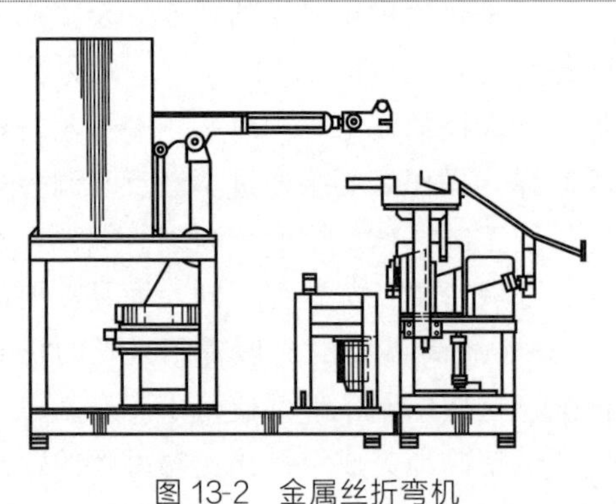

图 13-2 金属丝折弯机

1994 年，Toshihiro Tomo 等设计研发了用于普通材料金属丝弯制的机构，该机构由一个末端装有执行器的机械手和数控折弯机组成，如图 13-2 所示，弯制成形工作主要由数控折弯机完成，机械手只是用于抓取丝和调整丝到合适的方向。虽然该机构能够完成弯丝操作，但可以看到该机构设备庞大，占地面积大，主要适合弯制直径较大的丝类、板料等材料[6]。

1996 年，德国研究人员 Fischer 等提出采用“Bending Art System（BAS）”来加工制造口腔正畸弓丝，BAS 系统由电子口腔内镜、计算机程序和弓丝弯制机构组成，如图 13-3 所示。他们采用该 BAS 弯制机构对 0.016″×0.016″和 0.016″×0.022″的横截面为方形的不锈钢弓丝进行了弯制实验，用以检测该机构的成形精度。分别进行了弯曲角度 6°～54°、扭转角度 2°～35°的实验[7~9]。

2004 年，Werner Butscher 等提出采用机器人来弯制正畸弓丝与其他医学设备，他提出的弯丝机构由固定在基座上的机器人、装在基座和机器人上的两个手爪组成。此外，除了弯制弓丝的机构，他们还开发了一款口腔扫描设备和三维成形与规划设备。这套设备他们称之为 SureSmile，利用 SureSmile，医生可以很轻松地实现在计算机上对正畸患者所需治疗进行规划，并将规划所需弓丝形状直接发送给弓丝弯制机构完成弓丝弯制[10～12]，如图 13-4 所示。

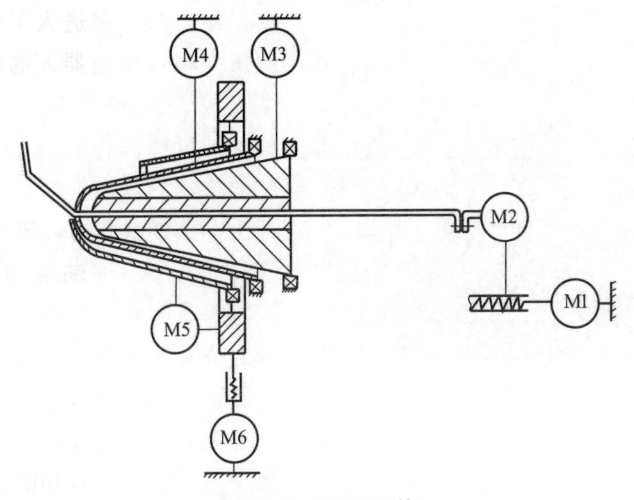

图 13-3 BAS 系统

2010 年，Thomas 等研究了弯制矫正弓丝成形的机器人和方法。在一个弯曲位置，通过不断比较实际弯曲圆弧与理想弯曲圆弧之间的差别，得出二者的误差，并不断进行调整，直到误差在可允许范围内；然后再移动到下一个弯曲位置重复弯曲的过程[13]，如图 13-5 所示。

图 13-4 SureSmile 弓丝弯制机器人

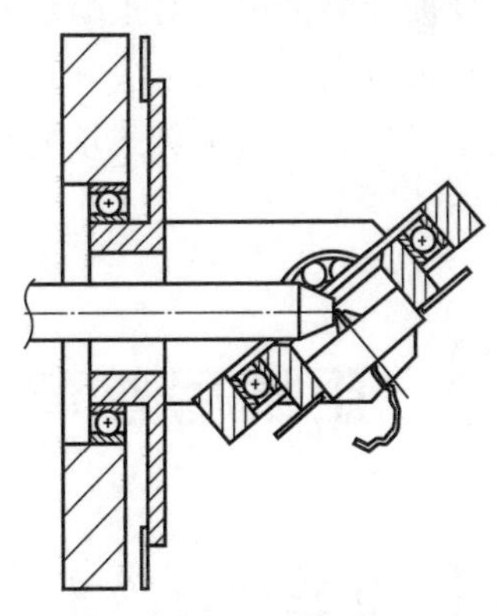
图 13-5 平面弓丝弯曲机构

2011 年，Gilbert 等发明了一套用于精确、快速设计和弯制正畸弓丝的系统

LAMDA（lingual archwire manufacturing and design aid），如图 13-6 所示。这套系统的机械结构基于龙门式结构，因此其运动精度和效率较高；但是该系统只能在 XY 平面内移动，虽然运动相对简单，设备价格相对低廉，但其只能弯制平面弓丝，不能弯制带闭隙曲的成形弓丝[14]。

图 13-6　LAMDA 系统

国内对采用机器人弯制正畸弓丝的研究相对比较少，主要集中在各大学院校和医院。2007 年，泰山口腔医院的秦德川等研究了一种用于正畸弓丝弯制的新型转矩成形器，它是一种手动辅助操作弯制转矩的机构[15]。

2007 年，哈尔滨工程大学的郑玉峰等研究出了一种口腔正畸弓丝成形方法及其装置，它涉及一种新型的口腔正畸弓丝热处理方法和装置，解决了现有口腔正畸弓丝在弯制定型过程中因控制弓丝加热温度困难而导致的无法精确地、实时控制弓丝温度变化，导致弓丝热处理失败的问题[16]。

2015 年，夏泽洋等利用工业机械臂开发口腔正畸弓丝弯制机器人系统，设计了口腔正畸器械制备机器人的机械手作为正畸弓丝弯制成形的末端执行装置，并通过电磁加热的方法解决正畸弓丝的回弹问题[17,18]。

哈尔滨理工大学基于 Motoman UP6 机器人进行了正畸弓丝的相关研究[19～23]，建立了考虑中性层移动的不同截面形状正畸弓丝的回弹模型，设计了正畸弓丝回弹测量仪，对正畸弓丝的回弹性能进行了相关分析和实验研究，提出了有限点展成法和等增量法，对第一序列曲正畸弓丝成形控制点进行了规划，在此基础上设计了直角坐标式正畸弓丝弯制机器人，并开展了初步的正畸弓丝弯制实验研究[24～30]。

13.3　正畸弓丝弯制机器人的关键技术

13.3.1　正畸弓丝的数字化表达

对于正畸弓丝几何形状的研究一直都是定性的研究过程。由医师手工方式弯制弓丝不仅效率低、劳动强度大，而且精度也无法保证。若对正畸弓丝三维几何形状进行定量的研究，不仅可使对弓丝形状的观察和修改变得更加便捷直观，还能在弯制某些特定的形状时减少反复弯制的次数。所以，正畸弓丝三维数学模型的建立是定量研究的核心，并为采用机器人进行正畸弓丝弯制的算法研究提供了理论依据[31]。

为了定量地研究正畸弓丝的三维几何形状，首先，要了解正畸弓丝在治疗中所起的作用、各段弓丝间的联系以及制约等关系；其次，提炼出对治疗起作用的各部分及相互之间的关系等信息，并以数学方式表达出来；最后，把未表达的部分归纳总结，以此得到相应的数学表达式。经过以上一系列的分析与数学表达式的建立，最终得到正畸弓丝的三维数学模型。

对曲线的研究是计算机图形学中的重要内容之一。曲线广泛应用于各类场合，因对其需求的增加和要求的提高，近些年来与之相关的研究成果较多。常见的有样条曲线、非均匀有理B样条曲线、Bezier曲线、B样条曲线等。

样条曲线的特点是该曲线经过一系列预先设定点并具有光滑的特性。样条曲线不仅通过预先设定好的各有序的型值点，而且在各点处的一阶、二阶导数均是连续的，所以该曲线具有光滑连续、曲率变化均匀的特点。

非均匀有理B样条曲线是由Versprille博士提出的，先后被国际标准化组织作为定义工业产品几何形状的唯一的数学方法，并纳入规定独立于设备的交互图形编程接口的国际标准、程序员层次交互图形系统中。它是一种非常优秀的建模方式，因具有更加优秀的控制物体表面曲线度的特点而可以创建出较传统的建模方式更加理想的造型。

在正畸治疗中，每段正畸弓丝曲线的描述往往不是十分精确，用精确的插值方法运算较不适合；此外去修改一些局部点的空间位置时，对整个曲线的影响越小越好。所以适合应用于描述牙弓曲线形状的是非均匀有理B样条曲线。而Bezier曲线和B样条曲线都被归类于非均匀有理B样条曲线。

Bezier曲线起初由法国工程师Pierre Bezier于1962年发表，运用到汽车的主体设计上。它是指用光滑的参数曲线段逼近一个折线多边形，它不要求给出导数，只要给出数据点就可以构造曲线，而且曲线次数严格依赖于该段曲线的数据点个数。曲线的形状受该多边形形状和顶点个数的控制，并且曲线经过多边形的两个端点。如图13-7所示，它是由四个控制点形成的三次Bezier曲线，特征多边形的第一条边和最后一条边代表曲线始终在两端点的切线方向。

而相对于Bezier曲线来说，B样条曲线是Bezier曲线的一般化：B样条曲线基函数次数不受顶点数控制，它是参数样条曲线的一种特殊形式，并非多项式样条曲线，改变控制点参数仅影响局部曲线形状。图13-8所示是由三个控制点形成的二次B样条曲线，曲线的形状依附于该特征多边形的形状，曲线的起始点和结束点并不是第一条边和最后一条边的端点，而是与之相切。

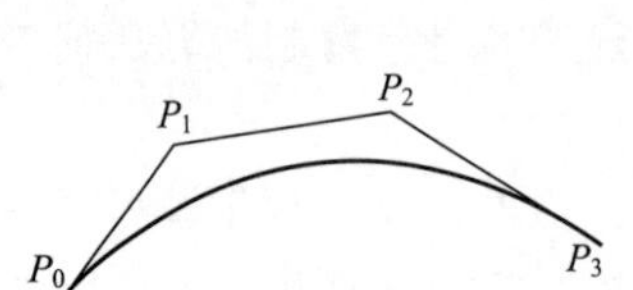

图 13-7　三次 Bezier 曲线和特征多边形

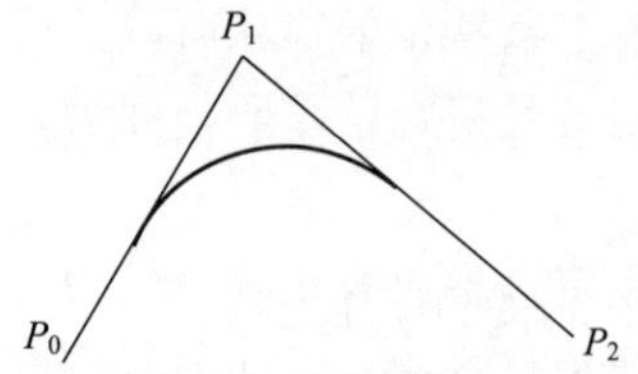

图 13-8　二次 B 样条曲线及特征多边形

由弯制正畸弓丝的特点可知，各段曲线之间无任何联系，故对 Bezier 曲线和 B 样条曲线中控制点的变化并无影响；理想的曲线的起始点为特征多边形的两个端点，且曲线的形状可人为地控制，所以 Bezier 曲线更加符合要求，但 B 样条曲线更易于局部修改且更逼近特征多边形。为了降低运算量，曲线的表达式应尽量简单，而 Bezier 曲线的表达式比 B 样条更为简单，最终选择 Bezier 曲线作为曲线模型将更加适合。

Bezier 曲线通常是一种参数多项式曲线，它是由一组控制点唯一定义的，其参数方程表示为

$$P(t)=\sum_{i=0}^{n}P_i\mathrm{BEN}_{i,n}(t) \tag{13-1}$$

式中，$t\in[0,\ 1]$，i 表示顶点顺序号，$i=0,1,2,\cdots,n$。

n 代表多项式次数，也是曲线的阶数，$n+1$ 是控制点的个数。控制点越多，方程的次数越高。

$P(t)$ 是通过计算得到的曲线上的空间点坐标，将这些点连接起来便可得到平滑的 Bezier 曲线，其中，$P_i(x_i,y_i,z_i)$为各顶点的位置向量。$\mathrm{BEN}_{i,n}(t)$ 是 Bernstein 多项式，称为 n 次 Bernstein 基函数，其函数形式如下：

$$\mathrm{BEN}_{i,n}(t)=C_n^i t^i(1-t)^{n-i}=\frac{n!}{i!\ (n-i)!}t^i(1-t)^{n-i} \tag{13-2}$$

式中，$i=0,1,2,\cdots,n$，且当 $i=0$，$t=0$ 时，$t^k=1$，$k!=1$。

由以上定义可以看出，Bezier 曲线上每个点均可由控制点坐标经加权计算得到，加权值由 t 值和 Bernstein 基函数确定。

因所需生成的是空间三维曲线，需要有 4 个顶点 P_0、P_1、P_2 和 P_3，所以 $n=3$；i 的值取 0,1,2,3。代入式(13-1) 后 Bezier 曲线的表达式可简化为

$$P(t)=P_0(1-t)^3+3P_1t(1-t)^2+3P_2t^2(1-t)+P_3t^3 \tag{13-3}$$

用矩阵可表示为

$$P(t)=(t^3\ t^2\ t\ 1)\begin{pmatrix}-1 & 3 & -3 & 1\\ 3 & -6 & 3 & 0\\ -3 & 3 & 0 & 0\\ 1 & 0 & 0 & 0\end{pmatrix}\begin{pmatrix}P_0\\ P_1\\ P_2\\ P_3\end{pmatrix} \tag{13-4}$$

式中，$t\in[0,1]$。

起始点 P_0 和终止点 P_3 的坐标由牙位标识得到，而两个控制点 P_1 和 P_2 的值还需要选定。当所有顶点的坐标全部确定后，$P(t)$ 的值就随 t 的变化而改变。t 的值在 $[0,1]$ 的范围内取的次数越多，$P(t)$ 的值就密集，这些值所连接出来的曲线越光滑。

因人的上下颌各有 14 颗牙齿，所以上下牙列均需由 13 条 Bezier 曲线和 14 条由牙位标识连接所成线段，互相交错连接而成形出弓丝三维曲线模型。

13.3.2 正畸弓丝弯制机器人结构

用于口腔正畸治疗的成形正畸弓丝属于典型的三维复杂形状，根据分析人手工弯制弓丝的运动方式及机器人弯制正畸弓丝工艺过程，在采用机器人弯制正畸弓丝成形时，机器人至少需要 5 个自由度，即 3 个位置自由度和 2 个姿态自由度。所以，针对成形弓丝形状尺寸及弯制成形的特点，在设计弓丝弯制机器人时，必须首先确定机器人的结构形式。图 13-9 为几种常见的能够实现正畸弓丝弯制加工的机构方案[32]。

工艺方案 a 如图 13-9(a) 所示。该机构为典型的关节型机构，靠近基座的回转关节与两个俯仰关节一起组成该结构的位置关节，用于确定末端的位置；机构末端由弯丝回转关节与开合手爪组成，弯丝回转关节与位置关节之间的俯仰关节为姿态调整关节，作用是弯制“闭隙曲”；从动机构中只需要固定弓丝即可。方案 a 的动作灵活、工作空间大，在作用空间内手臂的干涉最小，结构紧凑，占地面积小，如果设计合理，定位精度很高；但是对于这种类型的机构，从基座开始到末端一直属于悬臂机构，末端的重量会逐步累积到基座位置，因此为了保证末端的定位精度，基座等关节的尺寸相对会很大；而且这类机器人运动学计算复杂，末端位姿不直观。

方案 b 如图 13-9(b) 所示，属于典型的 SCARA 机器人结构，该结构的前两个回转关节以及第三个竖直移动关节用于末端位置的确定，关节四为俯仰关节，用于调整末端手爪的姿态，关节五为回转关节，用于弯丝操作。该类机器人主要适合平面内运动，且运动速度非常快；但是与方案 a 一样，由于方案 b 的末端机构过多，通常会导致重量上升，降低整体的刚度，从而影响末端的定位精度。

工艺方案 c 如图 13-9(c) 所示，属于直角坐标式结构，其移动机构为由三个平动关节组成的3-DOF直角坐标平台组成，以实现 X、Y、Z 三个方向的运动，机构刚度高，各运动相互独立，没有耦合，运动学求解简单，不产生奇异状态。末端由一个回转关节与开合夹具组成，回转关节与竖直移动关节之间的俯仰关节为末端手爪姿态调整关节，主要用于实现“闭隙曲”的弯制。这种方案虽然也是采用了悬臂机构，但是由于悬臂结构出现在后两个关节，因此刚度要比前两种方案高；但如果弓丝弯制机器人整体的尺寸较小，而末端手爪尺寸较大时，悬臂处既要尽量保证自身尺寸小以满足整体尺寸小的要求，又要尽量保证自身尺寸大以保证末端手爪在运动过程中的刚度要求，因此，实际上很难同时满足这两项要求。

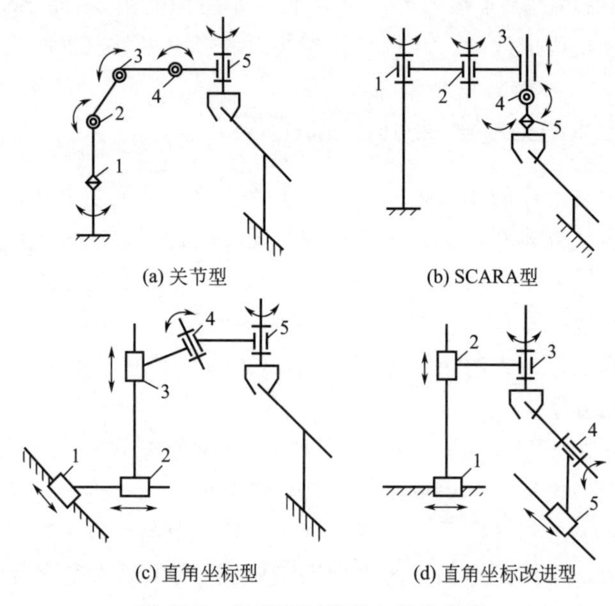

图 13-9 弓丝弯制机器人机构选型

综合上述各种方案的优缺点，如图13-9(d) 所示的布局方案是较为适宜的，该方案与方案c很相似，唯一不同的是将一个移动平台和悬臂处的俯仰关节“转移”到了从动机构中，即不旋转手爪机构，而是转而使质量非常轻的弓丝发生旋转，将位置关节的 X 方向平台转移到从动机构中，避免了将 Y、Z 关节平台全部作用在 X 平台上导致的其平台负载过重。因此，方案d的从动机构由一个移动关节和旋转关节组成，这一移动关节用于产生送丝的功能，旋转关节用于使丝旋转所需的角度，配合主动机构达到实现“闭隙曲”的弯曲。

由成形弓丝形状及弓丝弯制机器人构型方案的选择可知，弓丝弯制机器人弯制加工过程中移动距离都相对较短，但对移动的精度要求较高，这里选用丝杠螺母机构作为弓丝弯制机器人的移动载体，如图 13-10 所示。弓丝弯制机器人机构由基座、丝杠螺母运动平台、丝自转电机、丝支撑机构、弯曲模具、带轮传动机构和弯丝电机等几大部分组成。丝杠螺母运动平台作为弓丝弯制机器人的机构本体，承担着支撑整个机器人系统并传递运动的作用；丝自转电机轴上装有夹具，用于夹紧正畸弓丝并带动弓丝旋转到指定的角度；丝支撑机构用于在弯制弓丝成形的过程中保持丝的固定；弯曲模具在带轮机构的力矩作用下绕弯弓丝成形。弓丝弯制机器人各部分在上位机及控制器的作用下按程序协调工作，完成指定的正畸弓丝弯制成形任务。

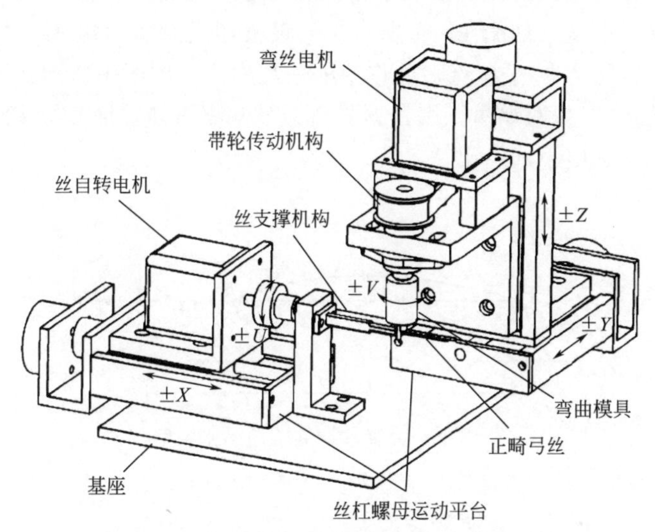

图 13-10 弓丝弯制机器人机构设计

13.3.3 正畸弓丝翘曲回弹机理

一直以来，科研学者们都在努力建立各种场合下各种材料的回弹计算公式，因为如果能找到一个理论公式计算一类成形问题的回弹，则可以大大减少回弹测定实验的进行次数；同时对成形模具的生产和制造有着明显的指导作用。然而，由于影响回弹的因素非常多，很难建立起考虑所有因素的回弹计算模型，因此必须考虑主要影响因素而舍弃次要因素，而且要通过实验的方式对建立的回弹计算公式进行验证[33～35]。

目前，针对板料、管料等的成形回弹计算有着较为深入的研究，学者和工程师们建立了各种成形方式下的回弹计算公式，这些理论公式对材料成形与模具生产过程有着不可替代的指导作用。但是，这些公式并不适用于正畸弓丝所属的金属丝的弯曲理论计算，因此，有必要针对正畸弓丝的弯曲回弹进行理论分析。

根据经典塑性成形理论，在弯曲初始阶段，由于加载力矩比较小，弯曲角和回弹角都随弯曲力矩的增加而增加，而且在此阶段弹性变形要明显多于塑性变形，我们称这一阶段为“强弹性弯曲阶段”；当弯曲力矩增加到一定程度时，弯曲角度不再随弯曲力矩变化，即弯曲角度虽然不断增加但弯曲力矩却基本保持不变，此阶段为塑性成形阶段，塑性变形要明显多于弹性变形，我们称这一阶段为“强塑性弯曲阶段”。因此，分别对“强弹性弯曲阶段”和“强塑性弯曲阶段”的回弹现象进行研究。

由于在强弹性弯曲阶段主要表现为弹性变形，因此，可以将正畸弓丝弯曲模型简化为简支梁模型，如图 13-11 所示。假设模型受弯曲力矩 M_i 作用，将模型所受弯曲力矩转化为距离 B 点 n 处作用的一集中力，则图中所示 θ_{ib} 为正畸弓丝产生的弯曲角，θ_{is} 为回弹角，则根据材料力学知识可知，简支梁 l、n 部分的挠曲线方程可以分别由下式给出

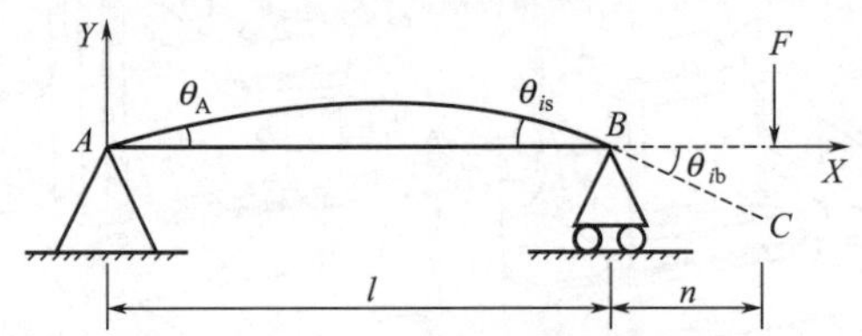

图 13-11 强弹性弯曲阶段简化模型

$$v_n=-\frac{F(x-l)}{6EI}[n(3x-l)-(x-l)^2] \tag{13-5}$$

$$v_l=\frac{Fnx}{6EIl}[l^2-x^2] \tag{13-6}$$

式中，正负号表示逆时针旋转与顺时针旋转，则弯曲角与回弹角分别为

$$\theta_{ib}=\frac{\mathrm{d}v_n}{\mathrm{d}x}\Big|_{x=l+n}=-\frac{Fn}{6EI}[2l+3n]=-\frac{M_i}{6EI}[2l+3n] \tag{13-7}$$

$$\theta_{is}=\frac{\mathrm{d}v_l}{\mathrm{d}x}\Big|_{x=l}=-\frac{Fnl}{3EI}=-\frac{M_i l}{3EI} \tag{13-8}$$

随着弯曲力矩的不断增大，弯曲角与回弹角也分别发生变化，当弯曲力矩增大到足以使弓丝产生塑性变形时，弯曲力矩基本保持恒定，设此时的弯曲力矩为 M_L，则对于强弹性弯曲阶段，正畸弓丝最终成形角度可由下式给出

$$\theta'_i=|\theta_{ib}|-|\theta_{is}|=\frac{M_i}{6EI}[2l+3n]-\frac{M_i l}{3EI},0\leqslant M_i\leqslant M_L \tag{13-9}$$

在强塑性弯曲阶段，加载力矩保持不变，弯曲变形主要集中于 BC 段，而且

可以认为是纯弯曲变形，如图 13-12 所示。首先，相对弯曲半径（弯曲回转半径与弓丝厚度的比值）远远小于 5，属于典型的大曲率弯曲，因此在弯曲过程中应力应变中性层并不与几何中间层重合，而是向弯曲中心产生了一定量的移动。而且中性层的移动将严重影响弯曲回弹的计算精度，因此，我们必须考虑中性层移动对弯曲回弹的影响。其次，由于正畸弓丝在弯曲过程中的应变较大，必须采用真实应力应变数据计算其弯曲回弹。

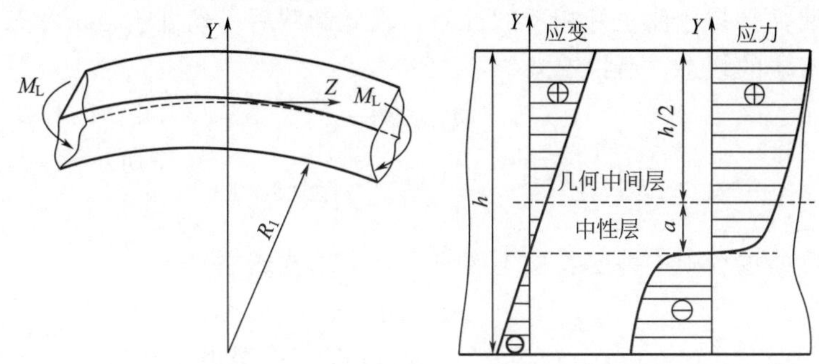

图 13-12　考虑中性层移动的应力-应变关系

设中性层与几何中间层偏离的距离为 a，y 为弓丝内任意一纤维层到中性层的距离，则在卸载前该纤维层的工程应变可以由下式给出

$$\bar{\varepsilon}=\frac{l_2-l_1}{l_1}=\frac{\theta(\rho+y)-\theta\rho}{\theta\rho}=\frac{y}{\rho} \tag{13-10}$$

式中，$\bar{\varepsilon}$ 为卸载前该层的应变量；l_2、l_1 分别为卸载前中性层的长度与该纤维层的长度；ρ 为卸载前中性层的曲率半径；θ 为弯曲角度。同理，卸载后该纤维层的工程应变为

$$\bar{\varepsilon}'=\frac{l_2'-l_1'}{l_1'}=\frac{\theta'(\rho'+y)-\theta'\rho'}{\theta'\rho'}=\frac{y}{\rho'} \tag{13-11}$$

式中，$\bar{\varepsilon}'$ 为卸载后该层的应变量；l_2'、l_1' 分别为卸载后中性层的长度与该纤维层的长度；ρ' 为卸载后中性层的曲率半径；θ' 为回弹后的成形角度。那么，卸载前后该纤维层的应变差为

$$\Delta\varepsilon=\bar{\varepsilon}-\bar{\varepsilon}'=y\left(\frac{1}{\rho}-\frac{1}{\rho'}\right) \tag{13-12}$$

因为 $\Delta\varepsilon$ 是该纤维层由于弹性卸载而产生的应变差，属于小应变变形，其应力-应变关系服从胡克定律的线性关系，故该纤维层的卸载应力为

$$\sigma=E\Delta\varepsilon=Ey\left(\frac{1}{\rho}-\frac{1}{\rho'}\right) \tag{13-13}$$

则卸载力矩可以由下式给出

$$M_{\mathrm{U}}=\int_A \sigma y \mathrm{d}A=\int_A E y^2\left(\frac{1}{\rho}-\frac{1}{\rho'}\right)\mathrm{d}A \tag{13-14}$$

在加载过程中，由材料拉伸试验可知三种材料的应用应变关系可以由多项式拟合得到，因此弯曲加载力矩可以由下式给出

$$M_{\mathrm{L}}=\int_A \sigma(\bar{\varepsilon}) y \mathrm{d}A \tag{13-15}$$

由于回弹是与弯曲正好相反的过程，因此卸载后弓丝处于自由状态，即弓丝处于不受弯矩的状态，所以有

$$M_{\mathrm{U}}=M_{\mathrm{L}} \tag{13-16}$$

$$\int_A E y^2\left(\frac{1}{\rho}-\frac{1}{\rho'}\right)\mathrm{d}A=\int_A \sigma(\bar{\varepsilon}) y \mathrm{d}A \tag{13-17}$$

根据弯曲过程中中性层长度不变原理，有下式成立

$$\rho\theta=\rho'\theta' \tag{13-18}$$

所以，综合式(13-14)～式(13-18) 即可以计算得出强塑性弯曲阶段的弯曲回弹角与成形角，关键是要求出中性层曲率半径、卸载力矩和加载力矩。

由于中性层在弯曲过程中向弯曲中心移动了一定距离，因此中性层曲率半径不再等于模具半径与弓丝高度一半的和，而是要小于这个值。根据平面曲杆理论，假设弓丝被弯曲了某一角度，如图 13-13 所示。

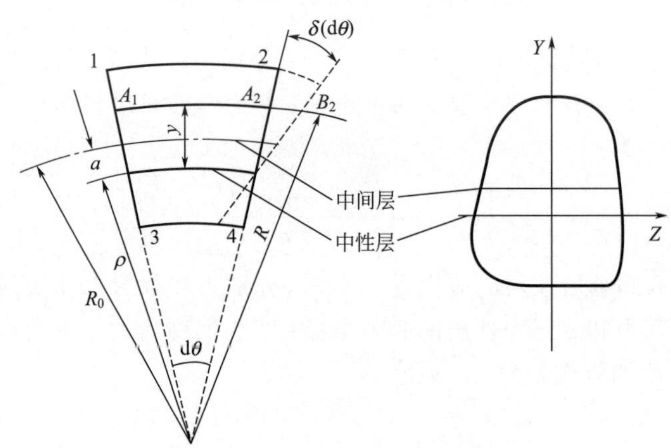

图 13-13 中性层曲率半径计算原理图

取弓丝某一小段 $\mathrm{d}\theta$ 进行研究，其中 a 为中性层偏离几何中间层的距离，则距离中性层为 y 的纤维层 $\widehat{A_1A_2}$ 的弧长可表示为

$$\widehat{A_1A_2}=(\rho+y)\mathrm{d}\theta \tag{13-19}$$

假设此时 $\mathrm{d}\theta$ 小段产生一个微小的弯曲变形，弯曲角为 $\delta\mathrm{d}\theta$，使 $\widehat{A_1A_2}$ 伸长为 $\widehat{A_1B_2}$，其伸长量为

$$\widehat{A_2B_2}=y\delta\mathrm{d}\theta \tag{13-20}$$

故 $\widehat{A_1A_2}$ 的应变量可求出

$$\bar{\varepsilon}=\frac{\widehat{A_2B_2}}{\widehat{A_1A_2}}=\frac{y}{y+\rho}\times\frac{\delta\mathrm{d}\theta}{\mathrm{d}\theta} \tag{13-21}$$

根据广义胡克定律，产生的应力为

$$\sigma=E\cdot\bar{\varepsilon}=E\frac{y}{y+\rho}\times\frac{\delta\mathrm{d}\theta}{\mathrm{d}\theta} \tag{13-22}$$

则作用在微段上的拉力可求出

$$T=\int_A\sigma\mathrm{d}A=E'\frac{\delta\mathrm{d}\theta}{\mathrm{d}\theta}\int_A\frac{y}{y+\rho}\mathrm{d}A \tag{13-23}$$

因为作用在微段上的只有弯矩，没有拉力，故 $T=0$，即

$$E'\frac{\delta\mathrm{d}\theta}{\mathrm{d}\theta}\int_A\frac{y}{y+\rho}\mathrm{d}A=0 \tag{13-24}$$

由于 $E'\frac{\delta\mathrm{d}\theta}{\mathrm{d}\theta}\neq0$，所以有

$$\int_A\frac{y}{y+\rho}\mathrm{d}A=0 \tag{13-25}$$

令 $y+\rho=R$，代入式(13-25)，可以得到中性层曲率半径的表达式如下

$$\rho=\frac{\int_A\mathrm{d}A}{\int_A\frac{1}{R}\mathrm{d}A}=\frac{A}{\int_A\frac{1}{R}\mathrm{d}A} \tag{13-26}$$

对于横截面形状为方形的正畸弓丝，设其截面形状及尺寸如图13-14所示，则在建立的坐标系基础上可以得出方形截面弓丝截面面积微分表达式：

$$\mathrm{d}A=b\mathrm{d}y \tag{13-27}$$

将面积微分表达式(13-27)代入方程(13-26)计算，可以得到方形弓丝弯曲变形时的中性层曲率半径如下

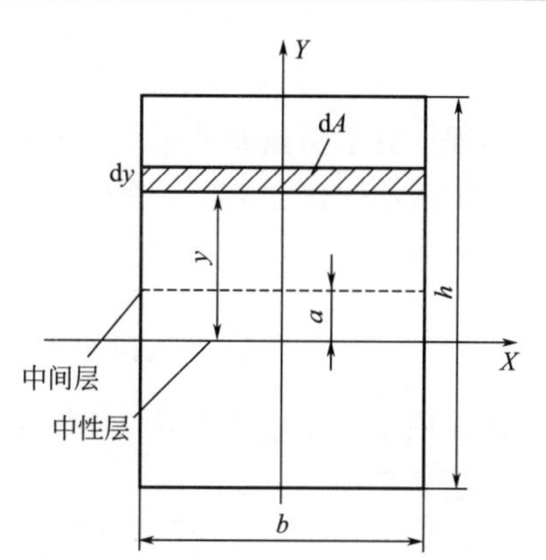

图13-14 方形不锈钢弓丝截面形状及尺寸

$$\rho=\frac{h}{\ln\frac{R_1+h}{R_1}} \tag{13-28}$$

式中，R_1 为回转轴弯曲回转中心的半径。将面积微分表达式(13-27) 代入式(13-14)，可以得到方丝的卸载力矩：

$$M_U=\frac{Ebh^3+12Eba^2h}{12}\left(\frac{1}{\rho}-\frac{1}{\rho'}\right) \tag{13-29}$$

同理，将面积微分表达式(13-27) 代入式(13-15)，可以得到方形截面弓丝的加载力矩：

$$M_L=b\int_{-(\frac{h}{2}-a)}^{\frac{h}{2}+a}\sigma(\varepsilon)y\mathrm{d}y \tag{13-30}$$

式中，a 为中性层偏离几何中间层的距离，有

$$a=R_1+h/2-\rho \tag{13-31}$$

在考虑材料真实应力应变的情况下，可知真实应变的计算公式如下

$$\varepsilon=\ln(1+\bar{\varepsilon}) \tag{13-32}$$

式中，$\bar{\varepsilon}$ 为工程应变，有

$$\bar{\varepsilon}=\frac{y}{\rho} \tag{13-33}$$

则可以得到如下关系式

$$y=(\mathrm{e}^{\varepsilon}-1)\rho \tag{13-34}$$

$$\mathrm{d}y=\rho\mathrm{e}^{\varepsilon}\mathrm{d}\varepsilon \tag{13-35}$$

设材料的应力-应变本构模型如下

$$\sigma=m_i\varepsilon^i+m_{i-1}\varepsilon^{i-1}+\cdots+m_1\varepsilon^1+m_0,\ i\in N \tag{13-36}$$

则综合式(13-30)～式(13-36)，可以得到方形截面弓丝的加载力矩

$$M_L=\rho^2b\int_{\ln\left(1+\frac{-h/2+a}{\rho}\right)}^{\ln\left(1+\frac{h/2+a}{\rho}\right)}\sigma(\varepsilon)(\mathrm{e}^{2\varepsilon}-\mathrm{e}^{\varepsilon})\mathrm{d}\varepsilon \tag{13-37}$$

同理，对于横截面形状为圆形的正畸弓丝，设其截面形状及尺寸如图 13-15 所示，则在如图建立的坐标系中，在考虑中性层移动的情况下可以得出圆丝截面面积微分：

$$\mathrm{d}A=2\sqrt{\frac{h^2}{4}-(y-a)^2}\,\mathrm{d}y \tag{13-38}$$

将面积微分表达式(13-38) 代入式(13-26) 计算，可以得到圆丝弯曲变形时的中性层半径如下

$$\rho=\frac{h^2}{4\left[2\left(R_1+\frac{h}{2}\right)-\sqrt{4\left(R_1+\frac{h}{2}\right)^2-h^2}\right]} \tag{13-39}$$

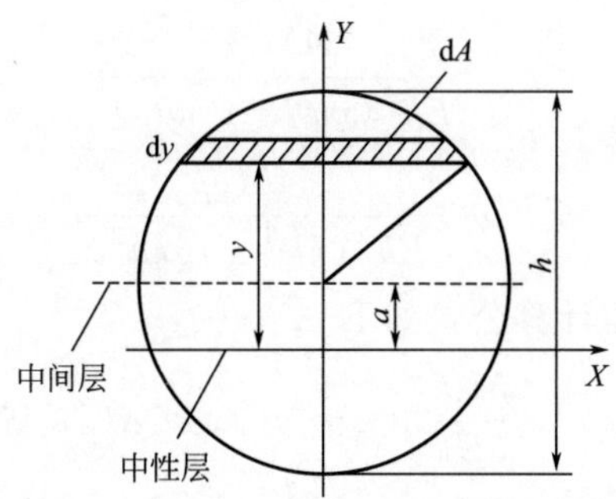

图 13-15 圆形正畸弓丝截面形状及尺寸

将式(13-38) 代入式(13-14)，可以得到圆丝的卸载力矩如下

$$M_U = 2E\left(\frac{1}{\rho}-\frac{1}{\rho'}\right)\int_{-(\frac{h}{2}-a)}^{\frac{h}{2}+a} y^2 \sqrt{\frac{h^2}{4}-(y-a)^2}\,dy \qquad (13\text{-}40)$$

对上式进行化简计算，可以得到圆丝的卸载力矩为

$$M_U = \frac{Eh^2(\pi h^2+16\pi a^2)}{64}\left(\frac{1}{\rho}-\frac{1}{\rho'}\right) \qquad (13\text{-}41)$$

将式(13-38) 代入式(13-15)，可以得到圆丝的加载力矩如下

$$M_L = 2\rho^2\int_{\ln(1+\frac{-h/2+a}{\rho})}^{\ln(1+\frac{h/2+a}{\rho})} \sigma(\varepsilon)(e^{2\varepsilon}-e^{\varepsilon})\sqrt{\frac{h^2}{4}-\rho^2(e^{\varepsilon}-1)^2}\,d\varepsilon \qquad (13\text{-}42)$$

综合式(13-16)、式(13-18)、式(13-28)、式(13-29) 和式(13-37)，可以得到方形截面弓丝强塑性弯曲阶段的弯曲回弹角和成形角计算公式分别如下

$$\theta_{ps} = \frac{12M_L\rho}{Ebh^3+12Eba^2h}\theta \qquad (13\text{-}43)$$

$$\theta'_p = \theta - \frac{12M_L\rho}{Ebh^3+12Eba^2h}\theta \qquad (13\text{-}44)$$

则方形截面弓丝总成形角计算公式如下

$$\theta' = \begin{cases} \dfrac{M_i}{6EI}[2l+3n]-\dfrac{M_i l}{3EI}, 0\leqslant\theta\leqslant\theta_{ib}, 0\leqslant M_i\leqslant M_L \\ \theta-\dfrac{12M_L\rho}{Ebh^3+12Eba^2h}\theta-\left(\dfrac{M_L}{6EI}[2l+3n]-\dfrac{M_L l}{3EI}\right)+K,\ \theta\geqslant\theta_{ib} \end{cases} \qquad (13\text{-}45)$$

式中，K 为保持在强弹性弯曲阶段和强塑性弯曲阶段角度的连续性而增加的修正系数。与方形截面弓丝计算方法一样，综合式(13-16)、式(13-18)、式(13-39)、式(13-41) 和式(13-42)，可以得到圆形截面弓丝强塑性弯曲阶段回

弹角与成形角的计算公式如下

$$\theta_{ps}=\frac{64M_L\rho}{Eh^2(\pi h^2+16\pi a^2)}\theta \tag{13-46}$$

$$\theta'_p=\theta-\frac{64M_L\rho}{Eh^2(\pi h^2+16\pi a^2)}\theta \tag{13-47}$$

则圆形截面弓丝总成形角计算公式如下

$$\theta'=\begin{cases}\dfrac{M_i}{6EI}[2l+3n]-\dfrac{M_il}{3EI},0\leqslant\theta\leqslant\theta_{ib},0\leqslant M_i\leqslant M_L\\ \theta-\dfrac{64M_L\rho}{Eh^2(\pi h^2+16\pi a^2)}\theta+\dfrac{M_L}{6EI}[2l+3n]-\dfrac{M_Ll}{3EI}+K,\theta\geqslant\theta_{ib}\end{cases} \tag{13-48}$$

三种材料正畸弓丝中，镍钛合金弓丝的回弹性最强，澳丝次之，不锈钢弓丝的回弹性最弱；同时，不锈钢弓丝与澳丝的回弹性能相近，这是由于澳丝为澳大利亚产不锈钢弓丝，同为不锈钢材料，只是在成分和性能上稍有差异，因此二者的回弹特性相近也在情理之中。所以，在采用相同弯曲模具的情况下，镍钛合金弓丝的成形性能最差。

13.3.4 正畸弓丝弯制机器人控制规划

正畸弓丝成形的效果不仅与机器人自身因素有关，还与用来表达弓丝空间曲线部分的线段个数有关，称为曲线的细分度。当空间某段曲线长度固定，机器人的弯制精度越高，用来描述曲线的线段单位长度就越短，线段个数也就越多，细分度就越高，曲线就越光滑，更为接近曲线的真实形状；反之亦然[36]。

在明确了弯制精度与细分度、曲线成形效果之间的理论关系后，下面讨论根据曲线的空间位置及长度来确定各段直线段长度以及控制点的选取方法，即控制节点的规划。基于有限点展成法的思想，即搜索有限个关键点中的控制节点，并就该方法进一步扩展，针对空间三维曲线的有限点展成法的控制节点搜索，其中的关键就是对各个 Bezier 曲线部分进行规划，流程图如图 13-16 所示，具体步骤如下。

① 建立曲线模型。基于 Bezier 曲线两个端点的坐标信息和曲线表达式的建立方法，进行曲线模型的建立。

② 计算空间曲线的长度。在 Bezier 曲线表达式上提取一系列离散点 $P_i(x_i,y_i,z_i)(i=1,2,\cdots,n)$，组成首尾相连的直线段，这就构成了由无限逼近的三维空间曲线的折线来表达空间曲线。空间曲线的长度计算便可化简为由 n 个离散点构成的 $n-1$ 条首尾相连的直线段 P_iP_{i+1} 之和。曲线长度 L 的计算公式为

$$
\begin{aligned}
L &= \sum_{i=1}^{n-1} S_0(P_i P_{i+1}) \\
&= \sum_{i=1}^{n-1} \sqrt{(x_{i+1}-x_i)^2+(y_{i+1}-y_i)^2+(z_{i+1}-z_i)^2}
\end{aligned} \tag{13-49}
$$

③ 确立细分数。设定细分数为 m，为了使空间曲线过渡更加均匀，令由 P_iP_{i+1} 组成的直线段的长度都相等，每段线段长度为 l，且 $L=ml$。

④ 输入初始精度值。包括弦弧差的绝对值 $|\widehat{P_iP_{i+1}}-P_iP_{i+1}|$ 以及机器人的弯制精度 k。

⑤ 比较 l 与 k 的大小。当 $0\leqslant l<k$ 时，说明此时直线段长度较短，机器人的精度无法达到，转向步骤③，当 $0<k\leqslant l$ 时，机器人能够满足弯制要求。

⑥ 统计细分数 m 及直线段 l 等信息。

⑦ 程序结束。

在 m、l、k、L 这四个影响节点规划精度的参数中，先排除 k 的影响，以临床某一患者上颌右第二、第三磨牙相邻侧端点建立的 Bezier 曲线为例，对节点规划误差进行分析，得到当细分数取不同值时，总弧长、细分后的各段弧长与对应直线段的长度之间的关系。

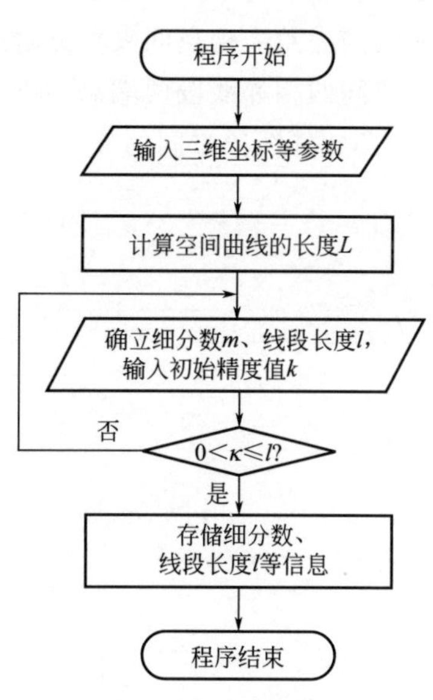

图 13-16 控制节点规划流程图

对同一空间曲线而言 L 是定值而 m、l 是变量，且 $L=ml$，当细分数 m 确定，l 值及所对应的弧长 $\widehat{l}$、差值 $l'=\widehat{l}-l$ 及差值比例 $e=(\widehat{l}-l)\times100\%/l$ 也

随之确定。分别选取细分数 m 为 2、3、5 进行实验，以某一患者的真实数据为例，该患者的第二、第三磨牙两端点坐标分别为 A（130.2148，－102.772，19.754）、B（130.5915，－95.4711，20.3004），两控制点 P_1（130.0832，－101.7821,19.7005）、P_2(130.8552,－96.4265,20.4346)。

可以看出当细分数相同时，l 值相同，介于空间曲线形状的特点导致对应的弧长不同且无规律性；当细分数 m 不同时，m 取的值越大，各段差值比例 e 就越小，选取的该段 Bezier 曲线形状越平滑，凸包性越不显著，与直线连接形成的曲线形状间差异越小，越接近各段弧长与总弧长。

若计及机器人弯制精度 k 的影响，由式 $0<k\leqslant l$ 可知，k 制约着 m 选取的值过大及节点规划的精度，但在总长方面 e 的取值介于 0.002%和 0.228%之间，已满足实际使用要求。

正畸弓丝形状是由空间直线和曲线两部分转化为有限段相邻连续线段组成的。根据机器人运动特点及弯制的方式，空间相邻两线段的角度须由机器人沿 X、Y、Z 方向及弯曲模具按一定关系运动，就需对空间角度关系进行分析。

位于笛卡儿坐标的线段，每相邻两线段有一个公共交点，以该交点为角的顶点，以两条线段所夹角为三维空间夹角。机器人的弯曲模具在每次旋转时所成的夹角是平面的，根据丝自转的角度可形成 X 平面、Y 平面及 Z 平面的夹角，所以利用机器人弯制弓丝所成空间夹角需把空间夹角分解成在 XY、YZ、XZ 平面夹角，计算过程如下：假设空间两相邻线段两端点为 $N_1(x_1,y_1,z_1)$、$N_2(x_2,y_2,z_2)$ 和 $N_3(x_3,y_3,z_3)$，两相邻线段之间的交点为 N_2，各段方向矢量

$$\overrightarrow{N_1N_2}=(x_1-x_2,y_1-y_2,z_1-z_2),\overrightarrow{N_2N_3}=(x_2-x_3,y_2-y_3,z_2-z_3)$$

计算各线段的长度

$$|N_1N_2|=\sqrt{(x_1-x_2)^2+(y_1-y_2)^2+(z_1-z_2)^2} \tag{13-50}$$

$$|N_2N_3|=\sqrt{(x_2-x_3)^2+(y_2-y_3)^2+(z_2-z_3)^2} \tag{13-51}$$

计算空间夹角 θ，由公式

$$\vec{a}\cdot\vec{b}=|\vec{a}||\vec{b}|\cos\theta \tag{13-52}$$

可得

$$\theta=\arccos\frac{\vec{a}\cdot\vec{b}}{|\vec{a}||\vec{b}|} \tag{13-53}$$

解得

$$\theta=\arccos\frac{(x_1-x_2)(x_2-x_3)+(y_1-y_2)(y_2-y_3)+(z_1-z_2)(z_2-z_3)}{\sqrt{(x_1-x_2)^2+(y_1-y_2)^2+(z_1-z_2)^2}\sqrt{(x_2-x_3)^2+(y_2-y_3)^2+(z_2-z_3)^2}} \tag{13-54}$$

空间两相邻线段分别在 XY 平面、YZ 平面及 XZ 平面投影的夹角分别用 α、β、γ 表示，其投影结果如图 13-17 所示。

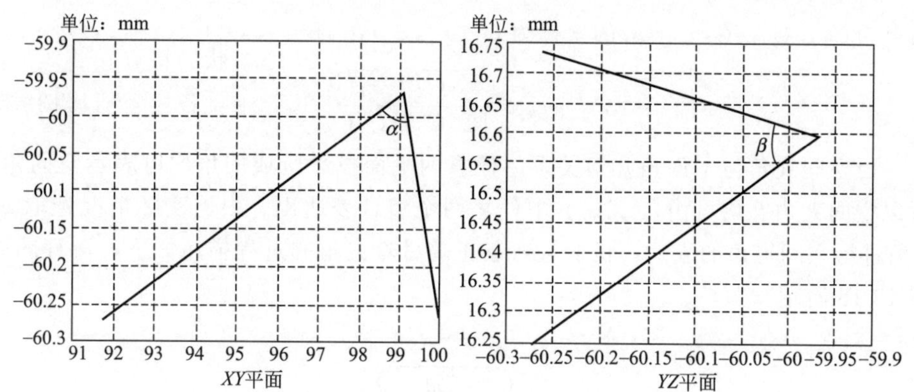

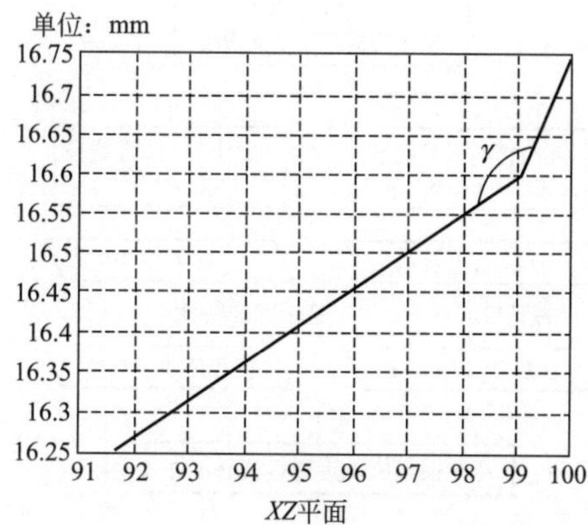

图 13-17　空间两相邻线段的投影

其空间角度的计算方法如下。α 为空间线段投影到 XY 平面上的夹角，设 N_1、N_2、N_3 投影到 XY 平面的点为 A_1、A_2、A_3，对应的坐标为 $A_1(x_1,y_1)$、$A_2(x_2,y_2)$、$A_3(x_3,y_3)$。

由式(13-53) 可计算出 α 的角度，即

$$\alpha=\arccos\frac{\overrightarrow{A_1A_2}\cdot\overrightarrow{A_2A_3}}{|A_2A_3||A_2A_3|}\tag{13-55}$$

同理，β 为空间线段投影到 YZ 平面上的夹角，设 N_1、N_2、N_3 投影到 YZ 平面的点为 B_1、B_2、B_3，对应的坐标为 $B_1(x_1,y_1,z_1)$、$B_2(x_2,y_2,z_2)$、$B_3(x_3,y_3,z_3)$。

$$\beta=\arccos\frac{\overrightarrow{B_1B_2}\cdot\overrightarrow{B_2B_3}}{|B_2B_3||B_2B_3|} \tag{13-56}$$

γ 为空间线段投影到 XZ 平面上的夹角，设 N_1、N_2、N_3 投影到 XZ 平面的点为 C_1、C_2、C_3，对应的坐标为 $C_1(x_1,z_1)$,$C_2(x_2,z_2)$,$C_3(x_3,z_3)$。

$$\gamma=\arccos\frac{\overrightarrow{C_1C_2}\cdot\overrightarrow{C_2C_3}}{|C_2C_3||C_2C_3|} \tag{13-57}$$

由空间夹角与平面角几何关系，任意两平面投影所成的角均可表示空间角，所以空间夹角 θ 均可由 α、β、γ 中任意两个组合表达出。根据实际情况选取 α、β 角进行空间夹角的表达，机器人弯制正畸弓丝夹角的过程描述如下，流程图如图 13-18 所示。

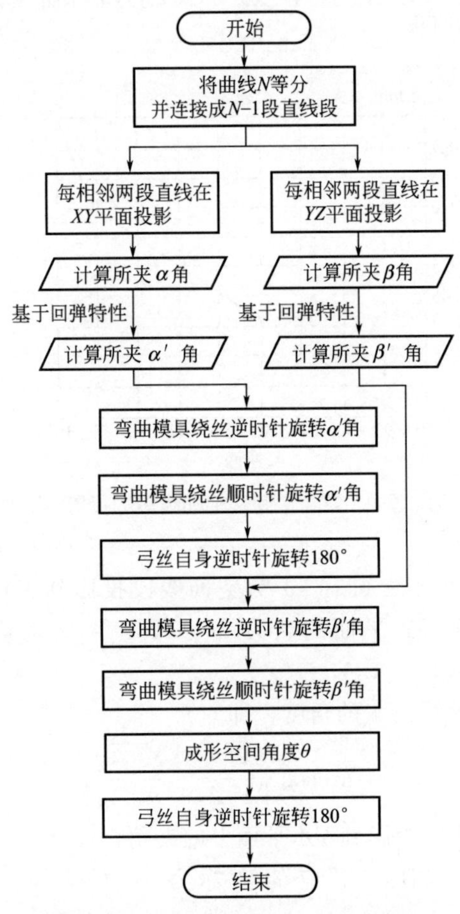

图 13-18　控制节点处角度规划流程图

弓丝的弯制是一个连续且规律性的过程，是以牙弓曲线的两个端点作为弯制始终点，并以坐标点中 x 值由小及大或相反的顺序进行。总结起来主要分为以下三类过程。

① 正畸弓丝的进给过程。弓丝的进给是弯制过程中必不可少的，确定每次进给后的位置，包括牙槽两个端点及弯制控制节点，提供弯制成形各段所需的长度。

② 弯曲模旋转的过程，是使各段正畸弓丝之间成形不同角度关系的重要步骤，旋转的方向始终为顺时针方向。弯曲模按照预先设定的角度自转，并带动弓丝弯曲变形，经塑性变形成形出所需的角度。

③ 正畸弓丝的自转过程。弓丝的自转是使各段丝之间成形不同空间角度关系的关键。弓丝通过自身逆时针旋转 180°后进行弯制，以达到形成空间夹角的目的。

正是通过正畸弓丝的进给、弯曲模旋转及弓丝自转的过程按照一定规律配合，完成了弓丝的弯制，流程图如图 13-19 所示。

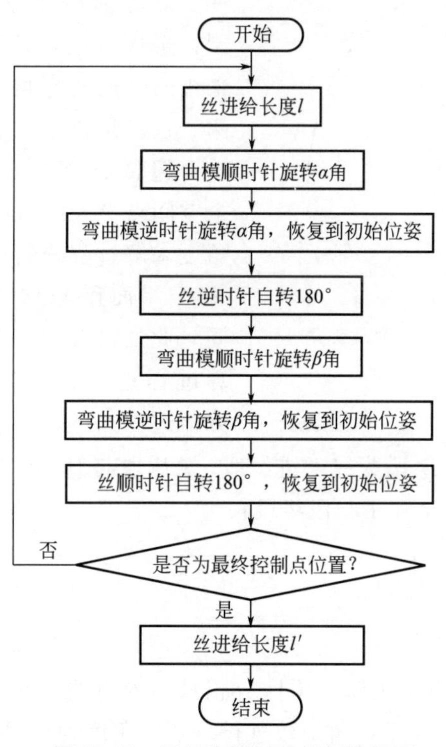

图 13-19 弓丝弯制过程规划流程图

13.3.5 机器人正畸弓丝弯制程序生成方法

第一序列曲正畸弓丝弯制成形，即平面内正畸弓丝牙弓曲线弯制成形，考虑到牙齿结构、位置的个性化差异，难免会出现个别托槽点与其他托槽点不在同一平面内的情况，因此此处引入 Z 方向坐标，对弯曲平面进行扩展，即根据医生提供的 28 个托槽点的空间位置坐标分析正畸弓丝弯制成形过程，为后续研究奠定基础。第一序列曲弓丝弯制成形过程如下。

步骤 1：数据导入。将医生根据患者牙弓信息提供的 28 个托槽点空间坐标导入正畸弓丝弯制系统。

步骤 2：确定进给量。按照数据导入顺序，从初始点始，计算相邻两托槽点间的直线段长度 l，确定正畸弓丝弯制机器人系统沿 X 方向的进给量。

步骤 3：确定理论转角值。以前一段直线段为计算基础，计算其与下一段直线段的夹角，考虑弯丝工艺的特殊性，对方形弓丝难以实现对棱边的弯制，选择对棱边所在两平面进行弯制，采用两个面的弯角代替棱的弯角，即用两个投影角合成一个空间角。

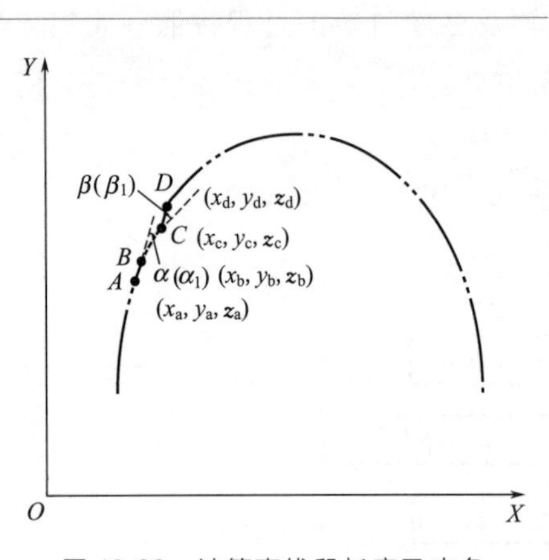

图 13-20 计算直线段长度及夹角

选取 28 个托槽点中任意连续的四个空间点 A、B、C、D 对直线段长度及角度求解过程进行分析，由于投影后在 XOY 平面和 XOZ 平面角度计算方式相同，此处仅针对 XOY 平面投影角度计算过程进行详细分析，结合图 13-20，分析过程如下。

图中 AB、BC、CD 段为弓丝进给段，AB 段与 BC 段夹角为一个弯制角。设 AB 段线段长为 l_1，BC 段线段长为 l_2，l_1、l_2 为空间直线段长度，则

$$l_1=\sqrt{(x_b-x_a)^2+(y_b-y_a)^2+(z_b-z_a)^2} \tag{13-58}$$

$$l_2=\sqrt{(x_c-x_b)^2+(y_c-y_b)^2+(z_c-z_b)^2} \tag{13-59}$$

XOY 平面投影角度 α 求解：为区分正畸弓丝弯曲过程中的弯曲面，以分辨电机运行顺序，应用正弦反三角函数进行求解，角度为正时，直接正畸弓丝进行弯制，角度为负时，先将正畸弓丝顺时针转动 180°，更换弯曲面后，再进行弯制成形。

XOY 平面内 α 角求解过程结合图 13-21 进行分析：图中 A'、B'、C'、D'为点 A、B、C、D 在 XOY 平面内的投影，坐标在图中标出，图中 α 为线段 AB 与线段 BC 夹角在 XOY 平面内投影，也是弯制角，α_1 为线段 AB 与线段 BC 夹角在 XOZ 平面内投影，以括号形式标出。

从图 13-21 可以看出，α 可通过$\angle$A$'$与$\angle$C$'$B$'$E 做差求得，即

$$\alpha=\angle \mathrm{A}'-\angle \mathrm{C}'\mathrm{B}'\mathrm{E} \tag{13-60}$$

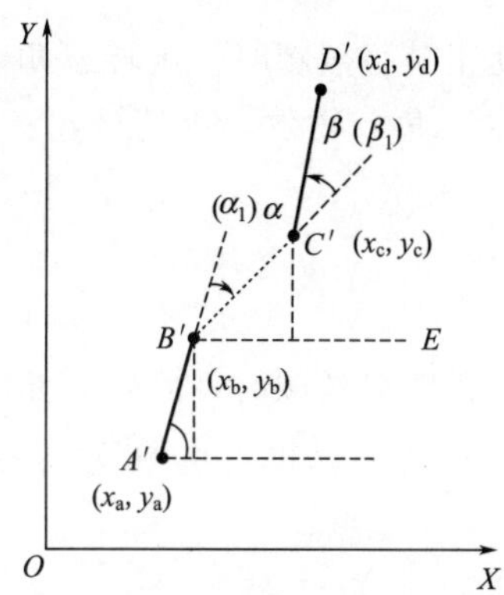

图 13-21 XOY 平面内弯制角 α 求解过程

设 $A'B'$段线段长为 l_1，$B'C'$段线段长为 l_2，l_1、l_2 为平面内直线段长度，可表示为

$$l_1=\sqrt{(x_b-x_a)^2+(y_b-y_a)^2} \tag{13-61}$$

$$l_2=\sqrt{(x_c-x_b)^2+(y_c-y_b)^2} \tag{13-62}$$

应用正弦反三角函数$\angle$A$'$的大小可由下式表示

$$\angle \mathrm{A}'=\arcsin\frac{(y_b-y_a)}{l_1} \tag{13-63}$$

$\angle$C$'$B$'$E 的大小可由下式表示

$$\angle \mathrm{C}'\mathrm{B}'\mathrm{E}=\arcsin\frac{(y_c-y_b)}{l_2} \tag{13-64}$$

因此，α 可由下式表示

$$\alpha=\arcsin\frac{(y_b-y_a)}{l_1}-\arcsin\frac{(y_c-y_b)}{l_2} \tag{13-65}$$

同理，α_1 可由下式表示

$$\alpha=\arcsin\frac{(z_{b}-z_{a})}{l_3}-\arcsin\frac{(z_{c}-z_{b})}{l_4} \tag{13-66}$$

其中，$l_3=\sqrt{(x_b-x_a)^2+(z_b-z_a)^2}$，$l_4=\sqrt{(x_b-x_a)^2+(z_b-z_a)^2}$。

步骤 4：确定实际弯角值。应用前面建立的正畸弓丝回弹机理数学模型将 α 和 α_1 转换成实际弯曲角 α' 和 α_1'。

步骤 5：判断 α' 的正负。

α' 为正：

① 弯丝手爪旋转，带动正畸弓丝顺时针旋转 α' 角。

② 弯丝手爪逆时针旋转 α' 角，复位，正畸弓丝产生回弹，回弹后剩余角度为 α。

α' 为负：

① 弓丝顺时针旋转 180°。

② 弯丝手爪旋转，带动正畸弓丝顺时针旋转 α' 角。

③ 弯丝手爪逆时针旋转 α' 角，复位，正畸弓丝产生回弹，回弹后剩余角度为 α。

④ 弓丝逆时针旋转 180°。

α' 为零：返回步骤 2。

步骤 6：判断 α_1' 的正负。

α_1' 为正：

① 弓丝顺时针旋转 90°。

② 弯丝手爪旋转，带动正畸弓丝顺时针旋转 α_1' 角。

③ 弯丝手爪逆时针旋转 α_1' 角，复位，正畸弓丝产生回弹，回弹后剩余角度为 α_1。

④ 弓丝逆时针旋转 90°。

α_1' 为负：

① 弓丝逆时针旋转 90°。

② 弯丝手爪旋转，带动正畸弓丝顺时针旋转 α_1' 角。

③ 弯丝手爪逆时针旋转 α_1' 角，复位，正畸弓丝产生回弹，回弹后剩余角度为 α。

④ 弓丝顺时针旋转 90°。

α_1' 为零：返回步骤 2。

此时，弯制成形角度即目标角度。

步骤 7：计算下一段直线段长度 l，循环步骤 2～步骤 6 操作即可。

第一序列曲正畸弓丝弯制成形过程流程图如图 13-22 所示。

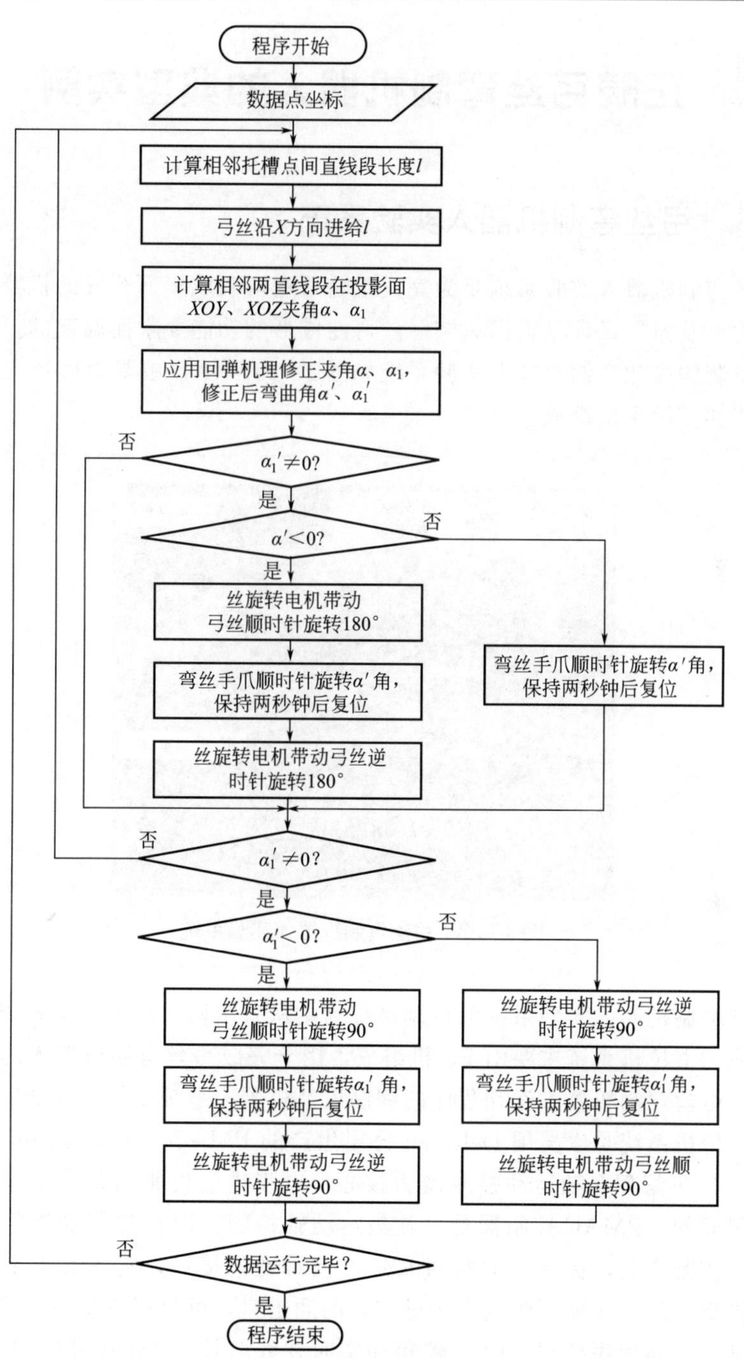

图 13-22 第一序列曲正畸弓丝弯制成形过程流程图

13.4 正畸弓丝弯制机器人的典型实例

13.4.1 弓丝弯制机器人实验系统

弓丝弯制机器人实验系统是为完成正畸弓丝弯制成形而开发的机器人实验系统，其构型及布局设计是根据正畸弓丝弯曲成形的功能要求而确定的。哈尔滨理工大学研制的弓丝弯制机器人实验系统如图 13-23 所示，主要由弓丝弯制机器人运动本体和控制系统组成。

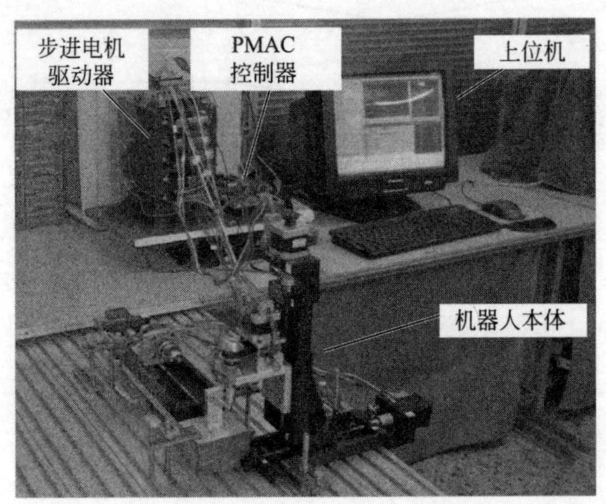

图 13-23 弓丝弯制机器人实验系统

弓丝弯制机器人实验系统的控制系统为主从式结构，由上位机系统和下位机系统组成。上位机系统主要由 PC 机组成，用于完成弓丝弯制机器人的运动路径的规划，弓丝弯制机器人运动程序的编制以及机器人系统工作状况的实时监控等任务。下位机系统是以美国 Deltatau 公司生产的 PMAC（program multiple axis controller）可编程多轴运动控制器为核心，以步进电机驱动器为驱动放大机构两部分组成的。PMAC 控制器是一款集运动轴控制、PLC 控制和数据采集的多功能运动控制产品，标配以太网和 RS232 两种通信接口，它具有丰富的 I/O 接口并提供最低配置 4 轴伺服或者步进控制的通道口，可以很方便地对其进行在线指令调试、运动程序控制、PLC 控制和实时在线监控。PMAC 控制器给出的指令信号通过步进电机驱动器的分配和放大后直接作用到弓丝弯制机器人运动本体中的步进电机，驱动电机完成相应的动作。

在上位机中编制的 PLC 回零程序和弓丝弯制运动程序首先在编程界面单步、单轴进行调试，调试成功后的程序通过以太网端口下载到 PMAC 控制器中，由控制器产生相应的指令代码并传送给步进电机驱动器，最后由驱动器连接到相应运动轴上完成规定的运动任务。

弓丝弯制机器人运动本体中，三个丝杠螺母平台分别起在 X、Y、Z 方向传递运动的作用，弯丝电机驱动弯曲模具在 XY 平面内对正畸弓丝进行弯制，丝回转电机带动弓丝旋转实现将“闭隙曲”所在平面旋转到 XY 平面中，从而实现对“闭隙曲”的弯制。丝杠螺母移动平台通过压板固定到带有梯形槽的铝合金工作台上，丝旋转电机、弯丝电机、带轮系统和弯曲模具等通过 L 形架连接到丝杠螺母平台，弓丝支撑机构通过螺钉固定到平台上，弓丝固定夹具为小型三角钻头夹，它不仅能实现自锁而且能自动定心，这使得在安装弓丝的过程变得非常容易。为方便连接，电机与控制器之间采用九针公母头导线连接，弓丝弯制机器人移动平台如图 13-24 所示，弓丝弯制机器人控制界面如图 13-25 所示。

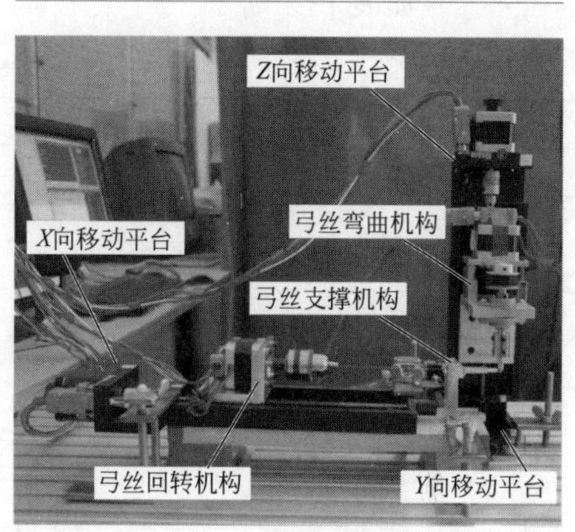

图 13-24　弓丝弯制机器人移动平台

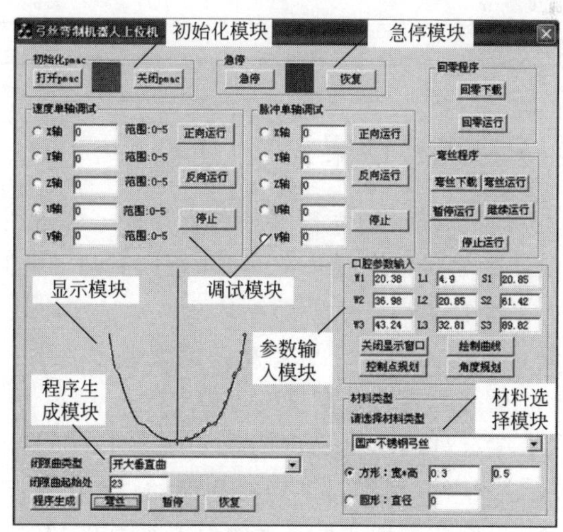

图 13-25　弓丝弯制机器人控制界面

13.4.2 实验用例的选择

为了使实验具有代表性，实验结果不失其一般性，我们选取了临床上比较有代表性的从未进行过正畸矫正治疗的一例患者的牙弓参数作为实验用例。该患者的矫正参数如表 13-1 所示。

表 13-1 患者牙弓矫正参数

项目	患者牙弓矫正参数
牙弓总弧长/mm	84.53
牙弓总高度 L_3/mm	32.55
牙弓总宽度 W_3/mm	41.15
磨牙外展弯处弧长/mm	57.69
磨牙外展弯处高度 L_2/mm	20.03
磨牙外展弯处宽度 W_2/mm	34.27
磨牙外展弯长度/mm	2.0
磨牙外展弯升角/(°)	30
尖牙外展弯处弧长/mm	20.91
尖牙外展弯处高度 L_1/mm	4.80
尖牙外展弯处宽度 W_1/mm	20.05
尖牙外展弯长度/mm	2.0
尖牙外展弯升角/(°)	4.0
闭隙曲类型	开大垂直曲
闭隙曲高度/mm	6.0
闭隙曲宽度/mm	3.0

13.4.3 澳丝弯制实验结果

基于弓丝弯制机器人实验系统进行了截面直径为 0.38mm 的澳丝的弯制实验研究。弯制成形的澳丝如图 13-26 所示。不考虑回弹和考虑回弹时的澳丝弯制实验结果如图 13-27 和图 13-28 所示。

从实验结果可知：考虑回弹时牙弓总高度的误差率为 7.83%，牙弓总宽度的误差率为 14.95%，磨牙外展弯处高度的误差率为 9.24%，磨牙外展弯处宽度的误差率为 13.62%，尖牙外展弯处高度的误差率为 12.08%，尖牙外展弯处宽度的误差率为 2.54%；不考虑回弹时牙弓总高度的误差率为 7.28%，牙弓总宽度的误差率为 46.68%，磨牙外展弯处高度的误差率为 9.14%，磨牙外展弯处宽度的误差率为 48.82%，尖牙外展弯处高度的误差率为 11.15%，尖牙外展弯处宽度的误差率为13.02%。考虑回弹时澳丝弯制实验结果明显优于未考虑回弹时澳丝弯制实验结果。考虑回弹时，所有项目参数的误差率不超过15%，基本满足口腔正畸治疗的需求，充分体现了正畸弓丝弯制机器人正畸弓丝弯制操作的规范型和标准化。

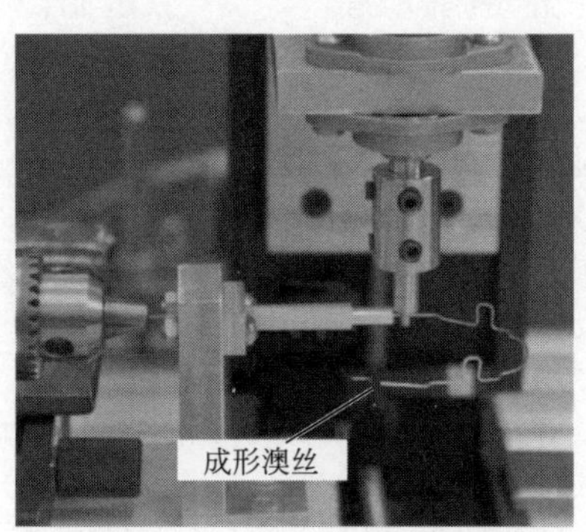

图 13-26 弯制成形的澳丝

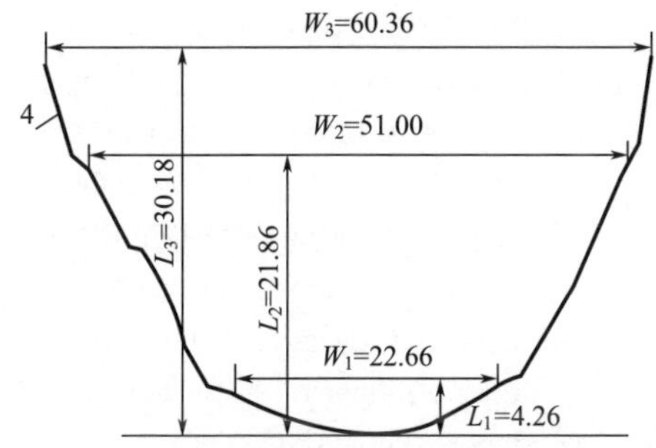

图 13-27 不考虑回弹时澳丝弯制实验结果

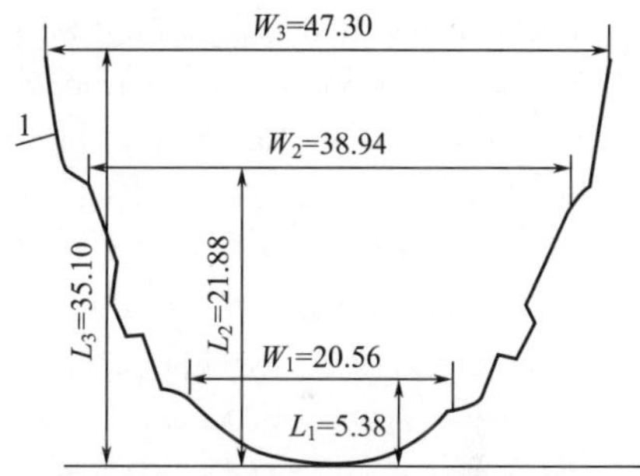

图 13-28 考虑回弹时澳丝弯制实验结果

参考文献

[1] 傅民魁，张丁，王邦康，等. 中国25392名儿童与青少年错颌畸形患病率的调查[J]. 中国口腔医学杂志，2002，37（5）：371-373.

[2] 孔灿. 正畸不锈钢弓丝弯曲成型与回弹的有限元数值模拟研究[D]. 南京：东南大

学，2009.

[3] 我国牙科城乡差距大——郊县平均七八千人一个牙医[EB/OL]. 中国网，2010 [2011-03-05].

[4] Nakadate R，Matsunaga Y，Solis J，et al. Development of a Robot Assisted Carotid Blood Flow Measurement System [J]. Mechanism and Machine Theory，2011，46（8）：1066-1083.

[5] Taylor J. Wire Bending Apparatus：USA，3245433[P]. 1993-02-01 [2012-08-05].

[6] Toshihiro T. Wire Bending Apparatus：USA，5291771[P]. 1994-03-08 [2012-08-05].

[7] Fischer B H，Orthuber W，Pohle L，et al. Bending and Torquring Accuracy of the Bending Art Systems （BAS） [J]. Journal of Orofacial Orthopedics，1996，57（1）：16-23.

[8] Fischer B H，Orthuber W，Ermert M，et al. The Force Module for the Bending Art System Preliminary Results [J]. Journal of Orofacial Orthopedics，1998，59（5）：301-311.

[9] Fischer B H，Orthuber W，Laibe J，et al. Continuous Archwire Technique Using the Bending Art System [J]. Journal of Orofacial Orthopedics，1997，58（4）：198-205.

[10] Butscher W，Riemeier F，Rubbert R，et al. Robot and Method for Bending Orthodontic Archwires and Other Medical Devices：USA，2004/0216503A1 [P]. 2004-12-04 [2012-08-05].

[11] Rjgelsford J. Robotic Bending of Orthodontic Archwires [J]. Industrial Robot：An International Journal，2004，65（4）：321-335.

[12] Muller H R，Prager T M，Jost B P G. SureSmile-CAD/CAM System for Orthodontic Treatment Planning，Simulation and Fabrica of Customized Archwires [J]. International Journal of Computerized Dentistry，2007，10（1）：53-62.

[13] Thomas W，Rubbert R. Method and Device for Shaping an Orthodontic Archwire：USA，7661281B2 [P]. 2010-02-16 [2012-08-14].

[14] Gilbert A. An In-office Wire Bending Robot for Lingual Orthodontics [J]. Journal of Clinical Orthodontics，2011，45（4）：230-234.

[15] 秦德川，高爱兰，张原平，等. 新型转矩成形器. 中国，CN200720025184.2 [P]. 2012. 2. 14.

[16] 郑玉峰，李莉，张凤伟，等. 口腔正畸弓丝成型方法及其装置. 中国，200610010304.1 [P]. 2012. 02. 14.

[17] 夏泽洋，郭杨超，甘阳洲，等. 口腔正畸器械制备机器人及其机械手. 中国，2015/103817691 [P]. 2015. 6. 3.

[18] Deng Hao，Xia Zeyang，Weng Shaokui，et al. Motion Planning and Control of a Robotic System for Orthodontic Archwire Bending. 2015 IEEE/RSJ International Conference on Intelligent Robots and Systems （IROS），Hamburg，Germany，28 September-2 October，2015：3729-3734.

[19] Xia Zeyang，Deng Hao，Weng Shaokui，et al. Development of a Robotic System for Orthodontic Archwire Bending [C]. 2016 IEEE International Conference on Robotics and Automation （ICRA），Stockholm，Sweden，16-21 May，2016，pp 730-735.

[20] 杜海艳，张永德，贾裕祥，等. 弓丝弯制机器人运动轨迹规划[J]. 中国机械工程，2011，21（13）：1605-1608.

[21] Zhang Yongde，Jiang Jixiong. Analysis and Experimentation of the Robotic System for Archwire Bending [J]. Applied Mechanics and Materials，2012，

121-126：3805-3809.

[22] Zhang Yongde，Jiang Jixiong. Trajectory Planning of Robotic Orthodontic Wire Bending Based on Finite Point Extension Method [J]. Advanced Materials Research，2011，221-203：1873-1877.

[23] Zhang Yongde，Jia Yuxiang. The Control of Archwire Bending Robot Based on MOTOMAN UP6 [C]. 2nd International Conference on Biomedical Engineering and Informatics，Tianjin，China，October 17-October 19，2009，pp. 1057-1061.

[24] 张永德，蒋济雄. 正畸弓丝弯制特性分析及实验研究[J]. 中国机械工程，2011，22（15）：1827-1831.

[25] 姜金刚，韩英帅，张永德，等. 机器人弯制正畸弓丝成形控制点规划及实验研究[J]. 仪器仪表学报，2015，36（10）：2297-2303.

[26] 张永德，姜金刚，蒋济雄. 正畸弓丝弯曲回弹特性测量仪. 中国. CN 103776704B [P]. 2016. 1. 20.

[27] Jiang Jingang，Wang Zhao，Zhang Yongde，et al. Study on Springback Properties of Different Orthodontic Archwires in Archwire Bending Process [J]. International Journal of Control and Automation，2014，7（12）：283-290.

[28] 姜金刚，王钊，张永德，等. 机器人弯制澳丝的回弹机理分析及实验研究[J]. 仪器仪表学报，2015，36（4）：919-926.

[29] Jiang Jingang，Zhang Yongde，Wei Chunge，et al. A Review on Robot in Prosthodontics and Orthodontics [J]. Advances in Mechanical Engineering，2015，7（1）：198748.

[30] Jiang Jingang，Peng Bo，Zhang Yongde，et al. Control System of Orthodontic Archwire Bending Robot Based on LabVIEW and ATmega2560 [J]. International Journal of Control and Automation，2016，9（9）：189-198.

[31] 魏春阁. 正畸弓丝的三维数学模型及弯制算法研究[D]. 哈尔滨：哈尔滨理工大学，2015.

[32] 蒋济雄. 口腔正畸弓丝成形规划及弯制机器人研究[D]. 哈尔滨：哈尔滨理工大学，2013.

[33] 王钊. 正畸弓丝的数字化成形及回弹机理研究[D]. 哈尔滨：哈尔滨理工大学，2017.

[34] Jiang Jingang，Han Yingshuai，Zhang Yongde，et al. Springback Mechanism Analysis and Experiments on Robotic Bending of Rectangular Orthodontic Archwire [J]. Chinese Journal of Mechanical Engineering，2017，30（6）：1406-1415.

[35] Jiang Jingang，Ma Xuefeng，Zhang Yongde，et al. Springback Mechanism Analysis and Experimentation of Orthodontic Archwire Bending Considering Slip Warping Phenomenon [J]. International Journal of Advanced Robotic Systems，2018，15（3）：1729881418774221.

[36] 姜金刚，郭晓伟，张永德，等. 基于有限点展成法的正畸弓丝成形控制点规划[J]. 仪器仪表学报，2017，38（3）：612-619.

第14章

医疗机器人的发展

医疗机器人在过去几十年获得了飞速发展，作为医疗器械的一种，其涉及了医药、机械、电子、计算机、材料等多个行业学科。现有的医疗机器人技术在前述的几章中已经进行了分类介绍，然而根据国家食品药品监督管理总局 2017 年发布的《医疗器械分类目录》，现有的医疗机器人的研究及方向依旧不足，因此未来一段时间，医疗机器人将呈现爆发性增长的情况。

本章所述的医疗机器人的发展将从政策法规分析、市场分析、国内产业链价值分析、技术分析和未来发展方向几个方面进行分析叙述。

14.1 政策法规分析

医疗机器人是国家实现工业 4.0 战略的重要一环，国务院在“十三五”规划纲要及《中国制造 2025》等后续指导文件中提出，要重点发展医用机器人等高性能诊疗设备，积极鼓励国内医疗器械的创新。我们预计手术和康复机器人将成为未来 5 年国家发力重点，因此前国家部委及各地政府分别就建立医疗机器人测试和应用平台、工业 4.0 重点项目部署、建立机器人行业示范基地和标准等方面给予了政策指导，政策风向明确。

《机器人产业发展规划（2016－2020）》明确提出：要突破手术机器人、智能护理机器人等十大标志性产品，针对工业领域以及救灾救援、医疗康复等服务领域，开展细分行业推广应用。未来，机器人公司将以康复机器人、助老助残机器人、外科机器人为发展主线，发展上肢康复机器人、下肢康复机器人智能康复机器人以及护理机器人、陪护机器人、智能轮椅等先进医疗机器人产品。

2016 年 4 月，工信部、发改委、财政部等三部委联合印发了《机器人产业发展规划（2016—2020 年）》，引导我国机器人产业快速健康可持续发展，增强技术创新能力和国际竞争能力，医疗机器人政策长期利好。同时由于政府医疗投入加大，医疗系统重组和人们对微创手术意识加强，未来医疗机器人市场重心将逐渐往亚洲市场转移，中国医疗机器人发展前景可观。

14.2 市场分析

根据现有医疗机器人的运用领域，大致将其分为以下六类：手术机器人、制药领域机器人、外骨骼康复机器人、医疗消毒机器人、远程医疗机器人、陪伴机器人[1]。由应用领域的代表性企业分析看，现阶段世界医疗机器人的发展主要以美国企业为引领和代表，在手术机器人领域，美国以达芬奇（da Vinci）手术系统为代表，在行业占据了绝对的领先地位。

另外，在制药机器人领域和外骨骼机器人中，德国企业占据一定的优势；而在外骨骼机器人和远程医疗机器人的研发方面，日本 Cyberdyne 和 Honda Robotics 这两家公司在行业中起到引领作用。

表 14-1 各领域医疗机器人代表企业分析

应用领域	国家	企业名称	发展介绍
手术机器人	美国	Intuitive Surgical	代表产品为达芬奇手术系统。2000 年 7 月 11 日，FDA 批准了达芬奇手术系统，使其成为美国第一个可在手术室使用的机器人系统，目前已在全球安装超过 3600 套系统
		Verb Surgical	成立于 2015 年 12 月，由谷歌母公司 Alphabet 生命科学部门 Verily 与制药巨头强生联手创办，该新公司致力于开发机器人外科手术平台
		Medtronic	公司成立于 1949 年，总部位于美国明尼苏达州明尼阿波利斯市，是全球领先的医疗器械公司，致力于为慢性疾病患者提供终身的治疗方案
		Medrobotics	成立于 2005 年，总部位于马萨诸塞州，独家授权的 Flex 机器人系统，此系统于 2015 年 7 月通过了 FDA 的审批
		Auris Surgical Robotics& Hansen Medical	创立于 2011 年，目前总部在硅谷，之前主要专注于眼科手术（白内障）的微型手术机器人系统，目前更多专注于腔内手术
制药领域机器人	美国	Aethon	成立于 2004 年，总部在宾夕法尼亚州匹兹堡。自主移动输送机器人，能够携带大量的行李架、手推车、重达 453kg 的药物、实验室标本或其他敏感材料
	德国	Omnicell& Aesynt	创立于 1992 年，被 KLAS 评为 2015 年最佳药房自动化设备供应商。2015 年，同时收购了另外两家药房自动化供应商

续表

应用领域	国家	企业名称	发展介绍
制药领域机器人		Innovation Associates	1972 年成立的工程/技术服务制造公司,20 多年以后,它的主营业务完全转移到了药房自动化。如今,它已经成为药房自动化领域的龙头企业之一
外骨骼康复机器人	美国	Ekso Bionics	成立于 2005 年,总部位于加州伯克利,是骨骼康复医疗机器人市场的领导者
		Barrett Medical	MIT 下属公司拆分出,拳头产品 WAM 是一款轻型高度灵活的带反向力驱动机器人手臂
	德国	Rewalk Robotics	成立于 2001 年,总部位于柏林,公司前身是 Argo Medical Technologies 医疗科技公司,该公司致力于制造可穿戴外骨骼动力设备,帮助腰部以下瘫痪者重获行动能力
	英国	Rex Bionics Limited& 美安医药	关注于研发、生产和商业化针对下肢功能障碍患者的外骨骼机器人的创新型公司
	日本	Cyberdyne	2004 年,日本筑波大学教授创立,产品 HAL 于 2013 年问世,是全球首个获得安全认证的机器人外骨骼产品,是日本售价生产医用及社会福利事业用机器人上市公司
	瑞士	Hocoma& 碟和科技	2000 年成立,总部位于瑞士苏黎世,专注于智能康复机器人的研发,积极改善由于脑疾病、脊髓损伤和退行性病变因引发的功能障碍
医疗消毒机器人	美国	Xenex	公司成立于 2009 年,总部位于得克萨斯州。通过摧毁可能导致医院获得性感染(HAI)的致命微生物来拯救生命并减少患者痛苦
远程医疗机器人	美国	Intouch Health	公司于 2002 年成立,总部位于加州,其开发的远程医疗机器人可以给偏远地区的患者或无法远行的人提供高质量的卒中、心血管和烧伤方面的紧急咨询
		VGo Communication & Vecn a Technologies	成立于 2007 年,提供视频通信解决方案
陪伴机器人	美国	Luvozo PBC	成立于 2013 年,总部位于马里兰州,公司专注于为提高老年人和残疾人的生活质量开发陪伴机器人
	日本	Honda Robotics	本田公司研发,后续可以协助老人或卧病在床或轮椅的人料理生活

表 14-1 为部分医疗机器人领域的代表性企业，自 1985 年 Kwoh 等采用 PUMA500 机器人作为辅助定位装置完成首例脑部手术以来，医疗机器人已经经

历了30余年的发展历史。据不完全统计，全世界至少有33个国家、800多家医院成功开展了60多万例机器人手术，手术种类涵盖泌尿外科、妇产科、心脏外科、胸外科、肝胆外科、胃肠外科、耳鼻喉科等学科。

经过三十多年的发展，目前已有数千台手术机器人在全世界的医院和医学中心使用。如图14-1所示，2016年全球医疗机器人的销售数量为1600台，销售额为16.12亿美元，较2015年有较大幅度增长。2017年全球医疗机器人市场达181亿美元。

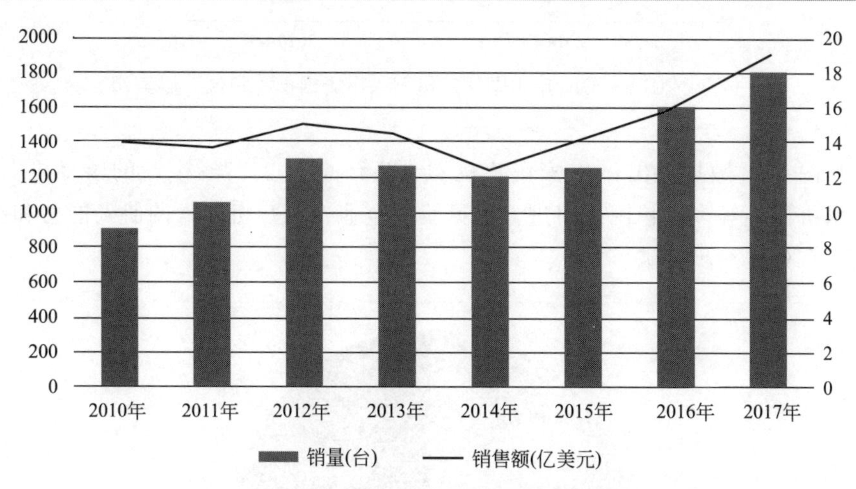

图14-1　2010—2017年全球医疗机器人销售情况

2014年开始，我国出现机器人外科手术热潮，随后，在政策利好、老龄化加剧、消费群体增加和产业化发展提速等综合因素影响下，中国医疗机器人市场高速发展，如图14-2所示。2014年，中国医疗机器人市场规模约为0.65亿美元，占全球行业市场份额的4.96%。随着国内技术的提升及智慧医疗和数字医疗的发展，至2016年，国内医疗机器人市场规模达到0.79亿美元。随着国内智慧医疗建设的发展和普及，估算2017年医疗机器人市场规模达到1.13亿美元，在全球市场份额占到5%左右。

2016年以来，在国际医疗市场技术改革发展的推动下，我国部分技术及医疗机构纷纷涉足医疗机器人的研发和落地。各个应用领域医疗机器人的临床发展能够有效减轻我国因地区资源分配不均及医疗差异化的社会现实问题，有效缓解医疗矛盾，远程医疗机器人的发展更能为分级诊疗的发展提供助力。截至目前，国内有28家医疗机器人的代表性企业，以新松机器人、楚天科技和天智航等企业为代表。

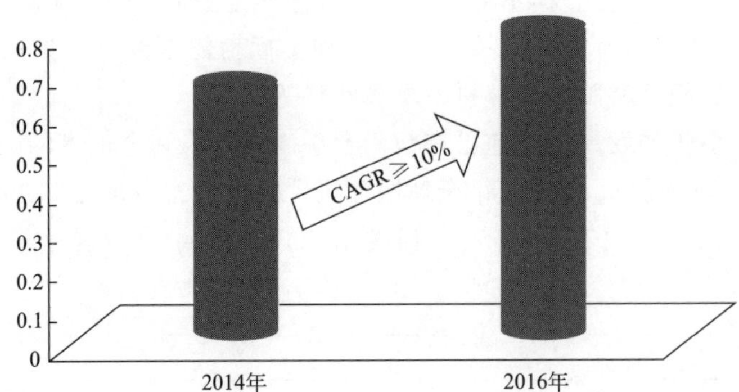

图 14-2　2014—2016 年中国医疗机器人市场规模（单位：亿美元）

从图 14-3 数据看出，28 家医疗机器人生产企业 35.7%生产的康复机器人，而手术机器人等多依赖国外引进，可见我国企业在医疗机器人的研发能力和技术领域还有待进一步突破。

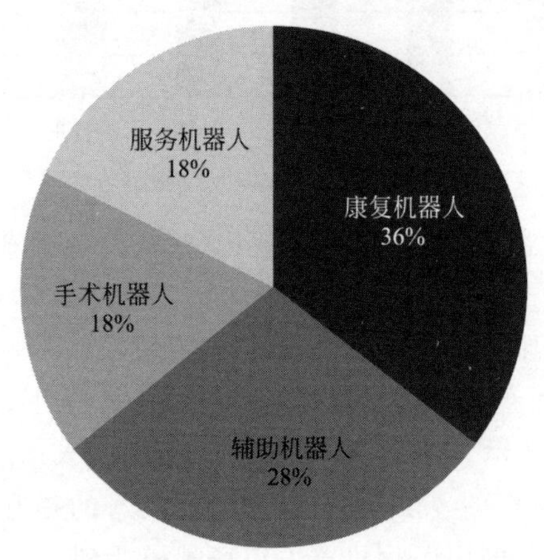

图 14-3　中国 28 家医疗机器人生产企业产品属性占比分析

14.3 产业链结构分析

随着医疗机器人的发展与应用，医疗机器人的产业链也逐渐完善，如图 14-4 所示。上游主要为机器人的零部件，包括伺服电机、传感器、控制器、减速器、系统集成等，下游主要提供给智慧医疗的需求端，主要应用在手术、康复、护理、移送患者、运输药品等领域[2]。

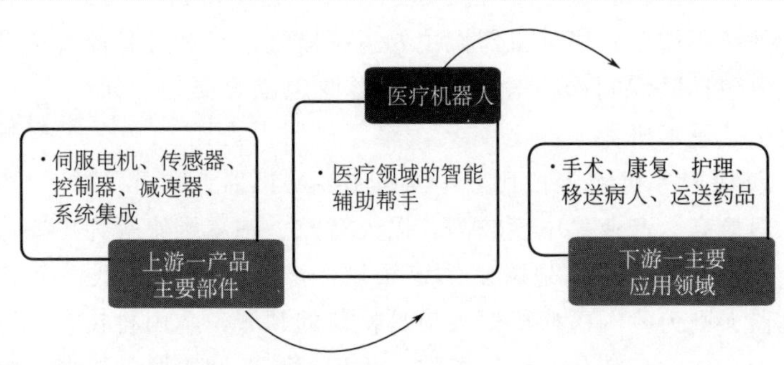

图 14-4　医疗机器人上下游产业链分析

我国医疗机器人企业创立年份集中于近三年，专业医疗机器人上市企业仅数家。统计样本企业中，2014 年以后创立的医疗机器人企业 34 家，2000 年至 2013 年创立的医疗机器人企业 20 家，1999 年前创立的医疗机器人企业仅 9 家，如图 14-5 所示。其中，1999 年前创立的企业基本为上市公司，医疗机器人为其近年来新拓展业务，并非公司主营业务。如博实股份、金明精机、科远股份、复星医药、威高集团等上市公司均在近年拓展医疗机器人业务，抢占新兴增长点。纵观所有医疗机器人公司，以医疗机器人为主营业务的上市公司仅天智航一家，且在新三板上市，并非主板。天智航为手术机器人公司，说明手术机器人发展相对更早，而在康复机器人领域，仅有钱璟一家正在启动上市。而在医疗服务、健康服务等其他类型医疗机器人发展则更为初期，创立时间普遍在近两年，产业尚处于培育前期。

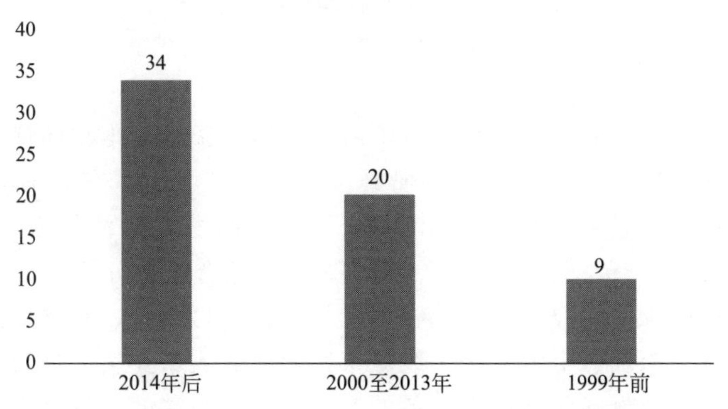

图 14-5　我国医疗机器人企业创立年份及数量情况

医疗机器人在手术机器人、康复机器人的基础上，进一步涌现医疗服务、健康服务、配药、采血、胶囊等多种类型[3]。其中，手术机器人主要包括腹腔镜、骨科、神经外科等类型；康复机器人主要包括康复系统和外骨骼等类型；医疗服务机器人主要包括医疗问诊、医院物流、影像定位等类型。如图 14-6 所示，统计样本企业中，手术机器人占比 16%，康复机器人占比 41%，医疗服务机器人占比 17%，健康服务机器人占比 8%，其他类型机器人占比 18%。其中，手术机器人技术门槛高、产业集中度较高，以天智航、柏惠维康等为主要代表。康复机器人企业数量最多，特别是康复系统领域，产业集中度较低，企业活跃度较高。胶囊机器人则为我国医疗机器人最具特色的领域，金山科技、安瀚科技的胃镜机器人成为全球医疗消化内镜发展的里程碑产品。健康服务机器人源于智能产品领域的创新发展，基于我国在此领域完备的产业链条，近年来涌现出了挚康、礼宾等品牌。康夫子、万物语联的医疗问诊机器人、钛米的医院物流机器人、迈纳士的采血机器人等各类面向医疗服务的机器人层出不穷，产品多元化趋势明显。

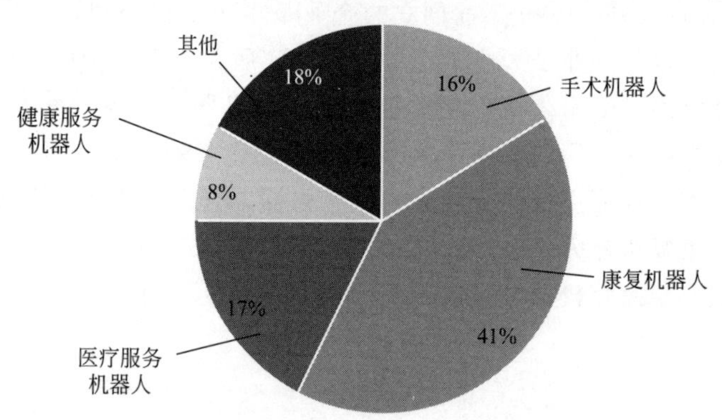

图 14-6　中国医疗机器人产品类型占比情况

北京、深圳、上海三地汇集了我国医疗机器人领域近半数的优秀企业，医疗机器人产业呈现明显的区域集聚现象。如图 14-7 所示，统计样本企业中所在地区医疗机器人企业数量，北京 12 家、深圳 10 家、上海 9 家、江苏 7 家、广东 6 家、浙江 3 家、黑龙江 3 家、重庆 3 家。综合区域分析，京津冀地区 13 家、长三角地区 19 家、珠三角地区 16 家、中部地区 9 家、东北地区 5 家。由此可见，北京、深圳、上海三个一线城市医疗机器人产业实力最为雄厚，长三角地区由于在医疗设备领域拥有完备的产业链条、丰富的市场渠道，已经占据医疗机器人领域区域发展的制高点，珠三角地区和京津冀地区紧随其后。从产品细分领域看，手术机器人集中在京津冀、长三角和东北地区，珠三角地区发展相对滞后；康复机器人在长三角地区优势最为明显，京津冀和中部地区紧跟其后；医疗服务机器人在京津冀地区发展最佳，长三角和珠三角地区平分秋色；健康服务机器人仅在珠三角、长三角地区有所发展，其他地区均未涉及；胶囊机器人则以西南、中部地区为发展基地，相比其他类型机器人企业集聚更具特点。

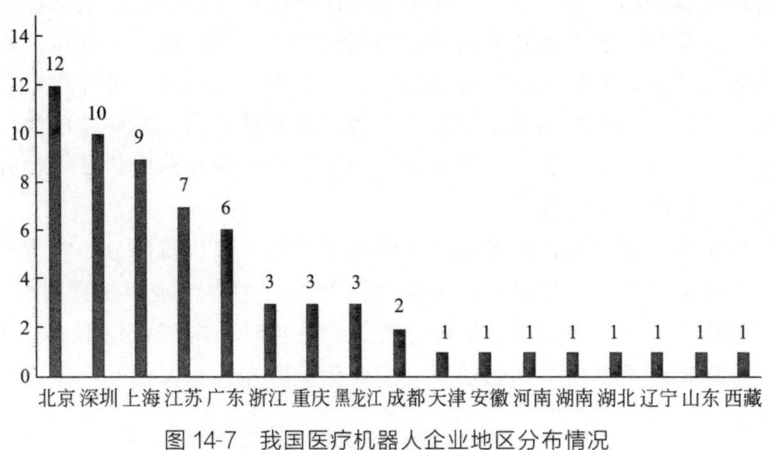

图 14-7　我国医疗机器人企业地区分布情况

14.4 技术分析

与传统工业机器人相比，医疗机器人以其专业性强、安全性要求更高著称，在现有的医疗机器人中，还是主要以医生为主、医疗机器人辅助的方式实现所需功能，这就需要医疗机器人具有更有效的视觉引导系统、机械臂操控系统、末端力传感系统以及必要的虚拟现实技术和人工智能技术。

（1）视觉引导系统

医学成像技术和医学处理技术在过去的几十年中取得了飞速的发展，新的成像技术层出不穷，已有的成像系统的性能也在不断地提高。各种各样的二维医学图像，如 X 射线断层投影（X-CT）、核磁共振（MRI）、B 超、内镜图像等，已经成为临床诊断和医学研究的重要依据，它有效地提高了诊断的准确性和治疗的有效性。然而，对医学图像的理解是一个复杂的过程。

目前的视觉引导系统中，主要以普通的单目视觉为主，医生在通过视觉引导系统进行手术时，由于无法掌握深度信息，导致手术中无效性动作较多，增加了医生的劳动强度和患者的痛苦。双目立体视觉是计算机视觉研究领域的重要分支之一，它通过直接模拟人类视觉系统的方式感知客观世界，广泛应用于微操作系统的位姿检测与控制、机器人导航与航测、三维非接触测量及虚拟现实等领域。目前双目视觉技术在工业上定位产品位置、识别物体信息上已经有了较为成熟的应用，但是在医疗手术上的应用还较为少见。

（2）机械臂操控系统

随着医疗技术的日益发展，人体手术对医师的操作精度要求越来越高，人类由于自身条件限制无法手动开展高精度的微创外科手术，例如，临床应用中医生长时间手术会疲劳，其生理活动或情绪变动会影响手术精度以及操作存在“筷子效应”等一些问题都会影响手术效果。机器臂具有精度高、响应速度快以及控制灵活的特点，并且不会疲劳、不受情绪影响等，能很好地解决传统微创外科手术在临床应用中所面临的问题。

在医疗机器人系统中，机械臂作为整套系统的最终执行部分，负责手术的执行，是最关键最重要的，如果在机械臂的研制过程中，出现机械臂设计不合理、机械臂控制精度不够，在机械臂运行过程中存在振动、末端定位不准、动作速度慢等情况，都将严重影响手术的效果。因此机械臂操控系统的好坏决定着整套系统的优劣。

（3）末端力传感系统

现有的医疗手术机器人，如达芬奇手术机器人系统，大多采用主从机械臂结构，医生操控主机械臂从而控制从机械臂的运动轨迹，但是与医生直接操控手术器械相比，这种方法却无法感知末端结构传来的力反馈信息。

在机械臂末端添加力传感器可以将末端的力传到主控机械臂，帮助医生感知来自机械臂末端的受力情况，因此一套好的末端力传感系统是很有必要的。

（4）虚拟现实技术

虚拟现实技术是利用计算机技术生成模拟环境，利用多源信息融合技术、交互式三维动态观景和实体行为的系统仿真使用沉浸到虚拟环境中。将虚拟现实技术应用到医疗机器人系统中可以辅助医生更好地识别患者患处的结构，同时可以将医疗器械的状态实时同步到虚拟现实系统中，帮助医生完成手术过程。

（5）人工智能技术

人工智能技术作为近几年异军突起的学科，包含内容丰富，涉及学科众多。人工智能技术可以极大地加快挖掘提取深层次信息的效率，而在过去几十年中，医疗行业的信息化也积累了大量历史数据。

在医疗机器人领域，人工智能技术主要有以下几方面应用：

① 增强连续学习技术。机器人在和人的交互过程中，每一个交互的过程都得到一个反馈信号，以指导机器人在下一个选择它行为的方面做出不断的更新，

不管是用于手术还是装配的机器人，其控制架构包含了人工智能的各个节点，技艺、交互技术、机器人操作能力的学习等。

② 传感和信息融合。将视觉、触觉和文本、激光、红外等很多人没有的感官信息融合，可以做成非常有效的医疗机器人操作系统和人机交互系统，现在也是非常值得关注的方向。

③ 基于经验学习的服务机器人。这在手术和康复过程的自动化中有广阔的应用前景。将医疗和交互过程的数据总结成概念，再上升成知识，以指导、验证和监督手术及康复过程，最终可以达到两个目的：一是人机交互的描述过程变得越来越简短，只需给它最短的信息，机器人就能够自动完成需要的功能；二是智能系统与真实世界间的误差越来越小。

④ 多模态学习。人工智能对于医疗器械而言是个很好的补充，传统的医疗机械若要实现复杂的功能，需要非常高的物理复杂性，而通过人工智能，通过新型感知、感觉、通信等技术的应用，未来用最少的机电系统，加上人工智能，就能达到最强的系统复杂性。

14.5 未来发展方向

(1) 世界范围内医疗机器人市场发展预测

科技进步与患者对优质医疗服务的需求是医疗机器人增长的主要驱动力。一方面，随着全球新科技革命和工业 4.0 标准的发展，医学、工程学、机器人学不断突破，3D 打印、数字医疗、移动医疗、穿戴式医疗和远程医疗、虚拟现实等新兴技术与医疗领域的紧密结合，医疗理念和方式已经发生了革命性的变革，医疗机器人作为新技术的融合平台，其概念内涵、技术体系、临床应用范围均会得到极大丰富，从而加速医疗机器人产业的发展[4]。另一方面，世界范围内人口老龄化问题日益严重，老年人群体中心脑血管疾病、骨科疾病等发病率和致残率上升，医疗机器人能够辅助完成精准稳定的微创手术治疗，使医疗服务质量有效提升；术后还可以辅助康复训练，大大缩短老年人术后康复时间，缓解目前术后康复资源严重不足的问题。这些迫切的临床需求给予了医疗机器人极大的市场空间，可以促进医疗机器人产业爆发式增长。

巨大的需求空间凸显了医用机器人高度的前沿性、战略性、成长性和带动性，为此，各国纷纷出台政策推进医用机器人的发展。美国在 2013 年《美国机器人发展路线图》中将医用机器人列为机器人领域的第二大重要发展方向，在 2015 版《美国创新战略》中提出优先发展“精准医疗”，并计划在 2016 年投入 2.15 亿美元重点推动医疗大数据、基因组学、微创诊疗及康复的发展。欧盟委员会早在2008年就发布了Robotics for Healthcare报告[5]，制定了各类医用机器人的2010—2025年发展路线图，并在“地平线2020”计划中确定要投资6140万美元推进机器人的医疗应用。日本在2015版《新机器人战略》中也提出了医用机器人2020年发展目标：手术机器人市场达到500亿日元，并将护理机器人的用户期望拥有率和使用率均提升到80%。在我国，《中华人民共和国国民经济和社会发展第十三个五年规划纲要》明确将“手术机器人”列为“高端装备创新发展工程”中重点发展的机器人装备；《中国制造2025》在“生物医药及高性能医疗器械”重点领域提出要“提高医疗器械的创新能力和产业化水平，重点发展影像设备、医用机器人等高性能诊疗设备”。

在这样的产业发展背景下，Transparency Market Research研究报告指出，预计全球医疗机器人市场将由2011年的54.8亿美元发展到2018年的136美元，年复合增长率为12.6%，同时，Winter Green Research预测，未来手术机器人和康复机器人的行业规模，将分别由2014年的32亿和2.2亿美元增长到2021年的200亿和32亿美元，年均复合增长率将分别达到29.9%、46.6%，成为发展速度最高的两个子领域。其中，手术机器人占60%左右的市场份额。未来市场的重心将由北美逐渐往亚洲转移，亚太地区等新兴市场医疗机器人因潜在用户数量巨大，处于高速成长阶段，增长速度将明显高于其他地区。

(2) 我国医疗机器人市场发展预测

在新兴市场中，我国医疗机器人产业因有独特的临床、政策、产品优势而展现巨大的发展潜力。我国临床资源丰富，临床试验环境相对宽松，临床优势是我国推进医疗机器人产业开发的有利基础条件[6]。据世界卫生组织预测，到2050年我国将有35%的人口超过60岁，成为世界上老龄化最严重的国家。患病人数多、疾病谱广的临床现状日益凸显，便于我国建立大规模患者组织样本库和疾病影像数据库，支撑更精简、更快速、更有针对性的产品研发路线，使得治疗方法可以更好地匹配个体患者的病症，从而降低临床试验失败的可能，使医疗机器人研发企业以更快的速度、更低的成本完成临床试验，由此加快创新型医疗机器人产品推向市场。现在很多高校比如北京航空航天大学、清华大学、哈尔滨工业大学都在积极进行医疗机器人技术研发，国内医疗机器人的代表企业如哈尔滨博实自动化股份有限公司、新松机器人自动化股份有限公司、妙手机器人科技集团等，都在进行不同阶段的临床试验，北京天智航医疗科技股份有限公司最新一代医疗机器人产品也已经完成了注册审评工作，相信不久就会在多家医疗机构中看到这些国产医疗机器人产品。

随着医疗机器人行业标准、临床使用规范的相继建立，医疗技术服务收费改革的持续推进，国内将迎来利好的国产医疗机器人市场发展环境。一方面，临床需求与技术创新的关系决定了科研成果能否成功实现产业转化。医疗机器人产业发展最重要的源动力来自产品能够真正解决临床实际问题，产学研医协同创新可以使临床需求与医疗机器人相关应用基础研究、产品化推进紧密结合，并且这种多方深度融合的模式将有利于产品标准和临床应用规范的制定，弥补科研成果产业转化和市场开发链条的短板，从而缩短创新医疗器械的临床磨合期，促进医疗机器人产业的创新发展速度。另一方面，把医疗机器人技术服务纳入医疗服务价格改革试点项目，探索新技术应用市场化价格形成机制，通过价格水平体现创新医疗服务价值和医疗技术服务价值，能够在提升医疗供给质量水平的同时有效促进新技术大规模应用于临床，由此促进自主创新产品的发展。此外，国产医疗机器人得益于本土化研发和生产而带来的高性价比优势，将进一步提高患者的接受程度，使市场呈现高增量态势。随着对微创、高效、优质的临床服务需求增加，以及机器人概念在大众认知观念中的不断渗透，人们对医疗机器人这种创新的医疗服务方式的接受度将逐渐提高。然而，目前国内公立、民营医院所应用的医疗机器人绝大部分依靠进口，其高昂的产品和耗材费用限制了医疗机器人技术的临床推广。在这种情况下，国产医疗机器人产品具有极大的竞争优势，以北京天智航公司的“天玑”骨科机器人产品为例，其产品定位精度和临床适用范围均处于世界领先水平，而其售价和耗材费用与国外同类产品相比低30%以上，患者能够以更低的医疗服务价格得到高质量的医疗服务，这使得新技术的临床受众面不断扩大；而从国产医疗机器人产品来看，以巨大的高质量临床服务需求缺口为契机，其市场规模将会呈爆发式增长[7]。

综合看来，未来智能化的医疗机器人将带来一场新的医疗技术革命，随之而来的将是更多的企业加入医疗机器人产业化队伍中，医疗机器人商业化、市场化的步伐将不断加快。面对这一片“蓝海”，我国医疗机器人技术正在从跟跑、并跑，逐步转变为领跑的状态，加之巨大的优质医疗服务缺口和利好的发展环境，国产医疗机器人将会成为国际医疗机器人市场的有力竞争者。

参考文献

[1] 杨振巍. 浅谈医疗机器人及发展前景[J]. 科技创新导报，2018，15(12)：104-105.

[2] 侯小丽，马明所. 医疗机器人的研究与进展[J]. 中国医疗器械信息，2013，19(1)：48-50.

[3] 倪自强，王田苗，刘达. 医疗机器人技术发展综述[J]. 机械工程学报，2015，51(13)：45-52.

[4] 杜志江，孙立宁，富历新. 医疗机器人发展概况综述[J]. 机器人，2003，(2)：182-187.

[5] Riek L D. Healthcare Robotics[J]. Communications of the Acm，2017，60(11)：68-78.

[6] 王田苗. 医疗机器人研究现状[A]. 中国仪器仪表学会. 中国仪器仪表学会医疗仪器分会第三届第一次理事会暨现代数字医疗核心装备和关键技术研究论坛论文集[C]. 中国仪器仪表学会，2005.

[7] 杨凯博. 医疗机器人技术发展综述[J]. 科技经济导刊，2017，(34)：201.

索　引